工程施工现场技术管理丛书

材 料 员

薛孝东　主编

中 国 铁 道 出 版 社
2 0 1 5 年 · 北 京

内容提要

本书为工程施工现场技术管理丛书系列之一，内容主要包括绪论，建筑材料管理，工程物资管理基本知识，建筑材料基本性质，土工合成材料，爆破材料，钢材，胶凝材料，混凝土及砂浆，建筑用石材、砖及砌块，木材，装饰材料，建筑塑料，防水材料，建筑用其他材料等。

本书层次清楚，条理分明，既适合工程施工现场技术管理人员使用，也可作为材料员培训参考用书。

图书在版编目(CIP)数据

材料员/薛孝东主编．—北京：中国铁道出版社，2010.12（2015.8重印）
（工程施工现场技术管理丛书）

ISBN 978-7-113-11947-8

Ⅰ.①材…　Ⅱ.①薛…　Ⅲ.①建筑材料－基本知识　Ⅳ.①TU5

中国版本图书馆CIP数据核字(2010)第184801号

书　　名：工程施工现场技术管理丛书
材　料　员

作　　者：薛孝东

策划编辑：江新锡　徐　艳
责任编辑：许士杰　　**电话**：51873193
封面设计：崔丽芳
责任校对：张玉华
责任印制：李　佳

出版发行：中国铁道出版社（100054，北京市西城区右安门西街8号）
网　　址：http://www.tdpress.com
印　　刷：三河市宏盛印务有限公司
版　　次：2010年12月第1版　2015年8月第2次印刷
开　　本：787mm×1 092mm　1/16　印张：19.5　字数：484千
书　　号：ISBN　978-7-113-11947-8
定　　价：42.00元

前言

我国正处在经济和社会快速发展的历史时期，工程建设作为国家基本建设的重要部分正在蓬勃发展，铁路、公路、房屋建筑、机场、水利水电、工厂等建设项目在不断增长，国家对工程建设项目的投资巨大。随着建设规模的扩大、建设速度的加快，工程施工的质量和安全问题、工程建设效率问题、工程建设成本问题越来越为人们所重视和关注。

加强培训学习，提高工程建设队伍自身业务素质，是确保工程质量和安全的有效途径。特别是工程施工企业，一是工程建设任务重，建设速度在加快；二是新技术、新材料、新工艺、新设备、新标准不断涌现；三是建设队伍存在相当不稳定性。提高队伍整体素质不仅关系到工程项目建设，更关系到企业的生存和发展，加强职工岗位培训既存在困难，又十分迫切。工程施工领域关键岗位的管理人员，既是工程项目管理命令的执行者，又是广大建筑施工人员的领导者，他们管理能力、技术水平的高低，直接关系到建设项目能否有序、高效率、高质量地完成。

为便于学习和有效培训，我们在充分调查研究的基础上，针对目前工程施工企业的生产管理实际，就工程施工企业的关键岗位组织编写了一套《工程施工现场技术管理丛书》，以各岗位有关管理知识、专业技术知识、规章规范要求为基本内容，突出新材料、新技术、新方法、新设备、新工艺和新标准，兼顾铁路工程施工、房屋建筑工程的实际，围绕工程施工现场生产管理的需要，旨在为工程单位岗位培训和各岗位技术管理人员提供一套实用性强、较为系统且使用方便的学习材料。

丛书按施工员、监理员、机械员、造价员、测量员、试验员、资料员、材料员、合同员、质量员、安全员、领工员、项目经理十三个关键岗位，分册编写。管理知识以我国现行工程建设管理法规、规范性管理文件为主要依据，专业技术方面严格执行国家和有关行业的施工规范、技术标准和质量标准，将管理知识、工艺技术、规章规范的内容有机结合，突出实际操作，注重管理可控性。

由于时间仓促，加之缺乏经验，书中不足之处在所难免，欢迎使用单位和个人提出宝贵意见和建议。

编 者

2010年12月

目　录

第一章 绪 论

建筑材料是加速建筑革新的重要因素之一。随着社会的发展和人民生活水平的提高，对建筑工程在功能方面提出各种各样的新要求，反过来又促进建筑材料的发展。在建筑工程中，按照建筑物对材料性能的要求及其使用时的环境条件，正确合理地选用材料，做到材尽其能和物尽其用，对于节约材料、降低工程造价、提高基本建设的技术经济效益，具有重大的意义。

第一节 材料员的职责

一、材料员的职责

(1)材料员应廉洁自律、秉公办事、兢兢业业、一丝不苟。

(2)应及时、准确地了解、收集市场行情；并实事求是地向价格审查小组成员通报市场行情；负责审查各单位是否按规定报价；在各单位按规定报来价格后十天内要求价格小组成员确定完价格；负责价格通知发放，并及时将通知复印给纪委及计财处；负责将所定价格及品牌或生产厂家及时告之现场代表及监理工程师。

材料员必须熟知各种材料的性能、价格、产地、用途、按照项目部提出的材料计划单在2日内及时采购回所需的材料，不得影响工程进度；材料员应对所采购的材料质量负责，并对其购进的劣质材料所产生的后果负全部责任；材料员要随时掌握好各种材料的市场动态，采购材料应货比三家，价比三处，购回的材料应物美价廉，购材料应有税务发票，票据背面注写用途及对方联系电话，票据上应有项目经理、材料员及保管员签字，方可报销。采购材料还应遵循优质价廉的原则，严禁弄虚作假、贪吃回扣或购进劣质材料。

(3)掌握施工过程和形象进度，掌握所需要的主要材料的品名、规格、数量、质量。配合施工部门编制好施工材料计划，确保施工现场的材料供应。

(4)配合现场施工员负责材料到场的计量收方工作。

(5)必须听从项目经理的安排，服从材料科长监督，配合好各施工班组及保管员的工作。

(6)做好材料成本核算工作，核算预算量与实际用量的差额，核算预算价与实际价的差额，核查工地材料的用量及消耗、损耗情况。

(7)搞好对内、对外结算，建立各种台账，账面整洁、清晰，账物相符，盈亏有原因，损坏有报告，记帐有凭证，调整有依据。

(8)积极督促、检查收料员、库管员、门卫等的工作内容。

(9)协助基建材料价格管理工作组的工作。

(10)完成处领导和工程技术管理科科长交办的其它工作，协助配合办公室其他人员搞好各项工作。

二、材料员的管理权限

(1)材料员跟踪采购部设备材料采购情况，有权向项目经理提出材料管理建议。

(2)管理施工现场设备及材料的库存。

(3)管理从甲方取得材料的明细账单,办理工程材料支领手续。

(4)管理劳保用品。

(5)配合质量安全部、财务部进行工程材料盘点。

(6)材料员严格执行公司项目现场材料管理办法。

第二节 建筑材料基础

一、建筑材料按化学成分的分类

按化学成分的不同,建筑材料可分为有机材料、无机材料及复合材料等,如图1—1所示。

建筑材料按化学成分不同的分类

- 有机材料:有机材料是以有机物质为主所构成的材料。这类材料具有有机物质的一系列特性:如密度小、加工性好、易燃烧、易老化等。有机材料根据其来源又可划分为天然有机材料(如木材、天然纤维、天然橡胶等)和人工合成有机材料(如合成纤维、合成橡胶、合成树脂及胶粘剂等)。
- 无机材料:无机材料是以无机物质为主构成的材料。无机材料中又包括金属材料(如各种钢材、铝材、铜材等)和非金属材料(如天然石材、水泥、石灰、石膏、陶瓷、玻璃与其他无机矿物材料及其制品等)。与有机材料相比,无机材料具有不老化、不燃烧、组分构成相对稳定等一系列特性,但其物理力学性能受构成成分与结构的影响,差别很大。
- 复合材料:
  - (1)复合材料。是以两种或两种以上不同类别的材料按照一定组成结构所构成的材料。复合材料往往在制造时对其组成和结构进行优化,以克服单一材料的某些弱点而发挥其复合后材料在某些方面的综合优异特性,从而满足建筑工程对材料性能更高的要求。因此,复合材料已成为目前土木工程中应用最多的材料。
  - (2)根据其构成不同,复合材料又可分为有机—有机复合材料(如复合木地板、橡胶改性沥青、树脂改性沥青);有机—无机复合材料(如沥青混合料、聚合物混凝土、金属增强塑料、金属增强橡胶、玻璃纤维增强塑料等复合材料);无机非金属—无机非金属复合材料(如玻璃纤维增强石膏、玻璃纤维增强水泥、普通混凝土与砂浆等);金属—无机非金属复合材料(如钢筋混凝土、夹丝玻璃、金属夹芯复合板)。

图1—1 建筑材料按化学成分不同的分类

二、建筑材料按使用功能的分类

1.结构材料

结构材料是建筑工程中最重要的材料,常应用于工程的主体部位,如结构物的基础、梁、板、柱等。材料的物理力学性能是建筑工程对结构材料所要求的主要技术性能,这些性能的优劣决定了工程结构的安全性与使用的可靠性。

2.功能性材料

功能性材料如围护材料、防水材料、装饰材料、保温隔热材料等。这些功能材料的选择与使用是否科学合理,往往决定了工程使用的可靠性、适用性以及美观性等。

三、建筑材料技术标准

建筑材料的技术指标决定于材料的组成与结构,而且形成于生产、储运、使用等过程中。正确地选择和使用质量合格的材料,不仅要熟悉工程对其质量的具体要求,而且要了解材料的质量形成过程,并且正确掌握检测或鉴别材料质量的方法。为了在土木工程建设过程中做好工程质量管理，还应正确掌握与应用材料的技术标准。

技术标准就是对某项技术或产品所实行统一规定技术指标的要求。任何产品的技术指标只有在符合相关标准要求的条件下才允许使用。建筑材料的技术标准是评定工程中所使用材料质量的依据。为了在工程实际中正确地选择、验收并使用材料，必须掌握材料的技术标准。

目前我国绝大多数建筑材料都有相应的技术标准，这些技术标准涉及到产品规格、分类、技术要求、验收规则、代号与标志、运输与储存及抽样方法等内容。

建筑材料的技术标准分为国家标准、行业标准、企业标准和地方标准，各级标准分别由相应的标准化管理部门批准并颁布。技术标准代号按标准名称、部门代号、编号和批准年份的顺序编写，按要求执行的程度分为强制性标准和推荐性标准(在部门代号后加“/T”表示“推荐”)。

建筑材料技术标准有关的部门代号有：GB——国家标准，GBJ——建筑工程国家标准，JGJ——建设部行业标准(曾用 BJG)，JG——建筑工业行业标准，JC——国家建材局标准(曾用“建标”)，SH——石油化学工业部或中国石油化学总公司标准(曾用 SY)，YB——冶金部标准，HG——化工部标准，ZB——国家级专业标准，CECS——中国工程建设标准化协会标准，DB——地方性标准，Q——企业标准等。

技术标准是根据一定时期的技术水平制订的，因而随着技术的发展与使用要求的不断提高，需要对标准进行修订，修订标准实施后，旧标准自动废除。如国家标准《硅酸盐水泥、普通硅酸盐水泥》(GB 175－92)已被废除。

工程中还可能采用其他国外的技术标准，如国际标准(代号 ISO)、美国国家标准(ANS)、美国材料与试验学会标准(ASTM)、英国标准(BS)、德国工业标准(DIN)、日本工业标准(JIS)、法国标准(NF)等。

四、进行材料管理对工程建设的意义

1. 正确选择和使用材料是施工技术水平发挥的最重要因素之一

(1)材料品种或性能的变迁，往往是建筑工程技术发展动力和变革工程建造方法的基础。新的建筑材料的出现，也会使工程设计方法及施工技术产生显著的变革或进步。在现代建筑工程建设中；所用材料品种更是决定工程结构设计理论和施工技术水平的最重要因素之一。

(2)在施工过程中，最大程度的实现设计意图，就必须选择最适当的材料品种与规格，并结合所选材料的特性，确定最佳的使用方法或工艺，以便最大程度的满足人们对工程性能的要求。因此，对某一具体的工程来说，采用性能不同的材料，就可能决定了不同的最佳施工工艺与方法；相反，若材料性能得不到充分发挥或使用方法不当，也会妨碍施工技术优势的发挥。实际上，工程施工过程中，许多技术问题的解决或问题的突破往往依赖于材料问题的解决。

2. 正确选择和使用材料是工程质量的直接影响因素

(1)通常，材料的品种、组成、构造、规格及使用方法等对建筑工程的结构安全性、坚固耐久性及适用性等工程质量指标都有直接的影响。工程实践表明，从材料的选择、生产、使用、检验评定，到材料的贮运、保管等环节都必须做到科学合理；否则，任何环节的失误都可能造成工程的质量缺陷，甚至是重大质量事故。国内外建筑工程的重大质量事故多与材料的质量不良或使用不当有关。

(2)在工程建设中要获得高质量的建筑物，就必须准确熟练地掌握有关材料的知识，能够正确地选择和使用材料。另外，工程建筑的许多质量信息都是通过材料的表现来传递的，通常

是根据对材料在工程中性能表现的评价，来客观地评定工程的质量状态。

3.正确选择和使用材料，对创造经济效益具有积极的意义

(1)在工程建设过程中，材料的选择、使用与管理是否合理，对其工程成本的影响很大。在有些工程或工程的某些部位，可选择的材料品种很多，即使同一材料也可以采用多种不同的使用方法。虽然采用不同的材料或不同的使用方法，它们在工程中最终所体现的效果相近，但是所需要的成本以及所消耗的资源或能源差别可能很大。

(2)正确掌握并准确熟练地应用建筑材料知识，可以通过优化选择和正确使用材料，充分利用材料的各种功能，在满足工程各项使用要求的条件下，降低材料的资源消耗或能源消耗，节约与材料有关的费用。因此，从工程技术经济及可持续发展的角度来看，正确选择和使用材料，对于创造良好的经济效益与社会效益具有十分重要的意义。

五、建筑材料的发展历史

在上古时期，人类居住于天然山洞或树巢中，以后逐步采用黏土、石块、木材等天然材料建造房屋。一万八千年前的北京周口店龙骨山山顶洞人，仍是住在天然岩洞里。在距今约六千年的西安半坡遗址，已经采用木骨架泥墙建房，并发现有制陶窑场。河南安阳的殷墟，是商朝后期的都城(约公元前1401～公元前1060)，建筑技术水平有了明显提高，并有制陶、冶铜作坊，青铜工艺也已相当纯熟。烧土瓦在西周(公元前1060～公元前711)早期的陕西凤雏遗址中已有发现，并有了在土坯墙上采用三合土(石灰、黄砂、黏土混合)抹面。说明我国劳动人民在三千年前已能烧制石灰、砖瓦等人造建筑材料，冶铜技术亦相当纯熟。到战国时期(公元前475～公元前221)，筒瓦、板瓦已广泛使用，并出现了大块空心砖和墙壁装修用砖。

欧洲于公元前2世纪已有用天然火山灰、石灰、碎石拌制天然混凝土用于建筑，直到19世纪初，才开始采用人工配料，再经煅烧、磨细制造水泥，由于它凝结后与英国波特兰岛的石灰石颜色相似，故称波特兰水泥(即我国的硅酸盐水泥)。此项发明于1824年由英国人阿斯普定(J. Aspdin)取得专利权，并于1925年用于修建泰晤士河水下公路隧道工程。钢材在建筑中的应用也是19世纪中叶的事。1850年法国人朗波制造了第一只钢筋混凝土小船，1972年在纽约出现了第一所钢筋混凝土房屋。水泥和钢材这两种新材料的问世，为后来建造高层建筑和大跨度桥梁提供了物质基础。

新中国成立以后，为应当大规模经济建设的需要，建材工业迅速的发展。尤其自改革开放以来，为满足现代工程建设的需要，一些特殊功能(如保温、隔热、吸声、防水、耐火等)建筑材料也应运而生。近年来为适应现代建筑装修的需要，玻璃、陶瓷、塑料、铝合金、铜合金等建筑装饰材料更是层出不穷。

随着建筑材料生产和应用的发展，建筑材料科学也已形成为一门独立的新学科。采用现代的电子显微镜、X衍射分析等先进仪器设备，可从微观和宏观两方面对材料的形成、组成、构造与材料性能之间的关系及其规律性和影响因素等进行研究。应用现代技术已可以按指定性能来设计和制造某些材料，以及对传统材料按要求进行各种改性。预期在不久的将来，将会研制出更多高级的新型多功能建筑材料。

社会发展对建筑材料的发展提出了更高的要求，可持续发展理念已逐渐深入到建筑材料之中，具有节能、环保、绿色和健康等特点的建筑材料应运而生。建筑材料向着追求功能多样性、全寿命周期经济性以及可循环再生利用性等方向发展。

从建筑工程技术水平的发展方面来看，对材料技术性能的要求越来越高，所要求的技术指

标也越来越多，需要具有多功能、高性能等综合性能优良的材料。未来建筑材料应该向着轻质高强、高耐久性、良好的工艺性、多功能以及智能化等方向发展。

高性能建筑材料是指比现有材料的性能更为优异的建筑材料。例如：轻质、高强、高耐久性、优异装饰性和多功能的材料，以及充分利用和发挥各种材料的特性，采用复合技术，制造具有特殊功能的复合材料。

另外，随着居住理念的改变，人们对建筑功能的要求日趋多样性。建材作为建筑的基本元素，必须适应这一发展要求，除具备基本性能之外，还应绿色健康、节能省耗、适宜舒适等多样性功能。

绿色建筑材料又称生态建筑材料或健康建筑材料。它是指生产过程中不使用有害和有毒物质，产品设计应是以改善生活环境、提高生活质量为宗旨，以及产品可循环再利用，无污染环境的废弃物。绿色建材是既能满足可持续发展之需，又做到发展与环保统一；既满足现代人需要、安居乐业、健康长寿，又不损害后代人利益的一种材料。因此，绿色建材已成为世界各国21世纪建材工业发展的战略重点。

第二章　建筑材料管理

第一节　材料管理概述

一、建筑材料管理的原则

(1)“从施工生产出发,为施工生产服务”的方针,是“发展经济,保障供给”的财经工作总方针的具体化,是材料供应与管理工作的基本出发点。

(2)加强计划管理的原则。建筑工程产品中不论是工程结构繁简,建设规模大小,都是根据使用目的,预先设计,然后施工的。施工任务一般落实较迟,但一经落实就急于施工,加上施工过程中情况多变,若没有适当的材料储备,就没有应变能力。搞好材料供应,关键在于摸清施工规模,提出备料计划,在计划指导下组织好各项业务活动的衔接,保证材料满足工程需要,使施工生产顺利进行。

(3)加强核算,坚持按质论价的原则。往往同一品种材料,因各地厂家或企业生产经营条件不同和市场供求关系等原因,价格上有明显差异,在采购订货业务活动中应遵守国家物价政策,按质论价、协商定购。

(4)厉行节约的原则。这是一切经济活动都必须遵守的根本原则。材料供应管理活动中包含两方面意义:一方面是材料部门在经营管理中,精打细算,节省一切可能节约的开支,努力降低费用水平;另一方面是通过业务活动加强定额控制,促进材料耗用的节约,推动材料的合理使用。

二、建筑企业材料管理的作用

1. 落实资源,保证供应

建筑工程任务落实后,材料供应是主要保证条件之一,没有材料,企业就失去了主动权,完成任务就成为一句空话。施工企业必须按施工图预算核实材料需用量,组织材料资源。材料部门要主动与建设单位联系,属于建设单位供应的材料,要全面核实其现货、订货、在途资源及工程需用量的余缺。双方协商、明确分工并落实责任,分别组织配套供应,及时、保质、保量地满足施工生产的需求。

2. 抓好实物采购运输,加速周转、节省费用

搞好材料供应与管理,必须重视采购、运输和加工过程的数量、质量管理。根据施工生产进度要求,掌握轻、重、缓、急,结合市场调节,尽最大努力“减少在途”、“压缩库存”材料,加强调剂缩短材料的“在途、在库”时间,加速周转。与材料供应管理工作有关的各部门,都要明确经济责任,全面实行经济核算制度,降低材料成本。

3. 抓好商情信息管理

商情信息与企业的生存和发展有密切联系。材料商情信息的范围较广,要认真搜集、整理、分析和应用。材料部门要有专职人员,经常了解市场材料流通供求情况,掌握主要材料和

新型建材动态(包括资源、质量、价格、运输条件等)。搜集的信息应分类整理、建立档案,为领导提供决策依据。如某建筑工程公司运用市场信息的做法是采取普遍函调,择优重点调查和实地走访三种方式,即印好调查表向各生产厂函调,根据信息反馈择优进行重点调查或实地走访调查。通过信息整理、分析和研究,摸清材料的产量、质量和价格情况,组织定点挂钩,做到供需衔接,最后取得成效。

4. 降低材料单耗

单耗是指建筑工程产品每平方米所耗用工程材料的数量。由于建筑工程产品是固定的,施工地点分散,露天作业多,不免要受自然条件的限制,影响均衡施工,材料需用过程中品种、规格和数量的变动大,使定额供料增加了困难。为降低材料单耗水平,首先要完善设计、改革工艺、使用新材料、认真贯彻节约材料技术措施。施工中要贯彻操作规程,合理使用材料,克服施工现场浪费材料的现象;要在保证工程质量的基础上,严格执行材料定额管理。由于材料品种、规格繁多,应选定主要品种,进行核算,认真按定额控制用料,降低材料单耗水平。

三、建筑企业材料管理的任务

1. 提高计划管理质量,保证材料供应

提高计划管理质量,首先要提高核算工程用料的正确性。计划是组织指导材料业务活动的重要环节,是组织货源和供应工程用料的依据。无论是需用计划,还是材料平衡分配计划,都要以单位工程(大的工程可用分部工程)进行编制。但是,往往因设计变更,施工条件的变化,打破了原定的材料供应计划。为此,材料计划工作需要与设计、建设单位和施工部门保持密切联系。对重大设计变更,大量材料代用,材料的价差和量差等重要问题,应与有关单位协商解决好。同时材料供应员要有应变的工作水平,才能保证工程需要。

2. 提高供应管理水平,保证工程进度

材料供应与管理包括采购、运输及仓库管理业务,这是配套供应的先决条件。由于建筑工程产品的规格、式样多,每项工程都是按照工程的特定要求设计和施工的,对材料各有不同的需求,数量和质量受设计的制约,而在材料流通过程中受生产和运输条件的制约,价格上受地区预算价格的制约。因此材料部门要主动与施工部门保持密切联系,交流情况,互相配合,才能提高供应管理水平,适应施工要求。对特殊材料要采取专料专用控制,以确保工程进度。

3. 加强施工现场材料管理,坚持定额用料

建筑工程产品体积大、生产周期长,用料数量多,运量大,而且施工现场一般比较狭小,储存材料困难,在施工高峰期间土建、安装交叉作业,材料储存地点与供、需、运、管之间矛盾突出,容易造成材料浪费。因此,施工现场材料管理,首先要建立健全材料管理责任制度,材料员要参加现场施工平面总图关于材料布置的规划工作。在组织管理方面要认真发动群众,坚持专业管理与群众管理相结合的原则,建立健全施工队(组)的管理网,这是材料使用管理的基础。在施工过程中要坚持定额供料,严格领退手续,达到"工完料尽场地清",克服浪费,节约有奖。

4. 严格经济核算、降低成本,提高效益

建筑企业提高经济效益,必须立足于全面提高经营管理水平。根据有关资料,一般工程的直接费占工程造价的77.05%,其中材料费为66.83%,机械费为4.7%,人工费为5.52%。说明材料费占主要地位。材料供应管理中各业务活动,要全面实行经济核算责任制度。由于材料供应方面的经济效益较为直观、可比,目前在不同程度上已重视材料价格差异的经济效益,

但仍忽视材料的使用管理，甚至以材料价差盈余掩盖企业管理的不足，这不利于提高企业管理水平，应当引起重视。

四、建筑企业材料管理的方法

(1)两个领域：材料流通领域和生产领域。

①流通领域材料管理是指在企业材料计划指导下、组织货源，进行订货、采购、运输和技术保管，以及对企业多余材料向社会提供资源等活动的管理。

②生产领域的材料管理，指在生产消费领域中，实行定额供料，采取节约措施和奖励办法，鼓励降低材料单耗，实行退料回收和修旧利废活动的管理。市政工程企业的施工队伍，是材料供、管、用的基层单位，它的材料工作重点是管和用。工作的好与坏，对管理的成效有明显作用。基层把工作做好了，不仅可以提高企业经济效益，还能为材料供应与管理打下基础。

(2)三个方面是指材料的供、管、用。它们是紧密结合的。

(3)八项业务是指材料计划、组织货源、运输供应、验收保管、现场材料管理、工程耗料核销、材料核算和统计分析八项业务。

第二节　材料消耗定额管理

一、材料消耗定额的概念

材料消耗定额是指在一定的生产技术条件下，完成单位产品或单位工作量必须消耗材料的数量标准。

由于材料消耗定额是企业材料利用程度的考核依据，是企业经营核算的重要计划指标。因此，材料消耗定额是否先进合理，不仅反映了生产技术水平，同时也反映了生产组织管理水平。

二、材料消耗定额在材料管理中的作用

(1)材料消耗定额是编制各项材料计划的基础。施工企业的生产经营活动都是有计划进行的，正确按照定额编制的各项材料计划，是搞好材料分配和供应的前提。施工生产合理的材料需用量，是以建筑安装实物工程量乘以该项工程量的某种材料消耗定额而得到的。材料需用量的计算公式为：

$$需用量=建筑安装实物工程量\times材料消耗定额$$

(2)材料消耗定额是确定工程造价的主要依据。对同一个工程项目投资多少，是依据概算定额对不同设计方案进行技术经济比较后确定的。而工程造价中的材料费，是根据设计规定的工程量和工程标准，并根据材料消耗定额计算各种材料数量，再按地区材料预算价格计算出材料费用。其计算公式为：

$$工程预算材料费用=\sum(分部分项工程实物量\times材料消耗定额\times材料预算单价)$$

(3)材料消耗定额是推行经济责任制的重要手段。全面推行经济责任制，是企业进行经济改革的重要内容之一，是建筑企业管理经济的有效手段。材料消耗定额是科学组织材料供应并对材料消耗进行有效控制的依据。有了先进合理的材料消耗定额，可以制定出科学的责任标准和消耗指标，便于生产部门制定明确的经济责任制。如材料实行按预算包干或签订投资

包干协议，以投标工程材料报价及企业内部实行的各种经济责任制。不管采用哪一种形式的经济责任制，都必须以材料消耗定额作为核算材料需用量的主要依据。

(4)材料消耗定额是搞好材料供应及企业实行经济核算和降低成本的基础。有了先进合理的材料消耗定额，便于材料部门掌握施工生产的实际材料需用量，并根据施工生产的进度，及时、均衡地按材料消耗定额确定的需用量组织材料供应，并据此对材料消耗情况进行有效控制。

材料消耗定额是监督和促进施工企业合理使用材料、实现增产节约的工具。材料消耗定额从制度上明确规定了耗用材料的数量标准。有了材料消耗定额，就有了材料消耗的标准和尺度，就能依据它来衡量材料在使用过程中是节约还是浪费；就能有效地组织限额领料；就能促进施工班组加强经济核算，杜绝浪费，降低工程成本，以低消耗获得高效益。

(5)材料消耗定额是推动企业提高生产技术和科学管理水平的重要手段。先进合理的材料消耗定额，必须以先进的实用技术和科学管理为前提，随着生产技术的进步和管理水平的提高，必须定期修订材料消耗定额，使它保持在先进合理的水平上。企业只有通过不断改进工艺技术、改善劳动组织，全面提高施工生产技术和管理水平，才能够达到新的材料消耗定额标准。

三、材料消耗定额的分类

(1)按照材料消耗定额的用途分类。可分为材料消耗的概(预)算定额、材料消耗施工定额、材料消耗估算指标。

①材料消耗概(预)算定额。材料消耗概(预)算定额是由各省市基建主管部门，在一定时期执行的标准设计或典型设计，按照建筑安装工程施工验收规范及安全操作规程，并根据当地社会劳动消耗的平均水平、合理的施工组织设计和施工条件编制的。

材料消耗概(预)算定额，是编制建筑安装施工图预算的法定依据，是进行工程材料结算、计算工程造价的依据，是计取各项费用的基本标准。

②材料消耗施工定额。材料消耗施工定额是由建筑企业自行编制的材料消耗定额。它是结合本企业在目前条件下可能达到的水平而确定的材料消耗标准。材料消耗施工定额反映了企业管理水平、工艺水平和技术水平。材料消耗施工定额是材料消耗定额中最细的定额，具体反映了每个部位、每个分项工程中每一操作项目所需材料的品种、规格、数量。材料消耗施工定额的水平高于材料消耗概(预)算定额，即同一操作项目中，同一种材料消耗量，在施工定额中的消耗数量低于概(预)算定额中的数量标准。

③材料消耗估算指标。材料消耗估算指标是在材料消耗概(预)算定额的基础上，以扩大的结构项目形式表示的一种定额。通常它是在施工技术资料不全且有较多不确定因素的条件下，用于估算某项工程或某类工程、某个部门的建筑工程所需主要材料的数量。材料消耗估算指标是非技术性定额，因此，不能用于指导施工生产，而主要用于审核材料计划，考核材料消耗水平，同时又是编制初步概算、控制经济指标的依据，是编制年度材料计划和备料的依据，是匡算主要材料需用量的依据。

(2)按定额适用不同范围划分。可分为生产用材料消耗定额、建筑施工用材料消耗定额和经营维修用材料消耗定额。

(3)按照材料类别划分。可划分为主要材料消耗定额、周转材料消耗定额、辅助材料消耗定额。

①主要材料消耗定额。主要材料是指直接用于建筑上能构成工程实体的各项材料。例如

钢材、木材、水泥、砂、石等材料。这些材料通常属一次性消耗,其费用占材料费用较大的比重。主要材料消耗定额按品种确定,它由构成工程实体的净用量和合理损耗量组成,即:

$$主要材料消耗定额=净用量+合理损耗量$$

②周转材料消耗定额。周转材料也称周转使用材料,指在施工过程中能反复多次周转使用,而又基本上保持原有形态的工具性材料。周转材料经多次使用,每次使用都会产生一定的损耗,直至失去使用价值。周转材料消耗定额与周转材料需用数量及该周转材料周转次数有关,即:

$$周转材料消耗定额=\frac{周转材料需用数量}{该周转材料周转次数}$$

③辅助材料消耗定额。辅助材料与主要材料相比,其用量少,不直接构成工程实体,多数也可反复多次使用。辅助材料中的不同材料有不同特点,所以辅助材料消耗定额可按分部分项工程的单位工程量计算出辅助材料消耗定额;也可按完成建筑安装工作量或建筑面积计算辅助材料货币量消耗定额;也可按操作工人每日消耗辅助材料数量计算辅助材料货币量消耗定额。

四、材料消耗定额的应用

(1)材料消耗概(预)算定额。材料消耗概(预)算定额是由地方主管基建部门工程造价处统一组织制定的。

材料消耗概(预)算定额包含了建筑企业从事生产经营全部材料消耗内容,即包括净用量、工艺操作损耗定额和非工艺操作损耗定额。

材料消耗概(预)算定额是编制建筑安装施工图预算的法定依据,是确定工程造价、计算工程拨款及划拨主要材料指标的依据,是计算招标标底和投标报价的主要依据,也是选择设计方案、施工方案及进行企业经济分析比较的基础。材料消耗概(预)算定额还作为经济核算、工程成本的工具书,是编制工程材料分析、控制工料消耗、进行"两算"对比(施工预算和施工图预算)的依据和计算各项费用的基础。

(2)材料消耗施工定额。材料消耗施工定额是由建筑企业自行编制的材料消耗定额,是建筑工程中最细的定额,它能详细地反映材料的品种、规格、材质和消耗数量。施工定额基本上采用了概(预)算定额的分部分项方法,但施工定额是在结合本企业现有条件,可能达到的平均先进水平下制定的。材料消耗施工定额是企业管理水平的反映,是施工班组实行限额领料,进行分部分项工程核算和班组核算的依据。

第三节 材料计划管理

一、材料计划管理主要任务

(1)为实现企业经济目标做好物质准备。建筑企业的经营发展,需要材料部门提供物质保证。材料部门必须适应企业发展的规模、速度和要求,只有这样才能保证企业经营顺利进行。为此材料部门应做到经济采购,合理运输,降低消耗,加速周转,以最少的资金获得最优的经济效果。

(2)做好平衡协调工作。材料计划的平衡是施工生产各部门协调工作的基础。材料部门一方面应掌握施工任务，核实需用情况，另一方面要查清内外资源，了解供需状况，掌握市场信息，确定周转储备，搞好材料品种、规格及项目的平衡配套，保证生产顺利进行。

(3)采取措施，促进材料的合理使用。建筑工程施工露天作业，操作条件差，浪费材料的问题长期存在。因此必须加强材料的计划管理。通过计划指标、消耗定额，控制材料使用，并采取一定的手段，如检查、考核、承包等，提高材料的使用效益，从而提高供应水平。

(4)建立健全材料计划管理制度。材料计划的有效作用是建立在材料计划的高质量的基础上的。建立科学的、连续的、稳定的和严肃的计划指标体系，是保证计划制度良好运行的基础。健全计划流转程序和制度，可以保证施工正常进行。

二、材料计划的编制原则

(1)政策性原则。所谓政策性原则，就是在材料计划的编制过程中必须坚决贯彻执行党和国家有关经济工作的方针和政策。

(2)实事求是的原则。材料计划是组织和指导材料流通经济活动的行动纲领。这就要求在物资计划的编制中始终坚持实事求是的原则。具体地说，就是要求计划指标具有先进性和可行性，指标过高或过低都不行。在实际工作中，要认真总结经验，深入基层和生产建设的第一线，进行调查研究，通过精确计算，把计划订在既积极又可靠的基础上，使计划尽可能符合客观实际情况。

(3)积极可靠，留有余地的原则。搞好材料供需平衡，是材料计划编制工作中的重要环节。在进行平衡分配时，要做到积极可靠，留有余地。所谓积极，就是说，指标要先进，应是在充分发挥主观能动性的基础上，经过认真的努力能够完成的；所谓可靠，就是说，必须经过认真的核算，有科学依据。留有余地，就是说在分配指标的安排上，要保留一定数量的储备。这样就可以随时应付执行过程中临时增加的需要量。

(4)保证重点，照顾一般的原则。没有重点，就没有政策。一般来说，重点部门，重点企业、重点建设项目是对全局有巨大而深远影响的，必须在物资上给予切实保证。

三、材料计划的种类

(1)材料计划按照材料的使用方向，分为生产材料计划和基本建设材料计划。

1)生产材料计划，是指施工企业所属工业企业，为完成生产计划而编制的材料需用计划。如周转材料生产和维修、建材产品生产等。其所需材料数量一般是按其生产的产品数量和该产品消耗定额进行计算确定。

2)基本建设材料计划，包括自身基建项目、承建基建项目的材料计划。其材料计划的编制，通常应根据承包协议和分工范围及供应方式而编制。

(2)按照材料计划的用途分，包括材料需用计划、申请计划、供应计划、加工订货计划和采购计划。

1)材料需用计划：这是材料需用单位根据计划生产建设任务对材料的需求编制的材料计划，是整个国民经济材料计划管理的基础。

2)临时追加材料计划：由于设计修改或任务调整，原计划品种、规格、数量的错漏，施工中采取临时技术措施，机械设备发生故障需及时修复等原因，需要采取临时措施解决的材料计划，叫临时追加用料计划。列入临时计划的一般是急用材料，要作为重点供应。如费用超支和材料超用，应查明原因，分清责任，办理签证，由责任的一方承担经济责任。

四、材料需用计划与材料供应计划的编制程序

(1)计算需用量。确定材料需要量是编制材料计划的重要环节,是搞好材料平衡、解决供求矛盾的关键。因此在确定材料需要量时,不仅要坚持实事求是的原则,力求全面正确地来确定需要量,要注意运用正确的方法。

由于各项需要的特点不同,其确定需要量的方法也不同。通常用以下几种方法确定。

1)直接计算法:就是用直接资料计算材料需要量的方法,主要有以下两种形式。

①定额计算法,就是依据计划任务量和材料消耗定额,单机配套定额来确定材料需要量的方法。其公式是:

计划需要量=计划任务量×材料消耗定额

在计划任务量一定的情况下,影响材料需要量的主要因素就是定额。如果定额不准,计算出的需要量就难以确定。

②万元比例法,是根据基本建设投资总额和每万元投资额平均消耗材料来计算需要量的方法。这种方法主要是在综合部分使用,它是基本建设需要量的常用方法之一。其公式如下:

计划需要量=某项工程总投资额(万元)×消耗材料数量

用这种方法计算出的材料需要量误差较大,但用于概算基建用料,审查基建材料计划指标,是简便有效的。

2)间接计算法:这是运用一定的比例、系数和经验来估算材料需要量的方法。

①动态分析法,是对历史资料进行分析、研究,找出计划任务量与材料消耗量变化的规律计算材料需要量的方法。其公式如下。

计划需要量=计划期任务量/上期预计完成任务量×上期预计所消耗材料总量×(1±材料消耗增减系数)

或

计划需要量=计划任务量×上期预计单位任务材料消耗量×(1±材料消耗增减系数)

公式中的材料消耗系数,一般是根据上期预计消耗量的增减趋势,结合计划期的可能性来决定的。

②类比计算法,是指生产某项产品时,既无消耗定额,也无历史资料参考的情况下,参照同类产品的消耗定额计算需要量的方法。其计算公式如下。

计划需要量=计划任务量×类似产品的材料消耗量×(1±调整系数)

上式中的调整系数可根据两种产品材料消耗量不同的因素来确定。

③经验统计法,这是凭借工作经验和调查资料,经过简单计算来确定材料需要量的一种方法。经验统计法常用于确定维修、各项辅助材料及不便制订消耗定额的材料需要量。

间接计算法的计算结果往往不够准确,在执行中要加强检查分析,及时进行调整。

(2)确定实际需用量,编制材料需用计划。根据各工程项目计算的需用量,进一步核算实际需用量。核算的依据有以下几个方面。

1)对于一些通用性材料,在工程进行初期,考虑到可能出现的施工进度超期因素,一般都略加大储备,因此其实际需用量就略大计划需用量。

2)在工程竣工阶段,因考虑到工完料清场地净,防止工程竣工材料积压,一般是利用库存控制进料,这样实际需用量要略小于计划需用量。

3)对于一些特殊材料,为保证工程质量,往往是要求一批进料,所以计划需用量虽只是一

部分，但在申请采购中往往是一次购进，这样实际需用量就要大大增加。实际需用量的计算公式如下

实际需用量＝计划需用量±调整因素

(3)编制材料申请计划。需要上级供应的材料，应编制申请计划。申请量的计算公式如下

材料申请量＝实际需用量＋计划储备量－期初库存量

(4)编制材料供应计划。供应计划是材料计划的实施计划，材料供应部门根据用料单位提报的申请计划及各种资源渠道的供货情况、储备情况，进行总需用量与总供应量的平衡，并在此基础上编制对各用料单位或项目的供应计划，并明确供应措施，如利用库存、市场采购、加工订货等。

(5)编制供应措施计划。在供应计划中所明确的供应措施，必须有相应的实施计划。如市场采购，须相应编制采购计划；加工订货，须有加工订货合同及进货安排计划，以确保供应工作的完成。

第四节　材料采购管理

一、材料采购管理原则

(1)遵守国家和地方的有关方针、政策、法令和规定，如材料管理政策、材料分配政策、经济合同法，各项财政制度以及工商行政部门的规定等。

(2)以需定购，按计划采购。必须以实际需要的材料品种、规格、数量和时间要求的材料采购计划为依据进行采购。贯彻"以需采购"的材料采购原则，同时要结合材料的生产、市场、运输和储备等因素，进行综合平衡。

(3)坚持材料质量第一：把好材料采购质量关，不符合质量要求的材料，不得进入生产车间、施工现场，要随时深入生产厂、市场，以督促生产厂提高产品质量和择优采购，采购人员必须熟悉所采购的材料质量标准，并做好验收鉴定工作，不符合质量要求的物资绝不采购。

(4)降低采购成本：材料采购中，应开展"三比一算"(比质、比价、比运距、算成本)。市场供应的材料，由于材料来自各地，因生产手段不同，产品成本不一样，质量也有差别，为此在采购时，一定要注意同样的材料比质量，同样的质量比价格，同样的价格比运距，进行综合计算以降低材料采购成本。

(5)选择材料运输畅通方便的材料生产单位：生产建设企业尤其施工企业所需用材料，数量大、地区分散，必须使用足够的运输工具，才能按时运输到现场。如果运输力量不足，即使有了资源，也无法运出，为了将所需的材料及时安全地运输到使用现场，必须选择运输力量充足，地理和运输条件良好的地区和单位的材料，以保证材料采购和供应任务完成。

二、材料采购分类原则

建筑施工企业在材料采购管理体制方面有三种管理形式：一是集中采购管理，二是分散采购管理，还有一种是既集中又分散的管理形式。采取什么形式应由建筑市场、企业管理体制及所承包的工程项目的具体情况等综合考虑决定。

三、分散采购的优点

(1)分散采购可以调动各级各部门积极性,有利于各部门、各项经济指标的完成。

(2)可以及时满足施工需要,采购工作效率较高。

(3)就某一采购部门内来说,流动资金量小,有利于部门内资金管理。

(4)采购价格一般低于多级多层次采购的价格。

四、分散采购的弊端

(1)分散采购难以形成采购批量,不易形成企业经营规模,而影响企业整体经济效益。

(2)局部资金占用少,但资金分散,其总体占用额度往往高于集中采购资金占用,资金总体效益和利用率下降。

(3)机构人员重叠,采购队伍素质相对较弱,不利于建筑企业材料采购供应业务水平的提高。

五、材料采购管理模式

(1)现场型施工企业。这类企业一般是规模相对较小或相对于企业经营规模而言承揽的工程任务相对较大。企业材料采购部门与建设项目联系密切,这种情况不宜分散采购而应集中采购。一方面减少项目采购工作量,形成采购批量;另一方面有利于企业对施工项目的管理和控制,提高企业管理水平。

(2)城市型施工企业。在某一城市或地区内经营规模较大,施工力量较强,承揽任务较多的企业。我国最初建立的国营建筑企业多属于城市型企业。这类企业机构健全,企业管理水平较高,且施工项目多在一个城市或地区内分布,企业整体经营目标一致,比较适宜采用统一领导分级管理的采购模式。主要材料、重要材料及利于综合开发的材料资源采取统一筹划,形成较强的采购能力和开发能力,适宜与大型材料生产企业协作,对稳定资源、稳定价格,保证工程用料,有较大的保障。特别是当市场供小于求时尤其显著。一般材料由基层材料部门或施工项目视情况自行安排,分散采购。这样做既调动了各部门积极性,又保证了整体经济利益;既能发挥各自优势,又能抵御市场带来的冲击。

(3)区域型施工企业。这类企业一般经营规模庞大,能够承揽跨省、跨地区甚至跨国项目。也有从事某区域内专业项目建设施工任务的企业。这类企业技术力量雄厚,但施工项目和人员分散,因此其采购模式要视其所在地区承揽的项目类型和采购任务而定。往往是集中采购与分散采购配合进行,分散采购和联合采购并存,采购方式灵活多样。

六、材料采购工作的内容

(1)编制材料采购计划。材料采购计划是在各工程项目材料需用量计划的基础上制订的,必须符合建筑产品生产的需要,一般是按照材料分类,确定各种材料(包括品种、名称、规格、型号、质量及技术要求)采购的数量计划。

(2)确定材料采购批量。采购批量即一次采购的数量,材料采购计划必须按生产需要以及采购资金及仓库储存的实际情况有计划分期分批的进行。采购批量直接影响费用占用和仓库占用,因此必须选择各项费用成本最低的批量为最佳批量。

(3)确定采购方式。掌握市场信息,按材料采购计划,选择、确定采购对象,尽量做到货比三家;对批量大、价格高的材料可采用招标方式,以降低采购成本。

(4)材料采购计划实施。包括材料采购人员与提供建材产品的生产企业或产品供销部门进行具体协商、谈判。直至订货成交等内容。

七、材料采购计划实施应注意的问题

(1)谈判是企业取得经济利益的最好机会。因为谈判内容一般为供需双方对权利、义务、价格等事关双方切身利益的探讨,是影响企业利益的重要因素,因此必须抓住。

(2)在谈判的基础上签订书面协议或合同。合同内容必须准确、详细,因为协议、合同一旦签订,就必须履行。材料采购协议或合同一般包括如下内容:材料名称(牌号)标、品种、规格、型号、等级;质量标准及技术标准;数量和计量;包装标准、包装费及包装物品的使用方法;交货单位、交货方式、运输方式、到货地点、收货单位(或收货人);交货时间;验收地点、验收方法和验收工具要求;单价、总价及其他费用;结算方式以及双方协商同意的其他事项等。

(3)协议、合同的履行。协议、合同的履行过程,是完成整个协议、合同规定任务的过程,因此必须严格履行。在履行过程中如有违反就要承担经济、法律责任,同时违约行为有时往往会影响建筑产品生产。

(4)及时提出索赔。索赔是合法的正当权利要求,根据法律规定,对并非由于自己过错所造成的损失或者承担了协议、合同规定之外的工作所付的额外支出,就有权向承担责任方索回必要的损失,这也是经济管理的重要内容。

八、材料采购批量的管理

(1)按照商品流通环节最少的原则选择最优批量。从商品流通环节看,向生产厂直接采购,所经过的流通环节最少,价格最低。不过生产厂的销售往往有最低销售量限制,采购批量一般要符合生产厂的最低销售批量。这样既减少了中间流通环节费用,又降低了采购价格,而且还能得到适用的材料,最终降低了采购成本。

(2)按照运输方式选择经济批量。在材料运输中有铁路运输、公路运输、水路运输等不同的运输方式。每种运输中一般又分整车(批)运输和零散(担)运输。在中、长途运输中,铁路运输和水路运输较公路运输价格低、运量大。而在铁路运输和水路运输中,又以整车运输费用较零散运输费用低。因此一般采购应尽量就近采购或达到整车托运的最低限额以降低采购费用。

(3)按照采购费用和保管费用支出最低的原则选择经济批量。材料采购批量越小,材料保管费用支出越低,但采购次数越多,采购费用越高。反之,采购批量越大,保管费用越高,但采购次数越少,采购费用越低。因此采购批量与保管费用成正比例关系,与采购费用成反比例关系。

第五节　材料运输管理

一、材料运输管理的概念

材料运输是借助运力实现材料在空间上的转移。在市场经济条件下,物资的生产和消费,在空间上往往是不一致的,为了解决物资生产与消费在空间上的矛盾,必须借助运输使材料从

产地转移到消费地区,满足生产建设的需要。所以材料运输是物资流通的一个组成部分,是材料供应管理中重要的一环。

材料运输管理是对材料运输过程,运用计划、组织、指挥和调节职能进行管理,使材料运输合理化。其重要作用,主要表现在以下两个方面。

(1)加强材料运输管理,是保证材料供应,促使施工顺利进行的先决条件。建筑工程企业所用材料的品种多、数量大,运输任务相当繁重。必须加强运输管理,使材料迅速、安全、合理地完成其空间转移,尽快实现其使用价值,保证施工生产的顺利进行。

(2)加强材料运输管理,合理地组织运输,可以缩短材料运输里程,减少在途时间,加快运输速度,提高经济效果。

二、材料运输管理的原则

(1)及时:用最少的时间,把材料从产地运到施工、用料地点,及时供应使用。

(2)准确:材料在整个运输过程中,防止发生各种差错事故,做到不错、不乱、不差,准确无误地完成运输任务。

(3)安全:材料在运输过程中保证质量完好,数量无缺,不发生受潮、变质、残损、丢失、爆炸和燃烧事故,保证人员、材料、车辆等安全。

(4)经济:经济合理地选用运输路线和运输工具,充分利用运输设备,降低运输费用。

三、材料运输的形式及其特点

(1)铁路运输。铁路是国民经济的大动脉,铁路运输是我国主要的运输方式之一。它与水路干线和各种短途运输相衔接,形成一个完整的运输网。

铁路运输的特点:运输能力大、运行速度快;一般不受气候、季节的影响,连续性强;管理高度集中,运行比较安全准确;运输费用比公路运输低;如设置专用线,大宗材料可以直达使用区域。它是远程物资的主要运输方式。但铁路运输的始发和到达作业费用比公路运输高,材料短途运输不经济。另外铁路运输计划要求严格,托运材料必须按照铁道部的规章制度办事。

(2)公路运输。公路运输基本上是地区性运输。地区公路运输网与铁路、水路干线及其他运输方式相配合,构成全国性的运输体系。

公路运输的特点:运输面广,机动灵活,快速,装卸方便。公路运输是铁路运输不可缺少的补充,是重要的运输方式之一,担负着极其广泛的中、短途运输任务。由于运费较高,不宜于长距离运输。

(3)水路运输。水运在我国整个运输活动中占有重要的地位。我国河流多,海岸线长,通航潜力大,是最经济的一种运输方式。沿江、沿海的企业用水路运输建筑材料,是很有利的条件。

水路运输的特点:运载量较大,运费低廉。但受地理条件的制约,直达率较低,往往要中转换装,因而装卸作业费用高,运输损耗也较大;运输的速度较慢,材料在途时间长,还受枯水期、洪水期和结冰期的影响,准时性、均衡性较差。

(4)管道运输。管道运输是一种新型的运输方式,有很大的优越性。其特点是运送速度快、损耗小、费用低、效率高。适用于输送各种液、气、粉、粒状的物资。我国目前主要用于运输石油和天然气。

(5)民间群运。民间群运主要是指人力、畜力和木帆船等非机动车船的运输。

第六节 材料储备管理

一、仓库分类

(1)按储存材料的种类划分。

①综合性仓库。仓库建有若干库房,储存各种各样的材料。如在同一仓库中储存钢材、电料、木料、五金、配件等。

②专业性仓库。仓库只储存某一类材料。如钢材库、木料库、电料库等。

(2)按保管条件划分。

①普通仓库。储存没有特殊要求的一般性材料。

②特种仓库。某些材料对库房的温度、湿度、安全有特殊要求,需按不同要求设保温库、燃料库、危险品库等。水泥由于粉尘大,防潮要求高,因而水泥库也是特种仓库。

(3)按建筑结构划分。

①封闭式仓库:有屋顶、墙壁和门窗的仓库。

②半封闭式仓库:有顶无墙的料库、料棚。

③露天料场:主要储存不易受自然条件影响的大宗材料。

(4)按管理权限划分。

①中心仓库:大中型企业(公司)设立的仓库。这类仓库材料吞吐量大,主要材料由公司集中储备,也叫做一级储备。除远离公司独立承担任务的工程处核定储备资金控制储备外,公司下属单位一般不设仓库,避免层层储备,分散资金。

②总库:公司所属项目经理部或工程处(队)所设施工备料仓库。

③分库:施工队及施工现场所设的施工用料准备库,业务上受项目经理部或工程处(队)直接管辖,统一调度。

二、仓储管理的特点

(1)仓储工作不创造使用价值,但创造价值。材料仓储是施工生产过程中为使生产不致中断,而解决材料生产与消费在时间与空间上的矛盾必不可少的中间环节。材料处在储存阶段虽然不能使材料的使用价值增加,但通过仓储保管可以使材料的使用价值不受损失,从而为材料使用价值的最终实现创造条件。因此,材料仓储工作是产品的生产过程在流通领域的继续,是为实现产品的使用价值服务的。仓储劳动是社会的必要劳动,它同样创造价值。仓储管理工作创造价值这一特点,要求仓储管理必须提高水平,尽可能减少材料的损耗,使其使用价值得以实现;必须依靠科学,努力提高生产率,缩短社会必要劳动时间。

(2)仓储工作具有不平衡和不连续的特点。这个特点给仓储管理工作带来一定的困难,这就要求管理人员在储存保管好材料的前提下,掌握各种不同材料的性能特点、运输特点,安排好进出库计划,均衡使用人力、设备及仓位,以保证仓储管理工作的正常进行。

(3)仓储管理工作具有服务性质,直接为生产服务。仓储管理工作必须从生产出发,首先保证生产需要。同时要注意扩大服务项目,把材料的加工改制、综合利用和节约代用、组装、配套等提到管理工作的日程上来,使有限的材料发挥更大的作用。

三、材料储备管理的任务

(1)组织好材料的收、发、保管、保养工作,要求达到快进、快出、多储存、保管好、费用省的目的,为施工生产提供优质服务。

(2)建立和健全合理的、科学的仓库管理制度,不断提高管理水平。

(3)不断改进仓储技术,提高仓库作业的机械化、自动化水平。

(4)加强经济核算,不断提高仓库经营活动的经济效益。

(5)不断提高仓储管理人员的思想、业务水平,培养一支仓储管理的专职队伍。

四、仓库盘点的内容与方法

(1)定期盘点。季末或年末对仓库保管的材料进行全面、彻底盘点,达到有物有账,账物相符,账账相符,并把材料数量、规格、质量及主要用途搞清楚。由于清点规模大,应先做好组织与准备工作,主要内容有:

①划区分块,统一安排盘点范围,防止重查或漏查;

②校正盘点用计量工具,统一印制盘点表,确定盘点截止日期和报表日期;

③安排各现场、车间,已领未用的材料办理"假退料"手续,并清理成品、半成品、在线产品;

④尚未验收的材料,具备验收条件的,抓紧验收入库;

⑤代管材料,应有特殊标志,另列报表,便于查对。

(2)永续盘点。对库房内每日有变动(增加或减少)的材料,当日复查一次,即当天对有收入或发出发生的材料,核对账、卡、物是否对口。这种连续进行抽查盘点,能及时发现问题,便于清查和及时采取措施,是保证账、卡、物"三对口"的有效方法。永续盘点必须做到当天收发,当天记账和登卡。

五、材料账务管理

(1)记账凭证。

①材料入库凭证:验收单、入库单、加工单等。

②材料出库凭证:调拨单、借用单、限额领料单、新旧转账单等。

③盘点、报废、调整凭证:盘点盈亏调整单、数量规格调整单、报损报废单等。

(2)记账程序。

①审核凭证。审核凭证的合法性、有效性。凭证必须是合法凭证,有编号,有材料收发动态指标;能完整反映材料经济业务从发生到结束的全过程情况。临时借条均不能作为记账的合法凭证。合法凭证要按规定填写齐全。如日期、名称、规格、数量、单位、单价、印章要齐全,抬头要写清楚,否则为无效凭证,不能据此记账。

②整理凭证。记账前先将凭证分类、分档排列,然后依次序逐项登记。

(3)账册登记。根据账页上的各项指标自左至右逐项登记。已记账的凭证,应加标记,防止重复登账。记账后,对账卡上的结存数要进行验算,即:上期结存+本项收入-本项发出=本项结存。

六、材料验收程序

(1)查看送料单,是否有误送。

(2)核对实物的品种、规格、数量和质量，是否和凭证一致。

(3)检查原始凭证是否齐全正确。

(4)做好原始记录，逐项详细填写收料日记，其中验收情况登记栏，必须将验收过程中发生的问题填写清楚。

七、材料验收方法

1. 水泥

(1)质量验收。以出厂质量保证书为凭，进场时验查单据上水泥品种、强度等级与水泥袋上印的标志是否一致，不一致的应分开码放，待进一步查清；检查水泥出厂日期是否超过规定时间，超过的要另行处理；遇有两个单位同时到货的，应详细验收，分别码放，防止品种不同而混杂使用。

(2)数量验收。包装水泥在车上或卸入仓库后点袋计数，同时对包装水泥实行抽检，以防每袋重量不足。破袋的要灌袋计数并过秤，防止重量不足而影响混凝土和砂浆强度，产生质量事故。

罐车运送的散装水泥，可按出厂秤码单计量净重，但要注意卸车时要卸净，检查的方法是看罐车上的压力表是否为零及拆下的泵管是否有水泥。压力表为零、管口无水泥即表明卸净，对怀疑重量不足的车辆，可采取单独存放，进行检查。

(3)合理码放。水泥应入库保管。仓库地坪要高出室外地面 20～30 cm，四周墙面要有防潮措施，码垛时一般码放 10 袋，最高不得超过 15 袋。不同品种、强度等级和日期的，要分开码放，挂牌标明。

特殊情况下，水泥需在露天临时存放时，必须有足够的遮垫措施。做到防水、防雨、防潮。

散装水泥要有固定的容器，既能用自卸汽车进料，又能人工出料。

(4)保管。水泥的储存时间不能太长，出厂后超过 3 个月的水泥，要及时抽样检查，经化验后按重新确定的强度使用。如有硬化的水泥，经处理后降级使用。

水泥应避免与石灰、石膏以及其他易于飞扬的粒状材料同存，以防混杂，影响质量。包装如有损坏，应及时更换以免散失。

水泥库房要经常保持清洁，落地灰及时清理、收集、灌装，并应另行收存使用。根据使用情况安排好进料和发料的衔接，严格遵守先进先发的原则，防止发生长时间不动的死角。

2. 木材

(1)质量验收。木材的质量验收包括材种验收和等级验收。木材的品种很多，首先要辨认材种及规格是否符合要求。对照木材质量标准，查验其腐朽、弯曲、钝棱、裂纹以及斜纹等缺陷是否与标准规定的等级相符。

(2)数量验收。木材的数量以材积表示，要按规定的方法进行检尺，按材积表查定材积，也可按计算式算得。

(3)保管。木材应按材种规格等级不同码放，要便于抽取和保持通风，板材、方材的垛顶部要遮盖，以防日晒雨淋。经过烘干处理的木材，应放进仓库。

木材表面由于水分蒸发，常常容易干裂，应避免日光直接照射。采用狭而簿的衬条或用隐头堆积，或在端头设置遮阳板等。木材存料场地要高、通风要好，应随时清除腐木、杂草和污物，必要时用 5%的漂白粉溶液喷洒。

3. 钢材

(1)质量验收。钢材质量验收分外观质量验收和内在化学成分、力学性能的验收。外观质量验收中,由现场材料验收人员,通过眼看、手摸,或使用简单工具,如钢刷、木棍等,检查钢材表面是否有缺陷。钢材的化学成分、力学性能均应经有关部门复试,与国家标准对照后,判定其是否合格。

(2)数量验收。钢材数量可通过称重、点件、检尺换算等几种方式验收。验收中应注意的是称重验收可能产生磅差:其差量在国家标准容许范围内的,即签认送货单数量;若差量超过国家标准容许范围,则应找有关部门解决。检尺换算所得重量与称重所得重量会产生误差,特别是国产钢材的误差量可能较大,供需双方应统一验收方法。当现场数量检测确实有困难时,可到供料单位监磅发料,保证进场材料数量准确。

(3)保管。施工现场存放材料的场地狭小,保管设施较差。钢材中优质钢材,小规格钢材,如镀锌板、镀锌管、薄壁电线管等,最好入库入棚保管,若条件不允许,只能露天存放时,应做好苫垫。

钢材在保管中必须分清品种、规格、材质,不能混淆。保持场地干燥,地面不积水,清除污物。

4. 砂、石料

(1)质量验收。现场砂石料一般先目测。

砂:颗粒坚硬洁净,一般要求中粗砂,除特殊需用外,一般不用细砂。黏土、泥灰、粉末等不超过 3%~5%。

石:颗粒级配应理想,粒形以近似立方块的为好。针片状颗粒不得超过 25%,在强度等级大于 C30 的混凝土中,不得超过 15%。注意鉴别有无风化石、石灰石混入。含泥量一般混凝土不得超过 2%,大于 C30 的混凝土中,不得超过 1%。

砂石含泥量的外观检查,如砂子颜色灰黑,手感发黏,抓一把能粘成团,手放开后,砂团散开,发现有粘连小块,用手指捻开小块,指上留有明显泥污的,表示含泥量过高。石子的含泥量,用手握石子摩擦后无尘土粘于手上,表示合格。

(2)数量验收。砂石的数量验收按运输工具不同、条件不同而采取不同方法。

量方验收:进料后先做方,即把材料作成梯形堆放在平整的地上。

过磅计量:发料单位经过地秤,每车随附秤码单送到现场时,应收下每车的秤码单、记录车号,在最后一车送到后,核对收到车数的秤码单和送货凭证是否相符。

其他:水运码头接货无地秤,堆方又无场地时,可在车船上抽查。一种方法是利用船上载重水位线表示的吨位计量;另一种方法是在运输车上快速将砂在车上拉平,量其装载高度,按照车型固定的长宽度计算体积,然后换算成重量。

(3)合理堆放。一般应集中堆放在混凝土搅拌机和砂浆机旁,不宜过远。堆放要成方成堆,避免成片。平时要经常清理,并督促班组清底使用。

5. 砖

(1)质量验收。抗压、抗折、抗冻等数据,一般以质保书为凭证。现场主要从以下几方面做外观砖的颜色:未烧透或烧过火的砖,即色淡和色黑的红砖不能使用。外形规格:按砖的等级要求进行验收。

(2)数量验收。定量码垛点数:在指定的地点定量码垛(一般 200 块为一垛)点数方便,按托板计数:用托板装运的砖,按不同砖每托板规定的装砖数,集中整齐码放,清点数量为每托板数量乘托板数。

车上点数，一般适用于车上码放整齐，现场急待使用，需要边卸边用的情况。

(3)合理保管。按现场平面布置图，码放于垂直运输设备附近便于起吊。不同品种规格的砖，应分开码放，基础墙、底层墙的砖可沿墙周围码放。使用中要注意清底，用一垛清一垛，断砖要充分利用。

6. 成品、半成品

成品、半成品主要指工程使用的混凝土制品以及成型的钢筋等。这些成品、半成品占材料费用很大，也是构成工程实体的重要材料。因此，搞好成品、半成品的现场验收和保管，对加速施工进度，保证工程质量，降低工程费用，都起着重要作用。

(1)混凝土构件。混凝土构件一般在工厂生产，再运到现场安装。由于混凝土构件有笨重、量大和规格型号多的特点，验收时一定要对照加工计划，分层分段配套码放，码放在吊车的悬臂回转半径范围以内。要认真核对品种、规格、型号，检验外观质量，及时登记台账，掌握配套情况。构件存放场地要平整，垫木规格一致且位置上下对齐，保持平整和受力均匀。混凝土构件一般按工程进度进场，防止过早进场，阻塞施工场地。

(2)成型钢筋。是指由工厂加工成型后运到现场绑扎的钢筋。一般会同生产班组按照加工计划验收规格和数量，并交班组管理使用。钢筋的存放场地要平整，没有积水，分规格码放整齐，用垫木垫起，防止水浸锈蚀。

7. 现场包装品

现场材料的包装容器，一般都有利用价值，如纸袋、麻袋、布袋、木箱、铁桶等。现场必须建立回收制度，保证包装品的成套、完整，提高回收率和完好率。对开拆包装的方法要有明确的规章制度，如铁桶不开大口、盖子不离箱、线封的袋子要拆线、粘口的袋子要用刀割等。要健全领用和回收的原始记录，对回收率、完好率进行考核，用量大、易损坏的包装品例如水泥纸袋等可实行包装品的回收奖励制度。

八、ABC 分类管理法在材料储备管理中的应用

(1)ABC 分类法原理。ABC 分类法是一种从种类繁多、错综复杂的多项目或多因素事物中找出主要矛盾，抓住重点，照顾一般的管理方法。建筑企业所需的材料种类繁多，消耗量、占用资金及重要程度各不相同。如果对所有的材料同等看待全面抓，势必难以管理好，且经济上也不合理。只有实行重点控制，才能达到有效管理。在一个企业内部，材料的库存价值和品种数量之间存在一定比例关系，可以描述为"关键的少数，次要的多数。"大约有5%～10%的材料，资金占用额达70%～75%；约有 20%～25%的材料，资金占用额大致为20%～25%；还有65%～70%的大多数材料，资金占用额仅为 5%～10%。根据这一规律，将库存材料分为 ABC 三类，见表 2—1。

表 2—1　材料 ABC 分类表

分　类	分类依据	品种数(%)	资金占用量(%)
A类	品种较少但需要量大、资金占用较高	5～10	70～75
B类	品种不多、资金占用额中等	20～25	20～25
C类	品种数量很多、资金占用比重却较少	65～70	5～10
合计		100	100

根据ABC三类材料的特点，可分别采用不同的库存管理方法。A类材料是重点管理的材料，对其中有每种材料都要规定合理的经济订货批量，尽可能减少安全库存量，并对库存量随时进行严格盘点。把这类材料控制好了，对资金节省起重要作用。对B类材料也不能忽视，应认真管理，控制其库存。对于C类材料，可采用简化的方法管理，如定期检查，组织在一起订货或加大订货批量等。三类材料的管理方法比较见表2—2所示。

表2—2　ABC分类管理方法

管理类型		材料的分类		
		A	B	C
价　值		高	一般	低
定额的综合程度		按品种或按规格	按大类品种	按该类的总金额
定额的检查方法	消耗定额	技术计算法	写真计算法	经验估算法
	库存周转金额	按库存量的不同条件下的数学模型计算	同A	经验估算法
检　查		经常检查	一般检查	季或年度检查
统　计		详细统计	一般统计	按全额统计
控　制		严格控制	一般控制	金额总量控制
安全库存量		较低	较大	允许较高

(2)ABC分类法工作步骤。

①计算每一种材料年累计需用量；

②计算每一种材料年使用金额和年累计使用金额，并按年使用金额大小的顺序排列；

③计算每一种材料年需用量和年累计需用量占各种材料年需用总量的比重；

④计算每一种材料使用金额和年累计使用金额占各种材料使用金额的比重；

⑤画出帕莱特曲线图；

⑥列出ABC分类汇总表；

⑦进行分类控制。

第七节　周转材料管理

一、周转材料与周转材料管理的内容

(1)使用。周转材料的使用是指为了保证施工生产正常进行或有助于产品的形成而对周转材料进行拼装、支搭以及拆除的作业过程。

(2)养护。指例行养护，包括除去灰垢、涂刷防锈剂或隔离剂，使周转材料处于随时可投入使用的状态。

(3)维修。修复损坏的周转材料：使之恢复或部分恢复原有功能。

(4)改制。对损坏且不可修复的周转材料，按照使用和配套的要求进行大改小、长改短的作业。

(5)核算。包括会计核算、统计核算和业务核算三种核算方式。会计核算主要反映周转材料投入和使用的经济效果及其摊销状况，它是资金(货币)的核算；统计核算主要反映数量规

模、使用状况和使用趋势，它是数量的核算；业务核算是材料部门根据实际需要和业务特点而进行的核算，它既有资金的核算，也有数量的核算。

二、周转材料费用承包的方法

(1)承包费用的确定。

①承包费用的收入。承包费用的收入即是承包者所接受的承包额。承包额有两种确定方法：一种是扣额法；另一种是加额法。扣额法指按照单位工程周转材料的预算费用收入，扣除规定的成本降低额后的费用；加额法是指根据施工方案所确定的费用收入，结合额定周转次数和计划工期等因素所限定的实际使用费用，加上一定的系数额作为承包者的最终费用收入。所谓系数额是指一定历史时期的平均耗费系数与施工方案所确定的费用收入的乘积。公式如下：

扣额法费用收入(元)＝预算费用收入(元)×(1－成本降低率%)

加额法费用收入(元)＝施工方案确定的费用收入(元)×(1＋平均耗费系数)

②承包费用的支出。承包费用的支出是在承包期限内所支付的周转材料使用费(租金)、赔偿费、运输费、二次搬运费以及支出的其他费用之和。

(2)费用承包管理的内容。

①签订承包协议。承包协议是对承、发包双方的责、权、利进行约束的内部法律文件。一般包括工程概况、应完成的工程量、需用周转材料的品种、规格、数量及承包费用、承包期限、双方的责任与权力、不可预见问题的处理以及奖罚等内容。

②承包额的分析。首先要分解承包额。承包额确定之后，应进行大概的分解，以施工用量为基础将其还原为各个品种的承包费用，例如将费用分解为钢模板、焊管等品种所占的份额。

第二要分析承包额。在实际工作中，常常是不同品种的周转材料分别进行承包，或只承包某一品种的费用，这就需要对承包效果进行预测，并根据预测结果提出有针对性的管理措施。

③周转材料进场前的准备工作。根据承包方案和工程进度认真编制周转材料的需用计划，注意计划的配套性(品种、规格、数量及时间的配套)，要留有余地，不留缺口。

根据配套数量同企业租赁部门签订租赁合同，积极组织材料进场并做好进场前的各项准备工作，包括选择、平整存放和拼装场地、开通道路等，对狭窄的现场应做好分批进场的时间安排，或事先另选存放场地。

(3)费用承包效果的考核。承包期满后要对承包效果进行严肃认真的考核、结算和奖罚。

承包的考核和结算指承包费用收、支对比，出现盈余为节约，反之为亏损。如实现节约应对参与承包的有关人员进行奖励。可以按节约额进行金额奖励，也可以扣留一定比例后再予奖励。奖励对象应包括承包班组、材料管理人员、技术人员和其他有关人员。按照各自的参与程度和贡献大小分配奖励份额。如出现亏损，则应按与奖励对等的原则对有关人员进行罚款。费用承包管理方法是目前普遍实行项目经理责任制中较为有效的方法，企业管理人员应不断探索有效管理措施，提高承包经济效果。

提高承包经济效果的基本途径有两条。

①在使用数量既定的条件下努力提高周转次数。

②在使用期限既定的条件下，努力减少占用量。同时应减少丢失和损坏数量，积极实行和推广组合钢模的整体转移，以减少停滞、加速周转。

(4)周转材料的实物量承包管理。实物量承包的主体是施工班组，也称班组定包。它是指项目班子或施工队根据使用方案按定额数量对班组配备周转材料，规定损耗率，由班组承包使用，实行节奖超罚的管理办法。

实物量承包是费用承包的深入和继续，是保证费用承包目标值的实现和避免费用承包出现断层的管理措施。

1)定包数量的确定，以组合钢模为例，说明定包数量的确定方法。

①模板用量的确定。根据费用承包协议规定的混凝土工程量编制模板配模图，据此确定模板计划用量，加上一定的损耗量即为交由班组使用的承包数量。公式如下：

$$模板定包数量(m^2)=计划用量(m^2)\times(1+定额损耗率\%)$$

式中 定额损耗量一般不超过计划用量的1%。

②零配件用量的确定。

2)定包效果的考核和核算。定包效果的考核主要是损耗率的考核。即用定额损耗量与实际损耗量相比，如有盈余为节约，反之为亏损。如实现节约则全额奖给定包班组，如出现亏损则由班组赔偿全部亏损金额，根据定包及考核结果，对定包班组兑现奖罚。

(5)周转材料租赁、费用承包和实物量承包三者之间的关系。

周转材料的租赁、费用承包和实物量承包是三个不同层次的管理，是有机联系的统一整体。实行租赁办法是企业对工区或施工队所进行的费用控制和管理；实行费用承包是工区或施工队对单位工程或承包标段所进行的费用控制和管理；实行实物量承包是单位工程里承包栋号对使用班组所进行的数量控制和管理，这样便形成了既有不同层次、不同对象的，又有费用的和数量的综合管理体系。降低企业周转的费用消耗，应该同时搞好三个层次的管理。

三、周转材料租赁的管理方法

(1)租用。项目确定使用周转材料后，应根据使用方案制定需求计划，由专人向租赁部门签订租赁合同，并做好周转材料进入施工现场的各项准备工作，如存放及拼装场地等。租赁部门必须按合同保证配套供应并登记"周转材料租赁台账"。

(2)验收和赔偿。租赁部门应对退库周转材料进行外观质量验收。如有丢失损坏应由租用单位赔偿。验收及赔偿标准一般按以下原则掌握：对丢失或严重损坏(指不可修复的，如管体有死弯、板面严重扭曲)按原值的50%赔偿；一般性损坏(指可修复的，如板面打孔、开焊等)按原值30%赔偿；轻微损坏(指不需使用机械，仅用手工即可修复的)按原值的10%赔偿。

租用单位退租前必须清除混凝土灰垢，为验收创造条件。

(3)结算。租金的结算期限一般自提运的次日起至退租之日止，租金按日历天数逐日计取，按月结算。租用单位实际支付的租赁费用包括租金和赔偿费两项。

$$\begin{aligned}租赁费用(元)=\sum(&租用数量\times相应日租金(元)\times租用天数+丢失损坏数量\\&\times相应原值\times相应赔偿率\%)\end{aligned}$$

根据结算结果由租赁部门填制《租金及赔偿结算单》。

第八节 材料核算管理

一、材料核算的方法

(1)工程成本的核算方法。工程成本核算。是指对企业已完工程的成本水平，执行成本计划的情况进行比较，是一种既全面而又概略的分析。工程成本按其在成本管理中的作用有三种表现形式。

1)预算成本。预算成本是根据构成工程成本的各个要素，按编制施工图预算的方法确定的工程成本，是考核企业成本水平的主要标尺，也是结算工程价款、计算工程收入的重要依据。

2)计划成本。企业为了加强成本管理，在施工生产过程中有效地控制生产耗费，所确定的工程成本目标值。计划成本应根据施工图预算，结合单位工程的施工组织设计和技术组织措施计划，管理费用计划确定。它是结合企业实际情况确定的工程成本控制额，是企业降低消耗的奋斗目标，是控制和检查成本计划执行情况的依据。

3)实际成本。企业完成建筑安装工程实际应计入工程成本的各项费用之和。它是企业生产耗费在工程上的综合反映，是影响企业经济效益高低的重要因素。

(2)工程成本材料费的核算。工程材料费的核算反映在两个方面：一是建筑安装工程定额规定的材料定额消耗量与施工生产过程中材料实际消耗量之间的“量差”；二是材料投标价格与实际采购供应材料价格之间的“价差”。工程材料成本盈亏主要核算这两个方面。

1)材料的量差。材料部门应按照定额供料，分单位工程记账，分析节约与超支，促进材料的合理使用，降低材料消耗。做到对工程用料，临时设施用料，非生产性其他用料，区别对象划清成本项目。对属于费用性开支非生产性用料，要按规定掌握，不能记入工程成本。对供应两个以上工程同时使用的大宗材料，可按定额及完成的工程量进行比例分配，分别记入单位工程成本。

2)材料的价差。材料价差的发生，要区别供料方式。供料方式不同，其处理方法也不同。由建设单位供料，按承包商的投标价格向施工单位结算，价格差异则发生在建设单位，由建设单位负责核算。施工单位实行包料，按施工图预算包干的，价格差异发生在施工单位，由施工单位材料部门进行核算。所发生的材料价格差异按合同的规定记入成本。

二、材料核算的主要业务

(1)材料采购的核算。

(2)材料消耗量核算。

(3)材料供应的核算。

(4)材料周转的核算。

(5)材料储备的核算。

三、材料成本核算的内容

(1)材料采购的核算。材料采购核算，是以材料采购预算成本为基础，与实际采购成本相比较，核算其成本降低或超耗程度。

1)材料采购实际成本(价格)。材料采购实际成本是材料在采购和保管过程中所发生的各项费用的总和。它由材料原价、供销部门手续费、包装费、运杂费、采购保管五方面因素构成。组成实际价格的五个内容，任何一方面的变动，都会直接影响到材料实际成本的高低。在材料采购及保管过程中应力求节约，降低材料采购成本是材料采购管理的重要环节。

市场供应的材料，由于货源来自各地，产品成本不一样，运输距离不等，质量情况参差不齐，为此在材料采购或加工订货时，要注意材料实际成本的核算，采购材料时应作各种比较，即：同样的材料比质量；同样的质量比价格；同样的价格比运距；最后核算材料成本。尤其是地方大宗材料的价格组成，运费占主要成分，尽量做到就地取材，减少运输及管理费用。

材料价格通常按实际成本计算，具体方法有“先进先出法”或“加权平均法”两种。

①先进先出法。同一种材料每批进货的实际成本如各不相同时，按各批不同的数量及价格分别记入账册。在发生领用时，以先购入的材料数量及价格先计价核算工程成本，按先后程序依此类推。

②加权平均法。同一种材料在发生不同实际成本时，按加权平均法求得平均单价，当下一批进货时，又以余额(数量及价格)与新购入的数量、价格作新的加权平均计算，得出平均价格。

2)材料预算价格。材料预算价格包括从材料来源地起，到到达施工现场的工地仓库或材料堆放场地为止的全部价格，由下列五项费用组成：材料原价；供销部门手续费；包装费；运杂费；采购及保管费。

计算公式如下

$$材料预算价格=(材料原价+供销部门手续费+包装费+运杂费)\times(1+采购及保管费率-包装品回收值)$$

①材料原价的确定原则和计算。

a. 单渠道货源的材料，按供应单位的出厂价或批发价确定。

b. 多渠道货源的材料，按各供应单位的出厂价或批发价，采用加权平均法计算确定。

②供销部门手续费的计算。凡通过物资供销部门供应的材料，都要按规定的费率，计算供销部门手续费。如果供销部门已将此项手续费包括在材料原价内时，就不再重复计算此项费用。

③材料包装费的计算。包装费是为了便于材料的运输或为保护材料而进行包装所需要的费用，包括水运、陆运及运输中的支撑、棚布等。如由生产厂负责包装，其费用已计入材料原价内的，则不再另行计算，但应扣回包装的回收价值。

包装器材的回收价值，按地区主管部门规定计算，如无规定，可参照下列比率结合地区实际情况确定。

a. 木制品包装者，回收值70%，回收值按包装材料原价20%。

b. 用薄钢板、铁丝制品包装的回收量，铁桶为95%；薄钢板50%；铁丝20%。回收值按包装本材料原价的50%计算。

c. 用纸皮、纤维品包装的，回收率量为50%，回收值按包装材料原价的50%计算。

d. 用草绳、草袋制品包装的，不计算回收值。

包装材料回收价值计算公式：

$$包装品回收价值=包装品(材料)原价\times回收量(\%)\times回收值(\%)$$

④材料运杂费用的计算和确定。材料的运杂费应按所选定的材料来源地，运输工具、运输方式、运输里程以及厂家交通运输部门规定的运价费用率标准进行计算。

材料运杂费包括以下内容。

a. 产地到车站、码头的短途运输费。

b. 火车、船舶的长途运输。

c. 调车及驳船费。

d. 多次装卸费。

e. 有关部门附加费。

f. 合理的运输损耗。

编制材料预算价格时，材料来源地的确定，应贯彻就地、就近取材的原则。根据物资合理分配条件，及历年物资分配情况确定。材料的运输费用也根据各地区制订的运价标准，采用加权平均法计算。确定工程用大宗材料如：钢材、木材、水泥、砖、瓦、灰、砂、石等一般应按整车计算运费，适当考虑一部分零担和汽车长途运输。整车与零担比例，要结合资源分布、运输条件和供应情况研究确定。

⑤采购及保管费的计算。材料采购及保管费，指各级材料部门（包括工地仓库）在组织采购、供应和保管材料过程中所需的各项费用。材料采购及保管费计算公式如下：

采购及保管费＝（材料原价＋供销部门手续费＋运输费）×采购及保管费率

国家规定：综合采购保管费率为2.5%。

3)材料采购成本的考核。材料采购成本可以从实物量和价值量两方面进行考核。单项品种的材料在考核材料采购成本时，可以从实物量形态考核其数量上的差异。企业实际进行采购成本考核，往往是分类或按品种综合考核价值上的"节"与"超"。通常有如下两项考核指标。

①材料采购成本降低（超耗）额。材料采购成本降低（超耗）额＝材料采购预算成本－材料采购实际成本

式中　材料采购预算成本是按预算价格事先计算的计划成本支出；材料采购实际成本是按实际价格事后计算的实际成本支出。

②材料采购成本降低（超耗）率。

$$材料采购成本降低(超耗)额(\%)=\frac{材料采购成本降低(超耗)额}{材料采购预算成本}\times 100\%$$

(2)材料消耗量核算。现场材料使用过程的管理，主要是按单位工程定额供应和班组耗用材料的限额领用进行管理。前者是按预算定额对在建工程实行定额供应材料；后者是在分部分项工程中以施工定额对施工队伍限额领料。施工队伍实行限额领料，是材料管理工作的落脚点，是经济核算、考核企业经营成果的依据。

检查材料消耗情况，主要是用材料的实际消耗量与定额消耗量进行对比，反映材料节约或浪费情况。由于材料的使用情况不同，因而考核材料的节约或浪费的方法也不相同，分述如下。

1)核算某项工程某种材料的定额与实际消耗情况。计算公式如下：

某种材料节约（超耗）量＝某种材料实际耗用量－该项材料定额耗用量

上式计算结果为负数，则表示节约；反之计算结果为正数，则表示超耗。

$$某种材料节约(超耗)率=\frac{材料节约(超耗)量}{材料定额耗用量}\times 100\%$$

同样，式中负百分数表示节约率；正百分数表示超耗率。

2)核算多项工程某种材料消耗情况。节约或超支的计算式同上。某种材料的计算耗用量，即定额要求完成一定数量建筑安装工程所需消耗的材料数量的计算式应为

某种材料定额耗用量＝∑（材料消耗定额×实际完成的工程量）

3)核算一项工程使用多种材料的消耗情况。建筑材料有时由于使用价值不同，计量单位各异，不能直接相加进行考核。因此，需要利用材料价格作为同度量因素，用消耗量乘材料价格，然后加总对比。公式如下：

材料节约（－）或超支（＋）额＝∑材料价格×（材料实耗量－材料定额消耗量）

4)检查多项分项工程使用多种材料的消耗情况。这类考核检查，适用以单位工程为单位的材料消耗情况，它既可了解分部分项工程以及各单位材料定额的执行情况，又可综合分析全

部工程项目耗用材料的效益情况。

(3)材料供应的核算。材料供应计算是组织材料供应的依据。它是根据施工生产进度计划、材料消耗定额等编制的。施工生产进度计划确定了一定时期内应完成的工程量，而材料供应量是根据工程量乘以材料消耗定额，并考虑库存、合理储备、综合利用等因素，经平衡后确定的。按质、按量、按时配套供应各种材料，是保证施工生产正常进行的基本条件之一。检查考核材料供应计划的执行情况，主要是检查材料的收入执行情况，它反映了材料对生产的保证程度。

检查材料收入的执行情况，就是将一定时期(旬、月、季、年)内的材料实际收入量与计划收入量作对比，以反映计划完成情况。一般情况下，从以下两个方面进行考核。

1)检查材料收入量是否充足。这是考核各种材料在某一时期内的收入总量是否完成了计划，检查在收入数量上是否满足了施工生产的需要。其计算公式为：

$$材料供应计划完成率=\frac{实际收入量}{计划收入量}\times100\%$$

检查材料收入量是保证生产完成所必需的数量，是保证施工生产顺利进行的一项重要条件。如收入量不充分，如上表中黄砂的收入量仅完成计划收入量的 85%，这就造成一定程度上的材料供应数量不足，影响施工正常进行。

2)检查材料供应的及时性。在检查考核材料收入总量计划的执行情况时，还会遇到收入总量的计划完成情况较好，但实际上施工现场却发生停工待料的现象，这是因为在供应工作中还存在收入时间是否及时的问题。也就是说，即使收入总量充分，但供应时间不及时，也同样会影响施工生产的正常进行。

分析考核材料供应及时性问题时，需要把时间、数量、平均每天需用量和期初库存等资料联系起来考查。

$$供货及时性率=\frac{实际供货对生产建设具有保证的天数}{实际工作天数}\times100\%$$

(4)周转材料的核算。由于周转材料可多次反复使用于施工过程，因此其价值的转移方式不同于材料的一次性转移，而是分多次转移，通常称为摊销。周转材料的核算以价值量核算为主要内容，核算周转材料的费用收入与支出的差异和摊销。

1)费用收入。周转材料的费用收入是以施工图为基础，以预算定额为标准随工程款结算而取得的资金收入。

2)费用支出。周转材料的费用支出是根据施工工程的实际投入量计算的。在对周转材料实行租赁的企业，费用支出表现为实际支付的租赁费用；在不实行租赁制度的企业，费用支出表现为按照规定的摊销率所提取的摊销额。

3)费用摊销。

①一次摊销法。

一次摊销法是指一经使用，其价值即全部转入工程成本的摊销方法。它适用于与主件配套使用并独立计价的零配件等。

②“五五”摊销法。

投入使用时，先将其价值的一半摊入工程成本，待报废后再将另一半价值摊入工程成本的摊销方法。它适用于价值偏高，不宜一次摊销的周转材料。

③期限摊销法。

期限摊销法是根据使用期限和单价来确定摊销额度的摊销方法。它适用于价值较高、使用期限较长的周转材料。计算方法如下。

第一步:分别计算各种周转材料的月摊销额。

第二步:计算各种周转材料月摊销率。

第三步:计算月度总摊销额。

(5)材料储备的核算。为了防止材料积压或储备不足,保证生产需要,加速资金周转,企业必须经常检查材料储备定额的执行情况,分析材料库存情况。

检查材料储备定额的执行情况,是将实际储备材料数量(金额)与储备定额数量(金额)相对比,当实际储备数量超过最高储备定额时,说明材料有超储积压;当实际储备数量低于最低储备定额时,说明企业材料储备不足,需要动用保险储备。

1)储备实物量的核算。实物量储备的核算是对实物周转速度的核算,主要核算材料对生产的保证天数、在规定期限内的周转次数和周转 1 次所需天数。其计算公式为:

$$\text{材料储备对生产的保证天数}=\frac{\text{期末库存量}}{\text{每日平均消耗材料量}}$$

$$\text{材料周转次数}=\frac{\text{某种材料的年消耗量}}{\text{平均库存}}$$

$$\text{材料周转天数}=\frac{\text{平均库存}\times\text{日历天}}{\text{年度材料耗用量}}$$

2)储备价格量的核算。价格形态的检查考核,是把实物数量乘以材料单价用货币作为综合单位进行综合计算,其好处是能将不同质、不同价格的各类材料进行最大限度地综合,它的计算方法除上述的有关周转速度方面(周转次、周转天)的核算方法均适用外,还可以从百元产值占用材料储备资金情况及节约使用材料资金方面进行计算考核。其计算式为:

$$\text{百元产值占用材料储备资金}=\frac{\text{材料储备资金的平均数}}{\text{年度建安工作量}}\times 100\%$$

$$\text{资金节约使用额}=(\text{计划周转天数}-\text{实际周转天数})\times\frac{\text{年度材料耗用总额}}{360}$$

(6)工具的核算。

1)费用收入与支出。在施工生产中,工具费的收入是按照框架结构、排架结构、升板结构、全装配结构等不同结构类型,以及旅游宾馆等大型公共建筑,分不同檐高(20 m 以上和以下),以每平方米建筑面积计取。一般情况下,生产工具费用约占工程直接费的 2%左右。

工具费的支出包括购置费、租赁费、摊销费、维修费以及个人工具的补贴费等项目。

2)工具的账务。施工企业的工具财务管理和实物管理相对应,工具账分为由财务部门建立的财务账和由料具部门建立的业务账。

①财务账,分为以下三种。

总账(一级账)。以货币单位反映工具资金来源和资金占用的总体规模。资金来源是购置、加工制作、从其他企业调入、向租赁单位租用的工具价值总额。资金占用是企业在库和在用的全部工具价值余额。

分类账(二级账)。在总账之下,按工具类别所设置的账户,用于反映工具的摊销和余值状况。

分类明细账(三级账)。针对二级账户的核算内容和实际需要,按工具品种而分别设置的账户。

在实际工作中，上述三种账户要平行登记，做到各类费用的对口衔接。

②业务账分为以下四种。

a. 总数量账。用以反映企业或单位的工具数量总规模，可以在一本账簿中分门别类地登记，也可以按工具的类别分设几个账簿进行登记。

b. 新品账。亦称在库账，用以反映未投入使用的工具的数量，是总数量账的隶属账。

c. 旧品账。亦称在用账，用以反映已经投入使用的工具的数量，是总数量账的隶属账。

当因施工需要使用新品时，按实际领用数量冲减新品账，同时记入旧品账，某种工具在总数量账上的数额，应等于该种工具在新品账和旧品账的数额之和。当旧品完全损耗，按实际消耗冲减旧品账。

d. 在用分户账。用以反映在用工具的动态和分布情况，是旧品账的隶属账。某种工具在旧品账上的数量，应等于各在用分户账上的数量之和。

3)工具费用的摊销方法与周转材料相同。

第三章　工程物资管理基本知识

对于施工企业而言，新建项目多，结构类型复杂，施工进度具有阶段性，施工地点不断延伸变动，线长点多，用料分散，物资供应管理环节多，物资消耗量大，配套性强。因此，必须加强领导，统一管理，分级负责，在市场经济体制下，更应搞好计划管理，明确采购分工，以合理的供应管理方式，保证施工企业物资的需要，促进企业整体效益的提高。

物资计划是针对计划期内所需物资的品种、规格、数量、质量标准及供应时间所作的预见和安排。它包括从查明需要和资源开始，经过综合平衡，以各种流通渠道将资源配置到用料单位过程中各项活动的全部内容。它是供应管理各项工作有计划进行的行动纲领。

施工现场物资管理是指在材料责任成本目标管理中，以定额管理为核心，以提高整体经济效益为目的的施工现场物资管理。管理的内容包括物资的计划申请、物资入库验收、保管、发放、定额控制、统计核算、节约降耗、工地现场管理等。

随着社会生产的发展，储备物资的品种、数量在不断增加，管理任务愈来愈显得重要，管理的内容也越来越复杂。仓库成为连接生产和消费的纽带。搞好仓库管理工作，对促进生产的发展起着重要作用。

第一节　物资管理概述

一、商流、物流、信息流

1. 商流

商流是指商品流通过程中的买卖活动或购销活动，即消费者用价值相等的等价物与生产者或经营者进行商品交换，这个过程是商品流动过程，称为商流。通过商流，实现商品所有权的转移。在商品流通过程中，一般都是在买卖成交之后，即商流过程完成后，才能实现物流活动。

2. 物流

物流是指实物形态的商品在生产者与消费者之间的流动过程。商品从生产者（或经营者）到消费者，通常要经过包装、装车、运输、卸车、储存、流通加工等环节，才能完成这一流动过程。

3. 信息流

在生产资料流通领域中，信息流总是伴随着商流和物流同时发生。它是对商流和物流活动的描述和记录，反映商流和物流的运动过程。信息流对商流和物流活动起指导和控制作用，并为商流和物流活动提供管理信息和决策依据。

二、物资流通的一般规律

物资流通的一般规律如图 3－1 所示。

三、物资流通的基本矛盾

物资流通的基本矛盾是供应与需求之间的矛盾，具体表现为供应与需求之间品种、质量、数量、价格、时间、地点的矛盾。在这些矛盾中,最主要的矛盾是供需物资数量的矛盾。但这个数量不是一般意义上抽象的数量,而是在一定品种、一定质量、一定价格、一定时间、一定地点等条件下体现的数量。

- 物资流通的一般规律
  - 物资消耗规律
    - (1)物资流通是为物资消耗服务的,因此必须掌握物资消耗规律,适应物资消耗的需要,并通过物资流通工作减少物资损耗和合理使用,使有限的物资发挥更大的作用。
    - (2)物资流通企业与物资使用企业之间的根本利益是一致的,都是为了生产的发展和整体效益的提高,因而物资流通企业更需要研究物资消耗规律,更好地为用户服务,促使用户提高物资使用效率。
    - (3)在现代生产技术和管理水平不断提高的今天,单位产品消耗的物资将逐步下降,物资的有效利用程度将逐步提高。物资流通企业如不掌握物资消耗规律,就不可能做好物资流通工作。
  - 价值规律
    - 价值规律亦称"价值法则",即商品的价值量是由生产商品所消耗的社会必要劳动量来决定,并通过价格来实现。价格要反映价值,价格随市场供求关系等因素围绕价值上下波动,但这种波动不能与价值偏离太远。运用价值规律对物资流通的调节作用,从而促进供求关系趋向平衡,物资得以流通,资源得到优化,促进国民经济健康发展。
  - 供求关系规律
    - 供求关系是商品市场的重要规律。市场供求关系是经常变化的,在时间、地区、品种和质量上都有其明显表现。物资企业应及时掌握市场供求关系的变化,作出正确决策,并通过物资流通工作,促使物资供求保持平衡,以保证和促进生产的发展。
  - 市场竞争规律
    - 市场竞争是商品经济的产物。竞争与市场经济是相伴而生的,是市场经济的重要特征之一。在市场经济条件下,市场主体(包括物资流通企业和生产企业)通过市场平等、公平、公开地参与竞争。竞争的结果是优胜劣汰。因此,物资流动应遵循市场竞争规律,以市场为导向,适应市场的需要,更好地为市场服务。通过市场竞争,物资企业才能得到更快的发展。

图 3-1 物资流通的一般规律

供需物资数量的矛盾(即物资流通的基本矛盾),通常存在供应大于需求或者小于需求两种情况。前者表现为市场疲软、物资积压、价格下降、物资企业亏损;后者则表现为物资紧缺、价格上涨、物资企业难以保证供应。

四、物资流通在社会生产中的作用

1. 物资流通的经济效果直接关系着社会再生的经济效果

物资流通费用在社会生产成本中占有相当比重,节约物资流通费用,能大大提高社会生产的经济效益。随着科技进步和社会生产力的快速发展,在生产领域中,通过降低物耗和通过节约活劳动而获得利润的潜力已越来越小,而降低物流费用取得利润的潜力却很大。按市场运行机制组织物流,合理调运、择优采购、减少中转环节、合理储备、加速周转、减少物资损失,都能有效地节省费用,取得明显的经济效果,有利于推动社会经济发展。

2. 物资流通的速度直接影响社会再生产速度

社会再生产时间是生产时间和流通时间的总和。流通时间即物资在流通领域停留的时间。缩短停留时间,就意味着相对增加生产时间,从而加速整个社会再生产过程。

3. 物资流通的规模影响再生产发展的规模

流通规模固然由生产规模决定,但生产的发展必须以流通的扩大为条件。扩大流通规模,就必然加强地区、部门、企业间的经济联系,促进社会分工的发展和生产专业化程度的提高。国际贸易的发展、市场的扩大、流通商品的增加,必将进一步促进生产国际化。

4. 物资流通直接关系到再生产的顺利进行

任何物质生产过程都是生产资料和必要劳动时间相结合的过程。缺少了原材料、燃料、设备及零配件、辅助材料,显然无法进行生产;不满足质量、时间、配套等方面的严格要求,生产企业就无法有计划地、合理地、均衡地组织生产，生产能力也就得不到有效发挥，从而影响生产建设发展速度。

五、基建物资供应管理的重要性及任务

1. 重要性

基建物资流通是整个物资流通的重要组成部分，是基建生产正常进行的主要保证，对国民经济和自身的发展都起着重要作用，处于举足轻重的地位。

基本建设是国家物资消耗大户，在整个物资流通中是不容忽视的。基建物资流通的好坏，不仅直接或间接影响工农业生产和人民生活以及整个国家的建设任务的完成，同时也会影响整个物资流通的运行。

2. 任务

基建物资供应管理的任务是：搞好资源和需要的平衡，及时解决供需矛盾；加速物资流通，减少中间环节，节省流通费用，经济合理地组织供应；合理有效地使用物资，推动物资节约。

六、基建物资供应管理的特点及原则

1. 特点

基建物资供应的特点是由基建行业的性质决定的。基本建设是国民经济的基础，所需物资必须有充分的保证；基建是一个资金密集、劳动与技术密集的行业，所消耗的物资数量大、品种多、技术要求复杂。

2. 原则

坚持从生产出发，为生产服务，发扬"宁肯自己千辛万苦，不让用户一时为难"的精神解决生产对物资的需要；坚持质量第一，确保为生产建设提供合格物资（产品）；坚持管供、管用、管节约；做到计划有依据、供应有道理、消耗有核算、节超有分析；讲求经济效益，在保证供应的前提下做到物资储备越少越好；周转快，资金利用率高，采购成本低，储运费用省，以提高企业的整体效益。

第二节　物资计划

一、物资计划体系

物资计划体系是指各种物资计划之间相互制约、紧密衔接、有机结合的统一体。物资计划体系一般以需要量核算计划为主体，以物资申请（采购）计划为前提，以物资分配计划为核心，以实施供应计划为目的。因此，只有某一项任务的需要量计划，才能有物资申请（采购）计划、物资分配计划、物资供应计划、利库挖潜计划、节约代用计划、回收计划、催运计划和运输计划。

在社会主义经济条件下，由于资源配置的主导因素，计划机制正被市场机制所取代，因而物资计划的构成已趋单纯。物资采购计划在整个物资计划中的重要性更加突出。

二、物资计划的分类

物资计划是物资流通过程中所编制各种计划的总称，因此物资计划的种类是比较多的。

（1）按计划的作用划分。可分为物资申请计划、物资储备计划、物资分配计划、物资供应计划、物资调整计划、物资运输计划、物资节约计划等。

（2）按时间的长短划分。可分为长期物资计划、中期物资计划、年度物资计划、季度物资计

划、月度物资计划和旬物资计划。

(3)按物资的类别划分。可分为金属材料计划、非金属材料计划、机电产品计划和机械配件计划等。

三、物资计划的编制方法

编制物资计划的方法有定额计算法、平衡法、比较计算法、固定比例计算法、系数计算法、数学法、查图计算法和估算法等。运用于施工企业的方法主要有定额计算法、查图计算法和估算法。

1. 定额计算法

定额计算法又称技术经济核算法，是实际使用最广泛的一种，它是根据技术和经济数据、物资消耗定额，进行直接计算确定计划指标数据的一种计算方法。

2. 查图计算法

查图计算法是一种现场工作实际取得的方法。这里指的图就是设计图纸、产品定型设计图或建设施工设计图等的有关图表。它是对其所列内容逐一查核，进行计算，有的可将计算结果与设计图中所列的“需要材料表”进行复核，从而确定计划需要量。

3. 估算法

估算法又称经验法，是一种凭客观经验而估算计划量的方法，具有一定的局限性。在施工企业，对一般材料可采用这种方法。

四、物资申请计划的构成

物资申请计划主要由需用量核算表、物资申请计划表和计划编制说明书三部分构成，如图3－2所示。

物资申请计划的构成
- 需用量核算表
  - 需用量核算表，是反映物资需用量核算依据和核算结果的表格。它包括诸期任务量、物资消耗定额、物资需用量以及其他核算资料等等。核算表因不同类别物资有所有同，一般由上级物资主管机构统一规定，企业也可以结合具体情况和申请计划的要求制定内部使用的各种核算表，进行更为直接、具体、明晰的核算。目前，基本建设使用的物资需用料核算表，设计较为完整，对控制工程项目物资总量是十分有效的。
- 物资申请计划表
  - (1)物资申请计划表亦称物资申请书、物资申请汇总表。它是全面反映物资申请计划主要指标及其相互关系的表格，也是物资申请计划的主体。
  - (2)它是根据资源和需用相互平衡的原理而设计的综合表式，既反映了企业所需物资的数量，也反映了企业内部资源情况和申请数量。表式由上级物资主管机构统一规定。
- 物资计划编制说明
  - 物资计划编制说明，又称物资计划技术经济论证书，包括对编制依据及其准确程度，从技术经济角度而进行的综合分析论证、上期计划执行情况分析及与本期的对应在比较、其他需要说明的详细情况等。其主要作用是对物资申请计划进行一次全面、客观、科学的总结，使计划数据符合实际，为上级物资机构提供审核的文字资料。
  - 物资计划编制说明书一般应包括以下内容：
  - (1)编制计划的依据及原则。
  - (2)上期计划执行情况分析。
  - (3)计划期各类材料的需用量和储备量与上期相应指标的对比分析。
  - (4)计划期的任务特点、主要任务概况及其对用料的特殊要求。
  - (5)采用定额及其审定情况、降低定额措施和预期效果。
  - (6)期初库存及其内部资源的检查情况。
  - (7)期末储备量的确定及依据。
  - (8)对上级机构物资供应的意见、建议和要求。
  - (9)计划编制及审查的主要情况和其他需要说明的问题。

图3－2　物资申请计划的构成

五、物资采购计划的编制作用

物资采购计划是一种与资源组织密切联系的物资计划，其编制原则与实施的程序均要在物资组织决策的前提下才能有效进行。

1. 编制

物资采购计划应按具体明细规格、型号进行编制，按采购计划表内容(内容与物资申请计划相同)填写。采购计划的计划期可根据企业生产需要和物资资源情况而定，一般分为季、月、旬计划，最好与申请计划的计划期同步。

2. 作用

(1)从企业生产、建设的角度看，物资采购有计划、有秩序地进行，不仅使物资供应资金有保证，而且有利于有效地控制采购成本，降低采购费用，保证物资质量。因此，企业物资采购计划编制的准确与否，将直接影响到企业的物资资源组织与供应的实现。

(2)随着社会主义市场经济的逐步完善，物资流通渠道已从封闭式的单一渠道向着开放的多渠道方式转变，企业直接从市场取得资源的范围将不断扩大，编好物资采购计划和搞好采购的实施显得更加重要。

六、材料目录编制与管理

(1)材料目录是将各类物资按照一定的规律，科学地加以分类编制成的一个系统的手册，是物资管理的基本工具，是组织物资管理工作的统一标准和共同语言。其内容包括物资分类、物资编号、物资名称、规格说明、计量单位、物资参考价格等基本内容。为了使用方便，材料目录还附有各种有关参考资料(各类物资的牌号、型号、代号的表示方法，各种物资的化学成分、机械性能、技术条件以及计量换算表等。)

(2)编制材料目录是一项工作量大而又复杂的工作。编制时，应组织有丰富经验的专业人员，深入调查研究，广泛搜集资料；在使用过程中，应注意积累资料，发现某些不切合实际的情况或出现新产品等，均需进行修改补充。

(3)在材料目录管理上，一般采取行业所用主要物资的分类、编号、名称、规格、技术条件、计量单位等进行补充、调整和修改，由行业的物资主管机构统一掌握。行业所属各单位以行业目录为基础，结合实际情况制定自己的目录。

七、市场采购物资资源渠道选择的原则

市场采购物资资源的组织是一项复杂的技术性工作。从当前实践的情况来看，市场采购物资资源组织，必须坚持下列原则：

(1)建立稳定的采购渠道，相对固定供应关系。当市场采购渠道经比较确定之后，建立较为固定的协作、定点供应关系，对供需双方都有利。

(2)遵循择优、保质、功能合理的原则。对采购的物资本身来说，必须选择满足生产需要、质量保证、功能合理、价廉适用的产品。

(3)实施比较采购的原则。要掌握足够的信息资料进行比较采购。在信息掌握不多的情况下，必须进行横向、纵向比较，尤其对专业性较强的产品，要查阅资料，力争采购到货真价实的物资。

(4)坚持按需采购的原则。对于市场采购物资，必须要有一定的管理制度与权限分工，杜

绝盲目的市场采购行为，制止盲目采购，并落实于业务操作程序上。

(5)建立企业信誉，扩大影响，壮大实力。企业信誉是一种宝贵财富，是可以评估计值的。对于供货与需用企业双方，企业信誉的建立、扩大是市场采购的一种实力显示，它事实上在市场采购中发挥着越来越重要的作用。

(6)贯彻就近就地采购的原则。在采购物资的质量、价格相同的条件下，要本着本地区或本系统或就近地区采购的原则，以节省费用、增进效益，但不能采购本地区或本系统质次价高的物资。

八、市场采购物资资源组织渠道种类

市场采购物资资源组织渠道见表3－1。

表3－1　市场采购物资资源组织渠道

类　别	内　容
物资市场渠道	(1)物资市场又称物资交易市场，它是国家物资主要部门或者省、市、自治区地方政府等在大中城市开办的生产资料交易所。 (2)物资市场的物点是经营实力雄厚，经营网点分布广，经销的物资品种、规格齐全，质量有保证，信息灵通，经营信誉好，并且交易价格较公平合理和具有引导、指导性。物资市场又分为综合性交易市场、专业性交易市场和期化交易市场等数种。参与物资市场组织物资资源还必须符合有关的规定，按照市场规则有序地进行
国外进口渠道	一般来说，当国内资源采购很困难，且国外又有资源可以合理进口时，可以委托外贸部门或有权向国外购买物资的部门(企业)在国际市场上购买，但须经国家有关机构审查批准后才能进行。在我国加入世贸组织以后，国外进口渠道必将越来越多地被运用
工商业经销渠道	工商业经销渠道就是指工业部门经销渠道和商业部门经销渠道。工业部门经销的一般是本部门生产的专用物资、设备。市场经济的逐步完善与第三产业的迅速发展，行业销售分工的概念在逐步淡化
租赁渠道	对于季节性、周转性、一次性使用的机械设备与工具、周转材料或由于急用而来不及购置的物资，可利用租赁渠道来解决使用问题。其特点是需支付一定的租金，用来取得临时使用权。租赁渠道对于解决周转性材料具有重要意义，它是市场采购资源渠道中比较特殊的一条渠道
联营开发渠道	联营开发是指两个及其以上的单位为实现某一目标而共同以协议所规定的形式，投入一定的物资或资金、技术等，并以协议所规定的所应承担的义务与应取得的利益为前提条件，联合经营开发某一项目。联营开发是一种被广泛应用的渠道
委托代购渠道	委托代购是需用企业委托另一个企业或经销单位代理采购，以取得所需物资资源为目的一种渠道，适用于信息交流等客观条件相对较差的需用企业和采购难度较大的物资。利用委托代购渠道的前提是找准一家信誉好的代购企业或经销单位
加工定制渠道	对于企业需要的非标设备、非通用件和外协件以及市场短缺或价格过高物资的采购，可以通过加工定制渠道来解决。加工定制的方式有来料加工(带料加工)与协议加工两种。加工定制是解决非标产品的供应市场而采用的做法，它也是市场采购物资资源取得“关键”产品的渠道
生产企业自销渠道	生产企业自销渠道是取得市场采购物资中比较理想的渠道之一，它从客观上提供了减少中间经销环节费用的可能。同时，从生产企业自锁渠道取得资源，有利于产、需双方在价格、质量、综合效益方面取得更为一致的看法。因此，生产企业自销渠道是市场采购物资资源的重要渠道

九、市场采购物资资源组织的实施程序

(1)广泛搜集和整理、归类，直至分析有关市场的信息资料。尽可能完整地了解各方面的

情报资料，并结合了解企业自身的情况，进行归类、比较、分析、整理，这是制定市场采购物资资源组织策略的必要基础。

(2)提出明确的市场采购物资资源组织目标。有了目标，才有努力方向。明确的采购目标和明确的需要解决的问题，是市场采购物资资源组织的出发点和归宿点。制定目标时要注意客观条件、实事求是，但也要有突破，必须要有所创新。

(3)组织拟定和设想各种可行性方案。要群策群力，集思广益，动员有关人员提出采购方案，然后结合以前的采购方案进行评估分析，落实采购步骤。

(4)选定最理想的采购方案和实施步骤。

十、市场采购物资资源组织渠道的选定

市场采购物资资源组织中，采购渠道的选定有多种比较，且选定采购渠道常用经验判断。由于经验本身是由感性认识上升为理性认识的，因而具有不可忽视的客观性。尤其由经验丰富的决策者作出判断时，往往比较客观，并且选定的采购渠道简便、省力、效率高，也不需要大量的数据资料分析。

用经验判断作出的决定，往往受决策者的主观影响，有一定的局限性，这就需要有另一种更为科学的方法，即计量分析法。

计量分析法就是通过对有关数据的选择、计算、分析来选定采购渠道的方法。一般采用的方法有价值分析法和量本利分析法。其主要步骤是拟定数学模型，通过计算分析、数据比较、资料推断，以进行采购渠道的选定。

在实际运用中，可将计量分析法与经验判断法并用。计量分析法为经验判断法提供实践支持，两种方法互相结合、共同应用，可提高准确性。

十一、选择供货单位的方法

(1)招(议)标方法。通过招标或议标，从投标单位中选择供货单位。其步骤是：由采购者提出招标或议标条件，各供货单位投标竞标，再由采购者决标(议标)，最后与提出最有利条件的供货单位签订协议。

(2)协商选择方法。由采购者先与若干个供应条件较有利的潜在贷货单位分别协商，而后从中选定合适的供货单位。

(3)采购成本比较法。根据物资价格、运输及其他采购费用，通过计算分析出采购总成本以选择供货单位。此法一般在产品质量、功能、履约率、销售服务项目等满足要求时，而采购成本成为主要因素时采用。

(4)综合评分法。通过记分综合评价以选择供货单位。此法一般用于由多家采购转为一家采购。

(5)价值分析法。运用价值工程的原理，对所采购物资的功能和采购、使用费用或全过程成本进行比质、比价、比功能的分析，从而评定其价值高低。

价值＝功能/费用

在供货单位的选择决策中，还存在一个向多家采购的决策问题，这是指集中向一家供货单位还是向多家供货单位采购的问题，实际是各有利弊，应作具体分析。

十二、定期与定量采购

1. 定量采购

定量采购是一种不定期但确定批量的采购方式。当其实际库存量降低到规定的标准时，就提出既定数量的采购。这个规定的标准就是订购点(采购点)。

采购点＝采购需要天数×日均需用量＋保险储备量

定量采购的采购量是固定的，一般以经济采购批量来确定。

经济采购批量又叫经济订货量，即指储备保管费用和订购进料费用之和为最低的订购数量。

储存保管费用是指物资在储存过程中所支付的资金占用费及维护、保养、清点、损耗等全部仓库管理费用。

经济采购批量的计算公式如下：

$$Q=\frac{2RC_{订}}{P\sqrt{C_{保}}}$$

式中　Q——采购批量；

R——年需用量；

$C_{订}$——一次订购费用；

P——单价；

$C_{保}$——库存年保管费率。

2. 定期采购

定期采购是事先确定采购时间，如按旬、月、季的采购组织。

定期采购数量＝供货间隔天数×平均一日需用量＋保险储备－现有实际库存量－订货未到数量－待发出（消耗）数量

供货间隔天数是两次到货验收之间的间隔天数。

现有实际库存是指采购时仓库里的实际库存数量。

订货未到数是指已经订购但未到库的数量。

待发（消耗）数量是指制定采购计划当时到采购日期发出（消耗）数量。

定期采购有利于享受多种物资合并采购量大的优惠价格，能根据需要量的变化调整采购批量，有利于降低采购费用，有利于编制较为严密的采购计划等。其缺点是：不能经常掌握库存动态和及时提供采购，要求保险储备量较大，不能采用经济订购批量等。

第三节　施工现场物资管理

一、物资统计

1. 物资统计的内容及作用

(1)内容

物资统计的内容包括：物资生产的个体的物资产量及销售情况，物资流通过程的流转量、存储量（含在途量）情况，物资消费使用个体物资的消费量、存储量、回收利用情况等。

(2)作用

1)及时反映物资资源、消费、结存及流通情况。

2)掌握物资动态与分布情况。

3)根据历年物资统计资料，分析研究物资供应工作规律。

4)正确反映各项物资计划执行情况，为物资管理工作提供信息依据，为监督检查物资方针、政策、规章制度的贯彻执行及制定相应措施发挥参谋作用。

2. 基建物资统计的主要指标

基建物资统计的主要指标为收入量、消费量和库存量三大类，主要研究物资供求关系、消费规律、挖掘潜力、对生产的保证程度和降低流转费用等。

(1)收入量

物资收入量反映报告期内各用料单位(包括各级报表汇总单位)及物资机构到货数量和进料渠道等情况,通过分析可检查订货合同(进料计划)执行情况、料源渠道的合理程度,进料组织是否经济合理,还可以检查整个系统库存布局与库存动态等情况。

(2)消量

消费量是指基建物资消费说明在报告期内各需用单位完成施工、生产、建设任务的物资实际消费的数量,是国家和企业规定的主要统计指标。它以实物指标为主,也可以价值量来综合反映物资消费水平,主要分析物资消费水平偏离计划的原因及消费量变化趋势。

(3)物资库存量

物资库存量是指停留在物资流通中以及生产企业的物资仓库中尚未进入消费的物资量。因其暂时脱离生产过程,故库存量不宜过高。就企业现状而言,主要分析其对施工生产建设的保证程度、构成及布局的合理性、储存量水平是否正常。

二、机械设备管理

1. 施工现场机械设备管理制度的规定和要求

机械设备管理是建筑施工企业技术管理重要工作之一,技术专业性强,必须配备一定比例的专业技术管理人员,并相对保持稳定,以满足机械设备管理工作具有较强连续性要求,并根据实际情况建立一整套以岗位责任制为核心的管理制度,见表 3－2。

表 3－2　机械设备管理制度

名　称	说　明
建筑机械管理制度	这是机械设备管理的一个根本制度,是主管部门对机械设备的管、用、养、修各方面工作所做的统一规定和管理办法
岗位责任制	(1)专机、专人负责制。适用于单人操作、一般作业的机械设备; (2)机长负责制。适用于多班作业、一机多人操作的机械设备; (3)机械班组负责制。适于固定由班组管理的机械设备
试运转的规定	凡新购进、新制、经过改造或重新安装的机械,必须经过检查、保养、试运转,鉴定合格后才能正式投入使用。其主要工作内容为: (1)准备工作,学习研究、全面了解和掌握机械设备各方面的情况; (2)按说明书要求进行检查和保养; (3)无负荷试运转; (4)有负荷试运转; (5)根据检查、试运转结果作出书面的技术鉴定,发现问题及时解决
机械走合期的规定	凡新购、大修和经过改造的机械设备,在正式使用初期,必须按规定进行走合,以使机械零件磨合良好增强零件的耐用性、可靠性,延长大修理和使用寿命,具体规定如下: (1)限载减速使用; (2)驾驶操作要平稳,防止对设备的急剧冲击和振动; (3)安排任务时,要留有余地; (4)加强检查、保养,注意运转情况、仪表指示、机械各部的温度变化、连接件,并及时进行润滑、紧固和调整
技术操作规程	这是正确操作机械、保证机械安全运转的技术规定
保养维修制度	保养维修制度是保证机械适时保养、及时修理、经常保持机械完好状态,延长机械使用寿命的制度。包括各种机械保修技术经济定额、进厂保修办法、保修计划的编制、执行与检查和保修质量管理办法等

续上表

名　称	说　　明
保养修理技术规程	本规程是关于机械保养维修作业内容、技术要求和质量标准的规定
交接班制度	机械双班或多班作业时，为避免情况不明、责任不清，影响生产和损坏机械，要建立交接班制度。交接班人员应该根据检查交接、办理交接手续、明确责任
机械事故处理制度	本制度是对机械发生事故后的处理要求和管理办法
机械定额管理制度	本制度是关于机械的技术经济定额的制订、修正和考核的有关规定。主要包括：机械产量定额，燃料、动力、零配件消耗定额，维修费用定额，大修间隔期定额以及保修工时、工期定额等
机械统计工作制度	本制度是对机械设备管、用、修工作统一规定的统计办法和要求。包括原始记录、统计台账、统计报表3个方面
备品配件供应管理制度	本制度是对备品配件的计划、采购、验收、储存、保管、领发、记账等所规定的要求和办法
施工机械折旧和大修理基金的规定	本制度是合理提取机械折旧费用和大修理费用的统一规定，是保证施工机械更新改造和大修理资金来源和合理使用资金的办法
其他规定	机械设备的改装、试验制度等

2.施工现场机械人员业务培训类别

机械设备使用质量的关键，在于机械人员的业务素质。所以必须加强机械人员的业务培训，提高他们的技术水平，满足使用的要求，见表3—3。

表3—3　机械人员业务培训的分类

类　别	内容及要求
机械管理人员的业务	机械管理人员包括主管机械的各级领导和机械部门的管理人员。对他们的培训，要求掌握机械设备管理的系统知训，包括选购机械设备、贯彻使用过程中的各项制度、机械设备正确使用的一般知识、日常管理工作等
机械技术人员的培训	企业的机械技术人员大多数都接受过工程机械知识的系统教育，对他们的培训要抓住知识更新这个环节，帮助他们不断掌握新的知识，开发新技术，推动企业机械设备的技术改造，充分挖掘设备潜力
机械操作维修人员的培训	对于机械操作人员的培训要求是：基本技术理论和基本操作技能达到要工种、本等级相应的水平，熟悉操作规程和操作技术，能正确地操作机械和排除故障；对于维修人员的培训要求是：基本维修知识和技能达到本工种、本等级相应的水平，熟悉机械设备的构造原理、维修技术和质量标准，能正确维修设备

3.施工现场机械设备技术档案的内容

机械设备技术档案反映了机械设备物质运动的变化规律，是使用、维修设备的重要依据。因此，在机械设备使用中必须逐台建立技术档案。机械设备技术档案的主要内容有：

(1)机械设备的原始技术文件，如出厂合格证，使用保养说明书，附属装置、易损零件、图册等。

(2)机械设备的技术试验记录。

(3)机械设备的运转记录、消耗记录。

(4)机械设备的技术改造等有关资料。

(5)机械设备的维修记录。

(6)机械设备的事故分析记录。

4.施工现场机械设备使用的选择原则

正确选用机械设备是机械设备管理的首要工作,选择的原则见表 3—4。

表 3—4　机械设备的选用原则

选用原则	要求及说明
符合实际需要的原则	选用的机械设备必须符合施工生产的实际需要。建筑产品的种类很多,不同的工程类型有各自的特点和施工方法,因此对施工机械的要求也不一样。选用机械设备时,必须根据工程的特点和不同的施工方法,确定适用的机种、型号和数量,以满足施工生产的需要。如果选用的不恰当,不是使施工生产受影响,就是造成机械设备的浪费,不能充分发挥机械效率
配套供应的原则	建筑施工中的许多机械必须配套作业才能发挥出好的效率。如土方施工,除了推土机外,还应根据现场情况恰当地配置挖土机、铲运机、装载机、汽车等。所以,选用机械要注意配套供应。配套供应机械,不是简单地把几种机械组合在一起,而必须根据各种机械的生产效率计算出它们之间的组合比例,按比例配套供应。否则,就会形成配套失调,造成机械剩余功能的浪费
实际可能的原则	选用机械设备除了按实际需要配套供应外,还应考虑企业实际拥有机械设备的现状。否则,即使选用的机械设备非常理想,也会因为没有供应能力而成为无米之炊。实际可能的原则要求选用机械设备时,按生产需要和生产能力相平衡的原理,确定出合理的机种、型号和数量
经济合理的原则提高	经济效益是企业经营管理工作的中心,选用机械设备也要以经济合理为基本原则。因此,选用机械设备时应设计多个在技术上能满足施工生产要求而又有供应能力的可行方案,然后以经济效益为标准加以比较,从中选择出最优的实施方案

5.施工现场机械设备的维修管理要点

机械的管理、使用、保养、修理四个环节之间,存在着相互影响不可分割的辩证关系,管好、养好、修好的目的是为了使用,但只强调使用,忽视管理、保养、修理,则不能达到更好的使用目的。要做到科学地使用机械,不违反机械运转的自然规律,具体内容见表 3—5。

表 3—5　机械设备的检查、保养、修理要点

类别	方式	要点
检查	每日检查	交接班时操作人员和例保结合,及时发现设备不正确状况
	定期检查	按照检查计划,在操作人员参与下,定期由专职人员执行,全面准确了解设备实际磨损,决定是否修理
保养	日常保养	简称“例保”。操作人员在开机前、使用间隙、停机后按规定项目和要求进行,作业内容:清洁、润滑、紧固、调整、防腐
	强制保养	又称“定期保养”,每台机械设备运转到规定的时限时必须进行的保养,周期由设备的磨损规律、作业条件、维修水平决定。大型机械设备进行一至四级(三、四级专业机修工进行,操作工参加),其他一般机械为一至二级
修理	小修	对设备全面清洗、部分解体、局部修理,以维修工人为主,操作人员参加
	中修	大修间的有计划有组织的平衡性修理,以整机为对象,解决动力、传动、工作部分耐用力不平衡问题
	大修	对机械设备全面解体修理,更换所有磨损零件,校调精度,以恢复原有生产性能

6.施工现场机械设备管理考核的技术经济指标

机械设备的考核指标体系是机械设备管理的重要内容，对于考核企业机械装备水平，施工机械化程度以及企业在机械设备方面的综合管理水平、变化趋势，有着重要意义，具体指标如表 3－6 所示。

表 3－6 机械设备的技术经济指标

技术经济指标		计算公式
机械装备水平	技术装备率	$\text{机械装备率(元/人)}=\frac{\text{全年机械平均价值(元)}}{\text{全年平均人数(人)}}$
	动力装备率	$\text{动力装备率(千瓦/人)}=\frac{\text{全年机械平均动力数(千瓦)}}{\text{全年平均人数(人)}}$
装备生产率		$\text{装备生产率(\%)}=\frac{\text{全年完成的总工作量(元)}}{\text{机械设备的净值(元)}}\times 100\%$
	完好率	$\text{日历完好率(\%)}=\frac{\text{报告期完好台日数}}{\text{报告期日历台日数}}\times 100\%$ $\text{制度完好率(\%)}=\frac{\text{报告期完好台日数}}{\text{报告期日历台日数}}\times 100\%$
	利用率	$\text{日历利用率(\%)}=\frac{\text{报告期实作台日数}}{\text{报告期日历台日数}}\times 100\%$ $\text{制度利用率(\%)}=\frac{\text{报告期实作台日数}}{\text{报告期日历台日数}}\times 100\%$
	机械效率	$\text{机械效率}=\frac{\text{报告期机械实际完成的实物工程总量}}{\text{报告期机械平均总能力}}$ $\text{机械效率}=\frac{\text{报告期内同种机械实作台班总数}}{\text{报告期内同种机械平均台数}}\text{(台班/台)}$
主要器材、燃料等消耗率		$\text{消耗率}=\frac{\text{主要器材、燃料实际消耗量}}{\text{主要器材、燃料定客消耗量}}\times 100\%$ $\text{单位消耗率}=\frac{\text{主要器材、燃料实际消耗量}}{\text{实际完成工作量}}$
施工机械化程度	工种机械化程度	$\text{工种机械化程度(\%)}=\frac{\text{某工种工程利用机械完成的实物量}}{\text{某工种工程完成的全部实物量}}$
	综合机械化程度	$\text{综合机械化程度(\%)}=\frac{\sum\left(\text{各种工程用机机械完成的实物量}\times\text{各该工种工程人工定额工日}\right)}{\sum\left(\text{各种工程完成的总实物工程量}\times\text{各该工种工程人工定额工日}\right)}100\%$

三、施工现场油料及爆破器材的管理

1.油料管理

施工现场使用的油料主要有汽油、柴油、煤油、润滑油、机油和润滑脂等。油料管理要求实行单机、单车核算。各种机械、车辆一律凭“油料限额供应本”或油票加油，由物资部门按定额计量(或定量油票)发放。

2.爆破材料的管理要求

(1)使用爆破材料的单位必须建立健全验收、领发、退库、检查、看守等各项安全制度，保证爆破材料不发生被盗、丢失、滥发、误发等事故。

(2)爆破材料仓库管库员和看守员应挑选政治可靠、责任心强、身体健康，并经公安部门审查同意，取得上岗合格证书的正式员工担任。

(3)管库员的主要职责:负责爆破材料的入库检验、保管、发放和统计工作;严格按照审批的品名、数量发放;负责建立和填写爆破材料收发台账,做到日清月结,账物相符;负责库区内发生的紧急事件的前期处置工作,并及时报告领导;负责库区内的安全防工作,落实防盗、防火、防爆等措施;接受上级领导和公安部门检查、指导,整治不安全隐患。

(4)爆破材料仓库库区至少派 3 名以上的看守人员担负守库任务,并实行 24h 值班、巡守。

(5)爆破材料仓库必须喂养看守犬,并安装红外线防盗报警装置。公安部门要负责防盗报警器安装的监督和技术指导。

(6)施工现场每天作业剩余的爆破材料,必须于当天退回库房,不得在库房以外的地方存放。对于退回仓库的爆破材料,管库员应进行清点,做好回收登记,并单独放置。

(7)对于变质和过期失效的爆破材料,应当认真清点登记,由单位物资部门提出报废申请,连同报废清单及销毁实施方案一并上报,经单位主管审核和单位公安部门审查后,报当地公安机关批准后方可实施。销毁时,应有施工单位和公安等有关部门人员在场监督,并做好现场销毁记录。

(8)积压的爆破材料严禁单位和个人擅自转让、倒卖、私存,以物易物。如需处理,可按原供应渠道退回供应单位;按规定进行销毁;经上级主管部门同意和所在地县级以上公安机关批准,本单位公安部门同意,在具有合法使用火工品的单位同调剂转让,一般应以整箱(盒)为单位办理。

(9)单位没有爆破材料又确需用时使用少量爆破材料的施工单位,应按上述调剂转让办法办理调用手续。

(10)民工不得领用爆破材料,劳务分包队伍需要进行爆破作业时,应由分包队伍所在单位负责领用爆破材料。

第四节　物资的电子商务管理

一、应用计算机管理的基本条件

应用计算机管理的基本条件如图 3－3 所示。

二、物资管理的信息系统

(1)库存量模型。在对施工进度、天气、价格、市场资源等大量数据分析的基础上,建立库存量数学模型,根据此模型保持合理的库存量,从而减少库存资金。

(2)价格分析。对进货价格进行综合分析,得出市场上价格变动曲线,并对价格作出合理预测。

(3)质量分析。在对进库物资验收的数据分析的基础上,得出各厂家产品的质量情况,择优选择质量好、价格低的供货厂家。

(4)信用分析。在合同的执行情况和产品的质量数据基础上,对各厂家进行信用评价,得出各厂家的信用情况,从而在经营中减少损失。

- 应用计算机管理的基本条件
  - 领导重视
    - 企业的主要领导重视与否，对计算机应用于管理及其效果起着决定性的作用，因为计算机应用于企业管理是个非常复杂的问题，涉及面广，关系到管理体制、整个管理系统和管理方法等方面的变动，还要考虑到报表格式和数据分类及编码的统一问题，这些都是全局性的问题，光几个管理人员和计算机技术人员是解决不了的，所以领导重视是非常重要的。
  - 专业队伍的建设和管理促的再培训
    - (1)在企业管理中应用计算机后，企业内部人员、机构将发生一些变化。一部分工作人员随着原来所从事的业务工作转移给计算机，而要重新调整工作。另外，由于一些新的职能出现，要求配备新的专业人员，如系统分析员、程序设计员、计算机操作人员、硬件和软件系统维护人员。为了建立这样一支专业队伍，必须做好选择和培训工作。
    - (2)计算机在企业管理中的应用，在我国起步较晚。除了加强起业人员的培训以外，还要重视对各级领导的宣传，使他们充分了解应用计算机的重要性，从而积极支持这项工作的开展。同时还要对企业职能人员普遍进行计算机的基础知识及其在企业管理中应用的必要性和可能性进行宣传教育，使他们能自觉地改进目前的一些管理工作，为管理现代化创造必要的条件。
  - 全面的系统规划和设计
    - 计算机全面应用于企业管理后，企业的总系统与子系统之间以及各个子系统之间就存在着分解和协调的问题。系统设计的任务就是要设计一组能实现总系统目标的子系统，确定他们的具体目标、任务和相互接口关系，确定子系统共享的数据资源，选择配备计算机的硬、软件系统。
  - 科学管理的基础
    - 计算机管理是在科学管理的基础上发展起来的，只有在合理的管理体制、完善的规章制度、稳定的生产秩序、一套科学的管理方法和完整、准确的原始数据的基础上，才能考虑应用计算机管理的问题。
    - 为了适应计算机管理的要求，必须逐步做到：
    - (1)管理业务的标准化。把管理工作中重复出现的业务内容，按照现代化生产对管理的客观要求和管理人员长期积累的实际经验，规定成标准的工作程序和工作方法，用制度形式把它固定下来，成为行动的准则。
    - (2)管理工作程序化。首先要以编制整个企业的管理工作流程图为出发点，然后编制各项职能工作的流程图，用系统工程的思想进行分析和协调，使管理工作的流程尽可能做到优化。
    - (3)报表文件的统一化。在手工数据处理的条件下，各类报表和原始凭证是记录和传递信息的主要载体，但目前企业中使用的报表和原始凭证种类过于繁多，而且格式很不统一。因此，设计一套统一的报表格式和内容，也是企业科学管理基础工作的重要内容之一。
    - (4)数据资料的完整性和代码化。一套完整、准备的数据资料是企业管理工作的重要基础，届时为了简化信息处理工作，必须给各种计划和核算对象一个统一的代码。代码化还可以减少计算机的存储量，并可以提高查询的准确性和速度。

图 3—3 应用计算机管理的基本条件

三、电子商务的内容及管理形式

1. 内容

电子商务是由电子商务实体、电子市场、交易事务和信息流、资金流、物资流等基本要素构成的。它改变了以往的贸易方式和中介角色的作用，降低了商品交换过程中的成本。在电子商务中，通信和计算机成为整个交易过程的基础，同传统的贸易活动相比，电子商务所依赖的贸易基本处理过程并没有变，而用以完成这些过程的方式和媒介发生了变化。

2. 电子商务的三种基本形式

从电子商务的实质内容来看，它可分为三个层次，即企业与政府的电子商务、企业与企业的电子商务、企业与消费者的电子商务。

(1)企业与政府间的电子商务。政府与企业之间的各种事务都可以涵盖在其中，它包括政府采购、税收、商检、管理条例发布等。

(2)企业与企业间的电子商务。就一个处于生产领域的商品生产企业来说，它的商务过程大致可以描述为：需求调查→材料采购→生产→商品销售→收款→货币结算→商品交割。当引入电子商务时，这个过程可以描述为：以电子查询方式来进行需求调查→以电子单证的形式调查原材料信息确定采购方案→生产→通过电子广告促进商品销售→以电子货币的形式进行资金接受→同电子银行进行货币结算→商品交割。

(3)企业与消费者间的电子商务。它是以 Internet 为主要服务提供手段，实现公众消费和提供服务，并保证与其相关的付款方式的电子化。它是随着互联网的出现而迅速发展的，可以将其看作是一种电子化的零售。

第四章　建筑材料基本性质

材料的基本性质，是指工程选材时通常所要求的，或者在评价材料时首先要考虑到的材料最根本的性质。材料的基本性质包括物理性质、化学性质、力学性能及耐久性能等。

各种建筑工程对于材料的要求，实际上就是对其性质的要求。例如结构材料必须具有良好的力学性能；墙体材料应具有绝热、隔声性能；屋面材料应具有抗渗防水性能；地面材料应具有耐磨损性能等。另外，由于建筑物长期暴露在大气中，经常要受到风吹、雨淋、日晒、冰冻等自然条件的影响，还要求建筑材料应具有良好的耐久性能。因此，在工程建设中选择、应用、分析和评价材料，通常以其性质为依据。

在工程中科学合理地利用材料，必须掌握有关材料的基本性质以及决定或影响这些性质的因素与规律。

第一节　材料的组成和结构

一、孔隙及其分类

(1)材料的孔隙一般由自然形成或生产过程中各种内、外界因素所致而产生，其主要形成原因有水的占据作用(如混凝土、石膏制品等)；火山作用(如浮石、火山渣等)；外加剂作用(如加气混凝土、泡沫塑料等)；焙烧作用(如陶粒、烧结砖等)等。

(2)孔隙按其直径的大小可分为粗大孔、毛细孔、极细微孔三类。粗大孔指直径大于毫米级的孔隙，这类孔隙对材料的密度、强度等性能影响较大。毛细孔指直径在微米～毫米级的孔隙，对水具有强烈的毛细作用，主要影响材料的吸水性、抗冻性等性能。极细微孔的直径在1μm以下，其直径微小，对材料的性能反而影响不大。矿渣、石膏制品、陶瓷锦砖分别以粗大孔、毛细孔、极细微孔为主。

(3)孔隙按其连通性可分为连通孔和封闭孔。连通孔是指孔隙之间、孔隙和外界之间都连通的孔隙(如木材、矿渣)；封闭孔是指孔隙之间、孔隙和外界之间都不连通的孔隙(如发泡聚苯乙烯、陶粒)；介于两者之间的称为半连通孔或半封闭孔。一般情况下，连通孔对材料的吸水性、吸声性影响较大，而封闭孔对材料的保温隔热性能影响较大。

二、孔 隙 率

孔隙率是指孔隙在材料体积中所占的比例。一般孔隙率越大，密度越小、强度越低、保温隔热性越好、吸声隔声能力越高。孔隙率的计算公式为：

$$P=\frac{V_0-V}{V_0}\times 100\%=\left(1-\frac{\rho_0}{\rho}\right)\times 100\%=1-D$$

式中　P—— 材料的孔隙率(%)。

依据不同的结构状态，材料的体积可以采用不同的参数来表示：绝对密实体积 V、表观体积 V'(V＋闭口孔隙体积 $V_{闭}$)、自然体积 V_0(V'＋开口孔隙体积 $V_{开}$)、堆积体积 V'_0(V_0＋空隙

体积 $V_{空}$)，如图 4—1 所示。

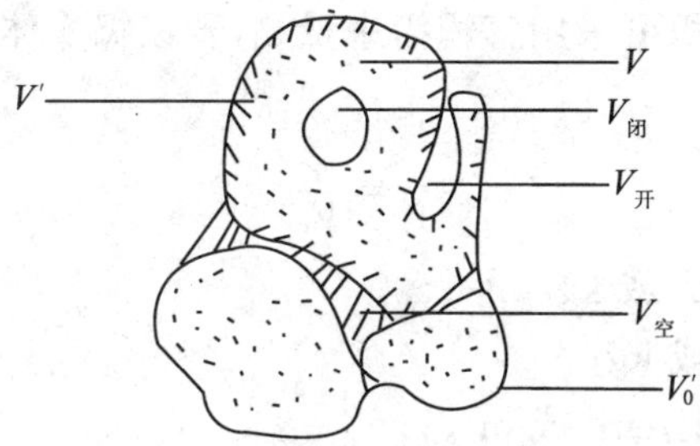

图 4—1 材料体积的表达参数

第二节 材料的物理性质

一、与质量有关的性质

1. 材料的密度

(1)密度

密度是材料在密实状态下单位体积的质量。

密度就是材料在密实状态下单位体积的质量。材料的密实状态也即材料的无孔隙状态。实际上，材料绝大多数都是含有孔隙的，也就是说绝对密实的材料实际上在自然界是不存在的。材料的密度用下式计算：

$$\rho=\frac{m}{V}$$

式中 ρ——材料的密度，g/cm^3；

m——材料的质量，g；

V——材料在绝对密实状态下的体积，cm^3。

(2)表观密度

材料在自然状态下单位体积的质量，称为现观密度。表观密度的计算公式为：

$$\rho=\frac{m}{V'}$$

式中 ρ'——材料的表现密度，g/cm^3 或 kg/m^3；

m——材料的质量，g 或 kg；

V——材料的表观体积，cm^3 或 m^3。

1)工程上常用的砂、石材料，其颗粒内部孔隙极少，用排水法测出的颗粒体积与其实体积基本相同，所以，砂、石的表现密度可近似地视作其密度，常称视密度。

2)材料表观密度的大小与其含水情况有关。当材料含水时，其质量增大，体积也会发生不同程度的变化。因此测定材料表观密度时，须同时测定其含水率，并予以注明。通常材料的表观密度是指气干状态下的表观密度。材料在烘干状态下的表观密度称干表观密度。

3)表观密度是反映整体材料在自然状态下的物理参数，由于表观体积中包含了材料内部孔隙的体积，故一般材料的表观密度总是小于其密度。

(3)材料的堆积密度

1)散粒材料在一定的疏松堆放状态下，单位体积的质量，称为堆积密度。

2)散粒材料在自然堆积状态下的体积，是指其既含颗粒内部的孔隙、又含颗粒之间空隙在内的总体积。材料的堆积体积可采用容积筒来量测，若以捣实体积计算时，则称紧密堆积密度。材料的堆积密度式为：

$$\rho_0=\frac{m}{V_0}$$

式中 ρ_0——堆积密度，g/cm^3 或 kg/m^3；

m——材料的质量，g 或 kg；

V——材料的堆积体积，cm^3 或 m^3。

(4)体积密度

材料在自然状态下单位体积的质量称为材料的体积密度。

材料自然体积的测量，对于外形规则的材料，如烧结砖、砌块，可采用测量计算方法求得。对于外形不规则的散粒材料，亦可采用排水法，但材料需经涂蜡处理。根据材料在自然状态下含水情况的不同，体积密度又可分为干燥体积密度、气干体积密度(在空气中自然干燥)等几种。

材料的体积密度计算公式为：

$$\rho_0{}'=\frac{m}{V_0}$$

式中 $\rho_0{}'$——体积密度，g/cm^3 或 kg/m^3；

m——材料的质量，g 或 kg；

$V_0{}'$——材料的自然体积，cm^3 或 m^3。

2.材料的密实度

材料总体积内固体物质所充实的程度称为密实度。密实度可用材料的总体积与其总体积之比表示：

$$D=\frac{V_s}{V}\times100\%$$

式中 D——材料的密实度，常以%表示；

V——材料的总体积，cm^3；

V_S——固体物质的体积，cm^3。

二、与热有关的性质

1.材料的热导率

热导率是指材料本身所具有的传导热量的性质，它表明了材料传递热量的能力，此能力的大小常用热导率 λ 表示。

试验证明，材料传导的热量与热传导面积、热传导时间及材料两侧表面的温差成正比，与材料的厚度成反比，如图 4—2 所示。

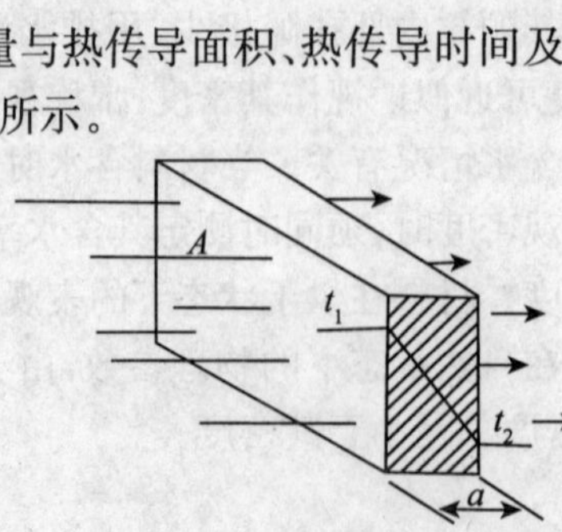

图 4—2 材料导热示意图

设材料的厚度为 a，面积为 A，两侧表面的温度分别为 t_1、t_2，经 Z 小时后通过面积 A 的总热量为 Q，则材料传导热量的大小可用下式表示：

$$Q=\lambda\times\frac{AZ(t_2-t_1)}{a}$$

$$\lambda=\frac{Qa}{AZ(t_2-t_1)}$$

式中　λ——材料的热导率，W/(m·K)；

Q——材料传导的热量，J；

a——材料的厚度，m；

A——热传导的面积，m^2；

Z——热传导时间，h；

t_2-t_1——材料两侧面的温差，K。

热导率是热传导的重要参数，其物理意义是：在规定的传热条件下，单位厚度的均质材料，当其两侧表面的温差为 1K 时，在单位时间内通过单位面积的热量。

影响材料热导率的因素很多，λ 值的大小与孔隙率、孔隙特征、含水率等有着密切的关系。

材料在受潮或受冻后，热导率会因此而大大提高，使材料原有的绝热性能降低。因此，要保证材料具有优良的保温性能，就必须在施工、保温等过程中，注意尽量使材料保持干燥、不受潮湿，在吸水受潮之后，则应尽量避免冰冻的发生。

常用材料的热导率见表 4－1 所列。习惯上常把热导率小于 0.15W/(m·K)的材料称为保温隔热材料。

表 4－1　几种材料的热导率及比热容

材　料	热导率 [W/m·K]	比热容 [J/(g·K)]	材　料	热导率 [W/m·K]	比热容 [J/(g·K)]
铜	370	0.38	泡沫塑料	0.33	1.7
钢	58	0.46	水 0.58	4.2	
花岗石	2.90	0.80	冰	2.20	2.05
普通混凝土	1.80	0.88	密闭空气	0.023	1.00
普通黏土砖	0.57	0.84	石膏板	0.30	1.10
松木顺纹	0.35	1.63	绝热纤维板	0.05	1.46
松木横纹	0.17				

2. 材料的热容量

(1)材料受热时吸入热、冷却时释放热的性质称为热容量。单位质量材料的热容量称为热容系数 C，也称为比热容，即

$$C=\frac{Q}{m\cdot(t_2-t_1)}$$

式中　Q——材料吸入(释出)的热量，J；

C——材料的热容系数，J/(g·K)；

M——材料的质量，g；

t_2-t_1——材料受热(冷却)前后的温度差，K。

(2)不同材料的比热容与 λ 一样是不同的，它表明了材料的吸、放热的能力。热容量在建筑上用处很大，特别是需采暖或供冷的建筑，选择一定热容量的建筑材料可以起到节约能源的作用，对环境的保护也有一定的参考价值。

(3)材料与温度有关的性质中，还有一个至关重要的性质，即温度的变化能引起材料的变形或产生温度应力，也就是热胀冷缩，通常用线胀系数 a 表示，即

$$a=\frac{\Delta L}{L\cdot\Delta t}$$

式中　ΔL——材料伸长或缩短的长度，m；

L——材料原有长度，m；

Δt——温度变化量，K。

三、与水有关的性质

1. 材料的亲水性和憎水性

材料产生亲水性的原因是因其与水接触时，材料与水之间的分子亲和力大于水本身分子间的内聚力所致。当材料与水接触，材料与水之间的分子亲和力大于水本身分子间的内聚力时，则材料表现为亲水性，反之为憎水性。

如图 4—3 所示，在水、材料与空气的液、固、气三相交接处作液滴表面的切线，切线经过水与材料表面的夹角称为材料的润湿角，以 θ 表示，若润湿角 $\theta\leqslant 90°$，如图 4—3(a)所示，说明材料与水之间的作用力要大于水分子之间的作用力，故材料可被水浸润，称该种材料是亲水的。反之，当润湿角 $\theta>90°$，如图 4—3(b)所示，说明材料与水之间的作用力要小于水分子之间的作用力，则材料不可被水浸润，称该种材料是憎水的。当 $\theta=0°$时，表明材料完全被水润湿。

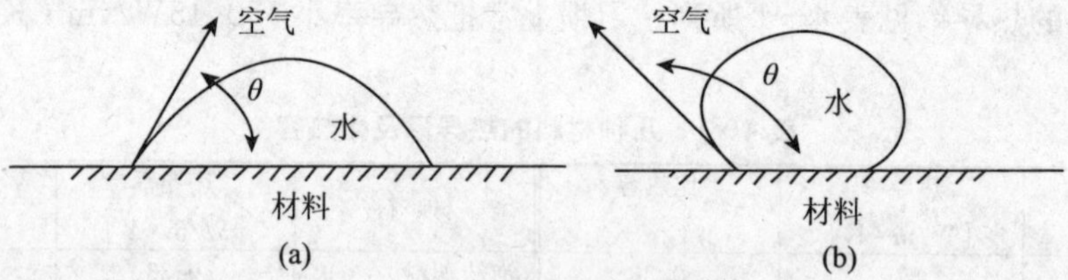

图 4—3　材料的润湿示意图

亲水性材料易被水润湿，且水能通过毛细管作用而被吸入材料内部。憎水性材料则能阻止水分渗入毛细管中，从而降低材料的吸水性。憎水性材料常被用作防水材料，或用作亲水性材料的复面层，以提高其防水、防潮性能。建筑材料大多为亲水性材料，如水泥、混凝土、砂、石、砖、木材等，只有少数材料为憎水性材料，如沥青、石蜡及某些塑料等。

2. 材料的吸水性

材料吸水的性质就是吸水性。材料的吸水性由孔隙决定。一般封闭孔隙多的密实固体吸水性较小，而开口孔隙多的松散固体吸水性较大。吸水性由吸水率反映出来。吸不性较小的材料用质量吸水率计算，即：

$$W_{质}=\frac{m_{饱}-m_{干}}{m_{干}}\times 100\%$$

式中　$W_{质}$——材料质量吸水率，%；

$m_{饱}$——材料吸水饱和时质量，g；

$m_{干}$——材料烘干到恒重时的质量，g。

质量吸水率就是通常所指的吸水率，所以 $W_{质}=W_{吸}$。吸水性较大的材料因质量吸水率超过 100%，用体积吸水率计算，即，

$$W_{体}=\frac{m_{饱}-m_{干}}{\rho_{水}V_0}\times 100\%$$

$$=\frac{m_{饱}-m_{干}}{V_0}\times 100\%(\rho_{水}=1g/cm^3)$$

式中　$W_{体}$——材料的体积吸水率，%；

V_0——材料在干燥状态时（自然状态）的体积，cm^3。

另外，材料吸水性的大小还与材料的亲水性有关。

3.材料的吸湿性

(1)材料在潮湿的空气中吸收空气水分的性质称为吸湿性，吸湿性的大小常用含水率（或叫湿度）来表示。含水率是材料吸收空气中水分的质量占材料烘干时质量的百分比，通常按下式计算：

$$W_{含}=\frac{m_{含}-m_{干}}{m_{干}}\times 100\%$$

式中　$W_{含}$——材料的含水率，%；

$m_{含}$——材料吸收空气中水分后的质量，g；

$m_{干}$——材料烘干后的质量，g。

(2)含水率的大小同样取决于材料本身的成分、组织构造等，此外与周围空气的相对湿度和温度也有关系。气温愈低，相对湿度愈大，材料的含水率也就愈大，含湿状态也会导致材料性能上的多种变化。

(3)材料的吸湿性对施工生产影响较大。例如，木材由于吸收或蒸发水分，往往造成翘曲、裂纹等缺陷；又如，石灰、水泥等，因吸湿性较强，容易造成材料失效，从而导致经济损失。因此，不应忽视吸湿性对材料质量的影响。

4.材料的耐水性能

材料的耐水性能是指材料吸水至饱和后能够抵抗水的破坏作用并能维持原有强度的性质。耐水性的大小常以软化系数 $K_{软}$ 来表示：

$$K_{软}=\frac{R_{饱}}{R_{干}}$$

式中　$K_{软}$——材料的软化系数；

$R_{饱}$——材料在吸水饱和状态下的抗压极限强度，MPa；

$R_{干}$——材料在烘干至质量恒重状态下的抗压极限强度，MPa。

上式表明，$K_{软}$ 值的大小能够说明材料吸水后强度降低的程度。$K_{软}$ 值一般在 0～1 之间，$K_{软}$值越小，说明材料的耐水性越差，吸水后强度下降得越多。所以，在工程设计中，特别是在潮湿环境下，软化系数常是选择材料的重要依据。材料随含水量的增大，其内部分子间的结合力将减弱，强度会有不同程度的降低。如长期浸泡在水中的花岗石，其强度约降低 3%左右。至于普通黏土砖、木材等所受到的影响则更为明显，因此，对长期浸水或处于潮湿环境中的重要结构物，须选用软化系数不低于 0.85 的材料建造；次要或受潮较轻的结构物也要求材料的软化系数不低于 0.75。通常可以认为，软化系数值大于 0.8 的材料是具备了相当耐水性的材料。

5.材料的抗冻性

(1)抗冻性是指材料在吸水饱和状态下，抵抗多次冻融循环作用而不破坏，也不严重降低强度的性质。

(2)抗冻性用抗冻等级 F 表示。抗冻等级是以规定的试件、在规定试验条件下，测得其强度降低不超过规定值，并无明显损坏和剥落时所能经受的冻融循环次数来确定，用符号“F*n*”表示，其中 *n* 即为最大冻融循环次数。例如，抗冻等级 F10 表示在标准试验条件下，材料强度下降不大于 25%，质量损失不大于 5%，所能经受的冻融循环的次数最多为 10 次。

(3)材料抗冻等级的选择，是根据建筑物的种类、材料的使用条件和部位、当地的气候条件等因素决定的。例如烧结普通砖、陶瓷面砖、轻混凝土等墙体材料，一般要求抗冻等级为 F15 或 F25，用于桥梁和道路的混凝土应为 F50、F100 或 F200，而水工混凝土的抗冻等级要求可高达 F500。

(4)北方地区许多建筑物中位于砖砌外墙的外表面及与地面接触部分的砖，常出现表面酥松、脱皮的现象，这往往是经受多次冻融的结果。冰冻的破坏作用，是由于材料微小孔隙中的水分在冻结时产生了体积膨胀(体积约增大 9%)，对孔壁形成了很大的压力，致使孔壁开裂，材料遭到破坏。而在融化时，由于融化过程是从外向内逐层进行的，内外层之间形成了压力差和温度差，从而又加速了材料的进一步破坏。

(5)由于材料毛细孔隙中水的冰点在－15℃以下，所以材料的抗冻性试验要求在低于此温度下冻结，在 20℃的温水中融化，每冻融一次就称作一次冻融循环。材料抵抗冻融循环的次数越多，说明材料的抗冻性越好。

(6)抗冻性良好的材料，对于抵抗大气温度变化、干湿交替等风化作用的能力较强，所以抗冻性常作为评定材料耐久性的一项重要指标，在设计寒冷地区及寒冷环境(如冷库)的建筑物时，必须要考虑材料的抗冻性。处于温暖地区的建筑物，虽无冻融作用，但为抵抗大气的风化作用，确保建筑物的耐久性，也常对材料提出一定的抗冻性要求。

6. 材料的抗渗性

材料在水、油、酒精等液体压力作用下抵抗液体渗透的性质，称为抗渗性。

材料的抗渗性能常用“抗渗等级”来划分。抗渗等级是在标准试验方法下，以材料不透水时所能承受的最大水压力(MPa)来确定的。若某材料能够抵抗 0.2MPa 的压力水，则其抗渗等级记作 P2。抗渗性也常用“渗透系数”K 来表示，按下式计算：

$$K=\frac{Q}{At}\cdot\frac{d}{H}$$

式中 K——渗透系数，cm/h；

Q——渗水量，cm^3；

A——渗水面积，cm^2；

d——试件厚度，cm；

H——水头差，cm；

t——渗水时间，h。

材料抗渗性能的好坏，与材料的孔隙率、孔隙特征有关，较绝对密实或具有封闭式孔隙的材料，实际上是不透水的。而那些具有连通孔隙、孔隙率较大的材料，其抗渗性就较差。

各种防水材料在抗渗性能上均有一定的要求。对于地下建筑物、水下构筑物及防水工程等，因经常要受到压力水或水头差的作用，要求所用材料必须具备相应的抗渗性能。

第三节 材料的耐久性

一、材料的强度

1. 材料的强度种及计算公式

(1)概念

材料的强度是指材料在外力作用下抵抗破坏的能力。当材料受外力作用时，其内部就产生应力，外力增加，应力相应增大，直至材料内部质点间结合力不足以抵抗所作用的外力时，材料即发生破坏。材料破坏时应力达到极限值，这个极限应力值就是材料的强度，也称极限强度，常用“R”表示。材料强度的单位为兆帕(MPa)。

材料在工程中所受载荷的形式不同，变形方式也不同。根据所受外力的不同，材料抵抗外力的强度可分为抗压强度、抗拉强度、抗剪强度和抗弯(或抗折)强度等如图 4—4 所示。

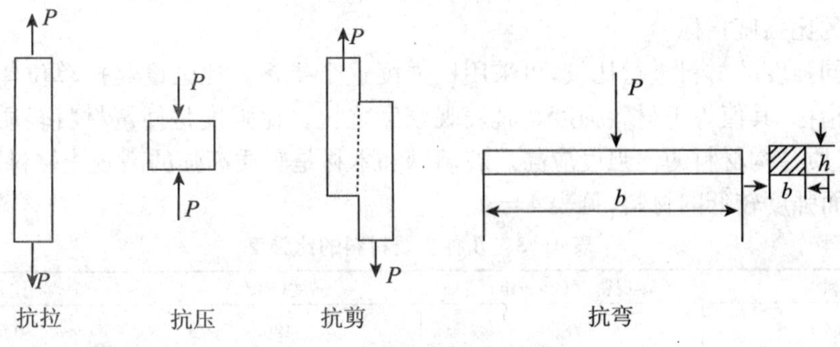

图 4—4　材料受外力作用示意图

(2)强度的计算公式

材料的强度是通过静力试验来测定的，也可称为静力强度。材料的静力强度是通过标准试件的破坏试验而测得。材料的抗压、抗拉和抗剪强度均按下式计算：

$$R=\frac{P_{max}}{A}$$

式中　R——材料抗压、抗拉、抗剪强度，MPa；

P_{max}——材料受压、受拉、受剪破坏时的极限荷载值，N；

A——材料受力的截面面积，mm^2。

(3)抗弯强度的计算公式

材料的抗弯强度与试件的几何外形及荷载施加情况有关，对于矩形截面的条形试件，当其两支点间的跨中作用一集中荷载时，其抗弯(抗折)强度可按下式计算：

$$R=\frac{3P_{max}L}{2bh^2}$$

式中　R——材料的抗弯(抗折)强度，MPa；

P_{max}——试件破坏时的极限荷载值，N；

L——试件两支点的间距，mm；

b、h——试件矩形截面的宽和高，mm。

2. 常见建筑材料的强度值

工程中使用各种不同材料，而不同材料所表现出的静力强度性质也不相同。脆性材料如石子、砖、混凝土等，其抗压强度高，而抗拉强度、抗剪强度都很低，故这类材料在建筑物中只适用于房屋的墙、基础等承受压力荷载作用的部位。又如钢材，因其抗拉强度、抗压强度均较高，故适用于承受各种外力的构件中。在充分考虑各种材料特点的前提下，常将几种材料复合在一起，可以达到发挥各种材料性能的目的。钢筋混凝土构件就是利用钢材的拉强度好、混凝土的抗压强度高的特点而组成一种复合材料。

建筑材料常依据其极限强度值的大小划分为不同的等级或标号，这对于满足工程要求、合理地使用材料是十分必要的。几种常用材料的极限强度值见表 4—2。

表 4—2 材料的极限强度

材料名称	极限强度(MPa)			材料名称	极限强度(MPa)		
	抗压	抗拉	抗弯		抗压	抗拉	抗弯
花岗石	120～250	5～8	10～14	松木(顺纹)	30～50	80～120	60～100
普通黏土砖	7.5～15	—	1.8～2.8	建筑钢材	230～600	230～600	
普通混凝土	7.5～60	1.0～4.0	—				

3. 材料的比强度指标

对于不同强度的材料进行比较，可采用比强度这个指标。比强度是按单位体积质量计算的材料强度指标，其值等于材料强度与其表观密度之比。比强度是衡量材料轻质高强性能的重要指标，优质结构材料的比强度应高。玻璃钢和木材是轻质高强的高效能材料，而普通混凝土为质量大而强度较低的材料，见表 4—3。

表 4—3 几种主要材料的比强度

材料	客观密度($kg \cdot m^{-3}$)	强度(MPa)	比强度
低碳钢	7850	420	0.054
普通混凝土(抗压)	1400	40	0.017
松木(顺纹抗拉)	500	100	0.200
玻璃钢	2000	450	0.225
烧结普通砖(抗压)	1700	10	0.005

二、材料的弹性和塑性

1. 弹性

(1)材料在外力作用下产生变形，当外力消除后，能够完全恢复到原来形状的性质称为弹性。而这种完全恢复的变形称为弹性变形(或瞬时变形)。材料的弹性变形曲线如图 4—5 所示。

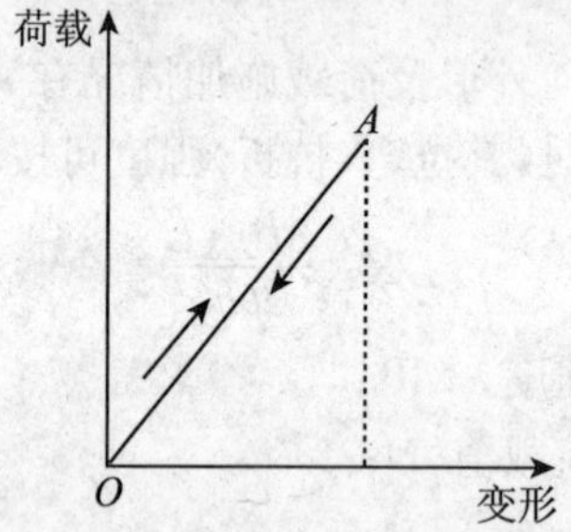

图 4—5 材料的弹性变形曲线

(2)当材料处于弹性阶段时，其变形与外力成正比关系，这种性质在物理学中称为虎克定律。虎克定律可用下列的简单方程表达：

$$\sigma = E\varepsilon$$

则有，

$$E = \frac{\sigma}{\varepsilon}$$

式中 σ——应力，即材料单位面积上所承受的力，MPa；

ε——应变，即材料单位长度上所发生的变形；

E——材料的弹性模量，为一常数，MPa。

(3)工程上常用“弹性模量”来表示材料的弹性性能，由式中可知，弹性模量就是材料应力与应变的比值，该比值越大，说明材料抵抗变形的性能越强，材料越不易变形。因此，弹性模量 E 是衡量材料抵抗变形能力的重要指标，其值由试验测定，随材料而异。

2. 塑性

塑性是指材料在外力作用下产生变形，在外力消除后，仍保持变形后的形状及尺寸，而且材料本身也无裂缝产生的性质。这种不能恢复的变形称为塑性变形(或永久变形)。材料典型的塑性变形曲线如图 4－6 所示。图中的水平直线 AB 表明，材料在受到一定的外力作用后，在外力不继续增加的情况下，材料仍在继续产生不能恢复的变形。

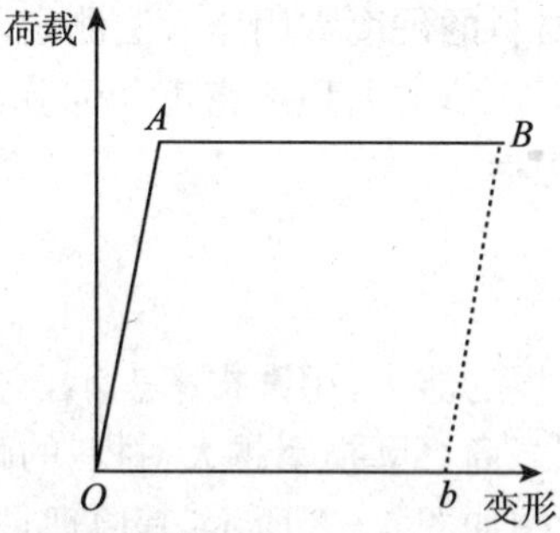

图 4－6　材料的塑性变形曲线

OA－弹性变形；AB－塑性变形。

实事上，有些材料在受力不大的情况下表现为弹性变形。

但在受力超过一定的限度之后，又表现为塑性变形，建筑工程中常用到的低碳钢就是这样。而另外有些材料，在受力时弹性变形与塑性变形同时产生，如图 4－7 所示。若取消外力，则弹性变形 ab 可以恢复，而塑性变形 Ob 则不能恢复。混凝土材料在受力后的变形就属于这种类型。

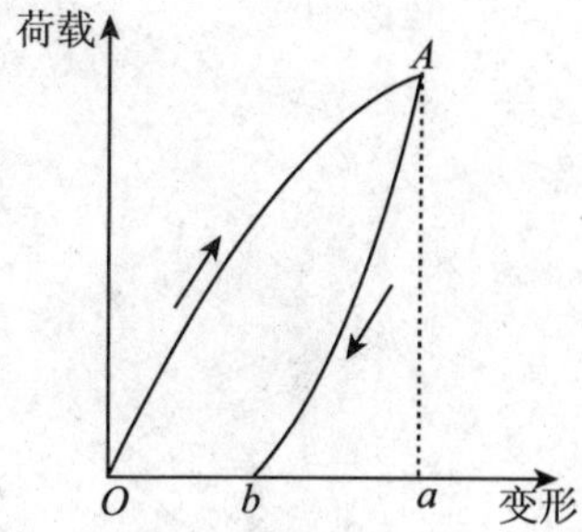

图 4－7　材料的弹塑性变形

三、材料韧性和脆性

材料在受到外力作用达到一定限度后，突然产生破坏，而在破坏前没有明显的塑性变形征兆的性质，称为脆性。具有这种性质的材料称为脆性材料，如石材、普通混凝土、砖、铸铁、玻璃等。脆性材料的抗压强度往往高于抗拉强度很多倍，其抗拉能力较弱，抵抗冲击、震动荷载的能力也很强。因此，在工程上脆性材料主要用于承受压力。

在冲击或动力荷载作用下，材料能吸收较大的能量，同时也能产生较大变形而不致破坏的性质，称为韧性(冲击韧性)。具有这种性质的材料称为韧性材料，如建筑钢材、木材等。对用于地面、轨道、吊车梁等有动力荷载作用的部件及有抗震要求的结构，均应考虑材料的韧性。

材料的韧性用冲击韧性指标 a_k 表示。冲击韧性指标指用带缺口的试件作冲击破坏试验时，断口处单位面积所吸收的功，可按下式计算：

$$a_k=\frac{A_k}{A}$$

式中　a_k——材料的冲击韧性指标，J/mm^2；

A_k——试件破坏时所消耗的功，J；

A——试件受力净截面积，mm^2。

在建筑工程中，对于要求承受冲击荷载和有抗震要求的结构，如吊车梁、桥梁、路面等所有的材料,均应具有较高的韧性。

四、材料的硬度

材料表面抵抗硬物体刻划或压入而产生塑性变形的能力称为材料的硬度。材料的硬度越大,则其强度越高,耐磨性越好。测定材料硬度的方法有多种,通常采用的有刻划法、压入法和回弹法,不同材料其硬度的测定方法不同。刻划法常用于测定天然矿物的硬度,按硬度递增顺序分为10级,即滑石、石膏、方解石、萤石、磷灰石、正长石、石英、黄玉、刚玉、金刚石。

刚材、木材及混凝土等韧性材料的硬度常用压入法测定,压入法硬度的指标有布氏硬度和洛氏硬度,它等于压入荷载值除以压痕的面积或密度。回弹法常用于测定混凝土构件表面的硬度,并以此估算混凝土的抗压强度。

五、材料的耐磨性

耐磨性是指材料表面抵抗磨损的能力,用磨损率表示,它等于试件在标准度验条件下磨损前后的质量差与试件受磨表面积之商。磨损率越大,材料的耐磨性越差。

滚珠轴承式耐磨试验机示意图如图4－8所示,其原理是:以滚珠轴承为磨头,通过滚珠在预定负荷下回转滚动时,摩擦湿试件表面,在受磨面上磨成环形磨槽。通过测量磨槽的深度和磨头的研磨转数,计算耐磨度。此法操作简便,数据可靠,适用面广。

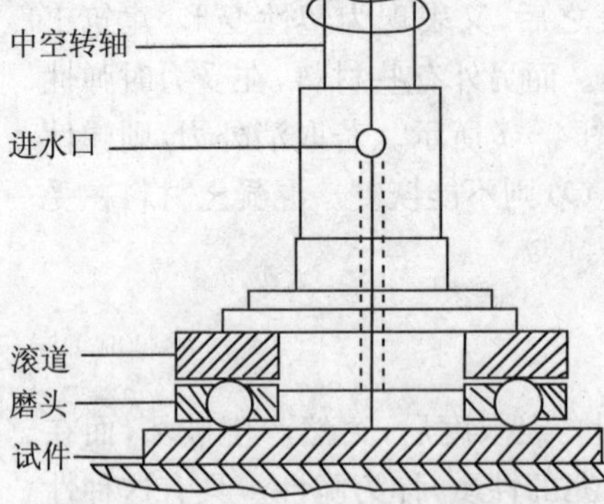

图4－8 滚珠轴承式耐磨试验机示意图

材料的耐磨度越大,表示其耐磨性越好。材料的耐磨性与材料的组成成分、结构、强度、硬度等有关。对于用作踏步、台阶、地面、路面等的材料,均应具有较高的耐磨性。

六、材料耐久性的影响因素

(1)使用中的材料,在上述各种因素的作用下,且在规定的使用期限内不破坏也不失去原有性能的性质。

(2)耐久性是材料的一项综合性质,诸如抗冻性、抗风化性、抗老化性、耐化学腐蚀性等,均属于耐久性的范围。另外,材料的强度、抗渗性、耐磨性等均与材料的耐久性有着很密切的关系。

(3)材料的耐久性是一项综合的性能,而不同的材料的耐久性往往具有不同的具体内容。如混凝土的耐久性,主要是以抗渗性、抗冻性、抗腐蚀性和抗碳化性来体现;钢筋的耐久性,主要决定于抗锈蚀性和温度的敏感性;而沥青的耐久性主要决定于其大气的稳定性和温度的敏感性。

(4)影响材料耐久性的因素是多种多样的,除材料内在原因使其组成、构造、性能发生变化以外,还要长期受到使用条件及各种自然因素的作用,这些作用可概括为以下几方面,如图

4—9所示。

(5)对材料耐久性最可靠的判断，是对其在使用条件下进行长期的观察和测定，但这需要很长的时间，往往满足不了工程的需要。所以常常根据使用要求，用一些实验可测定又能基本反映其耐久性特性的短时试验指标来表达。如常用软化系数来反映材料的耐水性；用实验室的冻融循环(数小时一次)试验得出的抗冻等级来说明材料的抗冻性；采用较短时间的化学介质浸渍来反映实际环境中的水泥石长期腐蚀现象等。

- 材料所受自然界的破坏作用
  - 物理作用：物理作用包括材料所受的干湿变化、温度变化和冻融循环作用。这些变化或使材料发生体积的收缩或膨胀，或使材料内部裂缝逐渐开展，经过长期的作用之后，材料即发生破坏。
  - 化学作用：化学作用包括大气和环境水中的酸、碱、盐或其他有害物质对材料的侵蚀作用，以及日光、紫外线等对材料的作用，使材料发生腐蚀、碳化、老化等而逐渐丧失使用功能。
  - 生物作用：生物作用包括菌类、昆虫等的侵害作用，导致材料发生腐朽、虫蛀等而破坏。影响材料耐久性的外部因素，往往又是通过其内部因素而发生作用的。与材料耐久性有关的内部因素，主要是材料的化学组成、结构和构造的特点。当材料含有易与其他外部介质发生化学反应的成分时，就会造成因其抗渗性和耐腐蚀能力差而引起的破坏。
  - 机构作用：机械作用包括持续荷载、反复荷载对材料的破坏作用，这些作用将引起材料的疲劳、冲击疲劳和磨损等。

图4—9　材料所受自然界的破坏作用

(6)提高建筑材料的耐久性，不仅对延长建筑物的正常使用年限具有重大意义，而且也是节约建筑材料的重要措施之一。为此，应根据具体的使用情况以及材料特点而采取相应的措施，可设法减轻大气或其他介质对材料的破坏作用，如降低湿度、排除侵蚀性物质等；还可以考虑提高材料本身对大气作用的抵抗能力，如提高材料的密实度，适当改变材料成分，进行防腐处理等；另外，用其他材料作为主体材料的保护层，可达到使主体材料尽量少受破坏的效果，如覆面、油漆等。

第五章 土工合成材料

土工合成材料是一种新型的岩土工程及土木工程建设材料。是应用于岩土工程的、以合成材料为原材料制成的各种产品的统称。由于它主要用于岩土工程，故称为“土工合成材料”，以区别于天然材料。土工合成材料在早期曾被称为“土工织物”和“土工膜”。

随着工程需要，这类材料不断出现新品种，如土工格栅、土工网和土工模袋等，原来的名称已不能准确地涵盖全部产品。在其后的一段时间内，把它们称之为“土工织物、土工膜和相关产品”。

土工合成材料的开发和推广利用，被誉为“岩土工程的革命”。它具有造价低廉、适应性广、施工方便、可提高工程质量等特点，其反滤、排水（导水）、隔离、加固和补强、防渗等主要作用使其成为简化施工工艺、降低工程成本、提高工程质量的不可替代的理想的水土材料，已广泛应用于公路、铁路、机场、码头、水利、水电工程。

第一节 土工合成材料的种类

一、常见土工合成材料的原材料

土工合成材料的原材料是高分子聚合物。它们是由煤、石油、天然气或石灰石中提炼出来的化学物质制成，以合成纤维、塑料以及合成橡胶为原料，经不同工艺方法制成各类型、多功能的土工产品。制造土工合成材料的聚合物主要有聚乙烯(PE)、聚酯(PER)、聚酰胺(PA)、聚丙烯(PP)和聚氯乙烯(PVC)等。

(1)聚乙烯是聚合物中分子结构最简单的一种，可分为低分子量和高分子量两类。聚乙烯的比重为0.92，耐酸碱，抗化学剂能力强，吸湿性低，低湿时仍具柔性，电绝缘性极好。高密度聚乙烯材料的比重、机械强度、熔点和硬度等都比低密度的更优。

(2)聚酯俗名尼龙，其吸湿性较高，干燥时有一定绝缘性，机械性能好。聚酯包括聚酯树脂、聚酯纤维和聚酯橡胶等。聚丙烯的比重为0.90～0.91，耐温范围在－30～140℃，耐化学剂性能较好，惰性强，价格低廉，是目前应用最多的原材料之一。

(3)常用的原材料还有聚氯乙烯，它的比重为1.4，具有极好的化学稳定性，不燃烧，可用于制造透明薄膜、管道、板材等。

二、土工织物

土工织物为透水性土工合成材料，按制造方法分为织造土工织物和非织造土工织物两大类，其具体分类如表5－1所示。

1.织造织物

(1)织造工织物是最早的土工织物产品。其制造分两道工序，即先将聚合物原料加工成丝、纱或带，再借织机制成平面结构的布状产品。

表 5-1　土工织物的种类

产品名称	类　别	加工工艺方法
土工织物	织造(有纺)	单丝
		多丝
		裂膜
	非织造(无纺)	热粘合
		化学粘合
		机械粘合(针刺)

(2)早期的土工织物系由单丝织成,后来发展为采用扁丝。扁丝是由聚合物薄片经利刀切成的薄条,其厚度比单丝薄得多,且在切片前后都要牵引拉伸以提高其强度。目前的大多数编织土工织物是由扁丝织成,而圆丝和扁丝结合织成的织物有较高的渗透性。另一种特殊的扁丝叫裂膜丝,它是将一根扁丝剖成许多根细丝,但仍连在一起。由裂膜丝织成的织物较为密实、柔软且渗透性小。多丝和裂膜丝结合织成的编织物厚度可达 1～2mm,比扁丝织成的要厚。织造型土工织物有三种基本的制造形式,即平纹、斜纹和缎纹。

(3)在织造时,由于梭子要不断地牵引纬丝从经丝的空间中穿过,故要求经丝强度比纬丝高。采用不同的丝和纱以及不同的织法,可以使织成的产品具有不同的特性。可以借调整丝(纱)的材质、品种和织造方式等来得到符合工程要求的强度、经纬强度比、摩擦系数、等效孔径和耐久性等项指标,在工程实施中应根据具体要求来优选产品,铺设时要注意材料的合理铺设方向。

2. 非织造型土工织物

非织造型土工织物是由定向的或随机取向的纤维通过摩擦、抱合或粘合形成的薄片状、纤网状或絮垫状土工布。这类产品又称无纺土工织物。根据粘合方式的不同,非织造型土工织物分为热粘合、化学粘合和机械粘合等。

(1)热粘合非织造型土工织物的制造,是将纤维在传送带上成网,让其通过两个反向转动的热辊之间热压,纤维网受到一定温度后,部分纤维软化熔融,互相粘连,冷却后得到固化。该法主要用于生产薄型土工织物,厚度一般为 0.5～1.0mm。由于纤维是随机分布的,织物中形成无数大小不一的开孔。由于无经纬丝之分,故其强度的各向异性不明显。

(2)纺粘法非织造型土工织物是粘合法中的一种,它是将聚合原料经过熔融、挤压,纺丝成网,纤维加固后形成的产品。这种织物厚度薄而强度高,渗透性大。由于制造流程短,产品质量好,品种规格多,成本低,用途广,近年来在我国发展较快。

(3)化学粘合法非织造型土工织物,是通过不同工艺,将粘合剂均匀地施加到纤维网中,待粘合剂固化,纤维之间便互相粘连,使网得以加固,厚度可达 3mm。常用的粘合剂有聚烯酯、聚酯乙烯等。也可以在施加粘合剂前加以滚压,得到较薄和孔径较小的产品。这类产品在工程中的应用较少。

(4)机械粘合法非织造型土工织物是以不同的机械工具将纤维网加固,应用最广的是针刺法,还有用水刺法的。针刺法利用装在针刺机底板上的许多截面为三角形或菱形且侧面有钩刺的针,由机器带动,做上下往复运动,让网内的纤维互相缠结,从而织网得以加固。产品厚度一般在 1mm 以上,孔隙率高,渗透性大,反滤排水性能均佳,在水利工程中应用很广。水刺法是利用高压喷射水流射入纤维网,使纤维互相缠结加固,其产品较为柔软。

三、土 工 膜

(1)土工膜是一种基本不透水的材料。根据其原材料的不同,可分为聚合物和沥青两大类。为满足不同强度和变形需要，又有不加筋和加筋的区分。聚合物膜在工厂制造，沥青膜则大多在现场制造。

(2)制造土工膜的聚合物有热塑塑料(如聚氯乙烯)、结晶热塑塑料(如高密度聚乙烯)、热塑弹性体(如氯化聚乙烯)和橡胶(如氯丁橡胶)等。

(3)工厂制造土工膜的方法主要有挤出、压延或加涂料等。挤出的将熔化的聚合物通过模具制成土工膜，厚 0.25～4mm。压延则是将热塑性聚合物通过热辊压成土工膜，厚 0.25～2mm。加涂料是将聚合物均匀涂在纸片上，待冷却后将土工膜揭下来而成。

(4)现场制造土工膜是地面喷涂或敷一层冷或热的黏滞聚合物而成。沥青土工膜用的是沥青聚合物或合成橡胶。

(5)制造土工膜时还需要掺入一定量的添加剂，以便在不改变材料基本特性的情况下，改善其某些性能和降低成本。例如掺入炭黑可以提高抗日光紫外线能力，延缓老化；掺入铅盐、钡、钙等衍生物以提高材料的抗热、抗光照稳定性；掺入滑石等润滑剂以改善材料的可操作性；掺入杀菌剂可防止细菌破坏等。对于沥青类土工膜，其主要的掺入材料是一些填料或纤维。填料可为细矿粉，它能增加膜的强度且降低其成本；加入纤维，也是为提高膜的强度。

四、土工复合材料

土工复合材料是两种或两种以上的土工合成材料组合在一起的制品。这类制品将各组合料的特性相结合，以满足工程的特定需要。不同的工程有不同的综合功能要求，故土工复合材料的品种繁多。常见的如图 5—1 所示。

常见土工复合材料

- 塑料排水带
  - 塑料排水带是由不同截面形状的连续塑料芯板外面包裹非织造土工织物(滤膜)而成。芯板的原材料为聚丙烯、聚乙烯或聚氯乙烯。芯板起骨架作用，截面形成的纵向沟槽供通水之用，而滤膜多为涤纶无纺织物，作用是滤土、透水。塑料排水带的宽度一般为 100mm，厚度为 3.5～4mm，每卷长 100～200m，每米重约 0.125kg。
- 软式排水管
  - (1)软式排水管又称为渗水软管，是由高强钢丝圈作为支撑体，以及具有反滤、透水及保护作用的管壁包裹材料两部分构成的。高强钢丝由钢线经磷酸防锈处理，外包一层 PVC 材料，使其与空气及水隔绝，避免氧化生锈。包裹材料有三层：内层为透水层，由高强特多龙纱或尼龙纱作为经纱，特殊材料作为纬纱制成；中层为非织造土工织物过滤层；外层与内层材料相同的覆盖层。为确保软式排水管的复合整体性，支撑体和管壁外裹材料间以及外裹各层之间都采用了强力粘结剂粘合。
  - (2)软式排水管兼有硬水管的耐压与耐久性能，又有软水管的柔性和轻便特点，过滤性强，排水性好，可用于各种排水工程中。
- 其他复合排水材料
  - 现在已生产出各种形式芯材和外包滤膜的复合排水材料。芯材有平板上立管柱的，有做成各种形状的，有土工网的，还有用塑料丝缠成的网状体的等等，它们均具有较大的排水能力，可按工程需要选用。
- 复合土工膜
  - (1)复合土工膜是将土工膜和土工织物(包括织造型和非织造型)复合在一起的产品。应用较多的是非织造针刺土工织物，其单位面积质量一般为 200～600g/m^2。复合土工膜在工厂制造时可以有两种方法：一是将织物和膜共同压成；二是在织物上涂抹聚合物以形成二层(俗称一布一膜)、三层(二布一膜)、五层(三布二膜)的复合土工膜。
  - (2)土工土工膜有许多优点。例如，以织造型土工织物复合，可以对土工膜加筋，保护膜不受运输或施工期间的外力损坏；以非织造型土工织物复合，不仅对膜提供加筋和保护，还可起到排水排气的作用，同时提高膜面的摩擦系数，在水利工程和交通隧洞工程中有广泛的应用。

图 5—1 常见土工复合材料

五、特种土工材料

土工特种材料是为工程特定需要而生产的产品，主要有土工格栅、土工网和土工膜袋等，见表 5—2。

表 5—2　特种土工材料

类　别	内　容
土工网	(1)土工网是由两组合成材料股条以一定的角度(一般为 60°～90°)交叉粘结而成的网状结构。它是以聚丙烯或聚乙烯为原料,应用热塑挤出法生产的具有较大孔径和较大刚度的平面结构材料。因网孔尺寸、形状、厚度和制造方法不同,造成性能上差异较大。土工网的抗拉强度都较低,延伸率较高。 (2)土工网常用于坡面防护、植草、软基加固垫层,或用于制造复合排水材料。一般情况下,它只用在受力水平不高的场合,如用作坡面防护等加筋材料
土工格栅	(1)土工格栅是用于岩土工程和土木工程的平面结构聚合物,它由呈整体规则网格状的抗拉材料构成。它是一种用有规则孔眼的网状材料,在聚丙烯或高密度聚乙烯板材上先冲孔,然后进行拉伸而成的带长方形或方形孔的板材。加热拉伸是让材料中的高分子定向排列,以获得较高的抗拉强度和较低的延伸率。按位伸方向的不同,格栅分为单向拉伸(孔近矩形)和双向拉伸(孔近方形)两种。前者在拉伸方向上有较高强度,后者在两个拉伸方向上皆有较高强度。 (2)根据制造工艺的不同,目前的土工格栅产品主要有两大类,即定向拉伸土工格栅和高强纤维土工格栅。定向拉伸土工格栅按其制造时的拉伸方向分为单向拉伸和双向拉伸两种。高强纤维土工格栅以高强度、低延伸率的涤纶纤维或玻璃纤维为原料,在经编机上编成格栅状后,按工艺要求浸渍 PVC 而成;高强纤维土工格栅是一种新开发的产品,与传统的定向拉伸土工格栅相比,它具有较高的强度和模量。 (3)土工格栅具有较高的抗拉强度和低延伸率,而且格栅有较大的孔眼,所以与土体之间的摩擦咬合力较强,是一种较为理想的加筋材料。土工格栅的品种和规格很多,目前开发的新品种有用加筋带纵横相连而成的,也有用高强合成材料丝纵横连接而成的
土工模袋	(1)土工模袋是由上下两层土工织物制成的大面积连续袋状材料,袋内充填混凝土或水泥砂浆,凝固后形成整体混凝土板,可用作护坡。这种袋体因代替了混凝土的浇筑模板,故而得名。模袋上下两层之间用一定长度的尼龙绳来保持其间隔,可以控制填充的厚度。浇注在现场用高压泵进行。混凝土或砂浆注入模袋后,多余水量可从织物孔隙中排走,故而降低了水分,加快了凝固速度,使强度提高。 (2)按加工艺的不同,可将模袋分为机织模袋和简易模袋两类。前者是由工厂生产的定型产品,而后者是用手工缝制而成
土工格室	土工格室是由强化的高密度聚乙燃宽带,每隔一定间距以强力焊接则形成的网状格室结构。典型的条带厚 1.2mm、宽 100mm,每隔 300mm 进行焊接。格室张开后,可填入土料,由于格室对土的侧向位移的限制,可大大提高土体的刚度和强度。它可用于处理软弱地基,增大其承载力,沙漠地带可用于固沙,还可用于扩坡等
土工管	土工管是用经防老化处理的高强土工只物制成的大型管袋及包裹体,可有效地护岸和用于崩岸抢险,或利用其堆筑堤防,解决疏浚弃土的放置难题
土工包	土工包是将大面积高强度的土工织物摊铺在可开底的空驳船内,充填 200～800m³ 料物,将织物包裹闭合,运到一定部位,沉至预定位置。在国外,该技术大量用于环保
聚苯乙烯板块	聚苯乙烯板块又称泡沫塑料,是由聚苯乙烯聚合物为原料,加入发泡剂制成的。它的主要特点是质量极轻、导热系数低、吸水率小,但也有一定抗压强度。其单位体积质量仅 20.4～40.8m³,为砂和混凝土的 1/100～1/50,属超轻型材料,可用它代替土料,填筑桥端的引堤,解决桥头跳车问题。其导热系数低,故在寒冷地带,可用该材料板块防止结构物冻害,土工合成材料黏土垫层是由两层土工织物(或土工膜)中间夹一层膨润土粉末(或其他低渗透性材料)以针刺(缝合或粘接)而成的一种复合材料。它与压实黏土垫层相比,具有体积小、质量轻、具柔性、密封性良好、抗剪强度较高、施工简便、适应不均匀沉降等优点,可以代替一般的黏土密封层,用于水利或土木工程中的防渗或密封设计。国外将其大量用于废料坑的底部防渗衬砌和顶部封盖
土工合成材料黏土垫层	—

第二节　土工合成材料的使用及发展

一、土工合成材料的功能

土工合成材料具有多方面的功能，一种土工合成材料往往就兼有数种功能。随着土工复合材料的发展，所兼有的功能将更多。

1. 排水功能

(1)排水是指收集降水、地下水或其他液体，并沿土工布有关产品平面进行传输。工程中需要将土中水排走的情况很多，例如堤坝工程中降低浸润线位置，以减小渗流力；挡墙背面排水，以消减水压力，提高墙体稳定性；土坡排水，减小孔隙压力，防止土坡失稳；隧道和廊道排水，以减轻渗水压力；软土地基排水，以加速土固结，提高地基承载力等等。

(2)传统的排水材料多采用强透水粒状材料，土工织物用作排水时兼起反滤作用，同时，不致因土体固结变形而失效，它具有施工简便、缩短工期、节约工程费用优点。

2. 过滤功能

(1)过滤是在使液体通过的同时，保持住受液体作用的土或其他颗粒。当土中水流过土工织物时，水可以顺畅穿过，而土粒却被阻留的现象称为过滤。过滤不同于排水，后者的水流是沿织物表面进行的，而不是穿越织物。当土中水从细粒土流向粗粒土，或水流从土内向外流出的出逸外，需要设置反滤措施，否则土粒将受水流作用而被带出土体外，发展下去可能导致土体破坏。

(2)土工织物可以代替水利工程中传统采用的砂砾等天然反滤材料作为过滤层(或称滤层)。用作过滤的土工织物一般是非织造型(无纺)土工织物，有时也可以用织造型土工织物。

3. 防渗功能

防渗是防止流体渗透流失的作用，也包括防止气体的挥发扩散。工程中要修建大量的挡水、蓄水、引水和输水等建筑物，更有防渗、防漏的要求。土工合成材料可以起到防渗的功效。

4. 隔离功能

(1)隔离是为防相邻的不同土或填料的混合，在两种物理力学性质不同的材料之间铺设土工合成材料，使它们不互相混杂。

(2)土工合成材料除了有一定的强度外，还有足够的透水性，让水流畅通，避免引起过高的孔隙水压；有足够的保土性，防止形成土骨架的土粒流失，保证土体稳定性；堤坝坡防护层下的土工织物垫层要保护垫层下的土体不被冲刷带走，实际上也起到隔离作用。由此看来，隔离功能往往不是单独存在的，它常与排水、反滤甚至防护功能联系在一起，难以截然分开。

5. 防护功能

(1)防护功能指限制或防止岩石工程中的局部破损。防护作用具有广泛的涵义。为了消减自然现象、环境影响和人类活动对堤坡和岸坡造成的危害，常要采取适当的防扩措施。岸坡防护包括河岸、湖岸、海岸等的防水流冲刷。传统的防护办法有利用埽枕、柴排、石笼、抛石保护岸坡或打护坡桩等。它们虽然也能起到护坡的良好作用，但耐久性较差，常要不断维修。其根本的弱点，是它们放在被保护土面上，不具有过滤功能，受水流冲蚀和潮浪淘刷抽吸的作用，被保护土颗粒容易被水流带走，导致剥蚀和坍塌。

(2)土工合成材料的发展，为岸坡防护提供了新的途径，只要在被保护土面上覆一层有良好反滤性能的土工织物，压上一定盖重，即能有效地保护岸坡不受水流和波浪等的破坏。土工织物质轻、耐腐、有柔性、整体性强、价廉、施工简便，它们在防护工程中的推广应用在迅速发展。

6. 加强功能

(1)土体一般具有一定的抗压强度，但抗剪强度很低。土体受压时，其破坏与否与土的侧向变形大小有关。允许的侧向变形愈小，它能承受的压力愈高。所以，要提高土的承受能力，可以从设法减小其侧向扩张着手。

(2)加筋土正是利用了这一原理。在土体中的一定部位铺设水平方向的加筋材料，将土压实后，土与加筋材料密切结合成一复合土体(加筋土)，当在复合土体的表面施加荷载时，由于加筋材料与周围土之间有较大的摩阻力(有时尚有咬合力)，限制了土的侧向变形，相当于在土体侧面上施加了约束力，复合土体的承压能力自然得到提高。加筋在于最大限度地限制受压土体的侧向变形，而限制要靠土体中的筋材与周围土的相互作用，为此，要求筋材与土之间应结合良好。

(3)加筋土中的加筋材料通常采用织造土工织物、土工带和土工格栅等，只有当对强度和变形要求不高时，才采用非织造土工织物。

二、土工合成材料的防老化措施

对于同一种化纤的土工合成材料，在相同使用条件下，白色和浅色的老化快，深色和黑色的老化慢；扁丝、薄型的老化快，圆形丝、厚型的老化慢。暴露在日光下的土工织物老化速度异常快，一般最多只能使用一年，而埋在土内或在水下(即有覆盖保护下的土工织物)，老化速度将缓慢得多，且随着时间的延长，有时显著减慢并趋于稳定。

土工合成材料的“老化”不仅表现在织物外观的变化上，如出现发黏、变硬、变软、变脆、变形以及变色等，还同时表现在织物的性能上。老化破坏程度常以材料的某物理量的变化率来反映。

老化是高分子材料的固有特性之一，虽不能完全消除，但如采取有效措施，可以大大延缓老化进程。土工织物的防老化措施如下：

(1)改进加工成型工艺，尽量减少聚合物原料中老化薄弱环节(不稳定结构、杂质)，提高抗外界条件作用的稳定性，尽量缩短工艺中物料接触热和氧的时间，温度应尽量低。

(2)在材料中添加防老化剂，抵制光、氧、热等外因对高分子的作用，如添加适量的抗氧剂、光稳定剂和深色物质(如炭黑)等。试验已证明，在聚丙烯中加入防老化剂，经四年日光直接曝晒，强度仅损失 25%，对照不加防老化剂组，直接在日光下照射仅 2～3 个月，强度就损失殆尽。

(3)进行物理防护，如在制品上涂漆，沥青、镀金属、喷水灌浆等，防止制品与氧气接触及紫外线直接照射。

(4)对于永久性建筑物，任何土工合成材料都不宜长期暴露在阳光之下，因此施工期间应尽量缩短土工材料的暴露时间。如因施工要求暴露时间较长时，则应选用抗老化能力较强的黑色或深颜色的或加有防老化剂的织物。

(5)工程中应用的土工合成材料应有防护，并尽量缩短材料在日光中的暴露时间，多用岩土(要求在 30m 厚以上)或深水覆盖等措施进行防护。

(6)在运输过程中，土工合成材料成品应有较好的遮光、隔热、避氧作用的包装或覆盖。储藏时应该置在室内，避免光、氧、热的作用，露天存放最多不能超过 15d。

根据经验和合理推论，一般认为土工合成材料的使用寿命至少在 30 年以上。事实上，英国 NETLON 公司对其产品的设计年限已达到 120 年。

三、土工合成材料的使用与发展

1. 国外

土工合成材料最早应用于 20 世纪二三十年代。1926 年美国南卡罗来纳州公路部门曾采用过在棉布上洒沥青而制成的材料，其形式类似于土工膜。其后，人们曾采用聚氯乙烯 PVC 土工膜作为游泳池的防渗材料。

人工聚合物为原料的土工织物的最早应用实例，是 20 世纪 50 年代初的荷兰三角洲工程。据估计，其用量超过了 1000 万 m^2，大大保进了土工合成材料的工程应用。至 60 年代，美国逐渐扩展了采用土工织物修建护坡下的垫层和反滤以及护岸等，并将土工织物铺在沥青路面中以防止路面反射裂缝。土工网于 1968 年在日本开始应用，主要用在填土坡，帮助坡缘填土压实，以增大其强度和稳定性。与此同时，土工网也被用在软基上筑堤，以后又发展为在堤底全面铺设。

非织造土工合成材料技术大约于 1967 年在美国、法国、英国开始应用。它是一种较厚的聚酯非织造土工织物，可作为大坝上游抛石护坡下的过滤层，或作为基土与其上覆盖的粗粒料之间的隔离层。非织造织物的出现为土工织物的应用开辟了较广阔的天地。20 世纪 80 年代后出现了排水带、路堤下用非织造织物作加筋以及土工织物加筋挡墙等。

2. 国内

我国应用土工合成材料开始较晚，但发展速度很快，目前几乎在各种类型的岩土工程和大量的水利及堤防工程中都得到应用。

1974 年江苏省江都嘶马用织造型土工织物制成软体排，结合混凝土块压重进行长江护岸。稍后江都西闸和湖北省长江堤防也都采用了软体排。非织造土工织物用作反滤料的工程实例更多，以云南麦子河水库用得最早。20 世纪 80 年代中期，非织造土工织物在尾矿坝和灰堤等工程中得到应用。塑料排水带早在 20 世纪 80 年代初即在天津新港用于加固软基，目前排水带在高速公路和机场工程中已应用得十分广泛。混凝土模袋最早用于江苏南宫河口岸，20 世纪 80 年代末已成功应用于 30 多项工程。加筋土挡墙已修建不少。我国铁路部门 1981 年开始应用土工布处理路基翻浆冒泥。在京九铁路建设的软土路基施工中，曾大量使用土工布、土工网进行地基处理和边坡加固。

土工合成材料作为一项新技术，在我国应用的历史尚短，我国科技人员的总体水平还不高，总体说来我国目前的土工合成材料发展水平还处在“初级阶段”。因此，今后土工合成材料应用要尽量做到“用对，用好，用精”。“用对”是指使用的场合和部位要正确，所选的材料要对路，不能选错或用错；“用好”是要求做出合理的设计，组织精心的施工，实行经常性的维护；“用精”即在使用中有发展，有创新。

第六章　爆破材料

爆破材料是工程施工中所使用的各类炸药、雷管,导火索、导爆线、非电起爆系统的统称。爆破材料属危险性化工产品,具有极高的敏感性和爆炸威力,管理使用不当会造成危害和社会影响。

爆破材料的采购、运输、保管、使用、销毁等应严格执行公安部门及有关物资技术保管规程的规定,执行企业有关管理制度和安全管理、实施办法,其重点是搞好施工现场的安全管理。

第一节　炸　药

一、铵梯炸药

1. 工业用铵梯炸药的组分及含量

铵梯炸药按使用范围分为露天铵梯炸药(适用于露天爆破工程)、岩石铵梯炸药(适用于露天及无沼气和矿尘爆炸危险的地下爆破工程)及煤矿许多用铵梯炸药(适用于有沼气或煤尘爆炸危险的煤矿爆破工程)三大类;按其抗水性能分为普通铵梯炸药和抗水铵梯炸药两大类。抗水铵梯炸药适用于一般有水作业的爆破工程。

铵梯药的组分含量应符合表6－1的要求。

表6－1　铵梯炸药的组分含量

炸药名称	组分含量(%)				
	硝酸铵	梯思梯	木粉	盐	抗水剂
1号露天铵梯炸药	80.0～84.0	9.0～11.0	7.0～9.0	—	—
2号露天铵梯炸药	84.0～88.0	4.0～6.0	8.0～10.0	—	—
2号抗水露天铵梯炸药	84.0～88.0	4.0～6.0	7.2～9.2	—	0.6～1.0
3号露天铵梯炸药	86.0～90.0	2.5～3.5	8.0～10.0	—	—
2号岩石铵梯炸药	83.5～86.5	10.0～12.0	3.5～4.5	—	—
2号抗水岩石铵梯炸药	83.5～86.5	10.5～11.5	2.7～3.7	—	0.6～1.0
3号岩石铵梯炸药	80.5～83.5	13.0～15.0	3.5～4.5	—	—
4号抗水岩石铵梯炸药	77.7～80.7	18.5～21.5	—	—	0.5～1.0
2号煤矿许用铵梯炸药	69.5～72.5	9.5～10.5	3.5～4.5	14.0～16.0	—
2号抗水煤矿许用铵梯炸药	70.5～73.5	9.5～10.5	1.7～2.7	14.0～16.0	0.6～1.0
3号煤矿许用铵梯炸药	65.5～68.5	9.5～10.5	2.5～3.5	19.0～21.0	—
3号抗水煤矿许用铵梯炸药	65.5～68.5	9.5～10.5	2.1～3.1	19.0～21.0	0.3～0.5

注:(1)允许在炸药组分以外另加不多于0.5%的添加剂;

(2)木粉可用甘蔗渣粉、棉籽饼粉代替;

(3)被筒煤矿许用铵梯炸药的芯药为2号、3号煤矿许用铵梯炸药或抗水煤矿许用铵梯炸药,被筒内盐量为芯药的45%～50%;

(4)抗水剂一般为沥青与石蜡的混合液(质量比为1∶1),若采用其他抗水剂需经技术鉴定通过方可使用。

2. 工业用铵梯炸药的规格、质量及性能指标

(1)药卷质量:100g±2g、150g±3g、200g±5g。

(2)药卷规格:32mm±1mm、35mm±1mm、38mm±1mm、42mm±1mm(被筒炸药)。

(3)铵梯炸药的性能指标应符合表 6－2 的要求。

表 6－2　铵梯炸药性能指标

炸药名称	水分(%)	殉爆距离(cm)		度(mm)	药卷密度(g/cm³)	爆速(m/s)	有效期(月)	作功能力(铅法)(mL)	炸药有效期内		炸药爆炸后有毒气体含量(L/kg)	可燃气体安全度
		浸水前	浸水后						殉爆距离(cm)	水分(%)		
1 号露天铵梯炸药	≤0.5	≥4		≥11	0.85～1.10	$\geq 2.1\times10^3$	≥278	4	≥2	≤1.0	≤80	
2 号露天铵梯炸药		≥3		≥8			≥228					
2 号抗水露天铵梯炸药			≥2									
3 号露天铵梯炸药		≥2		≥5			≥208		≥1			
2 号岩石铵梯炸药	≤0.3	≥5		≥12	0.95～1.10	$\geq 3.2\times10^3$	≥298	6	≥3	≤0.5		
2 号抗水岩石铵梯炸药			≥4									
3 号岩石铵梯炸药		≥6		≥13		$\geq 3.3\times10^3$	≥328					
4 号抗水岩石铵梯炸药			≥4	≥14	1.00～1.20	$\geq 3.5\times10^3$	≥338	8				
2 号煤矿许用铵梯炸药		≥5		≥10	0.95～1.10	$\geq 2.6\times10^3$	≥328	4				合格
2 号抗水煤矿许用铵梯炸药		≥4	≥3						≥2			
3 号煤矿许用铵梯炸药						$\geq 2.5\times10^3$	≥218					
3 号抗水煤矿许用铵梯炸药			≥2									

注:(1)炸药有效期自制造完成之日起;

(2)测试被筒煤矿许用铵梯炸药的爆炸性能时,不带被筒。

二、水胶炸药

1. 工业用水胶炸药的规格、性能指标

水胶炸药按用途分为岩石水胶炸药(适用于无沼气和矿尘爆炸危险的爆破工程)、煤矿许用水胶炸药(适用于有沼气和煤尘爆炸危险的爆炸工程)和露天炸药(适用于露天爆破工程)。

水胶炸药的药卷规格(外径)一般为 ϕ32mm±1mm 或 ϕ35mm±1mm,也可根据用户要求规格生产。每一包装件内药卷质量不应超过 30kg。外包装标志及内、外包装和每一包装内应随带产品合格证、使用说明书(编写的规定与乳化炸药规定相同),但标志中的净重仅指箱内药卷质量之和(因标准中无散装炸药)。

水胶炸药爆炸性能好、敏感度低、威力大、抗水性强,适用于隧道工程使用。水胶炸药主要性能指标见表 6－3。

表 6－3　水胶炸药主要性能指标

项目	岩石乳化炸药		煤矿许用乳化炸药			露天乳化炸药
	1 号	2 号	一级	二级	三级	
药卷密度(g/cm³)	1.05～1.30		0.95～1.25			1.05～1.30
殉爆距离(cm)	≥4	≥3	≥3	≥2	≥2	≥3
爆速(m/s)	$\geq 4.2\times10^3$	$\geq 3.2\times10^3$	$\geq 3.2\times10^3$	$\geq 3.2\times10^3$	$\geq 3.0\times10^3$	$\geq 3.2\times10^3$
猛度(mm)	≥16	≥12	≥10	≥10	≥10	≥12
作功能力(mL)	≥320	≥260	≥220	≥220	≥180	≥240
炸药爆炸后有毒气体含量(L/kg)	≤80					
可燃气体安全度			合格			
撞击感度爆炸概率	≤8%					
磨擦感度爆炸概率	≤8%					
热感度	不燃烧,不操作					
使用保证期(d)	270		180			180

注：(1)表内数字均为使用保证期内有效，使用保证期自炸药制造完成之日起计算；
(2)不具有雷管感度的炸药可不测殉爆距离、猛度、作功能力；
(3)以上指标采用 ϕ35mm 或 ϕ35mm 的药卷进行测试。

2. 工业用乳化炸药规格性能指标怎样

乳化炸药属含水炸药大类，按用途主要分为岩石乳化炸药（适用于无沼气和矿尘爆炸危险的爆破工程）、露天乳化炸药（适用于露天爆破工程）、煤矿许用乳化炸药（适用于有沼气和煤尘爆炸危险的爆破工程）三类。药卷规格按外径计，有 ϕ32mm±1mm 和 ϕ35mm±1mm 两种。每一包装件内药卷质量不应超过 30kg。散装炸药每一包装件净重不应超过 40kg，净重偏差不大于 1%。用户需要其他规格的药卷时，可由双方协商在合同中注明。

乳化炸药与铵梯炸药相比，有安全性能好、抗水性强、操作简单等优点，亦属铁路工程爆破施工广泛应用的炸药之一。

乳化炸药的主要性能指标应符合表 6－4 要求。

表 6－4　乳化炸药的主要性能指标

项目	岩石乳化炸药		煤矿许用乳化炸药			露天乳化炸药	
	1 号	2 号	一级	二级	三级	有雷管感度	无雷管感度
药卷密度(g/cm^3)	0.95～1.30		0.95～1.25			1.10～1.30	
殉爆距离(g/cm^3)	1.00～1.30		1.00～1.30			1.15～1.351.0	0～1.35
爆速(m/s)	$\geqslant 4.5\times10^3$	$\geqslant 3.2\times10^3$	$\geqslant 3.0\times10^3$	$\geqslant 3.0\times10^3$	$\geqslant 2.8\times10^3$	$\geqslant 3.0\times10^3$	$\geqslant 3.5\times10^3$
猛度(mm)	≥4	≥3	≥2	≥2	≥2	≥2	≥2
作功能力(mL)	≥320	≥260	≥220	≥220	≥210	≥240	
撞击感度爆炸概率	≤8%						
磨擦感度爆炸概率	≤8%						
热感度	不燃烧，不操作						
炸药爆炸后有毒气体含量(L/kg)						≤80	
可燃气体安全度			合格				
使用保证期(d)	180		120			120	15

注：(1)表内数字均为使用保证期内有效，使用保证期自炸药制造完成之日起计算。
(2)混装车生产的无雷管感度露天乳化炸药的爆速应不少于 4.2×10^3m/s。
(3)用户有特殊要求的产品，其爆炸性能可由供需双方协商确定。

三、炸药的通用性质

炸药的通用性质主要有密度、猛度、爆速、作功能力及殉爆距离等，如图 6－1 所示。

炸药的主要通用性质
- 密度：密度是指其质量(g)与其所占体积(cm^3)之比。炸药密度在实际工作中很重要。对于相同质量的炸药而言，密度越小，药包的容积就越大，必须增加炮眼深度和增大眼径，致使工作量增大。因此，对于爆力相等的炸药，应选用密度最大的。药卷密度是将炸药按照一定标准制成卷后的密度，卷内炸药的密度表示方法与炸药密度表示方法相同。
- 猛度：猛度是指炸药爆炸时破坏一定量的岩石或土，使之成为细块的能力，即炸药的猛烈程度。猛度与爆速成正比。如岩石铵梯炸药的猛度不小于 12mm，露天岩石铵梯炸药的猛度不小于 5mm。不同号数的炸药猛度各不相同。
- 爆速：爆速是指炸药爆炸的快慢程度，反映炸药在起爆药的起爆下爆炸的速度，以 1s 时间传播距离表示(m/s)。一般用于岩石爆破的爆速较大，用于煤矿的爆速较小。如铵梯炸药，岩石用的爆速为 $\geqslant 3.2\times10^3$m/s～$\geqslant 3.5\times10^3$m/s，而用于煤矿的为 $\geqslant 2.5\times10^3$m/s～$\geqslant 2.6\times10^3$m/s。
- 作功能力：一个药卷的炸药爆炸后，引起另一个药卷爆炸，其两药卷端面的最大距离叫做殉爆距离。一个药卷引发另一个药卷爆发的现象称殉爆。殉爆距离以 cm 表示。如岩石铵梯炸药的殉爆距离，浸水前不小于 5cm，浸水后不小于 4cm。
- 殉爆距离：作功能力是指炸药爆炸产生的高温压缩气体膨胀而破坏一定介质（岩石或土）体积的能力，即炸药对介质的破坏能力。这个能力取决于炸药自身的潜在能力，也就是炸药发挥其潜能所产生的机械功。

图 6－1　炸药的主要通用性质

第二节 起爆材料

一、火雷管

1. 组成

火雷管由管壳、起爆药和加强帽三部分组成。管壳材料为铜、铁、铝或纸，常用的为 6 号和 8 号。内包装为纸盒，每盒 100 发；外包装为木箱，每箱为 50 盒共 500 发。

2. 适用范围

火雷管适用于一般爆破工程，但在沼气及矿层较多的坑道工程中不宜使用。外观检查发现有裂口、锈点、砂眼、受潮、起爆药浮出等，均不能使用。

3. 存放

(1)火雷管遇冲击、摩擦、搔扒、按压、火花、热等影响均会发生爆炸，易受潮失效。

(2)管壁或管口上如有粉末或管内有杂物时，只许放在指甲上轻敲除之，不得重倒或重扣，严禁用口吹或用其他物品去掏。

(3)火雷管应储存在干燥、通风良好的库房内，以防受潮或降低爆炸力或产生拒爆。纸雷管应加强防潮，以免受潮失效。

二、即发电雷管

1. 构造

即发雷管的基本构造与火雷管相同，只是加装了一个电力引爆装置。

2. 种类

即发电雷管按其外壳材质可分为紫铜雷管、铝铁雷管、纸雷管三种；按长度和口部直径可分为 6 号和 8 号两种。紫铜雷管及铝铁雷管均有 6 号和 8 号两种，纸壳雷管仅有 8 号一种。

3. 适用范围

除铝铁雷管外，均适用于一切爆破工程使用，但在有瓦斯及矿尘爆炸危险的坑道工程不宜使用。外观检查发现金属壳雷管有绿色斑点和裂缝、皱痕或起爆药浮出，纸壳管表面有松裂、管体起爆药有碎裂，以及脚线有扯断者，均不能使用。即发电雷管内包装为纸盒，每盒 100 发；外包装为本木箱，每箱 10 盒共 1000 发。

三、秒延期雷管

1. 构造

秒延期电雷管的构造与即发电雷管的不同之处在于，引燃剂与起爆药之间增加了一段缓燃导火索或能起延时作用的缓燃剂。除有延期时间的要求外，其他性能与即发电雷管基本相同。

2. 段别

秒延期电雷管延期时间段分别为五段和七段。五段的延长时间以脚线颜色区分，七段的延长时间在产品上段标明。五段中的 2、3、4、5 段脚线分别为绿、红绿、黑色，延长时间(s)分别为 2±0.5、4±0.5、5.6±0.5、8±0.5，1 段延长时间为 0s(为即发电雷管)。七段者 1～7 段脚线分别为灰、红、灰黄、灰蓝、灰白、绿红、绿黄、绿白色，产品上段标明的延长时间(s)分别为不大于 0.1、1.0±0.5、2.0±0.6、3.1±0.7、4.3±0.8、5.0±0.9、7.0±1.0。

3. 适用范围

秒延期电雷管用于没有沼气、爆炸气体及矿尘较少的坑道和各种爆破工程，特别适用于几个雷管先后爆炸时使用，如炮孔法分层爆破。

四、电 雷 管

1. 构造

毫秒雷管管壳有铝镁、铁、纸三种。铝镁管者有 1～30 段，脚线长度为 3m；铁管者有 1～15 段，脚线长度为 2m；纸管者有 1～5 段，脚线长度为 2m。金属管内包装为纸盒，每盒 50 发，外包装为木箱，每箱 10 盒共 500 发；纸管内包装为纸盒，每盒 100 发，外包装为木箱，每箱 10 盒共 1000 发。

2. 段别

毫秒延期电雷管又称毫秒雷管，按起爆延期时间分为多个段别。国产毫秒电雷管的延期时间(ms)段数越大、延长时间越长。1～10 段别以脚线颜色区别，分别为灰蓝、灰白、灰红、灰绿、灰黄、黑蓝、黑白、黑绿、黑黄；11～20 段以标牌标志区分。

3. 适用范围

毫秒雷管适用于大面积爆破工程或组或发起爆各种猛性药包，不能用于有沼气的作业面。导电检查：用不大于 0.05A 的直流检查是否导通，不导通的不能使用。铝板检查：用 5mm 厚的铝板，炸穿孔径不小于雷管外径。

4. 使用注意事项

(1)各种电雷管在使用前均应进行外观和导电检查，测量电阻是否在同一网络中，各雷管之间的电阻差不超过 0.2Ω。

(2)检查时，雷管应放在挡板后面距工作人员 5m 以外的地方。

(3)电雷管的脚线如绝缘制作起爆体时，电雷管的脚线要轻拿轻放，防止与地面摩擦。

五、导 火 索

1. 构造

导火索又叫导火线，其内部为黑火药芯，外面依次包缠棉线、黄麻(可亚麻)，涂沥青、包牛皮纸等，外面再用棉线缠紧，涂以石蜡沥青涂料，两端涂以防潮剂。

2. 质量要求

导火索要求粗细均匀，无折伤变形、受潮、发霉、严重油污、剪断处散头等现象；包裹严密，纱线编织均匀，包皮无松开、无破损，外观整洁；存放温度不超过 40℃，通风、干燥条件下保证期为 2 年。

3. 性质指标

导火索的外径应在 5.2～5.8mm，药芯直径不小于 2.2mm，长度为 10m±0.1m。普通(正常)导火索为 100～125s/m；缓燃导火索燃速为 180～210s/m。导火索的喷火强度应不低于 50mm。

4. 检查方法

导火索的检查方法：在 1m 深静水中浸泡 4h 后，检查燃速和燃烧性能否正常；燃烧时，无断火、透火、外壳燃烧及爆声；使用前作燃速检查，先将原导火索两头剪去 50～100mm，然后根据燃速将导火索剪成所需的长度，两端须平整，不得有毛头，检查两端芯药是否正常。导火索每盘长 250m±2m,内用塑料袋包装,包用纸箱包装,每箱 4 盘共 1000m。

5. 适用范围

导火索用于一般爆破工程(有瓦斯的场所、洞库工程除外)传递火焰、起爆火雷管或引爆黑火药包等,可在干燥、潮湿的地方使用。导火索不宜用于有瓦斯或矿尘爆炸危险的作业面。

六、导 爆 索

导爆索又称导爆线或传爆线,外表与导火索相似,但其性质及作用与导火索不同。导火索传递导火焰,而导爆索传导爆轰波,具有爆速快、引燃药卷不用雷管特点。导爆索每卷长 50m ±0.5m,内包装每卷用塑料袋,外包装用木箱,每箱 10 卷共 500m。

1. 构造

导爆索由药芯及外皮组成。药芯用爆速高的烈性黑索金制成,以棉线、纸条为包缠物,并涂以防潮剂,包层包皮线,表面涂以红色,索头涂有防潮剂。

2. 质量要求

导爆索的质量要求:外观无破损、折伤、药粉撒出、松皮、中间;扭曲时不折断,炸药不散落;无油脂和油污;在 0.5m 深、温度为 10~25℃的水冲浸 24h,仍能完全爆轰;在−28~50℃不失起爆性能;在温度不超过 40℃,通风、干燥条件下储存,保证期为 2 年。

3. 性能指标

(1)导爆索的外径 5.5~6.2mm,药芯直径 3~4mm,爆速不低于 650m/s,抗拉强度不小于 3060N,用火焰点爆时不爆燃、不起爆(应用 8 号火雷管起爆)。

(2)2m 长的导爆索能完全起爆一个 200g 的压装 TNT 药块。

4. 适用范围

导爆索适用于一般爆破作业中直接起爆 2 号岩石炸药,也适用于深孔爆破和大量爆破药室的引爆,并可用于几个药室同时准确起爆,但它不宜用于有瓦斯、矿尘的作业面及一般炮孔法爆破。导爆索成本较高,在坑道掘进中采用较少。

七、导 爆 管

1. 构造

导爆管起爆是一种非导起爆系统,由导爆管、终端雷管和连接元件组成,是近代的一种新技术,受到国内外的广泛重视。

2. 技术指标

导爆管的技术指标:外径 3.0mm,内径(1.4±0.1)mm,爆速(1650~1950±50)m/s。抗拉力:25℃时不低于 70N;50℃时不低于 50N;−40℃时不低于 100N。耐静电性能;在 30kV、30pF、极距 10cm 条件下,1min 不起爆;耐温性:50℃±5℃、−40℃±5℃时起爆传爆可靠。

3. 质量要求

导爆管的质量要求:表面有伤损(孔洞、裂口等)或管内有杂物者不得使用;传爆雷管在连接块中,能同时起爆 9 根塑料导爆管;在火焰作用下不起爆;在 80m 深处,经 48h 后起爆正常;在卡斯特落锤 10kg、150cm 落高的冲击作用下不起爆。

4. 性能特点

(1)导爆管是一种半透明的具有一定强度、韧性、耐温、不透火、内涂一层胶状高燃混合炸药(主药为黑索金或奥克托金,其余是铝粉和其他添加剂)的聚合物塑料软管,涂药量为(16±

1.6)mg/m，具有抗火、抗电、抗冲击、抗水以及导爆安全等性能。起爆时，以1700m/s左右的速度通过软管而引爆火雷管，但软管不破坏。因此，导爆管是一种安全的导爆材料。

(2)导爆管在运输保管中，可作非危险品处理。与雷管、导火索、导爆相比，具有作业简便、安全、抗杂散电流、起爆可靠、原材料易得、成本低、运输方便、效率高等独特优点。

第三节　爆破材料的使用与管理

一、爆破材料管理基本要求

(1)做好爆破材料的安全管理工作，必须贯彻“从严管理、依法监督、方便生产、保障安全”和“谁主管，谁负责”的原则。

(2)各使用单位的主管领导人对爆破材料的安全管理工作负总责。

(3)物资部门负责购买、运输、储存过程中的安全。

(4)安质部门对运输、使用、储存爆破材料的安全技术操作和技术培训等进行指导和监督检查。

(5)公安部门是本企业爆破材料监督管理的主管部门。

(6)各使用单位同时接受所在地公安机关的监督检查。

二、爆破材料购置与运输管理要点

(1)购置爆破材料由使用单位物资部门向集团公司工程指挥部物资部提报计划，项目材料厂据物资部下达的供应任务，与供货单位签订供销合同，向所地在县以上公安机关申领《爆炸物品购买证》后方可购置。使用单位每季汇总购置情况，报本单位公安部门备案。

(2)爆破材料的运输除厂家直接运送外，由采购单位负责。运输爆破材料，应按规定向所在地县以上公安机关申领《爆炸物品运输证》，跨省、市、区运输的应在相应的省、市、区办理准运手续。性质相低触的爆破材料不得同车混装。尽力采取原包装进行装运，若原包装数量因取样等原因发生变化，应用柔软材料填满箱中空隙盖牢(不满箱的雷管应全部用绳子束在一起，置于箱内)，标明剩余重量或数量，并加盖仓库封印或负责人印章。

(3)爆破材料运至施工现场仓库或临时存放点后，由负责运输人员与仓库保管员办理交接、清点、入库手续，禁止无关人员围观、参与。

(4)交通运输不便的工点使用爆破材料，应根据实际施工用量的需要，派人员运送。

(5)由炸药库直接向施工现场工点用人力运送爆破材料时，必须做到：运送爆破材料必须固定专人，并二人以上；炸药与雷管应分别放在两个大箱内，分开运送，严禁装在衣袋、背包内；领到爆破材料后，要直接送到工作地点，严禁途中逗留；运送时每个人每次不得超过一箱。

(6)严禁个人随身携带爆破材料搭乘车、船，严禁在托运的行李裹和邮寄的邮件中带爆破材料。

三、爆破材料的存储管理

(1)存爆破材料必须建立严格的出入审批、检查、登记制度。收入与发放爆破材料必须登记，按规定项目逐项填写，做到账目清楚、账物相符。收入时要严格检查生产厂原包装的封印是否完好、名称、规格、数量及所附凭证、使用说明书等是否相符。发放时严格执行“三查查、三核对”制度，未经有权人员审批，仓库不得发放。

(2)库内储存爆破材料数量不得超过公安机关批准的库房设计容量。性质相低触的爆破器材不得同库储存，不同牌号、不同规格和制造日期不同的，均不得混存，库房内严禁存放其他物品。

(3)库房内爆破材料的堆放：炸药箱堆高不得超过 1.8m，宽度以 4 箱为限；箱堆间距离不小于 0.3m，箱堆与墙壁间距不小于 0.5m，人行道宽度不小于 1.3m，炸药、雷管箱应放置在辅设软垫和木板的地面土。

(4)存爆破材料仓库要保持通风良好，相对湿度控制在 45%～70%范围内，温度控制在 15～30℃范围内。

四、爆破材料领用与使用管理要点

(1)爆破材料使用单位必须向所在地县以上公安机关申领《爆炸物品使用许可证》后，方可使用。

(2)使用爆破材料必须建立严格的领取、清退制度。领取爆破材料，必须经当班领工员或施工现场负责人批准，并核定数量，由职工领取。领取数量不得超过当班使用量。

(3)爆破作业须由持证爆破员担任，严禁非爆破人员从事爆破作业。

(4)进行爆破作业时，必须由专人统一指挥，划定安全区，布设警示标志。爆破前应发预警信号，待危险区内人员撤离后再发爆破信号。爆破作业中出现哑炮时，应按照规定方案进行处置，不准擅自草率处理。爆破作业结束，经检查确认安全后，方可解除警示。

第七章　钢　材

钢材是建筑结构中使用最广泛的一种金属材料。它是将生铁经平炉或转炉等冶炼、浇铸成钢锭，再经过碾轧、煅压等加工工艺制成。

建筑钢材是指用于钢结构的各种型材(如圆钢、角钢、槽钢、工字钢等)、钢板和用于钢筋混凝土的各种钢筋、钢丝等。

钢材材质均匀密度、强度高，塑性和抗冲击韧性好，可焊可铆，便于装配。因此，在建筑结构工程中得到广泛使用，是建筑工程极其重要的材料之一。但钢材也存在着能耗大、成本高、易锈蚀、耐火性差等缺点。

第一节　钢冶炼与分类

一、钢的冶炼过程

钢与生铁的区分在于含碳量的数量。含碳量小于2.06%的铁碳合金称为钢；含碳量大于2.06%的铁碳合金称为生铁。

钢由生铁冶炼而成。生铁是将铁矿石、焦炭及助熔剂(石灰石)按一定比例装入炼铁高炉，在炉内高温条件下，焦炭中的碳和铁矿石中的氧化铁发生化学反应，促使铁矿石中的铁和氧分离，将铁矿石中的铁还原出来，生成的一氧化碳和二氧化碳由炉顶排出。此时冶炼得到的铁中，碳的含量为2.06%～6.67%，磷、硫等杂质的含量也较高，属生铁。生铁硬而危，无塑性和韧性，在建筑上很少应用。

将生铁在炼钢炉中进一步冶炼，并供给足够的氧气，通过炉内的高温氧化作用，部分碳被氧化成一氧化碳气体逸出，其他杂质则形成氧化物进入炉渣中除去。这样，将含碳量降低到2.06%以下，磷、硫等其他杂质也减少到允许数值范围内，即成为钢，此过程称为炼钢。与铁相比，钢的强度高，强度高，韧性及塑性良好，能承受一定冲击和进行焊、铆等工艺加工。炼钢方法目前主要有转炉炼钢法、平炉炼钢法、电炉炼钢法三种。其中转炉炼钢法又分为氧气炼钢法和空气炼钢法。采用不同炼钢方法其最终产品含杂质也不同见表7—1。

表7—1　不同炼钢方法的杂质含量

炼钢方法	杂质含量(%)		
	S(不大于)	P(不大于)	N
电炉钢	0.030	0.030	0.005～0.016
平炉钢	0.050	0.045	0.001～0.008
空气转炉钢	0.055	0.045	0.01～0.03
氧气转炉钢	0.050	0.045	0.003～0.006

二、钢的分类

1. 钢按质量的分类

(1)特级优质钢。含硫量≤0.015%，特级优质钢后加“E”；含磷量≤0.025%。建筑上常用的主要钢种是普通碳素钢中的低碳钢和合金钢中的低合金高强度结构钢。

(2)高级优质钢。含硫量≤0.025%,高级优质钢的钢号后加“高”字或“A”;含磷量≤0.025%。

(3)优质碳素钢。含硫量≤0.035%,含磷量≤0.035%。

(4)普通碳素钢。含硫量≤0.045%～0.050%;含磷量≤0.045%。

2.钢按用途的分类

(1)结构钢。工程结构用钢(建筑用钢、专门用途钢,如船舶、桥梁、锅炉用钢)、机械零件用钢(掺碳钢、调质钢、弹簧钢、轴承钢)。

(2)工具钢。量具钢、刃具钢、模具钢。

(3)特殊性能钢。不锈钢、耐热钢、耐磨钢、电工用钢。

3.钢按化学成分的分类

钢按化学成分类如图7－1所示。

- 钢按化学成分分类
  - 碳素钢
    - (1)低碳钢:含碳量小于0.25%
    - (2)中碳钢:含碳量在0.25%～0.605%之间
    - (3)高碳钢:含碳量大于0.60%
  - 合金钢
    - (1)低合金钢:合金元素总含量小于5%
    - (2)中合金钢:合金元素总含量在5%～10%之间
    - (3)高合金钢:合金元素总含量在10%以上

图7－1 钢按化学成分分类

4.钢按冶炼时脱氧程度的分类

在炼钢过程中,钢水里尚有大量以FeO形式存在的氧分,FeO与碳作用生成CO以至在凝固钢锭内形成许多气泡,降低钢材的力学性能。为了除去钢液中的氧,必须加入脱氧剂锰铁、硅铁及铝锭使之与FeO反应,生成MnO、SiO_2或Al_2O_3等钢渣而被除去,这一过程称为“脱氧”。根据脱氧程度不同,钢材分为以下几种。

(1)沸腾钢(F)

属脱氧不完全的钢,浇铸后在钢液冷却时有大量一氧化碳气体逸出,引起钢液剧烈沸腾,称为沸腾钢。其代号为“F”。此种钢的碳和有害杂质磷、硫等的偏折较严重,钢的致密程度较差,故冲击韧性和焊接性能较差,特别是低温冲击韧性的降低更显著。但沸腾钢成本低,被广泛应用于建筑结构。目前,沸腾钢的产量逐渐下降并被镇静钢所取代。

(2)镇静钢(Z)

浇铸时,钢液平静地冷却凝固,是脱氧较完全的钢。其代号为“Z”。含有较少的有害氧化物杂质,而且氮多半是以氮化物的形式存在。镇静钢钢锭的组织致密度大,气泡少,偏析程度小,各种力学性能比沸腾钢优越,用于承受冲击荷载或其他重要结构。

(3)半镇静钢(b)

1)指脱氧程度和质量介于上述两种之间的钢,其质量较好。其代号为“b”。

2)特殊镇静钢(TZ):比镇静钢脱氧程度还要充分彻底的钢,其质量最好,适用于特别重要的结构工程。其代号为“TZ”。

三、影响钢材性能的元素

对钢材性能有影响的杂质元素如图7－2所示。

对钢材性能有影响的杂质元素

- 碳：碳是决定钢性能的重要元素。含碳量小于 0.8%的的碳毒钢，随着含碳量的增加，钢的抗拉强度(σ_b)和硬度(HB)增加，而塑性和韧性则相应降低。而当含碳量大于 0.8%时(如高碳钢)，随着含碳量的增加，钢的抗拉强度(σ_b)反而下降。含碳量增大，也将使钢的焊接性能和抗腐蚀性能下降，当含碳量超过 0.3%时可焊性显著降低，增加冷脆性和时效倾向，如图 7—3 所示。
- 硅：炼钢时为了脱氧去硫而加入硅，少量的硅(Si)对钢是有益的。当含硅量小于 1%时，能显著提高钢的强度，对塑性和韧性影响不大，还可提高抗腐蚀能力，改善钢的质量。当硅含量大于 1%时，可焊性变差，冷脆性增加。
- 锰：锰 Mn 在钢中起脱氧和去硫作用，加入锰能显著提高钢材的强度和硬度，消除钢的热脆性，改善热加工性，几乎不降低塑性和韧性。但含锰量大于 1.0%时，将降低钢的塑性、韧性和可焊性，含锰量达 11%～14%时，称为高锰钢，具有较高的耐磨性。
- 磷：磷(P)是钢中的有害元素。对钢材起强化作用，可使钢的屈服点和抗拉强度提高，但塑性和韧性显著降低，特别在低温下会增大钢的冷脆性，并降低可焊性。应严格控制磷的含量，一般不超过 0.085%。但磷配合其他元素作为合金元素，可提高钢的耐磨性和耐蚀性。
- 硫：硫(S)是钢中的有害元素。硫使钠材在加工过程中引起断裂，形成热脆现象，称为热脆性。硫将大大降低钢的热加工性、可焊性、冲击韧性、疲劳强度和抗腐蚀性。硫是极有害的杂质，应严格控制其含量，一般不得超过 0.065%。
- 氧：氧(O)常以 FeO 的形式存在于钢中，它将降低钢的塑性、韧性、冷弯性能和可焊性以及强度，并显著降低疲劳强度，增加热脆性。氧是钢中有害杂质，在钢中一般不得超过 0.05%。但氧有促进时效性的作用。
- 氮：氮(N)虽可以提高钢的屈服点、抗拉强度和硬度，但使钢的塑性，特别是韧性显著下降，并增大钢的时效敏感性和冷脆性，降低可焊性及冷弯性能。故钢的含氮量不应超过 0.008%。如果在钢中加入少量的铝、钒、锆和铌，使它们变为氮化物，则能细化晶粒，改变性能，此时氮就就是有害元素了。
- 钛钒：钛(Ti)、钒(V)都是炼钢时的强脱氧剂，也是合金钢常用的合金元素。适量加入钢内此两种元素，可改善钢材的组织结构，使晶体细化，显著提高钢的强度，改善钢的韧性。

图 7—2　对钢材性能有影响的杂质元素

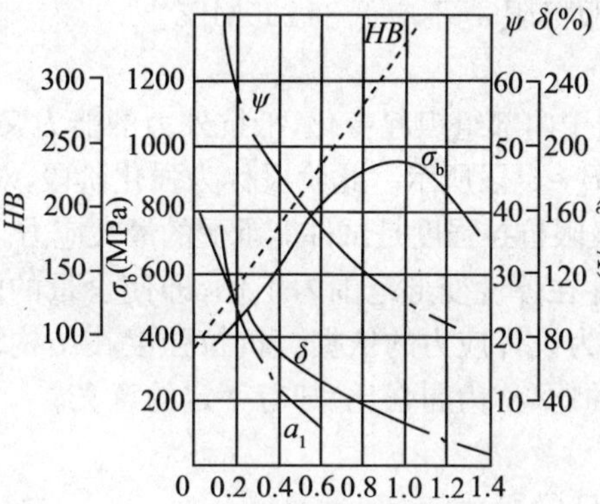

图 7—3　含碳量对钢材性能的影响

第二节　钢材的性能

一、钢材的抗拉过程

以低碳钢制成一定规格的试件为例，低碳钢受拉过程可分为四个阶段：弹性阶段(Ⅰ)、屈服阶段(Ⅱ)、强化阶段(Ⅲ)和颈缩阶段(Ⅳ)，如图 7—4 每个阶段各有其特点。

1. 弹性阶段

应力与应变成正比关系，应力增加，应变也增大。如果卸去外力，试件则恢复原状，这种能恢复原状的性质叫做弹性，这个阶段称为弹性阶段，如图 7－4 的 O～A 段。弹性阶段的最高点（图中的 A 点）相对应的应力称为比例极限（或弹性极限），一般用 σ_p 表示。应力和应变的比值为常数，称为弹性模量，用 E 表示。即 $\sigma/\varepsilon=E$。建筑上常用钢（Q235）的弹性极限 $\sigma_p=$ 180～200MPa，弹性模量 $E=2.0\sim2.1\times10^5$ MPa。

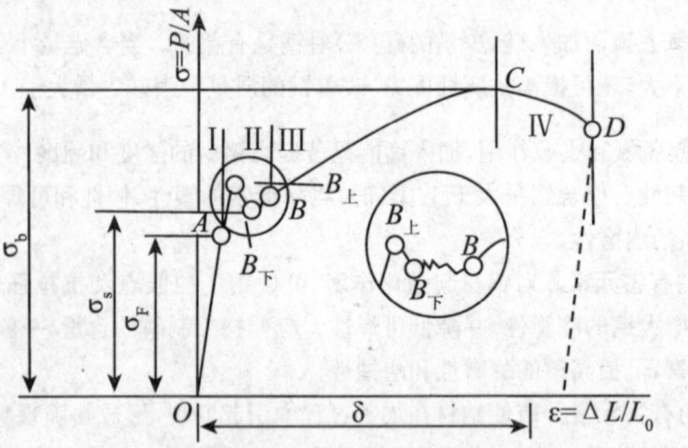

图 7－4 低碳钢应力－应变曲线图

2. 屈服阶段

当应力超过比例极限后，应力和应变不再成正比关系。这一阶段开始的图形接近直线，后应力增加很小，而应变急剧地增长，就好像钢材对外力屈服一样，所以称为屈服阶段，即图7－4中的 A～B 段。此时，钢材的性质也由弹性转为塑性，如将拉力卸去，试件的变形不会全部恢复，不能恢复的变形称为塑性变形（即残余变形）。这个阶段有两个应力极值点，即屈服上限（$B_上$ 点对应的应力值）和屈服下限（$B_下$ 点对应的应力值），由于 $B_下$ 点对应的应力相对比较稳定，容易测定，因此将屈服下限 $B_下$ 点称为屈服点，对应的应力值称为屈服强度，服 σ_s 表示。常用的碳素结构钢 Q235 的屈服极限 σ_s 不应低于 235MPa。

3. 强化阶段

钢材经历屈服价段后，由于内部组织起变化，抵抗外力的能力又重新提高了，应力与应变的关系成上升的曲线如图 7－4B～C 段所示。此阶段称为强化阶段，对应于最高点 C 的应力称为极限抗拉强度，用 σ_b 表示。极限抗拉强度是试件能承受的最大应力。Q235 钢 σ_b 约为 380MPa。

在结构设计中，要求构件在弹性变形范围内工作，即使少量的塑性变形也应力求避免，所以规定以钢材的屈服强度作为设计应力的依据。抗拉强度在结构设计中不能完全利用，但是屈服强度 σ_s 与抗拉强度 σ_b 的比（称为屈强比）却有一定的意义。

4. 颈缩阶段

颈缩阶段如图 7－4C～D 段所示。

当钢材强化达到最高点后，在试件薄弱处的截面将显著缩小，产生“颈缩现象”，如图 7－5 所示。由于试件断面急剧缩小，塑性变形迅速增加，拉力也就随着下降，最后发生断裂。

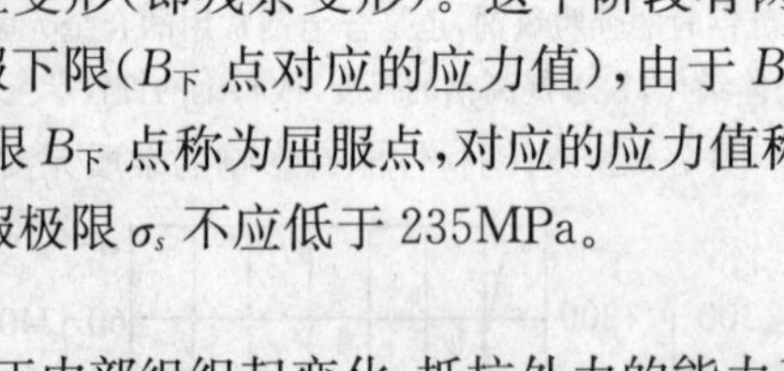

图 7－5 钢材拉伸试件

另外，对于在受力条件下屈服现象不明显的钢（例如硬钢类），其应力－应变曲线如图7－6所示，并规定以产生残余变形为 0.2％时的应力 $\sigma_{0.2}$ 作为屈服强度，称为条件屈服点。

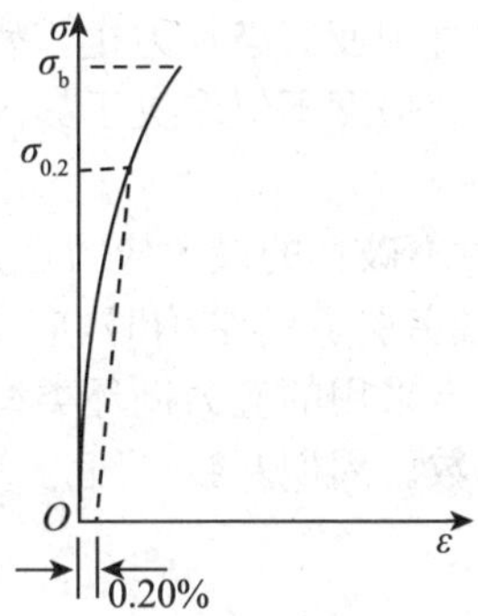

图 7－6　中碳钢、高碳钢的 σ－ε 图

二、钢材的冲击韧性能

冲击韧性是指钢材抵抗冲击荷载而不破坏的能力。冲击韧性是以试样缺口处单位横截面所吸收的功(J/cm²)来表示的,冲击韧性值符号为 α_K。钢材的冲击韧性指标是采用标准试件的弯曲冲击韧性试验确定,试验的标准试样为 10mm×10mm×55mm 并带有 V 形缺口。试验前,将带有 V 形缺口的金属试样以简支梁状态放于摆锤冲击试验机上,以摆锤冲击试件刻槽的背面,使试件承受冲击弯曲而断裂,如图 7－7 所示。

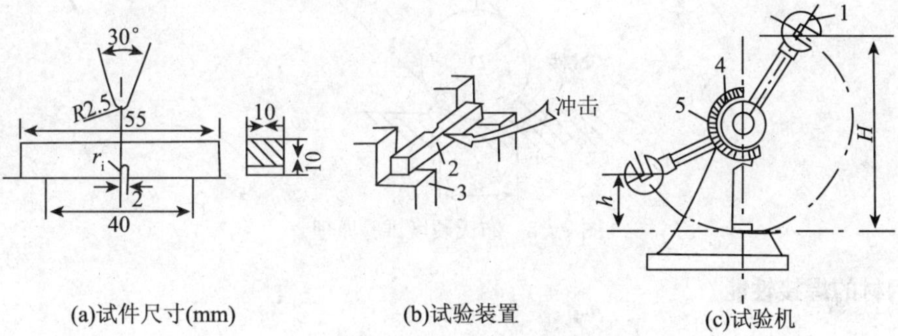

(a)试件尺寸(mm)　　(b)试验装置　　(c)试验机

图 7－7　冲击韧性试验

1－摆锤;2－试件;3－试验台;4－指针;5－刻度盘

注:H－摆锤扬起的高度;h－摆锤向后摆动高度。

冲击韧性值 α_K 等于冲击吸收功与试样缺口底部处横截面面积所得的比,即,

$$\alpha_K = A_K / A$$

式中　A——试样缺口处的截面积,cm²;

A_K——冲击吸收功,具有一定形状和尺寸的金属试样在冲击负荷作用下折断时所吸收的功,J。

显然,A_K(或 α_K)值越大,表示冲断时所吸收的功越多,钢材的冲击韧性越好。

钢材随时间的延长,强度逐渐提高,塑性冲击韧性下降的现象称为"时效"。完成时效变化过程可达数十年,钢材经冷加工或使用中经振动和反复荷载的影响,时效可迅速发展,因时效而导致性能改变称为时效敏感性,时效敏感性越大的钢材,经过时效以后其冲击韧性的降低越显著。为了保证安全,对于承受动荷载的重要结构,应选用时效敏感性小的钢材。

三、钢材的耐疲劳性

钢材在交变荷载多次反复作用下,可以在远低于抗拉强度的情况下突然破坏,这种破坏称为疲劳破坏。钢材的疲劳破坏大多是由拉应力引起的,是从局部开始形成细小裂纹,由于裂纹

尖角处的应力集中再使其逐渐扩在，直到疲劳破坏为止。疲劳裂纹在应力最大的地方形成，即在应力集中的地方形成，因此钢材疲劳强度不仅取决于其内部组织，而且也取决于应力最大处的表面质量及应力大小等因素。

一般把钢材在荷载交变 10^7 次时不破坏的最大应力定义为疲劳强度或疲劳极限。

在设计承受反复荷载且须进行疲劳验算的结构时，应了解所用钢材的疲劳极限。测定疲劳极限时，应当根据结构使用条件确定采用的应力循环类型、应力比值（又称应力特征值 P，为最小应力与最大应力之比）和周期基数。周期基数一般为 2×10^6 或 4×10^6 以上。

四、钢材的硬度

钢材硬度系指比其更坚硬的其他种材料压入钢材表面的性能。钢材的硬度和强度成一定的比例关系，钢材的强度越高，硬度值也越大。故测定钢的硬度后可间接求得其强度。

测定硬度的方法很多，按压头和压力不同，可分为布氏法和洛氏法。其中常用的是布氏法，其硬度指标为布氏硬度值。布氏硬度测定原理，是用一定直径（D）的淬火硬钢球，在规定荷载（P）作用下压入试件表面，如图 7－8 所示，并保持一定的时间，然后卸去荷载，用荷载 P 除以压痕球面积作为所测金属材料的硬度值，称为布氏硬度，用符号 HB 表示。

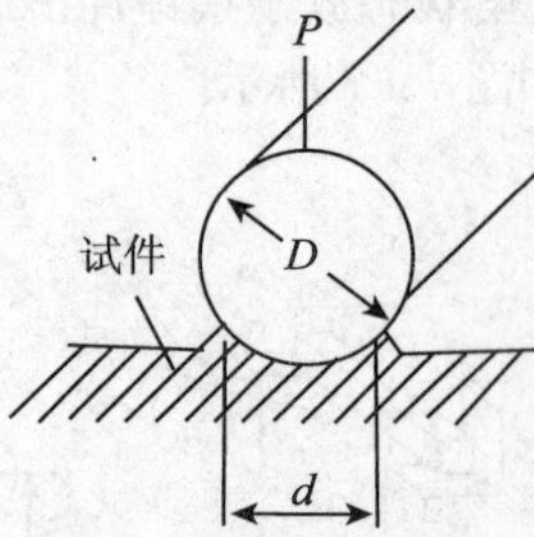

图 7－8　布氏硬度试验原理

五、钢材的焊接性能

钢材的焊接性能可通过化学成分估算，它是一种是否适应焊接工艺和方法的功能。钢材由于在建筑中一般都是通过焊接连接的，因而要求钢材有良好的焊接性能。

为保证焊接质量，要求焊缝及附近过热区不产生裂缝及变脆倾向，焊接后的力学性能，特别是强度不低于原钢材的性能。

可焊性与钢材所含化学成分及含量有关，含碳量高，或含较多的硫，钢材的可焊性都会变差。

焊接产生的缺陷有以下两种：

(1)焊缝金属缺陷。热裂纹、气孔、夹杂物。

(2)基体金属影响区的缺陷。冷裂纹、粗大的晶体析出脆化。

六、钢的热处理性能

按照一定的制度，将钢材加热到一定的温度，在此温度下保持一定的时间，再以一定的速度和方式进行冷却，以使钢材内部晶体组织和显微结构按要求进行改变，或者消除钢中的内应力，从而获得人们所需求的力学性能，这一过程就称为钢材的热处理。

钢材的热处理方法有淬火、回火、退火、正火，如图 7－9 所示。

七、钢材的冷加工性能

钢材在常温下通过冷拉、冷拔、冷轧产生塑性变形，从而提高屈服强度和硬度，但塑性、韧性降低，这个过程称为冷加工，即钢材的冷加工强化处理。

冷加工强化的原理是：钢材在塑性变形中晶格的缺陷增多，而缺陷的晶格严重畸变，对晶格的进一步滑移将起到阻碍作用，故钢材的屈服点提高，塑性和韧性降低。由于塑性变形中产生内应力，故钢材的弹性模量 E 降低。

钢材的热处理方法

- 淬火：淬火是将钢材加热至 723℃（相变温度）以上某一温度，并保持一定时间后，迅速置于水中或机油中冷却，这个过程称为钢材的淬火处理。钢材经淬火后，强度和硬度提高，脆性增大，塑性和韧性明显降低。
- 回火：回火是将淬火后的钢材重新加热到 723℃以下某一温度范围，保温一定时间后再缓慢地或较快地冷却至室温，这一过程称为回火处理。回火可消除钢材淬火时产生的内应力，使其硬度降低，恢复塑性和韧性。回火温度愈高，钢材硬度下降愈多，塑性和韧性等性能均得以改善。若钢材淬火后随即进行高温回火处理，则称调质处理，其目的是使钢材的强度、塑性、韧性等性能均得以改善。
- 退火：退火是指将钢材加热至 723℃以上某一温度，保持相当时间后，在退火炉中缓慢冷却。退火能消除钢材中的内应力，细化晶粒，均匀组织，使钢材硬度降低、塑性和韧性提高。
- 正火：正火是将钢材加热到 723℃以上某一温度，保持相当长时间，然后在空气中缓慢冷却，则可得到均匀细小的显微组织。钢材正火后强度和硬度提高，塑性较退火为小。

图 7—9　钢材的热处理方法

冷加工强化处理只有在超过弹性范围后，产生冷塑性变形时才会发生。在一定范围内，冷加工变形程度越大，屈服强度提高越多，塑性及韧性也降低得越多。

1. 冷拉

(1)冷拉是将热轧后的小直径钢筋，用拉伸设备予以拉长，使之产生一定的塑性变形，使冷拉后的钢筋屈服强度提高，钢筋的长度增加(约 4%～10%)，从而节约钢材。

(2)钢材经冷拉后，屈服强度可提高 20%～30%，材质变硬，但屈服阶段变短，伸长率降低，钢筋的冷拉方法可采用控制应力和控制冷拉率两种方法，但应尽可能采用控制应力法。

2. 冷拔

(1)冷拔是将钢筋或钢管通过冷拔机上的孔模，拔成一定截面尺寸的钢丝或细钢管。孔模用硬质合金钢制成如图 7—10 所示。孔模的出口直径比进口直径小，每次截面缩小为 10%以下，可以多次冷拔。冷拔加工后的钢材表面光洁度高，提高强度的效果比冷拉好。直径越细，强度越高。冷拔低碳钢丝屈服强度可提高 40%～60%。

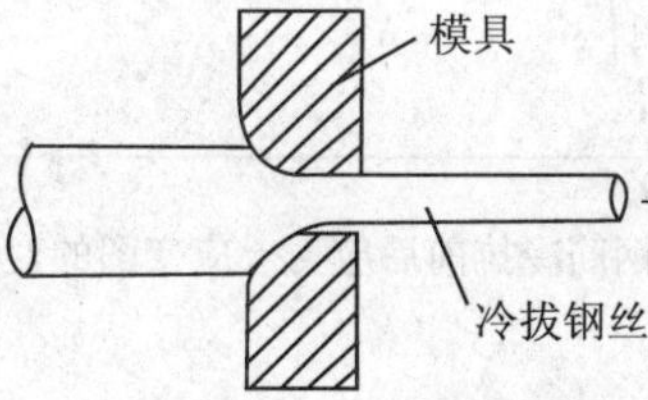

图 7—10　冷拔模孔

(2)钢筋的冷拔多在预制工厂生产，常用直径为 6.5～8mm 的碳素结构钢的 Q235(或 Q215)盘条，通过拔丝机中比钢筋直径 0.5～1.0mm 的冷拔模孔，冷拔成比原直径小的钢丝，如果经多次冷拔，可得规格更小的钢丝，称为冷拔低碳钢丝。

3. 冷轧

冷轧是将热轧钢筋或钢板通过冷轧机，可以轧成一定规律变形的钢筋或薄钢板。冷轧变形钢筋不但能提高强度，节约钢材；而且具有规律的凹凸不平的表面，可以提高钢筋与混凝土的黏结力。

冷加工时效是指什么现象，钢材产生冷加工时效的原因是什么，处理方法有哪几种

冷加工后的钢材，随着时间的延长，钢材的屈服强度，抗拉强度与硬度还会进一步提高，塑性、韧性继续降低的现象称为时效。时效是一个十分缓慢的过程，有些钢材即使没有经过冷加工，长期搁置后也会出现时效，但不如冷加工之后表现明显。钢材冷加工后，由于产生塑性变

形，使时效大大加快。钢材产生时效的主要原因是，溶于 α—Fe 中的碳、氮原子，向晶格缺陷处移动和集中的速度大为加快，这将使滑移面缺陷处碳、氮原子富集，使晶格畸变加剧，造成其滑移、变形更为困难，因而强度进一步提高，塑性和韧性则进一步降低，而弹性模量则基本恢复。

钢材冷加工的时效处理有两种方法，如图 7—11 所示。

钢材冷加工的时效处理方法

- 自然时效：自然时效是将经冷加工的钢材在常温下放置 15～20d，称为自然时效，它适用于强度较低的刚材。
- 人工时效：人工时效是对强度较高的钢材，自然时效效果不明显，可将经冷加工后的钢材加热至 100～200℃，保持 1～2h，这一过程称为人工时效。

图 7—11　钢材冷加工的时效处理方法

钢材时效处理后，其应力与应变关系规律如图 7—12 所示。在常温下将钢材拉伸至超过屈服强度而小于抗拉强度的某一应力，即任意点 K，然后卸荷，此时试件已产生塑性变形，则曲线沿 KO' 下降，KO' 大约与 AO 平行。此时如不经时效再立即进行拉伸，则应力与应变关系将成为 $O'KCD$，即屈服强度由 A 点提高到 K 点。如果在 K 点卸荷后不立即拉伸，而是进行时效处理后现进行拉伸，则应力与应变关系线将成为 $O'K_1C_1D_1$。由图 7—12 可知，与未经冷拉和时效试件的应力—应变曲线 $OACD$ 相比，冷拉时效后，屈服强度及抗拉强度得到提高，但塑性及韧性也将相应降低。

建筑工程中，常利用钢材冷加工后的时效作用来提高屈服强度，以节约钢材，但对于受动荷载作用或经常处于中温条件工作的钢结构，如桥梁、吊车梁、钢轨、锅炉等用钢，为避免过大的脆性，防止出现突然断裂，要求采用时效敏感性小的钢材。

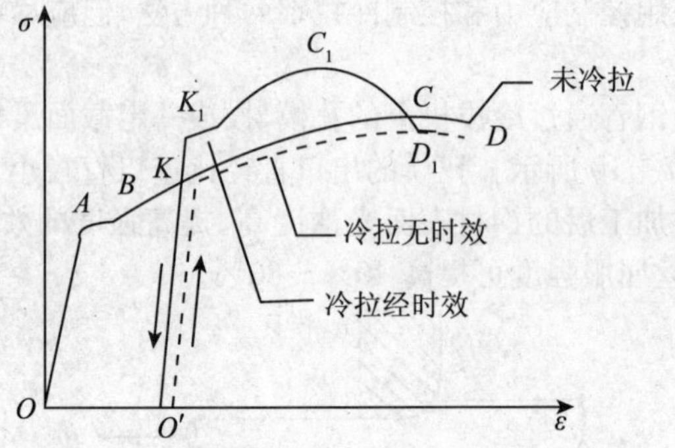

图 7—12　钢筋冷拉前后应力—应变图的变化

八、钢材的冷弯性能

冷弯性能，是指钢材在常温下承受弯曲变形的能力，是建筑钢材的重要工艺性能，建筑钢材的冷弯，一般用弯曲角度及弯心直径 d 相对于钢材厚度 α 的比值来表示，试验时采用的弯曲角度越大，弯心直径对试件厚度（或直径）的比值越小，表示对冷弯性能的要求越高，如图7—13所示。

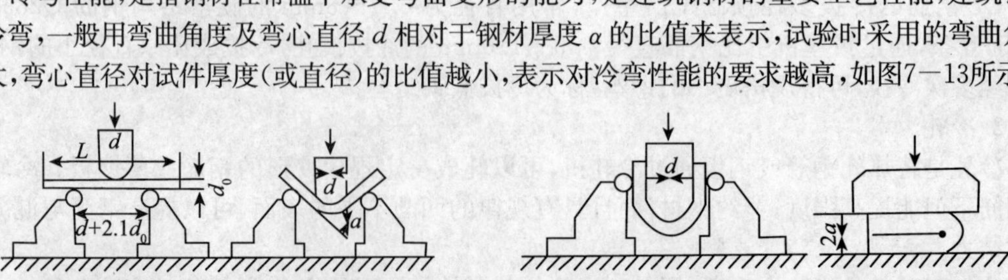

(a)试件安装　(b)弯曲90°　(c)弯曲180°　(d)弯曲1至两面重合

图 7—13　钢材的冷弯示意图

按钢的技术标准规定的弯曲角和弯心直径进行试验，试件的弯曲处不发生裂缝、裂断或起层，即认为冷弯性能合格，钢材的冷弯性能和伸长率一样，表明钢材在静荷载作用下的塑性：冷弯是钢材处于不利变形条件下的塑性，而伸长率则是反映钢材在均匀变形下的塑性。

在通常的拉力试验中，这些缺陷常因塑性变形导致应力重分布而得不到反映。钢材冷弯试验对焊接质量也是一种严格的检验，能揭示焊件在受弯表面存在的未熔合、微裂纹和夹杂物。

第三节　钢　筋

一、钢筋质量检验项目和方法

1. 一般检验项目

钢筋应平直、无损伤，表面不得有裂纹、油污、颗粒状或片状老锈。检查数量：进场时和使用前全数检查。检查方法为观察。

2. 主控项目

(1)钢筋进场时，应按现行国家标准规定的抽取试件作为力学性能检验，其质量必须符合有关标准的规定。

检查数量时按进场的批次和产品的抽样检验方案确定；检查产品合格证、出厂检验后告和进场复验报告是否合理齐全。

(2)对有抗雷设防要求的框架结构，其纵向受力钢筋的强度满足设计要求；当设计无具体要求时，对一、二级抗震等级，检验所得的钢筋的抗拉强度实测值与屈服强度实测值的比值不应小于 1.25；钢筋的屈服强度实测值与强度标准值的比值不应大于 1.3。

(3)当发现钢筋脆断、焊接性能不良或力学性能显著不正常等现象时，应对该批钢筋进行化学成分检验或其他专项检验。

二、热轧钢筋如何进行检验

热轧钢筋进场时，应按批进行检查和验收。每批由同一牌号、同一炉罐号、同一规格的钢筋组成，重量不大于 60t。允许由同一牌号、同一冶炼方法、同一浇注方法的不同炉罐号组成混合批，但各炉罐号含碳量之差不得大于 0.02%，含锰量之差不大于 0.15%。

(1)外观检查。从每批钢筋中抽取 5%进行外观检查。钢筋表面不得有裂纹、结疤和折叠。钢筋表面允许有凸块，但不得超过横肋的高度，钢筋表面上其他缺陷的深度和高度不得大于所在部位尺寸的允许偏差。

钢筋可按实际重量或公称重量交货。当钢筋按实际重量交货时，应随机抽取 10 根(6m 长)钢筋称重，如重量偏差大于允许偏差，则应与生产厂交涉，以免损害用户利益。

(2)力学性能试验。从每批钢筋中任选两根钢筋，每根取两个试件分别进行拉伸试验(包括屈服点、抗拉强度和伸长率)和冷弯试验。

如有一项试验结果不符合设计或供货合同要求，则从同一批中另取双位数量的试件重做各项试验。如仍有一个试件不合格，则该批钢筋为不合格品。

三、冷轧带肋钢筋检验方法

冷轧带肋钢筋进场时，应按批进行检查和验收。每批由同一钢号、同一规格和同一级别的钢筋组成。重量不大于 50t。

(1)每批抽取 5%(但不少于 5 盘或 5 捆)进行外形尺寸、表面质量和重量偏差的检查。检查结果应符合设计或供货合同的要求，如其中一盘(捆)不合格，则应对该批钢筋逐盘或逐捆检查。

(2)钢筋的力学性能应逐盘、逐捆进行检验。从每盘或每捆取两个试件，一个做拉伸试验，一个做冷弯试验。试验结果如有一项指标不符合设计或供货合同的要求，则该盘钢筋判为不合格；对每捆钢筋，尚可加倍取样复验判定。

四、冷轧扭钢筋检验方式

1. 外观检查

外观检查时从每批钢筋中抽取 5%进行外形尺寸、表面质量和重量偏差的检查。钢筋表面不应有影响钢筋力学性能的裂纹、折叠、结疤、压痕、机械损伤或其他影响使用的缺陷。钢筋的压扁厚度和节距、重量等应符合设计或供货合同的要求。当重量负偏差大于 5%时，该批钢筋判定为不合格。当仅轧扁厚度小于或节距大于规定值时，仍可判为合格，但需降直径规格使用，例如公称直径为 ϕ14mm 降为 ϕ12mm。

2. 力学性能试验

从每批钢筋中随机抽取 3 根钢筋，各取一个试件。其中，二个试件做拉伸试验，一个试件做冷弯试验。试件长度宜取偶数倍节距，且不应小于 4 倍节距，同时不小于 500mm。当全部试验项目均符合设计或供货合同的要求，则该批钢筋判为合格。如有一项试验结果不符合设计或供货合同的要求，则应加倍取样复检判定。

五、钢筋混凝土用热轧钢筋的种类及性能

将钢锭加热后轧制而成的钢筋，称为热轧钢筋。其断面形状有光圆钢和带肋钢筋，如图 7—14所示。钢筋直径有 6mm、8mm、10mm、12mm、14mm、16mm、18mm、20mm、22mm、25mm、28mm、30mm、32mm 等。长度约为 6～12m，其中直径 6～12mm 的可卷成盘条，便于运输和使用，热轧钢筋的性能指标见表 7—2 所列。

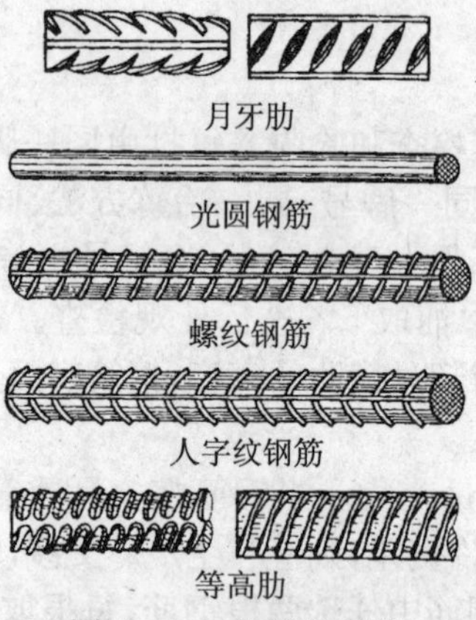

图 7—14　钢筋的形状

表 7—2　钢筋混凝土用热轧带肋钢筋的性能

表面形状	牌号	化学成分(%) C	Si	Mn	Ceq	P	S	公称直径(mm)	屈服强度 R_{cL}(MPa)	抗拉强度 σ_b(MPa)	断后伸长率 δ_5(%)	最大伸长率 A_{gt}	弯芯直径 d
		不大于							不小于				
月牙肋	HRB 335 HRBF335	0.25	0.80	1.60	0.52	0.045	0.045	6～25	335	455	17	7.5	3d
								28～40					4d
								>40～50					5d
月牙肋	HRB 400 HRBF400	0.25	0.80	1.60	0.54	0.045	0.045	6～25	400	540	16	7.5	4d
								28～40					5d
								>40～50					6d

续上表

表面形状	牌号	化学成分(%)						公称直径(mm)	屈服强度 R_{eL} (MPa)	抗拉强度 σ_b (MPa)	断后伸长率 δ_5 (%)	最大伸长率 A_{gt}	弯芯直径 d
		C	Si	Mn	Ceq	P	S						
		不大于							不小于				
月牙肋	HRB 500 HRBF500	0.25	0.80	1.60	0.55	0.045	0.045	6～25	500	630	15	7.5	$6d$
								28～40					$7d$
								>40～50					$8d$

六、钢筋混凝土冷轧带肋钢筋的特点及性能指标

冷轧带肋钢筋是采用由普通低碳钢或低合金钢热轧的圆盘条为母材，经冷轧减径后在其表面冷轧成二面或三面有肋的钢筋。与冷拔低碳钢丝相比，冷轧带肋钢筋具有强度高、塑性好、质量稳定、与混凝土黏结牢固等优点，是一种新型、高效节能的建筑用钢材。它广泛用于多层和高层建筑的多孔楼板、现浇楼板、高速公路、机场跑道、水泥电杆、输水管、桥梁、铁路轨枕、水电站坝基及各种建筑工程。CRB550 宜用作普通钢筋混凝土结构，其他牌号宜用在预应力混凝土结构中。

冷轧带肋钢筋按抗拉强度分为 5 级，其代号为 CR550、CRB650、CRB800 等(CRB 为 cold rolling ribbed steel bar)，后面的数字表示钢筋拉拉强度等级数值。

冷轧带肋钢筋的公称直径范围为 4～12mm。冷轧带肋钢筋的力学性能和工艺性能应符合表 7—3 的要求。

表 7—3 冷轧带肋钢筋力学性能和工艺性能

牌号	$R_{g0.2}$(MPa)不小于	R_m(MPa)不小于	伸长率(%)不小于		弯曲试验 180°	反复弯曲次数	应力松弛初始应力应相当于公称抗拉强度的 70%
			$A_{11.3}$	A_{100}			1 000 h 松弛率/%不大于
CRB550	500	550	8.0	—	$D=3d$	—	—
CRB550	585	650	—	4.0	—	3	8
CRB800	720	800	—	4.0	—	3	8
CRB970	875	970	—	4.0	—	3	8

注：表中 D 为弯心直径，d 为钢筋公称直径。

七、预应力钢筋混凝土用余热处理钢筋的规格及性能指标

热处理钢筋是由普通热轧中碳低合金钢筋经淬火和回火的调质热处理制成的。这种钢筋具有强度高、韧性好和黏结力强等优点。钢筋热处理后应卷成盘，每盘钢筋应由一整根钢筋盘成。公称直径为 6mm 和 8.2mm 的热处理钢筋盘内径不小于 1.7m，公称直径为 10mm 的热处理钢筋盘内径不小于 2.0m。

热处理钢筋按其螺纹外形，分为带纵肋和无纵肋两种，如图 7—15 所示。余热处理钢筋的外形与力学性能，应符合国家标准的有关规定见表 7—4 和表 7—7 所列。

表 7—4 热处理钢筋的力学性能

表面形状	钢筋级别	强度代号	牌号	化学成分(%)				
				C	Si	Mn	P	S
							不大于	
月牙肋	Ⅲ	KL 400	20MnSi	0.17～0.25	0.40～0.80	1.20～1.60	0.045	0.045

表 7－5　低气金高强度结构钢拉伸性能

牌号	质量等级	拉伸试验[a,b,c]																					
		以下公称厚度（直径，边长）下屈服强度（R_{eL}）（MPa）									以下公称厚度（直径，边长）抗拉强度（R_m）（MPa）							断后伸长率（A）（%） 公称厚度（直径，边长）					
		≤16mm	>16～40mm	>40～63mm	>63～80mm	>80～100mm	>100～150mm	>150～200mm	>200～250mm	>250～400mm	≤40mm	>40～63mm	>63～80mm	>80～100mm	>100～150mm	>150～250mm	>250～400mm	≤40mm	>40～63mm	>63～100mm	>100～150mm	>150～250mm	>250～400mm
Q345	A、B、C	≥345	≥335	≥325	≥315	≥305	≥285	≥275	≥265	—	470～630	470～630	470～630	470～630	450～600	450～600	—	≥20	≥19	≥19	≥18	≥17	—
Q345	D、E	≥345	≥335	≥325	≥315	≥305	≥285	≥275	≥265	≥265	470～630	470～630	470～630	470～630	450～600	450～600	450～600	≥21	≥20	≥20	≥19	≥18	≥17
Q390	A、B、C、D、E	≥390	≥370	≥350	≥330	≥330	≥310	—	—	—	490～650	490～650	490～650	490～650	470～620	—	—	≥20	≥19	≥19	≥18	—	—
Q420	A、B、C、D、E	≥420	≥400	≥380	≥360	≥360	≥340	—	—	—	520～680	520～680	520～680	520～680	500～650	—	—	≥19	≥18	≥18	≥18	—	—
Q460	C、D、E	≥460	≥440	≥420	≥400	≥400	≥380	—	—	—	550～720	550～720	550～720	550～720	530～700	—	—	≥17	≥16	≥16	≥16	—	—

（续上表）

牌号	质量等级	拉伸试验[a,b,c]																					
		以下公称厚度（直径，边长）下屈服强度（R_{eL}）（MPa）									以下公称厚度（直径，边长）抗拉强度（R_m）（MPa）							断后伸长率（A）（%） 公称厚度（直径，边长）					
		≤16mm	>16 ~ 40mm	>40 ~ 63mm	>63 ~ 80mm	>80 ~ 100mm	>100 ~ 150mm	>150 ~ 200mm	>200 ~ 250mm	>250 ~ 400mm	≤40mm	>40 ~ 63mm	>63 ~ 80mm	>80 ~ 100mm	>100 ~ 150mm	>150 ~ 250mm	>250 ~ 400mm	≤40mm	>40 ~ 63mm	>63 ~ 100mm	>100 ~ 150mm	>150 ~ 250mm	>250 ~ 400mm
Q500	C D E	≥500	≥480	≥470	≥450	≥440	—	—	—	—	610 ~ 770	600 ~ 760	590 ~ 750	540 ~ 730	—	—	—	≥17	≥17	≥17	—	—	—
Q550	C D E	≥550	≥530	≥520	≥500	≥490	—	—	—	—	670 ~ 830	620 ~ 810	600 ~ 790	590 ~ 780	—	—	—	≥16	≥16	≥16	—	—	—
Q620	C D E	≥620	≥600	≥590	≥570	—	—	—	—	—	710 ~ 880	690 ~ 880	670 ~ 860	—	—	—	—	≥15	≥15	≥15	—	—	—
Q690	C D E	≥690	≥670	≥660	≥640	—	—	—	—	—	770 ~ 940	750 ~ 920	730 ~ 900	—	—	—	—	≥14	≥14	≥14	—	—	—

注：a. 当屈服不明显时，可测量 $R_{p0.2}$ 代替下屈服强度。

b. 宽度不小于600mm 扁平材，拉伸试验取横向试样；宽度小于600mm 的扁平材、型材及棒材取纵向试样，断后伸长率最小值相应提高1%（绝对值）。

c. 厚度 >250mm ~ 400mm 的数值适用于扁平材

表 7—6 夏比(V型)冲击试验的试验温度和冲击吸收能量

<table>
<tr><th rowspan="3">牌号</th><th rowspan="3">质量等级</th><th rowspan="3">试验温度(℃)</th><th colspan="3">冲击吸收能量(KV_2)[a](J)</th></tr>
<tr><th colspan="3">公称厚度(直径、边长)</th></tr>
<tr><th>12～150mm</th><th>>150～250mm</th><th>>250～400mm</th></tr>
<tr><td rowspan="4">Q345</td><td>B</td><td>20</td><td rowspan="4">≥34</td><td rowspan="4">≥27</td><td rowspan="2">—</td></tr>
<tr><td>C</td><td>0</td></tr>
<tr><td>D</td><td>−20</td><td rowspan="2">27</td></tr>
<tr><td>E</td><td>−40</td></tr>
<tr><td rowspan="4">Q390</td><td>B</td><td>20</td><td rowspan="4">≥34</td><td rowspan="4">—</td><td rowspan="4">—</td></tr>
<tr><td>C</td><td>0</td></tr>
<tr><td>D</td><td>−20</td></tr>
<tr><td>E</td><td>−40</td></tr>
<tr><td rowspan="4">Q420</td><td>B</td><td>20</td><td rowspan="4">≥34</td><td rowspan="4">—</td><td rowspan="4">—</td></tr>
<tr><td>C</td><td>0</td></tr>
<tr><td>D</td><td>−20</td></tr>
<tr><td>E</td><td>−40</td></tr>
<tr><td rowspan="3">Q460</td><td>C</td><td>0</td><td rowspan="3">≥34</td><td>—</td><td>—</td></tr>
<tr><td>D</td><td>−20</td><td>—</td><td>—</td></tr>
<tr><td>E</td><td>−40</td><td>—</td><td>—</td></tr>
<tr><td rowspan="3">Q500、
Q550、
Q620、
Q690</td><td>C</td><td>0</td><td>≥55</td><td>—</td><td>—</td></tr>
<tr><td>D</td><td>−20</td><td>≥47</td><td>—</td><td>—</td></tr>
<tr><td>E</td><td>−40</td><td>≥31</td><td>—</td><td>—</td></tr>
</table>

注:a. 冲击试验取纵向试样

表 7—7 弯曲试验

<table>
<tr><th rowspan="3">牌号</th><th rowspan="3">试样方向</th><th colspan="2">180°弯曲试验
[d=弯心直径,a=试样厚度直径]</th></tr>
<tr><th colspan="2">钢材厚度(直径,边长)</th></tr>
<tr><th>≤16mm</th><th>>16～100mm</th></tr>
<tr><td>Q345
Q390
Q420
Q460</td><td>宽度不小于 600mm 扁平材,拉伸试验收取横向试样。宽度小于 600mm 的扁平材、型材及棒材取纵向试样</td><td>$2a$</td><td>$3a$</td></tr>
</table>

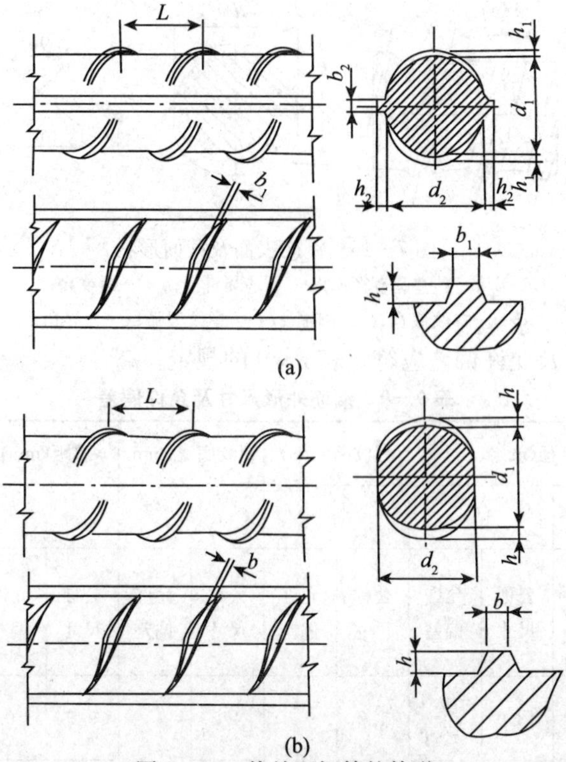

图 7—15　热处理钢筋的外形

(a)带纵肋；(b)无纵肋

八、预应力混凝土用螺纹钢筋的特点、性能指标及检查方法

(1)公称直径范围及推荐直径

钢筋的公称直径范围为 18～50mm，推荐的钢筋公称直径为 25mm、32mm，可根据用户要求提供其他规格的钢筋。

(2)公称截面面积与理论重量

钢筋的公称截面面积与理论重量见表 7—8。

表 7—8　钢筋的公称截面面积与理论重量

公称直径(mm)	公称截面面积(mm^2)	有效截面系数	理论截面面积(mm^2)	理论重量(kg/m)
18	254.5	0.95	267.9	2.11
25	490.9	0.94	522.2	4.10
32	804.2	0.95	846.5	6.65
40	1256.6	0.95	1322.7	10.34
50	1963.5	0.95	2066.8	16.28

(3)钢筋外形采用螺纹状无纵肋且钢筋两侧螺纹在同一螺旋线上，其外形如图 7－16 所示。

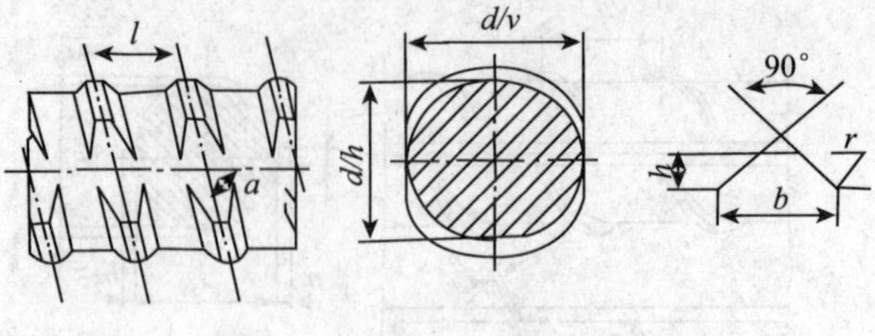

图 7—16　钢筋表面及截面形状

d/h——基圆直径；d/v——基圆直径；h——螺纹高；

b——螺纹底宽；l——螺距；r——螺纹根弧；a——导角。

(4)钢筋外形尺寸及允许偏差应符合表 7—9 的规定。

表 7—9　钢筋外形尺寸及允许偏差

<table>
<tr><th rowspan="3">公称直径(mm)</th><th colspan="4">基圆直径(mm)</th><th colspan="2">螺纹高(mm)</th><th colspan="2">螺纹底宽(mm)</th><th colspan="2">螺距(mm)</th><th rowspan="3">螺纹根弧 r (mm)</th><th rowspan="3">导角 α</th></tr>
<tr><th colspan="2">d/h</th><th colspan="2">d/v</th><th colspan="2">h</th><th colspan="2">b</th><th colspan="2">l</th></tr>
<tr><th>公称尺寸</th><th>允许偏差</th><th>公称尺寸</th><th>允许偏差</th><th>公称尺寸</th><th>允许偏差</th><th>公称尺寸</th><th>允许偏差</th><th>公称尺寸</th><th>允许偏差</th></tr>
<tr><td>18</td><td>18.0</td><td rowspan="2">±0.4</td><td>18.0</td><td>+0.4
−0.8</td><td>1.2</td><td rowspan="2">±0.3</td><td>4.0</td><td rowspan="5">±0.5</td><td>9.0</td><td>±0.2</td><td>1.0</td><td>80°42′</td></tr>
<tr><td>25</td><td>25.0</td><td>25.0</td><td>+0.4
−0.8</td><td>1.6</td><td>6.0</td><td>12.0</td><td rowspan="2">±0.3</td><td>1.5</td><td>81°19′</td></tr>
<tr><td>32</td><td>32.0</td><td>±0.5</td><td>32.0</td><td>+0.4
−1.2</td><td>2.0</td><td>±0.4</td><td>7.0</td><td>16.0</td><td>2.0</td><td>80°40′</td></tr>
<tr><td>40</td><td>40.0</td><td rowspan="2">±0.6</td><td>40.0</td><td>+0.5
−1.2</td><td>2.5</td><td>±0.5</td><td>8.0</td><td>20.0</td><td rowspan="2">±0.4</td><td>2.5</td><td>80°29′</td></tr>
<tr><td>50</td><td>50.0</td><td>50.0</td><td>+0.5
−1.2</td><td>3.0</td><td>+0.5
−1.0</td><td>9.0</td><td>24.0</td><td>2.5</td><td>81°19′</td></tr>
</table>

(5)长度及允许偏差

1)钢筋通常按定尺长度交货，具体交货长度应在合同中注明。可按需方要求长度进行锯切再加工。

2)钢筋按定尺或倍尺长度交货时，长度允许偏差为 0～＋20mm。

(6)弯曲度和端部

1)钢筋的弯曲度不得影响正常使用，钢筋每米弯曲度不应大于 4mm，总弯曲度不大于钢筋总长度的 0.4％。

2)钢筋的端部应平齐，不影响连接器通过。

(7)重量及允许偏差

1)钢筋按实际重量或理论重量交货。

2)钢筋实际重量与理论重量的允许偏差应不大于表 7—9 规定的理论重量的±4％。

(8)牌号及化学成分

1)钢筋钢的熔炼分析中，硫、磷含量不大于 0.035％。生产厂应进行化学成分和合金元素的选择，以保证经过不同方法加工的成品钢筋能满足表 7—10 规定的力学性能要求。

2)钢筋的成品化学成分分析允许偏差应符号 GB/T 222 的规定。

(9)冶炼方法

钢以氧气转炉或电炉冶炼。

(10)钢筋以热轧状态、轧后余热处理状态或热处理状态按直条交货。

(11)力学性能

1)钢筋的力学性能应符合表 7—10 的规定。

表 7—10 钢筋力学性能

<table>
<tr><td rowspan="3">级别</td><td rowspan="2">屈服强度
R_{eL}(MPa)</td><td rowspan="2">抗拉强度
R_m(MPa)</td><td rowspan="2">断后伸长度
A(%)</td><td rowspan="2">最大力下总伸长率
A_{gt}(%)</td><td colspan="2">应力松弛性能</td></tr>
<tr><td rowspan="2">初始应力</td><td rowspan="2">1000h 后应力
松弛率 V_t(%)</td></tr>
<tr><td>不小于</td><td></td><td></td><td></td></tr>
<tr><td>PSB785</td><td>785</td><td>980</td><td>7</td><td rowspan="4">3.5</td><td rowspan="4">0.8 R_{eL}</td><td rowspan="4">≤3</td></tr>
<tr><td>PSB830</td><td>830</td><td>1030</td><td>6</td></tr>
<tr><td>PSB930</td><td>930</td><td>1080</td><td>6</td></tr>
<tr><td>PSB1080</td><td>1080</td><td>1230</td><td>6</td></tr>
</table>

注：无明显屈服时，用规定非比例延伸强度($R_{p0.2}$)代替。

2)供方在保证钢筋 1000h 松弛性能合格的基础上，可进行 10 松弛试验，初始应力为公称屈服强度的 80%，松弛率不大于 1.5%。

3)伸长率类型通常选用 A，经供需双方协商，也可选用 A_{gt}。

4)经供需双方协商，可进行疲劳试验。

十、余热处理钢筋的规格、化学成分及性能指标

余热处理钢筋是经热轧 后立即穿水，进行表面控制冷却，然后利用芯部余热自身完成回火处理所得的成品钢筋。余热处理钢筋的规格化学成分与力学性能，见表 7—11～表 7—13 所列。

表 7—11 余热处理钢筋规格

公称直径(mm)	公称横截面面积(mm^2)	公称重量(kg/m)
8	50.27	0.395
10	75.54	0.617
12	113.1	0.888
14	153.9	1.21
16	201.1	1.58

续上表

公称直径(mm)	公称横截面面积(mm^2)	公称重量(kg/m)
18	254.5	2.00
20	314.2	2.47
22	380.1	2.98
25	490.9	3.85
28	615.8	4.83
32	804.2	6.31
36	1018	7.99
40	1257	9.87

注:表中公称重量按密度为 7.85g/cm^3 计算。

表 7—12 余热处理钢筋的化学成分

表面形状	钢筋级别	强度代号	牌号	化学成分(%)				
				C	Si	Mn	P	S
							≤	
月牙肋	HRB400	KL400	20MnSi	0.17～0.25	0.40～0.80	1.20～1.60	0.045	0.045

表 7—13 余热处理钢筋力学性能

表面形状	钢筋级别	强度等级代号	公称直径(mm)	屈服点(MPa)	抗拉强度(MPa)	伸长率 δ_5(%)	冷弯 d—弯曲直径 a—钢筋公称直径
				≥			
月牙肋	HRB400	KL400	8～25 28～40	440	600	14	90°$d=3a$ 90°$d=4a$

第四节 钢 管

一、中低压钢管的检验要点

中低压用钢管的检查主要是施工现场的检查:一是进行质量证明文件的复验,二是外观检查。一般要求做到以下几点。

(1)钢管必须有制造厂的合格证明书,否则应补做所缺项目的试验,其指标应符合国家或部颁标准。

(2)钢管在加工安装前,应按设计使用要求核对规格、型号、材质。

(3)钢管外径及壁厚尺寸偏差应符合国家及部颁布标准。

(4)对钢管应逐根进行外观检查,其表面应无裂纹、缩孔、夹渣、折叠、重皮、斑纹和结疤等缺陷;不得有超过壁厚负偏差的锈蚀或凹陷;螺纹密封面良好,精度应达到制造标准;合金钢应有材质标号;除奥氏体不锈钢外,钢管的工作温度或环境温度于－20℃的钢管及钢管制品应有低温冲击韧性试验报告。

(5)钢板卷管直径大于600mm时,允许有两道纵向焊接缝,两接缝间距大于300mm;卷管对接纵缝的错边量不应超过壁厚的10%,且不大于1mm;卷管的周长偏差及椭圆度应符合表7－14的规定;

卷管端面与中心线的垂直偏差不应大于管子外径的1%,且不大于3mm,平面度偏差不大于1mm/m。

表7－14　卷管周长偏差及椭圆度规定(mm)

公称直径	<800	800～1200	1300～1600	1700～2400	2600～3000	>3000
周长偏差	±5	±7	±9	±11	±13	±15
椭圆度	外径的1%且不大于4	4	6	8	9	10

二、高压钢管的检验内容

(1)高压用钢管必须按国家或部颁标准验收,验收应分批进行,每批钢管应是同规格、同炉号、同热处理条件。

(2)高压钢管应有制造厂的合格证明书,在证明书上应注意:供需方名称代号;合同号;炉罐号、批号、钢号、品种名称及尺寸、化学成分;试验结果(包括参考性指标);标准编号等。外径大于35mm的高压钢管,钢管上应有代表钢种的油漆颜色、钢号、炉罐号、标准编号和制造厂的印记;外径小于35mm成捆供货的钢管,应有标牌,标牌上应标明上述事项。

(3)在高压钢管检验时,证明书与到货钢管的钢号或炉号不符、钢管或标牌上无钢号、炉罐号或证明书上的化学成分或力学性能不全时要对所缺项目进行校验性检查。

(4)高压钢管校验性检查时全部钢管应逐根测量管子的外径、壁厚和长度,其尺寸应符合有关标准;全部钢管逐根编号并检查硬度。从每批钢管中选出硬度最高和最低各一根,每根制备5个试样,其中:拉力试验两个,冲击试验两个,压扁或冷弯试验一个,试验方法和评定标准应遵守国家有关规定执行从做力学性能试验的钢管或试样上取样做化学分析。

(5)高压钢管无制造厂探伤合格证时,应逐根进行探伤;虽有探伤合格证,但经外观检查发现缺陷时,应抽10%进行探伤。如仍有不合格者,则应逐根进行探伤;高压钢管公称直径$DN\leqslant 6$mm的,一般用磁力、荧光、着色等方法探伤;公称直径$DN>6$mm的,除进行上述方法外,还应按要求进行内部及内表面的探伤。

三、铸铁管质量检验要点

(1)铸铁管应有制造厂的名称或商标、制造日期及工作压力符号等标记。

(2)铸铁管、管件应进行外观检查,每批抽10%检查其表面状况、涂漆质量及尺寸偏差。

(3)承插部分不得有黏砂及凸起,其他部分不得有大于2mm厚的黏砂及5mm高的凸起。

(4)承口的根部不得有凹陷,其他部分局部凹陷不得大于5mm。

(5)机械加工部位的轻微孔穴不大于1/3厚度,且不得大于5mm。

(6)间断沟陷、局部重皮及疤痕的深度不大于5%壁厚加2mm,环状重皮及划伤的深度不大于5%壁厚加1mm。

(7)内外表面的漆层应完整光洁，附着黏结牢固，并不得因气候冷热而发生异常，内表面不涂涂料时，由供需双方商定。

(8)铸铁管、管件的尺寸允许偏差应付合表7－15的要求。

表7－15 铸铁管尺寸允许偏差

承插口环隙 E		承插口深度 H	管子平直度(mm/m)	
$DN \leqslant 800$	$\pm E/3$	$\pm 0.005H$	$DN<200$	3
			DN为200～450	2
$DN>800$	$\pm(E/3+1)$		$DN>450$	1.5

(9)铸铁管或管件，如无制造厂的水压试验资料时，使用前应每批抽10%做水压试验。

(10)法兰与管子或管件的中心线应垂直，两端法兰应平行，法兰面应有凸台和密封沟。

四、合金钢管的质量检验要点

合金钢管的质量检验要点如图7－17所示。

合金钢管的质量检验要点

- 铝及铝合金管质量检验
  - (1)管子安装前应检查其表面与内壁，不得有裂缝、起皮、氧化或凹凸不平等缺陷；管子内外表面发现暗淡色或白色印迹时，必须在无麻面的情况下方可使用，管子内外壁纵向划痕不得大于0.03mm，局部突出高度和陷入深度不得大于0.3mm。
  - (2)翻边连接的管子施工前应每批抽1%且不少于两根进行翻边试验。如有裂缝，需进行退火处理，重做试验。如仍有裂缝，则该批管子需逐根退火试验。不合格者不得使用。
  - (3)挤压厚壁铝管的椭圆度，不应超过外径的允许偏差，壁厚不均匀度不应超过实际平均厚度的10%。
- 铜及铜合金管质量检验
  - (1)供加工安装用的铜及铜合金管表面与内壁均应光滑无针孔、裂缝、结疤、分层、气泡等缺陷，黄铜等不得有绿锈和严重脱锌。
  - (2)管子端都应平整光滑无毛刺，管子内外表面纵向划痕应在0.03mm以内，横向凸出或凹入高度与深度不大于0.35mm，碰伤、起泡及凹坑深度不应超过0.03mm，其面积不超过管子表面积的0.5%。
  - (3)用于胀口或翻边连接的管子，施工前应每批抽1%且不小于两根进行胀口或翻边试验。如有裂缝，需进行退火处理，重做试验。如仍有裂缝，则该批管子需逐根退火、试验。不合格者不得使用。
  - (4)铜及铜合金管应单独堆放，不得与铜管、铝管等金属管混合堆放。
- 钛及钛合金管质量检验
  - (1)管子及管件应具有制造厂的合格证、化学成分和力学性能资料。
  - (2)钛与钛合金管严禁与钢管一起运输和堆放，防止钛与钛合金管表面沾染铁质。钛管沾染铁质能引起腐蚀，而这种腐蚀又会导致氢进入金属内部引起氢脆。
  - (3)管子内外表面应光滑、清洁，不应有裂纹、划痕等缺陷，管子端部应平整无毛刺，并应检查管子厚度是否符合要求。

图7－17 合金钢管的质量检验要点

第五节 结 构 钢

一、建筑钢结构用钢材

建筑钢结构用钢材有热轧型钢、冷弯薄壁型钢、普通钢板及压型钢板等，如图7－18所示。

建筑钢结构用钢材

- **热轧型钢**
  - (1)常见的热轧型钢有工字钢、H形钢、槽钢、角钢、部分T形钢和Z形钢等。我国建筑用热轧型钢主要采用碳素结构钢Q235－A钢。在钢结构设计规范中，推荐使用的低合金钢主要有两种：Q345(16Mn)及Q390(15MnV)，用于大跨度、承受动荷载的钢结构中。
  - (2)热轧型钢的标记方式一般以反映截面形状的主要轮廓尺寸表示，包括型钢名称、横截面主要尺寸、型钢标准及钢牌号、钢种标准等一组符号。如：用碳素结构钢Q235－A轧制的，尺寸为160mm×160mm×16mm的等边角钢，标示为：

$$\text{热轧等边角钢}\frac{160\times160\times16-\text{GB/T 706}-2008}{\text{Q235}-\text{A GB 700}-2006}$$

- **冷弯薄壁型钢**
  - 常用厚度为2～6mm的钢板或钢带经冷弯或模压制成。截面各部分厚度相同，转角处均成圆弧形。冷弯薄壁型钢有各种截面形式。其特点是壁薄，截面形式和尺寸均可按受力特点合理设计，能充分利用钢材的强度。因而与面积相同的热轧型钢相近，是一种高效经济的截面。冷弯薄壁型钢一般用于跨度小、荷载轻的钢结构中。
- **普通钢板**
  - (1)经光面轧辊轧制成的扁平钢材。以平板状供货的称钢板；以卷状供货的称钢带。按轧制温度不同，分热轧和冷轧；热轧钢板按厚度可分为薄板(小于4mm)和厚板(大于4mm)两种。冷轧钢板只有薄板(厚度在0.2～4mm之间)。
  - (2)建筑用钢板和钢带主要是碳素结构钢，一些重型结构、大跨度桥梁、高压容器等也采用低合金钢板。薄板主要用于屋面、楼板或墙面等围护结构，或用作涂层钢板的原材料。厚板主要用于承重结构，需要时可用几块钢板组合成工字形、T形或箱形截面的构件来承受荷载。
- **压型钢板**
  - 压型钢板是由厚度为0.4～2mm的钢板压制而成大波纹状钢板，波纹高度约在10～200mm范围内，钢板表面涂漆、镀锌、涂有机层(又称彩色压型钢板)以防止锈蚀，所以压型钢板耐久性好，且质量轻、强度高、美观大方，便于施工，常用作屋面板、墙板及楼板等。

图7－18　建筑钢结构用钢材

二、普通碳素结构钢的牌号表示方法及化学成分

碳素结构钢简称为碳素钢，包括一般结构钢和工程用热轧用型钢、钢板、钢带。根据《碳素结构钢》(GB/T 700－2006)标准，普通碳素结构钢的牌号由代表屈服点的字母Q、屈服强度数值、质量等级符号、脱氧方法符号四部分按顺序组成。

按照《碳素结构钢》(GB/T 700－2006)标准规定，屈服强度用符号Q表示，有Q195、Q215、Q235和Q275(MPa)共四种；质量等级按有害成分硫、磷含量由多到少的规律，分A、B、C、D四个质量等级；按脱氧程度不同分为：沸腾钢(F)、镇静钢(Z)、特殊镇静钢(TZ)。在牌号组成表示方法中，"Z"与"TZ"符号可予以省略。例如：Q235－A·F表示屈服点为235MPa的A级沸腾钢，Q215－B表示屈服点为215MPa的B级镇静钢。

碳素钢的牌号和化学成分(熔炼分析)应符合表7－16规定。

表7－16　碳素结构钢的牌号、等级和化学成分(GB/T 700－2006)

牌号	等级	厚度(或直径)(mm)	脱氧方法	化学成分(质量分数)(%)，不大于				
				C	Si	Mn	P	S
Q195	—	—	F、Z	0.12	0.30	0.50	0.035	0.040
Q215	A	—	F、Z	0.15	0.35	1.20	0.045	0.050
	B							0.045
Q235	A	—	F、Z	0.22	0.35	1.40	0.045	0.050
	B			0.20②				0.045
	C		Z	0.17			0.040	0.040
	D		TZ				0.035	0.035
Q275	A	—	F、Z	0.24	0.35	1.50	0.045	0.050
	B	≤40	Z	0.21			0.045	0.045
		<40		0.22				
	C	—	Z	0.20			0.040	0.040
	D		TZ				0.035	0.35

注:经需方同意，Q235B的碳含量可不大于0.22%。

普通碳素钢的拉伸和冲击力学性能指标、冷弯性能指标见表7－17～表7－18。

表 7—17 碳素结构钢的拉伸和冲击力学性能

牌号	等级	屈服强度①ReH(N/mm²),不小于						抗拉强度② R_m (N/mm²)	断后伸长率 A(%),不小于					冲击试验(V形缺口)	
		厚度(或直径)(mm)							厚度(或直径)(mm)					温度(℃)	冲击吸收功(纵向)(J)不小于
		≤16	<16~40	>40~60	>60~100	>100~150	>150~200		≤40	>40~60	>60~100	>100~150	>150~200		
Q195	—	195	185	—	—	—	—	315~40333	—	—	—	—	—	—	—
Q215	A	215	205	195	185	175	165	335~450	31	30	29	27	26	—	—
	B													20	27
Q235	A	235	225	215	215	195	185	370~500	26	25	24	22	21	—	—
	B													20	27③
	C													0	
	D													−20	
Q275	A	275	265	255	245	225	215	410~540	22	21	20	18	17	—	—
	B													20	27
	C													0	
	D													−20	

注:①Q195 的屈服强度值仅供参考,不作交货条件。

②厚度大于 100mm 的钢材,抗拉强度下限允许降低 20N/mm²。宽带钢(包括剪切钢板)抗拉强度上限不作交货条件。

③厚度小于 25mm 的 Q235B 级钢材,如供方能保证冲击吸收功值合格,经需方同意,可不作检验。

表 7—18 碳素结构钢的冷弯性能指标

牌号	冷弯试验 180° $B=2a$①	
	钢材厚度(或直径)②(mm)	
	≤60	>60~100
	弯心直径 d	
Q195	0	—
	0.5a	
Q215	0.5a	1.5a
	a	2a
Q235	a	2a
	1.5a	2.5a
Q275	1.5a	2.5a
	2a	3a

注:①B 为试样宽度,a 为试样厚度(或直径)。

②钢材厚度(或直径)大于 100mm 时,弯曲试验由双方协商确定。

三、低合金高强度结构钢的牌号表示方法及化学成分

低合金高强度结构钢是在普通碳素钢的基础上加入含量一般不超过 5%的一种或多种合金元素的结构钢。其添加的合金元素有硅、锰、钒、钛、铌、铬、镍等,掺加合金元素的目的是提高钢的强度、耐腐蚀性、耐磨性或耐低温冲击韧性。因此,它是综合性较理想的建筑钢材,尤其在大跨度、承受动荷载和冲击荷载的结构中更适用。

低合金高强度结构钢全部是由镇静钢或特殊镇静钢制成。其牌号表示方法与普通碳素结构钢相似,也是由代表屈服点的字母 Q、屈服点数值、质量等级符号、脱氧方法符号四部分按顺序组成。

与普通碳素结构钢牌号不同的是:屈服点数值有 345、390、420、460、500、550、620、690(MPa)共八种;质量等级按有害成分硫、磷含量由多到少的规律,分别由 A、B、C、D、E 五个质量等级由低到高表示。

由于低合金高强度结构钢力学性能与工艺性能均好，成本也不高，所以广泛用于钢结构和钢筋混凝土结构中。特别适用于各种重型、大跨度、大柱网、高层结构及桥梁工程等。

低合金高强度结构钢的化学成分见表 7－19。

表 7－19 低合金高强度结构钢的化学成分

牌号	质量等级	化学成分[a,b]（质量分数）(%)														
		C	Si	Mn	P	S	Nb	V	Ti	Cr	Ni	Cu	N	Mo	B	Als
		不大于														不小于
Q345	A	≤0.20	≤0.50	≤1.70	0.035	0.035	0.07	0.15	0.20	0.30	0.50	0.30	0.012	0.10	—	—
	B				0.035	0.035										
	C				0.030	0.030										0.015
	D	≤0.18			0.030	0.025										
	E				0.025	0.020										
Q390	A	≤0.20	≤0.50	≤1.70	0.035	0.035	0.07	0.20	0.20	0.30	0.50	0.30	0.15	0.10	—	—
	B				0.035	0.035										
	C				0.030	0.030										0.015
	D				0.030	0.025										
	E				0.025	0.020										
Q420	A	≤0.20	≤0.50	≤1.70	0.035	0.035	0.07	0.20	0.20	0.30	0.80	0.30	0.15	0.20	—	—
	B				0.035	0.035										
	C				0.030	0.030										0.015
	D				0.030	0.025										
	E				0.025	0.020										
Q460	C	≤0.20	≤0.60	≤1.80	0.030	0.030	0.11	0.20	0.20	0.30	0.80	0.55	0.15	0.20	0.004	0.015
	D				0.030	0.025										
	E				0.025	0.020										
Q500	C	≤0.18	≤0.60	≤1.80	0.030	0.030	0.11	0.12	0.20	0.60	0.80	0.55	0.15	0.20	0.004	0.015
	D				0.030	0.025										
	E				0.025	0.020										
Q550	C	≤0.18	≤0.60	≤2.00	0.030	0.030	0.11	0.12	0.20	0.80	0.80	0.80	0.015	0.30	0.004	0.015
	D				0.030	0.025										
	E				0.025	0.020										
Q620	C	≤0.18	≤0.60	≤2.00	0.030	0.030	0.11	0.12	0.20	1.00	0.80	0.80	0.15	0.30	0.004	0.015
	D				0.030	0.025										
	E				0.025	0.020										
Q690	C	≤0.18	≤0.60	≤2.00	0.030	0.030	0.11	0.12	0.20	1.00	0.80	0.80	0.15	0.30	0.004	0.015
	D				0.030	0.025										
	E				0.025	0.020										

注：(1)型材及棒材 P、S 含量可提高 0.005%，其中 A 级钢上限可为 0.045%；

(2)当细化晶粒元素组合加入时，20(Nb+V+Ti)≤0.22%，20(Mo+Cr)≤0.30%。

四、低合金高强度结构钢的力学性能指标

低合金高强度结构钢的力学性能指标见表 7—20。

表 7—20 低合金高强度结构钢的力学性能

		牌号	Q345	Q390	Q420	Q460	Q500	Q550	Q620	Q690
		质量等级	A B C D E	A B C D E	A B C D E	C D E	C D E	C D E	C D E	C D E
拉伸试验a，b，c	以下公称厚度（直径，边长）抗拉强度（R_m）(MPa)	≤16 mm	≥345	≥390	≥420	≥460	≥500	≥550	≥620	≥690
		>16~40 mm	≥335	≥370	≥400	≥440	≥480	≥530	≥600	≥670
		>40~63 mm	≥325	≥350	≥380	≥420	≥470	≥520	≥590	≥660
		>63~80 mm	≥315	≥330	≥360	≥400	≥450	≥500	≥570	≥640
		>80 mm~100 mm	≥305	≥330	≥360	≥400	≥440	≥490	—	—
		>100~150 mm	≥285	≥310	≥340	≥380	—	—	—	—
		>150~200 mm	≥275	—	—	—	—	—	—	—
		>200~250 mm	≥265	—	—	—	—	—	—	—
		>250~400 mm	— ≥265	—	—	—	—	—	—	—
		≤40 mm	470~630	490~650	520~680	550~720	610~770	670~830	710~880	770~940
		>40~63 mm	470~630	490~650	520~680	550~720	600~760	620~810	690~880	750~920
		>63~80 mm	470~630	490~650	520~680	550~720	590~750	600~790	670~860	730~900
		>80~100 mm	470~630	490~650	520~680	550~720	540~730	590~780	—	—
		>100~150 mm	450~600	470~620	500~650	530~720	—	—	—	—
		>150~250 mm	450~600	—	—	—	—	—	—	—
		>250~400 mm	— 450~600	—	—	—	—	—	—	—

续上表

<table>
<tr><td colspan="4">牌号</td><td colspan="5">Q345</td><td colspan="5">Q390</td><td colspan="5">Q420</td><td colspan="3">Q460</td><td colspan="3">Q500</td><td colspan="3">Q550</td><td colspan="3">Q620</td><td colspan="3">Q690</td></tr>
<tr><td colspan="4">质量等级</td><td>A</td><td>B</td><td>C</td><td>D</td><td>E</td><td>A</td><td>B</td><td>C</td><td>D</td><td>E</td><td>A</td><td>B</td><td>C</td><td>D</td><td>E</td><td>C</td><td>D</td><td>E</td><td>C</td><td>D</td><td>E</td><td>C</td><td>D</td><td>E</td><td>C</td><td>D</td><td>E</td><td>C</td><td>D</td><td>E</td></tr>
<tr><td rowspan="6">拉伸试验a，b，c</td><td rowspan="6">断后伸长率(A)(%)</td><td rowspan="6">公称厚度(直径，边长)</td><td>≤40 mm</td><td colspan="2">≥20</td><td colspan="3">≥21</td><td colspan="5">≥20</td><td colspan="5">≥19</td><td colspan="3">≥17</td><td colspan="3">≥17</td><td colspan="3">≥16</td><td colspan="3">≥15</td><td colspan="3">≥14</td></tr>
<tr><td>>40 ~63 mm</td><td colspan="2">≥19</td><td colspan="3">≥20</td><td colspan="5">≥19</td><td colspan="5">≥18</td><td colspan="3">≥16</td><td colspan="3">≥17</td><td colspan="3">≥16</td><td colspan="3">≥15</td><td colspan="3">≥14</td></tr>
<tr><td>>63 ~100 mm</td><td colspan="2">≥19</td><td colspan="3">≥20</td><td colspan="5">≥19</td><td colspan="5">≥18</td><td colspan="3">≥16</td><td colspan="3">≥17</td><td colspan="3">≥16</td><td colspan="3">≥15</td><td colspan="3">≥14</td></tr>
<tr><td>>100 ~150 mm</td><td colspan="2">≥18</td><td colspan="3">≥19</td><td colspan="5">≥18</td><td colspan="5">≥18</td><td colspan="3">≥16</td><td colspan="3">—</td><td colspan="3">—</td><td colspan="3">—</td><td colspan="3">—</td></tr>
<tr><td>>150 ~250 mm</td><td colspan="2">≥17</td><td colspan="3">≥18</td><td colspan="5">—</td><td colspan="5">—</td><td colspan="3">—</td><td colspan="3">—</td><td colspan="3">—</td><td colspan="3">—</td><td colspan="3">—</td></tr>
<tr><td>>250 ~400 mm</td><td colspan="2">—</td><td colspan="3">≥17</td><td colspan="5">—</td><td colspan="5">—</td><td colspan="3">—</td><td colspan="3">—</td><td colspan="3">—</td><td colspan="3">—</td><td colspan="3">—</td></tr>
</table>

注：(1)当屈服不明显时，可测量 $R_{p0.2}$ 代替下屈服强度。

(2)宽度不小于 600 mm 扁平材，拉伸试验取横向试样；宽度小于 600 mm 的扁平材、型材及棒材取纵向试样，断后伸长率最小值相应提高 1%(绝对值)。

(3)厚度＞250～400 mm 的数值适用于扁平材。

第六节　钢　丝

一、冷拔低碳钢丝性能特点及强度指标

(1)冷拔低碳钢丝是由 HPB235 级热轧小直径盘圆钢筋拔制而成，价格低廉。冷拔低碳钢丝有较高的抗拉强度。

(2)冷拔低碳钢丝的主要缺点是塑性太小，冷拔低碳钢丝的伸长率 δ_{100}(以 100mm 为标距测量伸长率)仅为 1.5%～3.0%。因此，采用这种钢丝配筋的预应力构件，破坏前的变形预兆很小，多呈现出突发性的“脆性断裂”特征。

(3)目前仍为我国小型构件尤其是短向圆孔板的主要预应力钢材。冷拔低碳钢丝的强度标准值见表 7－21。

表 7－21　冷拔低碳钢丝的强度

<table>
<tr><td rowspan="3">钢丝级别</td><td rowspan="3">直径(mm)</td><td colspan="2">抗拉强度(MPa)</td><td rowspan="2">伸长率 L_0＝100 mm(%)</td><td rowspan="2">反复弯曲180°的次数</td></tr>
<tr><td>HPB235 级</td><td>HRB335 级</td></tr>
<tr><td colspan="4">≥</td></tr>
<tr><td rowspan="2">甲级</td><td>5</td><td>650</td><td>600</td><td>3</td><td>4</td></tr>
<tr><td>4</td><td>700</td><td>650</td><td>2.5</td><td>4</td></tr>
<tr><td>乙级</td><td>3～5</td><td colspan="2">550</td><td>2</td><td>4</td></tr>
</table>

二、预应力混凝土用钢绞线的种类、特点及性能指标

钢绞线是由 2、3、7 根高强钢丝扭结而成的一种高强预应力钢材。预应力钢绞线截面如图

7－19 和图 7－20 所示。

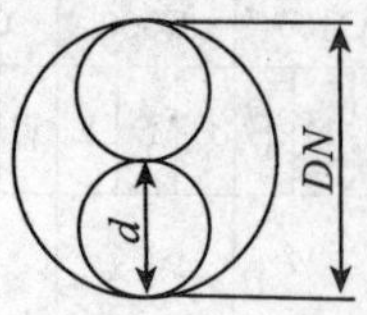

图 7－19 1×2 结构钢绞线

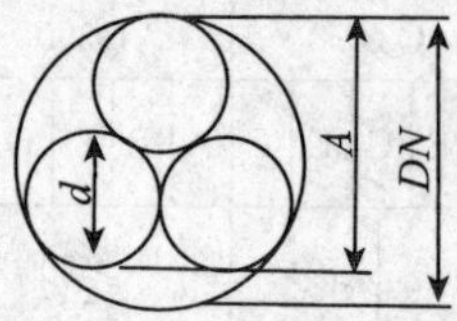

图 7－20 1×3 结构钢绞线

A－1×3 结构钢绞线测量尺寸，mm

工程中用得最多的是由 6 根钢丝围绕着一根芯丝顺一个方向扭结而成的 7 股钢绞线。芯丝直径常比外围钢线直径大 5%～7%，使各根钢丝紧密接触，钢丝的扭矩一般为 12～16d。常用的钢绞线为 74 和 75 两种。如图 7－21 所示。

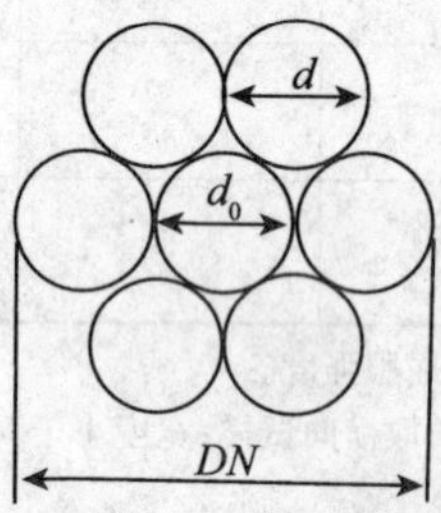

图 7－21 1×7 结构钢绞线

DN－钢绞线直径，mm；d_0－中心钢丝直径，mm；d－外层钢丝直径，mm。

7 股钢绞线由于面积较大，比较柔软，操作方便，既适用于先张法又适用于后张法施工，目前已成为国际上应用最广的一种预应力钢材。它既可以在先张法预应力混凝土中使用，也可以适用于后张法有黏结和无黏结工艺。

预应力钢绞线的外形尺寸与允许偏差及力学性能见表 7－22～表 7－24 所列。

表 7－22 1×2 结构钢绞线尺寸及允许偏差、每米参考质量

钢绞线结构	公称直径		钢绞线直径允许偏差(mm)	钢绞线参考截面积 S_n(mm²)	每米钢绞线参考重量(g/m)
	钢绞线直径 D_n(mm)	钢线直径 d(mm)			
1×2	5.00	2.50	+0.15 −0.05	9.82	77.1
	5.80	2.90		13.2	104
	8.00	4.00	+0.25 −0.10	25.1	197
	10.00	5.00		39.3	309
	12.00	6.00		56.5	444

表 7－23 1×3 结构钢绞线尺寸及允许偏差、每米参考质量

钢绞线结构	公称直径		钢绞线测量尺寸 A(mm)	测量尺寸 A 允许偏差(mm)	钢绞线参考截面积 S_n(mm²)	每米钢绞线参考重量(g/m)
	钢绞线直径 D_n(mm)	钢线直径 d(mm)				
1×3	6.20	2.90	5.41	+0.15 −0.05	19.8	155
	6.50	3.00	5.60		21.2	166
	8.60	4.00	7.46	+0.20 −0.10	37.7	296
	8.74	4.05	7.56		38.6	303
	10.80	5.00	9.33		58.9	462
	12.90	6.00	11.2		84.8	666
1×3 I	8.74	4.05	7.56		38.6	303

表 7-24　1×7 结构钢绞线尺寸允许偏差

<table>
<tr><th>钢绞线结构</th><th>公称直径 D_n(mm)</th><th>直径允许偏差(mm)</th><th>钢绞线参考截面积 S_n(mm^2)</th><th>每米钢绞线参考重量(g/m)</th><th>中心钢丝直径 d_n 加大范围(%)不小于</th></tr>
<tr><td rowspan="6">1×7</td><td>9.50</td><td rowspan="2">+0.30
−0.15</td><td>54.8</td><td>430</td><td rowspan="9">2.5</td></tr>
<tr><td>11.10</td><td>74.2</td><td>582</td></tr>
<tr><td>12.70</td><td rowspan="4">+0.40
−0.20</td><td>98.7</td><td>775</td></tr>
<tr><td>15.20</td><td>140</td><td>1101</td></tr>
<tr><td>15.70</td><td>150</td><td>1178</td></tr>
<tr><td>17.80</td><td>191</td><td>1500</td></tr>
<tr><td rowspan="3">(1×7)C</td><td>12.70</td><td rowspan="3">+0.40
−0.20</td><td>112</td><td>890</td></tr>
<tr><td>15.20</td><td>165</td><td>1295</td></tr>
<tr><td>18.00</td><td>223</td><td>1750</td></tr>
</table>

1×2 结构钢绞线的力学性能应符合表 7-25 规定。

1×3 和 1×7 结构钢绞线的力学性能应符合表 7-26 规定。

表 7-25　1×2 结构钢绞线的力学性能

<table>
<tr><th rowspan="2">钢绞线结构</th><th rowspan="2">钢绞线公称直径 D_n(mm)</th><th rowspan="2">抗拉强度 R_m(MPa)不小于</th><th rowspan="2">整根钢绞线的最大力 F_m(kN)不小于</th><th rowspan="2">规定非比例延伸力 $F_{p0.2}$(kN)不小于</th><th rowspan="2">最大力总伸长率(L_o≥400mm) A_{gt}(%)不小于</th><th colspan="2">应力松弛性能</th></tr>
<tr><th>初始负荷相当于公称最大力的百分数(%)</th><th>1000h 后应力松弛率 r(%)不大于</th></tr>
<tr><td rowspan="22">1×2</td><td rowspan="4">5.00</td><td>1570</td><td>15.4</td><td>13.9</td><td rowspan="22">对所有规定

3.5</td><td rowspan="22">对所有规定

60

70

80</td><td rowspan="22">对所有规定

1.0

2.5

4.5</td></tr>
<tr><td>1720</td><td>16.9</td><td>15.2</td></tr>
<tr><td>1860</td><td>18.3</td><td>16.5</td></tr>
<tr><td>1960</td><td>19.2</td><td>17.3</td></tr>
<tr><td rowspan="4">5.80</td><td>1570</td><td>20.7</td><td>18.6</td></tr>
<tr><td>1720</td><td>22.7</td><td>20.4</td></tr>
<tr><td>1860</td><td>24.6</td><td>22.1</td></tr>
<tr><td>1960</td><td>25.9</td><td>23.3</td></tr>
<tr><td rowspan="5">8.00</td><td>1470</td><td>36.9</td><td>33.2</td></tr>
<tr><td>1570</td><td>39.4</td><td>35.5</td></tr>
<tr><td>1720</td><td>43.2</td><td>38.9</td></tr>
<tr><td>1860</td><td>46.7</td><td>42.0</td></tr>
<tr><td>1960</td><td>49.2</td><td>44.3</td></tr>
<tr><td rowspan="5">10.00</td><td>1470</td><td>57.8</td><td>52.0</td></tr>
<tr><td>1570</td><td>61.7</td><td>55.5</td></tr>
<tr><td>1720</td><td>67.6</td><td>60.8</td></tr>
<tr><td>1860</td><td>73.1</td><td>65.8</td></tr>
<tr><td>1960</td><td>77.0</td><td>69.3</td></tr>
<tr><td rowspan="4">12.00</td><td>1470</td><td>83.1</td><td>74.8</td></tr>
<tr><td>1570</td><td>88.7</td><td>79.8</td></tr>
<tr><td>1720</td><td>97.2</td><td>87.5</td></tr>
<tr><td>1860</td><td>105</td><td>94.5</td></tr>
</table>

注：规定非比例延伸力 $F_{p0.2}$ 值不小于整根钢绞线公称最大力 F_m 的 90%。

表 7－26　1×3 和 1×7 结构钢绞线力学性能

钢绞线结构	钢绞线公称直径 D_n(mm)	抗拉强度 R_m(MPa) 不小于	整根钢绞线的最大力 F_m(kN) 不小于	规定非比例延伸力 $F_{p0.2}$(kN) 不小于	最大力总伸长率 (L_o≥400mm) A_{gt}(%) 不小于	应力松弛性能	
						初始负荷相当于公称最大力的百分数(%)	1000h 后应力松弛率 r(%) 不大于
1×3	6.20	1570	31.1	28.0	对所有规格	对所有规格	对所有规格
		1720	34.1	30.7			
		1860	36.8	33.1			
		1960	38.8	34.9			
	6.50	1570	33.3	30.0			
		1720	36.5	32.9		60	1.0
		1860	39.4	35.5			
		1960	41.6	37.4			
	8.60	1470	55.4	49.9			
		1570	59.2	53.3			
		1720	64.8	58.3	3.5	70	2.5
		1860	70.1	63.1			
		1960	73.9	66.5			
	8.74	1570	60.6	54.5			
		1670	64.5	58.1			
		1860	71.8	64.6			
	10.80	1470	86.6	77.9			
		1570	92.5	83.3		80	4.5
		1720	101	90.9			
		1860	110	99.0			
		1960	115	104			
	12.90	1470	125	113			
		1570	133	120			
		1720	146	131			
		1860	158	142			
		1960	166	149			
1×3 I	8.74	1570	60.6	54.5			
		1670	64.5	58.1			
		1860	71.8	64.6			

续上表

钢绞线结构	钢绞线公称直径 D_n(mm)	抗拉强度 R_m(MPa) 不小于	整根钢绞线的最大力 F_m(kN) 不小于	规定非比例延伸力 $F_{p0.2}$(kN) 不小于	最大力总伸长率 ($L_o \geq 400$mm) A_{gt}(%) 不小于	应力松弛性能	
						初始负荷相当于公称最大力的百分数(%)	1000h 后应力松弛率 r(%) 不大于
1×7	9.50	1720	94.3	84.9	对所有规格	对所有规格	对所有规格
		1860	102	91.8			
		1960	107	96.3			
	11.10	1720	128	115		60	1.0
		1860	138	124			
		1960	145	131			
	12.70	1720	170	153			
		1860	184	166	3.5	70	2.5
		1960	193	174			
	15.20	1470	206	185			
		1570	220	198			
		1670	234	211			
		1720	241	217		80	4.5
		1860	260	234			
		1960	274	247			
	15.70	1770	266	239			
		1860	279	251			
	17.80	1720	327	294			
		1860	353	318			
(1×7)C	12.70	1860	208	187			
	15.20	1820	300	270			
	18.00	1720	384	346			

注：规定非比例延伸力 $F_{p0.2}$ 值不小于整根钢绞线公称最大力 F_m 的 90%。

第七节　铁路用钢

一、钢　　轨

1. 我国铁路钢轨规格及生产尺寸偏差

钢轨是铁路轨道的主体组成，它是用来导引机车车辆前进，承受车轮传给的巨大压力并将此压力传递至轨枕。钢轨的表面应具备为车轮滚动前进提供平滑、连续且阻力最小的表面，因而它必须既有粗糙的踏面来增加车轮与轨面间的黏着力，又应平整光滑以使行车阻力减小；既有高刚度来减少车轮压力产生的挠曲，又有可挠性来抵抗车轮的冲击力；既具有高强度和硬度来延长使用寿命并耐磨，又必须具有一定塑性和韧性以防止断裂。

我国铁路标准钢轨规格有 75kg/m、60kg/m、50kg/m、43kg/m、38kg/m 等几种。钢轨的标准长度为 12.5m 和 25m 两种。无缝线路由 25m 标准钢轨焊接而成。为使线路的曲线接头对接，厂家另生产有曲线内股使用的标准缩短轨，分别为 12.46m、12.42m、12.38m、24.96m、24.92m 和 24.84m。钢轨各部尺寸见 7—27。

表 7—27 钢轨截面各部尺寸及质量

项 目	钢轨类型(kg/m)				
	75	60	50	43	38
每米质量(kg/m)	74.414	60.64	51.514	44.653	38.733
横截面面积(cm^3)	95.037	77.45	65.8	57.0	49.5
钢轨高度(mm)	192	176	152	140	134
轨头宽度(mm)	75	73	70	70	68
轨底宽度(mm)	150	150	132	114	114
轨头高度(mm)	55.3	48.5	42	42	39
轨底高度(mm)	32.3	30.5	27	27	24
轨腰厚度(mm)	20.0	16.5	15.5	14.5	13.0
螺栓孔高度(mm)	80.4	79	68.5	62.5	59.5
螺栓孔直径(mm)	31	31	31	29	29
轨端至 1 孔中心距离(mm)	96	76	66	56	56
1 孔至 2 孔中心距离(mm)	220	140	150	110	110
2 孔至 3 孔中心距离(mm)	130	140	140	160	160

钢轨生产允许尺寸偏差如下：

(1)钢轨长度(20℃)：≤12.5m 钢轨为±6mm，>12.5m 钢轨为±10mm。

(2)钢轨高度：$^{+0.8}_{-0.5}$mm。

(3)轨头宽：±0.5mm。

(4)轨底宽：$^{+1.0}_{-2.0}$mm

(5)轨头高及凸出：±0.5mm。

(6)轨腰高：±0.5mm。

(7)钢腰厚：$^{+0.75}_{-0.5}$mm。.

(8)端面铣斜(垂直、水平方向)：±1.0mm。

(9)螺栓孔到轨端距离：±1.0mm，高度方向为±1.0mm。

(10)不对称：轨底为±1.0mm，轨头为±0.5mm。

(11)端部弯曲(1m 内)：向上、向下、向左、向右均为±0.5mm。

(12)其他：±0.5mm。

2. 钢轨的化学成分及杂质元素的含量

钢轨一般先由平炉或转炉铸成钢锭，再初轧成 300mm×500mm 左右的矩形钢坯，然后加热若干次轧制成型，经切头、轨端淬火、辊压矫直，最后经超声波探伤后出厂。

钢轨的化学成分杂质元素含量见表 7—28。

表 7－28　钢轨用化学成分杂质元素含量

钢轨名称	化学成分(%)						σ_b (MPa)	δ_s (%)	硬度 HB
	C	Si	Mn	Cu	P	S			
普通素钢轨	0.64～0.77	0.13～0.28	0.60～0.90	—	≤0.040	≤0.050	≥800	≥10	280～350
普通碳素钢轨	0.67～0.80	0.13～0.28	0.70～1.00	—				≥9	
含铜碳素钢轨	0.65～0.77	0.15～0.30	0.70～1.00	0.10～0.40				≥9	
普通含锰钢轨	0.65～0.77	0.15～0.35	1.10～1.50	—	≤0.040	≤0.040	≥900	≥8	301～370
高硅钢轨	0.65～0.75	0.85～1.15	0.85～1.15	—					
含铜高硅钢轨	0.65～0.77	0.70～1.10	0.80～1.20	0.10～0.40					

3.钢轨质量检验及存放要点

(1)钢轨表面不得有折叠、横向划痕和裂纹,应光滑洁净。表面允许有深度不超过 1mm 的轧痕、结疤、碰伤和单独线纹。但压痕深度不允许超过 1mm。纵向划痕深度不得超过 0.5mm。轨底 1/3 处不得有深度超 0.5mm 的裂纹,其他缺陷深度不得超过 0.5mm。

(2)钢轨应笔直,不得有波浪弯曲和硬弯。钢轨全长扭曲不得超过全长的 1/10000。钢轨均匀弯曲不得超过全长的 0.5/1000。轨端扭曲和局部变形不超过规定限度。

(3)轨端和螺栓孔表面不得有任何分层、裂纹和缩孔残余,轨端边缘毛刺等应清除,端面歪斜任何方向均不得超过 1mm。

(4)钢轨轨底中间较两边凸出不得超过 0.5mm,底面不得有凹入,两端头与夹板接触如有凸出部分应铣平。

(5)25m 标准轨长度允许偏差为$\frac{+10}{-20}$mm,不淬火轨允许偏差为±20mm;缩短淬火轨允许偏差为±9mm,不淬火轨允许偏差为±6mm。

(6)75kg/m 钢轨断面不与垂直轴线对称,轨底≤±1mm,轨头≤±0.5mm。

(7)75kg/m 钢轨横截面对称轴测量,轨头凸出部分偏差≤±0.5mm,轨底凸出±0.5mm,轨底不允许有凹入。

(8)75kg/m 钢轨螺栓孔边缘应倒棱,尺寸为 1～2mm,倒角约 45°。整淬轨头部下圆角处,倒棱尺寸为 1.5mm×1.5mm。

(9)按不同类型规格在露天料场分别堆码,堆码时应一层轨头向上一层轨头向下倒扣,或轨头一律向上分层堆码,每层间垫木厚度不小于 25mm,高度应不超过 1.2m,宽以 2.5m 为好。

二、道　岔

1.铁路用道岔的种类

道岔是指机车车辆在线路上运行,有时必须从一般轨道转入另一肌转道所用的线路分岔设备。

道岔有单式、复式、交分等多种,分类如下:

- 道岔
  - 单式道岔
    - 单式普通道岔
    - 单式异侧道岔
      - 对称(双开)道岔
      - 不对称道岔
    - 单式同侧道岔
  - 复工道岔
    - 复式异侧道岔
      - 对称(三)道岔
      - 不对称道岔
    - 复式同侧道岔
  - 直角交叉
  - 菱形交叉
    - 直线菱形交叉
    - 直线与曲线交叉
    - 曲线与曲线交叉
  - 交分道岔
    - 复式交分道岔
    - 单式交分道岔
  - 交叉道线

单式普通道岔又称单开道岔，是目前使用最广泛的一种，约占各类道岔使用量的 90%。单开道岔只有一个分岔方向，分左开和右开两种。

2. 铁路用道岔的组成、规格、性质

(1)单式道岔由三部分组成：转辙器部分、导轨(连接)部分和辙叉及护轨部分。

(2)道岔号码有 6 号、7 号、9 号、12 号、18 号、30 号、38 号等多种。以 12 号最为常用。

(3)单开道岔转辙部分由两根基本轨、两根尖轨、联结零件及转辙机械组成。

辙叉是车轮从一股道转到另一股道的设备，有组合式和整铸式两种，由叉心、翼轨和连接件组成。整铸式辙叉用高锰钢浇铸而成，有耐冲和耐磨的优良性能，寿命较高。辙叉性能必须符合表 7—29 的规定。整铸高锰钢辙叉又必须符合表 7—30 的规定。

表 7—29 辙叉机械性能

机械性能	抗拉强度(MPa)	延伸率(%)	硬度(HB)	冲击值(J/cm²)	冷弯(ϕ=50mm)
数值	≥736	≥35	170～230	≥147	180°

表 7—30 整铸辙叉用高锰钢化学成分

元素	C	Mn	Si	P	S
含量(%)	0.95～1.35	11.0～14.0	0.30～0.80	＜0.07	＜0.035

护轨在固定辙叉的两侧，用来防止车轮与叉心相撞。连接部分(导轨)一般由四直四曲共 8 根钢轨组成。

3. 铁路用道岔验收和保管

(1)尖轨应与基本轨一道捆扎存放和搬运，以免损伤尖轨。

(2)保管中的道岔，其岔心、翼轨咽喉部两侧各 0.5m 处，尖轨自尖轨端起至 2m 处、拉杆以及各联结的活动部位应涂石墨和中性废机油各 50%的混合物，其他配件的保养涂油与钢轨配件相同。

(3)道岔及配件应集中存放在露天料场的垫木上。成组道岔应按钢轨类型、道岔号数及左右开分别将辙叉、导轨、转辙器三部分依次按组集中堆放，码高以 3～6 层为限，层间横隔木板至少放 3 排。

(4)未装配的零小件应分别按组集中包装存入库房或料棚。较大配件，如接头夹板、垫扳、滑床板、导轨等则应按组存放于道岔附近。拉杆存入料棚，接组存放，并应以明显标志牌标明道岔本体名称、规格及配件的名称、编号和数量。

(5)维修使用的零散道岔配件应分别堆码保管，零散小件应存入料棚，定期检查保养。

根据厂家交货时所提供的标准强逐一核对，接钢轨和配件的验收要求进行外观质量检查，应随附的配件必须成套齐全、逐项清点验收。

三、铁路用接头夹的规格尺寸、允许偏差及性能指标

接头夹板的规格、尺寸偏差及性能指标见表7－31～表7－34。

表7－31 接头夹版主要尺寸

钢轨类型(kg/m)	接头夹板长度(mm)	横断面面积(cm)	理论质量(kg)			重心至各处的距离(cm)			
			每米长度的质量	每块质量		至顶部的距离	至下部的距离	至内侧的距离	至外侧的距离
				未扣除螺栓孔	扣除螺栓孔				
43	790	26.01	20.37	16.09	15.57	4.89	4.51	2.09	1.88
45	820	29.28	22.93	18.80	18.26	5.26	4.68	2.15	2.95
50	820	30.05	23.53	19.29	18.72	5.37	5.05	2.38	2.18
60	822	37.74	29.55	24.23	23.63	6.34	6.20	2.24	2.42
75	1000	38.75	30.42	30.42	29.50	6.42	6.33	2.54	2.01

表7－32 常用异形夹板尺寸(mm)

<table>
<tr><td colspan="2">联结类型(kg/m)</td><td>75－60</td><td>60－50</td><td>50－43</td><td>50－38</td><td>43－28</td></tr>
<tr><td colspan="2">螺栓孔数(孔)</td><td>6</td><td>6</td><td>6</td><td>6</td><td>6</td></tr>
<tr><td colspan="2">长度 L</td><td>910</td><td>820</td><td>805</td><td>805</td><td>790</td></tr>
<tr><td colspan="2">厚度 B</td><td>33</td><td>30</td><td>30</td><td>30</td><td>30</td></tr>
<tr><td rowspan="2">高度 H</td><td>前端</td><td>124.7</td><td>121.82/121.83</td><td>100.7</td><td>100.73/100.83</td><td>93.4/93.14</td></tr>
<tr><td>后端</td><td>123.7</td><td>100.79/101.43</td><td>94.26</td><td>93.31/94.71</td><td>92.5/93.54</td></tr>
</table>

表7－33 接头夹板尺寸允许偏差

<table>
<tr><td>项目</td><td colspan="2">允许偏差(mm)</td><td>项目</td><td>允许偏差(mm)</td></tr>
<tr><td>螺栓孔径在冲头方向</td><td colspan="2">±0.5</td><td>靠近轨腰处凸出</td><td>±2.0</td></tr>
<tr><td>螺栓孔径在冲模方向</td><td colspan="2">+2.0
−0.5</td><td>靠近轨腰处凹入</td><td>−1.5</td></tr>
<tr><td rowspan="2">两端螺栓孔中线至端面距离</td><td>43kg/m</td><td>+不限
−3.5</td><td>工作面高度</td><td>+1.0
−0.5(75kg/m 钢轨为±0.5)</td></tr>
<tr><td>50kg/m</td><td>+不限
−2.0</td><td>上工作面的局部凹出</td><td>+0.5</td></tr>
<tr><td>螺栓孔纵向位置及横向中心距离</td><td colspan="2">±1.0</td><td>上工作面中部凸起</td><td>+1.0
−0.5</td></tr>
<tr><td>厚度</td><td colspan="2">+1.5
−0.5(75kg/m 钢轨为±0.8)</td><td>断面下部圆弧半径</td><td>+5.0
−3.0</td></tr>
<tr><td>长度</td><td colspan="2">+7.0
−3.5(75kg/m 钢轨为±4.0)</td><td>断面上部圆弧半径</td><td>+4.0
−1.5</td></tr>
<tr><td>长度</td><td colspan="2">−3.5</td><td>其他尺寸</td><td>±0.5</td></tr>
</table>

表7－34 接头夹板机械性能

钢号	抗拉强度(MPa)	屈服强度(MPa)	延伸率(%)	断面收缩率(%)	硬度(HB)	冷变(30°)
B6、B7	≥784	≥519	≥9	≥20	227～388	完好
56Nb、56Ti	≥845	≥530	≥10	≥30	227～388	完好

四、铁路用夹板螺栓带帽的性能指标

夹板螺栓带帽即为通常所说的接头螺栓和螺母，是用来连接夹板与钢轨的。夹板螺栓分为普通夹板螺栓和高强度夹板螺栓，其生产方法为螺纹旋制或辊压，规格有22mm和24mm

两种,强度等级分为 10.9 和 8.8 级,机械性能见表 7—35。

表 7—35　夹板螺栓机械性能

性能等级	推荐材料	抗拉强度(MPa)	屈服极限(MPa)	延伸率(%)	硬度(HRC)
8.8	Q275	830	660	12	25～35
10.9	20MnSi	1040	940	9	34～41

五、铁路用木枕扣件每根用钢制零部配件数量及规格及尺寸

(1)木枕扣件有分开式和不分开式两种。总体来说,分开式优于不分开式。分开式扣件每根枕木使用量见表 7—36。

(2)垫板是垫在钢轨与枕木之间的长方形钢板。其作用是将由钢轨传来的压力较大面积地传到枕木上,以防枕木被力集中压坏。现使用最多的为双肩五眼铁垫板,其主要规格见表 7—37。在某些变换线路上使用异型铁垫板来过渡,见表 7—38。

(3)铁垫板与钢轨及枕木的接触面应半整,不得有突出物但允许存在与钢轨接触面有 0.5mm的凸面,与枕木接触面有 1mm 凸面。在道钉孔上部不允许有突出部分。垫板表面应洁净,裂纹、结疤及折叠不得超过 1mm,所有缺陷不得焊补,到货时应成捆,堆放在料棚或露天料场垫木上,防止倒塌。

(4)道钉的钉杆中心线相对于头部的位移任何方向均不得超过 1mm,表面飞边不得超过 2mm,钉头颏部与钉杆连接处不得有裂纹,尖部刃口为直线,尖端不允许存在影响使用的折叠和毛刺,表面不得有气泡和影响使用的过烧、裂纹。

表 7—36　每根木枕的扣件数量

扣件名称	数量	质量(kg)	材料
垫板	2	16.956/14.848	轧钢/黑心可锻铸铁
平垫圈	4	0.138	Q235
螺纹道钉	8	3.600	Q235
轨卡螺栓	4	1.388	Q235A
螺母	4	0.616	Q235A
弹簧垫圈	4	0.572	55SiMn 或 60SiMn
接头轨卡	4	1.916	KZ37—12 黑心可锻铸铁
中间轨卡	4	2.232	KZ37—12 黑心可锻铸铁
轨下垫板	2	0.266	橡胶或其他材料
普通道钉	10	0.379	热轧方钢

表 7—37　垫板主要尺寸

钢轨类型(kg/m)	垫板类型	长度(mm)	宽度(mm)	通钉孔数	每块质量(kg)
38	双肩式	270	170	5	4.988
43	双肩式	290	180	5	5.849
50	双肩式	290	180	5	6.044
60 及 75	双肩式	310	180	5	6.952

表 7—38　常用异型垫板尺寸(mm)

<table>
<tr><td colspan="2">联结类型(kg/m)</td><td>75—60</td><td>60—50</td><td>60—43</td><td>50—38</td><td>43—28</td></tr>
<tr><td colspan="2">长度 L</td><td>660</td><td>660</td><td>660</td><td>660</td><td>650</td></tr>
<tr><td colspan="2">宽度 B</td><td>380</td><td>360</td><td>240</td><td>240</td><td>240</td></tr>
<tr><td rowspan="2">厚度 h</td><td>前端</td><td></td><td></td><td></td><td></td><td></td></tr>
<tr><td>后端</td><td>43.9</td><td>38.4</td><td>27.85</td><td>27.85</td><td>27.85</td></tr>
</table>

六、铁路用混凝土枕扣件每根用钢制零部件数量及规格尺寸

(1)扣扳分中间和接头扣板两种，每根混凝土枕用 70 型扣板式扣件零件数量见表 7－39。

表 7－39　每根混凝土轨枕用 70 型扣板式扣件零件数量

零件名称	数量	单件质量(kg)	总质量(kg)	材料
螺纹道钉	4	0.595	2.380	Q235
螺母	4	0.1119	0.448	Q235
平垫圈	4	0.0345	0.138	Q235
弹簧垫圈	4	0.0969	0.388	55Si2Mn,60SiMn
扣板	4			黑心可锻铸铁
铁座	4			黑心可锻铸铁
绝缘缓冲垫片	4			聚乙燃或聚氯乙烯
绝缘缓冲垫板	2			橡胶
衬垫	2			防水胶合板聚氯乙烯

(2)螺纹道钉因螺纹加工方式不同分为甲、乙、丙三种，但使用条件相同，均适用于硫磺锚固扣板式扣件。螺纹道钉的表面应平整，不允许出现裂口、裂缝。擦伤，冷弯 45°时表面不出现裂口和裂缝。

(3)弹簧垫圈又称双层弹簧垫圈，其表面不允许有裂缝、浮锈、斑痕等，也不允许尾部有尖棱，不允许存在裂纹、钳伤和深度大于 0.5mm 的擦伤，但允许有不影响使用的小毛刺。

(4)扣板是固定钢轨保持轨距的主要构件，扣板尺寸用号码表示。一种钢轨有多种号码的扣板，如 50kg/m 轨设计有 0－2、4－6、8－10、12－14、16－18 十个号码计五种扣板，其中 0、16、18 号为辅助扣板。接头扣板的钩嘴较中间扣板短，专用于钢轨接头。扣板外表应纯净，不允许有气泡，疏松，夹杂、结疤、裂纹和毛刺、且表面缺陷不得焊补，毛刺应铲除。

(5)铁座分普通和加宽两种，也是用黑心可锻铸铁制成。铁座外表不允许有夹杂、气泡、疏松、裂纹及毛刺，出厂时成铸出厂标。

(6)弹条有 A、B 两种型号，弹条工型扣件 50kg/m、60kg/m 钢轨每根混凝土用扣件零件数量见表 7－40。

表 7－40　每根混凝土枕用弹条 I 型扣件零件数量

钢轨类型(kg/m)	名称	数量		质量或体积		材料
		中间	接头	中间	接头	
50	螺纹道钉	4		2.380kg		Q235A
	螺母	4		0.448kg		Q235A
	平垫圈	4		0.276kg		Q235A
	A 型弹条	4	2	1.912kg	0.956kg	60SiMn/55SiMn
	B 型弹条	—	2	—	0.899kg	60SiMn/55SiMn
	中间轨距挡板	12、20 号各 2	—	2.896kg	—	Q235A
	接头轨距挡板	—	14、20 号各 2	—	2.630kg	Q235A
	挡板座	4		2－4 号，147.2cm^2		聚酰胺 6
	绝缘垫板	2		7mm，324cm^3；10mm，464cm^3		橡胶
	衬垫	2		—		胶合竹片、塑料
60	螺纹道钉	4		2.38kg		Q235A
	螺母	4		0.448kg		Q235A
	平垫圈	4		0.276kg		Q235A
	B 型弹条	4		1.796kg		60SiMn/55SiMn
	轨距挡板	9、10 号各 2		2.462kg		Q235A
	挡板座	4		2－4 号，147.2cm^3		聚酰胺 6
	橡胶垫板	2		526cm^3		橡胶

(7) 弹条不得有过热、过烧现象，不得有裂纹、斑痕、毛刺等；弹条中部最小直径不得小于

12.3 mm，尾部最小直径不应小于12.6mm，最前端圆弧直径处宽度应大于24mm，弹条放置道钉的地方宽度要求1.5～26.0mm，中尾部热压痕深应小于4mm；放置应平稳，如不平，则一般翘高应小于0.8mm，两肢不允许反翘，两肢直线段与同平面接触长度均应大于5mm。

(8)50kg/m钢轨用轨距挡板有中间和接头两种，每种有14、20两个号码，14号接头轨距挡板用B型弹条，其余用A型弹条。

60kg/m钢轨用轨距挡板只有一种，分6、10两个号码，使用B型弹条。

七、铁路用钢梁的化学成分及规格性能指标

钢梁主要由钢板和型钢组成。常用桥钢牌号有16q、16Mnq、15 Mnq、15 MnqVNq，其技术要求和化学成分见表7—41。

表7—41 桥梁结构钢技术条件

钢号	钢材厚度 (mm)	化学成分(%) C	Si	Mn	V	N	P	S	强度极限 MPa	屈服强度 MPa	伸长率 %	−40℃冲击值 J/cm²	时效后冲击值 J/cm²	180°冷弯(d为弯心直径，a为试样厚度)
16q		0.12～0.20	0.12～0.25	0.40～0.70			≤0.040	≤0.045	≥380	≥230	≥26	—	≥35	d=1.5a
16Mnq	≤16	0.12～0.20	0.20～0.60	1.20～1.60			≤0.040	≤0.045	≥520	≥350	≥21	≥30	≥30	d=2a
	17～25								≥500	≥330	≥19			d=3a
	26～36								≥480	≥310	≥19			
	38～50								≥480	≥290	≥19			
15MnVq	≤16	0.10～0.18	0.20～0.60	0.20～1.60	0.04～0.12		≤0.040	≤0.045	≥540	≥400	≥18	≥30	≥30	d=3a
	17～25								≥520	≥380	≥17			
	26～36								≥500	≥360	≥17			
	38～50								≥500	≥340	≥17			
15MnVNq	10～25	0.12～0.20	0.20～0.60	1.20～1.70	0.16～0.25	0.014～0.022	≤0.040	≤0.045	≥600	≥450	≥18	≥30	≥30	d=3a
	26～38								≥560	≥420	≥17			
	40～50								≥540	≥420	≥17			

八、铁路工程用防爬器及轨距拉杆

防爬器是用来防止钢轨纵向移动的铁路用器件，分穿销式和弹簧式两种，常用的为穿销式，由普碳钢扁钢焊制成，或用冷弯达30℃的黑心可锻铸铁或球墨铸铁铸造而成。

轨距拉杆是用来加强曲线，保持轨距的器件，分普通和绝缘两种，用Q235号钢制造。

第八节 钢材腐蚀防止

一、钢材锈蚀的现象

1.化学锈蚀

化学锈蚀是指钢材与周围介质(如氧气、二氧化碳、二氧化硫和水等)发生化学反应，生成疏松的氧化物而产生的锈蚀。一般情况下，是钢材表面FeO保护膜被氧化成黑色的Fe_3O_4。

在常温下，钢材表面能形成FeO保护膜，可以防止钢材进一步锈蚀，所以，在干燥环境中化学锈蚀速度缓慢，但在温度和湿度较大的情况下，这种锈蚀进展加快。

2.电化学锈蚀

(1)电化学锈蚀是指钢材与电解溶液接触而产生电流，形成原电池而引起的锈蚀。电化学锈蚀是建筑钢材在存放和使用中发生锈蚀的主要形式。钢材由不同的晶体组织构成，并含有

杂质，由于这些成分的电极电位不同，当有电解质溶液存在时，形成许多徽电池。电化学锈蚀过程如下：

铁活泼，易失去电子，使碳与铁在电解质中形成原电池的阴阳两极，阳极的铁失去电子成为 Fe^{2+} 离子，进入溶液，在阴极附近，由于溶液中溶解有氧气，被还原成 OH^- 离子，两者结合生成 $Fe(OH)_2$，使钢材受到锈蚀，形成铁锈。

(2)由此可知，钢材发生电化学锈蚀的必要条件是水和氧气的存在。

(3)钢材锈蚀后，受力面积减小，使最载能力下降，在钢筋混凝土中，因锈蚀时固相体积增大，从而引起钢箭馄凝土顺筋开裂。

(4)钢材含碳等杂质越多，锈蚀越快。如果钢材表面不平，或与酸、碱和盐接触都会使锈蚀加快。

二、钢筋混凝土中钢筋的锈蚀与防止情况

(1)普通混凝土制作的钢筋混凝土有时也发生钢筋锈蚀现象。其主要原因有以下几个方面：一是混凝土不密实，环境中的水和空气能进入混凝土内部；二是混凝土保护层厚度小或发生了严重的碳化，使混凝土失去了碱性保护作用、三是混凝土内 Cl^- 含量过大，使钢筋表面的保护膜被氧化；四是预应力钢筋存在微裂缝等缺陷，引起应力锈蚀。

(2)加气混凝土碱度较低，电化学腐蚀过程能顺利进行，同时这种混凝土多孔，外界的水和空气易深入内部，所以，加气混凝土中的钢筋在使用前必须进行防腐处理。

(3)轻骨料混凝土和粉煤灰混凝土的护筋性能，经过多年试验研究和应用，证明是良好的，其耐久性不低于普通混凝土。

(4)对于普通混凝土，轻骨科混凝土和粉煤灰混凝土，为了防止钢筋锈蚀，应保证混凝土的密实度以及钢筋保护层的厚度。在二氧化碳浓度高的工业区采用硅酸盐水泥或普通水泥，限制含氯盐外加剂的掺量并使用混凝土用钢筋防锈剂(如亚硝酸钠)。预应力混凝土应禁止使用含量氯盐的骨料和外加剂。对于加气混凝土等可以在钢筋表面涂环氧树脂或镀锌等方法来防止。

三、钢材锈蚀的防止措施

进行钢材锈蚀的防止方法如图 7—22 所示。

钢材锈蚀的防止方法
- 表面刷漆
  - (1)表面刷漆是钢结构防止锈蚀的常用方法。刷漆通常有底漆、中间漆和面漆三道。底漆要求有较好的附着力和防锈能力，常用的有红丹、环氧富锌漆、云母氧化铁和铁红环氧底漆等。中间漆为防锈漆，常用的有红丹、铁红等。面漆要求有较好的牢度和耐候性能保护底漆不受损伤或风化，常用的有灰铅、醇酸磁漆和酚醛磁漆等。
  - (2)钢材表面涂刷漆时，一般为一道底漆、一道中间漆和两道面漆。要求高时可增加一道中间漆或面漆。使用防锈涂料时，应注意钢构件表面的除锈，注意底漆、中间漆和面漆的匹配。
- 阴极保护
  - 阴极保护法是根据电化学原理进行保护的一种方法。这种方法可通过以下两种途径来实现。
  - (1)牺牲阳极保护法。位于水下的钢结构，接上比钢材更为活泼的金属，如锌、镁等。在介质中形成原池时，这些更为活泼的金属成为阳极而遭到腐蚀，而钢结构作为阴极得到保护。
  - (2)外加电流法。将废钢铁或其他难熔金属(高硅铁、铅银合金等)放置在要保护的结构钢附近，外接直流电流，负极接在要保护的钢结构上，正极接在废钢铁或难熔金属上，通电后作为废钢铁的阳极被腐蚀，钢结构成为阴极得到保护。
- 涂油法
  - 防腐油是一种黏性液体，均匀喷涂在钢材表面，形成一层连续、牢固的透明薄膜，使钢材与腐蚀介质隔绝，在−20℃～50℃的温度范围内可应用于除马口铁以外的所有钢材。
- 制成合金钢
  - 在钢中加入能提高抗锈蚀能力的元素，如将镍、铬加入到铁合金中可制得不锈钢，在低碳钢或合金钢中加入铜可有效地提高防锈能力等。这种方法最有效，但成本很高。

图 7—22 钢材锈蚀的防止方法

第八章 胶凝材料

凡是在一定条件下，经过自身的一系列物理、化学反应后，能够把散粒状材料(如砂、石等)或块状材辩(如砖、砌块等)黏结成具有一定强度的整体的材料，统称为胶凝材料。胶凝材料按照化学成分不同分为无机胶凝材料和有机胶凝材料两大类。无机胶凝材料按其能否在水中凝结硬化、保持和发展强度，又分为气硬性腔凝材料(如石灰、石膏、菱苦土、水玻璃等)和水硬性胶凝材料(如各种水泥)。

气硬性胶凝捌料只能在空气中凝结磋化、保持和发展强度，一般只适用于地上或干燥环境，不适宜于潮湿环境更不可用于水中；水硬性脏凝材料既能在水中又能在空气中凝结硬化、保持和发展强度，可用于地上，也可用于地下潮湿环境或水中。

第一节 石灰

一、石灰的生产原理

煅烧石灰的原料主要是石灰石(又称石灰岩)、白垩、白云质石灰岩等，也可采用含碳酸钙成分的化工副产品。

石灰石的主要成分是碳酸钙($CaCO_3$)，另外还有少量的碳酸镁($MgCO_3$)和黏土杂质。将石灰石在高温下煅烧，得白色或灰白色块状物，即石灰(也叫生石灰)。生石灰主要成分是CaO，还有少量MgO等杂质。当生石灰中氧化镁含量不大于5%时称为钙质石灰，氧化镁含量大于5%时称为镁质石灰。

$$CaCO_3 \xrightarrow{\text{高温}} CaO + CO_2\uparrow$$

煅烧过程对石灰的质量有很大影响。煅烧温度过低或煅烧时间不足，会使石灰中残留未分解的$CaCO_3$，称为欠火石灰。欠火石灰中的CaO含量低，降低了其质量等级和利用率；若煅烧温度超过烧结温度或煅烧时间过长，将出现过火石灰。过火石灰中，原料杂质溶解，石灰颗粒粗大、结构致密，所以消化十分缓慢，使用时会影响工程质量。

二、石灰的分类

石灰根据氧化镁的含量可以分为以下几类：

(1)钙质石灰 MgO≤5%。

(2)镁质石灰 MgO>5%。

(3)钙质消石灰粉 MgO≤4%。

(4)镁质消石灰粉 4%<MgO<24%。

(5)白云石质消石灰粉 24%<MgO<30%。

镁质石灰的消化速度程慢，但硬化后强度稍高。通常，生石灰的质量好坏与其氧化钙和氧化镁的含量有很太关系。

三、石灰的质量标准

石灰的质量标准见表 8—1 所列，石灰的质量鉴别见表 8—2 所列。

表 8—1　石灰质量标准

指标名称			块灰		生灰石		水化石灰		生灰浆	
			一等	二等	一等	二等	一等	二等	一等	二等
活性氧化钙及氧化镁之和(干重)(%)		≥	90	75	90	75	70	60	70	60
未烧透颗粒含量(干重)(%)		≤	10	12				8	12	
每千克石灰的产浆量(L)		≥	2.4	1.8	暂不规定					
块灰内细粒的含量(干重)(%)		≤	8	10	暂不规定					
标准筛上遗留量(干重)(%)	900 孔/cm^2 筛	≤	无规定		3	5	3	5	无规定	无规定
	4900 孔/cm^2 筛	≤	无规定		25	25	10	5	无规定	无规定

表 8—2　石灰的外观质量鉴别

特征	新鲜灰	过水灰	欠火灰
颜色	白色或灰黄色	色暗带灰黑色	中部颜色比边部深
重量	轻	重	重
硬度	蔬松	质硬	外部疏松，中部硬
断面	均一	玻璃状	中部与边缘不同

根据我国建材行业标准生石灰可分为优等品、一等品和合格品三个等级，生石灰和生石灰粉的技术指标见表 8—3 和表 8—4 所列。

表 8—3　建筑生石灰技术指标

项　目		钙质生石灰			镁质生石灰		
		优等品	一等品	合格品	优等品	一等品	合格品
$(CaO+MgO)$含量(%)	≥	90	85	80	85	80	75
未消化残渣含量(5mm 圆孔筛筛余)(%)	≤	5	10	15	5	10	15
CO_2 含量(%)	≤	5	7	9	6	8	10
产浆量(L/kg)	≥	2.8	2.3	2.0	2.8	2.3	2.0

表 8—4　建筑生石灰粉的技术指标

项　目			钙质生石灰			镁质生石灰		
			优等品	一等品	合格品	优等品	一等品	合格品
$(CaO+MgO)$含量(%)		≥	85	80	75	80	75	70
CO_2 含量(%)		≤	7	9	11	8	10	12
细度	0.9mm 筛筛余(%)	≤	0.2	0.5	1.5	0.2	0.5	1.5
	0.125mm 筛筛余(%)	≤	7.0	12.0	18.0	7.0	12.0	18.0

四、建筑消石灰粉的技术指标

建筑消石灰粉分为钙质消石粉、镁质消石灰粉和白云石消石灰粉三类，并按它们的技术指标分为优等品、一等品和合格品三个等级，主要技术指标见表 8—5 和表 8—6 所所列。通常优等品、一等品适用于建筑装饰工程中的饰面层和中间涂层施工；合格品仅用于砌筑工程的施工。

表 8—5　建筑消石灰粉按氧化镁含量的分类界限

品种名称	钙质消石灰粉	镁质消石灰粉	白云石消石灰粉
氧化镁含量(%)	$MgO<4$	$4\leqslant MgO<24$	$24\leqslant MgO<30$

表 8-6 建筑消石灰粉的技术指标

项目			钙质消石粉			镁质生石灰			白云石消石灰粉		
			优等品	一等品	合格品	优等品	一等品	合格品	优等品	一等品	合格品
(CaO+MgO)含量(%)		≥	70	65	60	65	60	55	65	60	55
游离水(%)		≤	0.4~2	0.4~2	0.4~2	0.4~2	0.4~2	0.4~2	0.4~2	0.4~2	0.4~2
体积安定性			合格	合格	—	合格	合格	—	合格	合格	—
细度	0.9mm 筛筛余(%)	≤	0	0	0.5	0	0	0.5	0	0	0.5
	0.125mm 筛筛余(%)	≤	3	10	15	3	10	15	3	10	15

五、石灰的特性

(1)凝结硬化慢、强度低。因石灰浆在空气中碳化过程很慢,使氢氧化钙和碳酸钙结晶量少,所以熟石灰硬化后强度低。根据实验,1∶3 石灰砂浆,28d 抗压强度只能达到 0.2~0.5MPa。

(2)耐水性差。石灰硬化后的主要成分为氢氧化钙,易溶于水,故石灰的耐水性差,不宜用于潮湿环境或水中。

(3)可塑性、保水性好。生石灰熟化为石灰浆时,氢氧化钙颗粒极其微小(直径约为 1μm),且颗粒表面吸附一层厚厚的水膜。由于粒子数量很多,其总表面积很大,使得石灰浆表现出良好的可塑性和保水性。

(4)吸湿性强。生石灰吸湿性强,保水性好,是传统的干燥剂。

(5)体积收缩大。石灰浆在硬化过程中由于大量水分蒸发,使石灰浆体产生体积收缩而开裂。因此,石灰除调成石灰乳作薄层粉刷外,不宜单独使用。在工程应用中,常在石灰中掺入砂、麻刀、纸筋等,以增加其抗拉强度,抵抗收缩引起的开裂。

六、石灰的凝结和硬化

使用石灰时,通常在生石灰中加水,使之消解为熟石灰。生石灰加水后,迅速水化成氢氧化钙(即熟石灰)并释放出大量的热量,这个过程称为熟化或消化。

$$CaO + H_2O \rightarrow Ca(OH)_2 + 65kJ/mol$$

生石灰消化时消化反应迅速,释放大量热量,同时体积急剧膨胀。块状生石灰消化时,体积可增大 1~2.5 倍。为此,工程中应特别注意安全,防止发生意外事故。

熟化石灰粉的方法:生石灰消化成石灰粉时,需要加水量为生石灰的 60%~80%,以能充分消解而不湿成团为宜。

石灰按用途的不同可熟化成为石灰浆(膏)或石灰粉。施工中对石灰进行处理一般有两种方法:一种是将生石灰磨成细粉;另一种是将生石灰洗灰入池,熟化后使用。

施工工地上消化石灰,将生石灰熟化成石灰浆的方法是将生石灰先用适量的水淋洒,使块灰吸水,部分熟化膨胀成小颗粒,再将其放在化灰池中加水搅拌成浆,通过筛网流入储灰坑,在储灰坑中保存两星期以上方可使用,该存放过程也称为石灰的陈伏。陈伏时间越长,石灰消解得越完全,可减轻或消除过火石灰的危害,得到质地较软、可塑性较高的浆体。石灰浆在储灰坑中沉淀并除去上层水分后成为石灰膏,可用来拌制备种灰浆和砂浆。

七、石灰的用途

石灰可以用来配制砂浆、拌制三合土和灰土、制作石灰乳涂料、生产硅酸盐制品、磨制生石灰粉、加固软土地基及制造静态破碎剂和膨胀剂等，如图 8—1 所示。

石灰的用途

- 配制砂浆：石灰具有良好的可塑性和黏结性，常用来配制砂浆用于墙体的砌筑和抹面。石灰浆或消石灰粉与砂和水单独配制成的砂浆称石灰砂浆，与水泥、砂和水一起配制成的砂浆称混合砂浆。为了克服石灰浆收缩大的缺点，配制时常加入纸筋等纤维质材料。
- 拌制三合土和灰土：三合土按生石灰粉（或消石粉）：黏土：砂子（或碎石、炉渣）＝1：2：3 的比例来配制。灰土按石灰粉（或消石灰粉）：黏土＝1：（2～4）的比例来配制。它们主要用于建筑物的基础、路面或地面的垫层，也就是说用于与水接触的环境，这与其气硬性相矛盾。这可能是三合土和灰土在强力夯打之下，密实度大大提高，黏土中的少量活性 SiO_2 和活性 Al_2O_3 与石灰粉水化产物作用，生成了水硬性的水化硅酸钙和水化铝酸钙，从而有一定耐水性之故。
- 制作石灰乳涂料：将消石灰粉或熟化好的石灰膏加入适量的水搅拌稀释，成为石灰乳，是一种廉价易得的涂料，主要用于内墙和天棚刷白，增加室内美观和亮度，我国农村也用于外墙。石灰乳可加入各种颜色的耐碱材料，以获得更好的装饰效果。
- 生产硅酸盐制品：以石灰和硅质材料（如粉煤灰、石英砂、炉渣等）为原料，加水拌和，经成型、蒸养或蒸压处理等工序而成的建筑材料，统称为硅酸盐制品。如蒸压灰砂砖、粉煤灰砌块、硅酸盐砌块等，主要用作墙体材料。生石灰的水化产物 $Ca(OH)_2$ 能激发粉煤灰、炉渣等硅质工业废渣的活性，起碱性激发作用，$Ca(OH)_2$ 能与废渣中的活性 SiO_2、Al_2O_3 反应，生成有胶凝性、耐水性的水化硅酸钙和水化铝酸钙，这一原理在利用工业废渣来生产建筑材料时被广泛采用。
- 磨制生石灰粉：建筑工程中大量用磨细生石灰来代替石灰膏和消石灰粉配制灰土或砂浆，或直接用于生产硅酸盐制品。磨细生石灰可不经预先消化和陈伏直接应用。因为这种右灰具有很高的细度，水化反应速度快，水化时体积膨胀均匀，避免了产生局部膨胀过大现象。另外，石灰中的过火石灰和欠火石灰被磨细，提高了石灰的质量和利用率
- 加固软土地基：块状生石灰可用来加固含水的软土地基（称为石灰桩）。它是在桩孔内灌入生石灰块，利用生石灰吸水熟化产生体积膨胀的特性来加固地基。
- 制造静态破碎和膨胀剂：将含有一定量 CaO 晶体、粒径为 10～100μm，的过火石灰粉，与 5%～70%的水硬性胶凝材料及 0.1%～0.5%的调凝剂混合，可制得静态破碎剂。使用时将它与适量的水混合调成浆体，注入到欲破碎物的钻孔中。由于水硬性胶凝材料硬化后，过火石灰才水化，水化时体积膨胀，从而产生很大的膨胀压力，使物体破碎。该碳碎剂可用于拆除建筑物和破碎分割岩石。

图 8—1 石灰的用途

八、石灰的保管与存放

（1）石灰水化物呈碱性，具有腐蚀性，在运输和装卸过程中，应注意人身防护。生石灰及其磨细右灰的吸湿性极强，在空气中储存三天品质即会下降，适宜采用密封容器或防水纸袋储存在干燥的库棚内；散装块状石灰一般在室外保管。室外场地应平坦、不积水，不应与易燃、易爆及液体物品一起储运，以免发生火灾和爆炸事故，并注意防水、防潮和防火。石灰具有极强的腐蚀性，不宜堆放在木料上。石灰在储运过程中易发生水化碳化反应而失去活性，不宜长期存放，一般保管期不超过一个月。

（2）为防止石灰的变质损失，需长期放置的生石灰可熟化成石灰浆存放。石灰浆在存放过程中表面要保留一层水，使之与空气隔绝，以免产生碳化。石灰应尽量堆成大堆，力求堆高。灰堆表面应拍打密实或表面洒水拍打。从大堆灰中取用石灰时，应从一端按顺序取用，尽量少破坏已形成的防护硬壳，以减少石灰的损失。

第二节 石 膏

一、石膏的生产原理

石膏是以硫酸钙为主要成分的气硬性胶凝材料。建筑石膏及其制品具有许多优良的性能（如轻质、耐火、隔声、绝热等），而且原料来源丰富，生产工艺简单，是一种理想的高效节能材料。

生产石膏的原料主要是含硫酸钙的二水天然石膏（又称生石膏）或含硫酸钙的各种工业副

产品(如磷石膏、氟石膏、硼石膏等)。

将石膏原料经煅烧、脱水,再经磨细,即得石膏胶凝材料。同一种原料,煅烧的压力和温度不同时,所得产品的结构、性质、用选也各不相同如图 8－2 昕示。

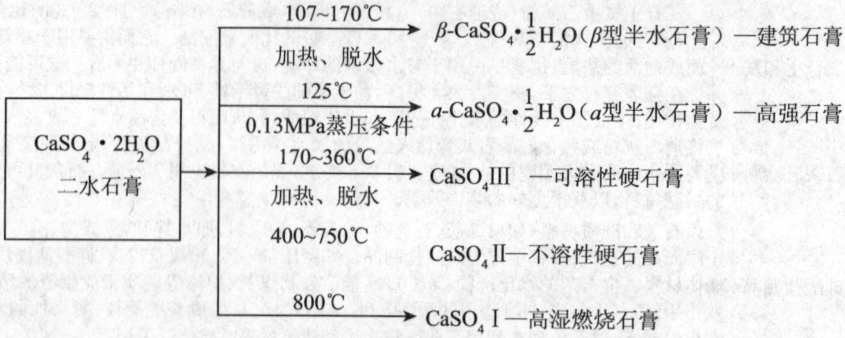

图 8－2　石膏加工条件及其相应产品示意图

二、建筑石膏的特点

(1)凝结硬化快。建筑石膏凝结硬化过程很快,初凝时间不小于 6min 终凝时间不超过 30min,在室内自然干燥条件下,一周左右完全硬化。所以在施工时往往要根据实际需要掺加适量的缓凝剂,如 0.1%～0.2%的动物胶,0.1%～0.5%的硼砂等。

(2)硬化时体积微膨胀。建筑石膏硬化时体积微膨胀(膨胀率为 0.05%～0.15%),这使石膏制品表面光滑饱满、棱角清晰,干燥时不开裂。

(3)硬化后空隙率大、表观密度和强度较低。建筑打膏在使用时为获得良好的流动性,加入的水量往往比水化所需水分多。石膏凝结后,多余水分蒸发,在石膏硬化体内留下大量孔隙(孔隙率商达 50%～60%),故表观密度小,强度低,其硬化后的强度仅为 3～5MPa,但这已能满足用作隔墙和饰面的要求。不同品种的石膏胶凝材料硬化后的强度差别很大。高强石膏硬化后的强度通常比建筑石膏要高 2～7 倍。建筑石膏粉易吸潮,长期储存会降低强度,因此建筑石膏粉在储存及运输期间必须防潮,储存时间一般不得超过 3 个月。

(4)绝热、吸声性良好。建筑石膏制品的热导率较小,一般为 0.121～0.205W/(m · K),具有良好的绝热能力。

(5)防火性能良好。建筑石膏硬化生生成二水石膏,遇火时,由于石膏中结晶水吸收热量蒸发,在制品表面形成蒸汽幕,有效阻止火的蔓延。制品厚度越大,防火性能越好。

(6)有一定的调温调湿性。建筑石膏热容量大、吸湿性强,所以能对室内温度和湿度起到一定的调节作用。

(7)耐水性、抗冻性差。因建筑石膏硬化后具有很强的吸湿性,在潮湿环境中会削弱晶体间结合力,使强度显著下降。调水时晶体溶解而引起破坏,吸水后再受冻,孔隙内水分结冰而制品崩裂。因此,建筑石膏不耐水,不抗冻。

(8)加工性和装饰性好。石膏硬化体可锯、可钉、可刨、可打眼,便于施工;其制品表面细腻平整,色洁白,极富装饰性。

三、石膏的硬化

建筑石膏与适量的水拌和后,形成可塑性的浆体,很快就失去可塑性并产生强度,逐渐发展成为坚硬的同体,这一过程称为石膏的凝结硬化。石膏的凝结硬化实际上是建筑石膏与水之间发生化学反应的结果，反应方程式如下：

$$CaSO_4 \cdot H_2O + H_2O \rightarrow CaSO_4 \cdot 2H_2O$$

由于二水石膏在水中的溶解度仅为半水石膏溶解度的 1/5 左右，所以半水石膏的饱和溶液对二水石膏来说就是过泡和溶液，这样，半水石膏的水化产物二水石膏首先结晶析出，从而打破了原有的化学平衡，促使半水石膏进一步溶解、水化，直至完全变成二水石膏。随着浆体中自由水因水他和蒸发逐渐减少，浆体逐渐变稠失去塑性，石膏凝结。然后，二水石膏品粒继续形成、长大，彼此互相交错、连生，形成结晶结构网，浆体产生强度并不断增长，直到水分完全蒸发形成坚硬的石膏结构，石膏硬化。

四、建筑石膏的等级质量标准

建筑石膏按抗折强度、抗压强度和细度分为优等品、一等品和合格品三个等级，具体质量指标见表 8—7 所列。

表 8—7　建筑石膏的物理力学性能

等级	细度(0.2mm 方孔筛筛余)(%)	凝结时间(min)		2h 强度(MPa)	
		初凝	终凝	抗折	抗压
3.0	≤10	≥3	≤30	≥3.0	≥6.0
2.0				≥2.0	≥4.0
1.0				≥1.6	≥3.0

建筑石膏产品的标记顺序为产品名称、抗折强度、标准号。

五、石膏的技术指标

建筑用熟石膏技术性能指标要求见表 8—8 所列。

表 8—8　建筑用熟石膏的技术指标

技术指标		建筑石膏			型石膏	高强石膏
项目	指标	一等	二等	三等		
凝结时间(min)	初凝，不早于	5	4	3	4	3～5
	终凝，就迟于	30	30	30	20	30
细度(筛余量)(%)	64 筛孔/cm²	2	8	12	0	
	900 筛孔/cm²	25	35	40	10	
抗拉强度(MPa)	养护 1d 后(≥)	0.8	0.6	0.5	0.8	1.8～3.3
	养护 7d 后(≥)	1.5	1.2	1.0	1.6	2.5～5.0
抗压强度(MPa)	养护 1d 后	5.0～8.0	3.5～4.5	1.5～3.0	7.0～8.0	9.0～24.0
	养护 7d 后	8.0～12.0	6.0～7.5	2.5～5.0	10.0～15.0	25.0～30.0

六、石膏的建筑用途及保管

(1)石膏板具有轻质、隔热保温、吸声、防火、尺寸稳定及施工方便等优点，主要石膏板有纸面石膏板、纤维石膏板、装饰石膏板、空心石膏板和吸音用穿孔石膏板等。纸面石膏板作为一种新型墙体材料，具有质轻、保温隔热性能好、防火性能好等特点，可钉、可刨，施工安装方便，在建筑上占有重要地位，主要用于隔墙、内外墙、吊顶及吸声要求高的建筑场所。它在西方工业发达国家普遍受到重视，并得到大最应用。以美国、日本、加拿大产量为最高，日本已超过 5 亿 m^2。如按人均占有量计，加拿大为世界第一位，约为 13.2m^2、英国为 2.6m^2，而我国仅为 0.3 m^2。

(2)国内不少单位开发了一些轻质、高强、耐水、保温的石膏复合墙体，如轻钢龙骨纸面石膏板夹岩扳复合墙体，纤维石膏板或石膏刨花板等与龙骨的复合墙体，加气(或发泡)石膏保温板或砌块复合墙体，石膏与聚苯泡沫板，稻草板、蜂窝纸芯、麦秸芯极等复合的大扳等。特别是纤维增强低碜主水泥(GRC板)或硬石膏水泥压力板与各种有机、无机芯材复合墙体，既可以做内墙也可以做外墙。有条件的地区和工厂，可与建筑设计、施工及建设单位密切配合，组织生产各种装配式石膏复合墙板，屋面乃至包括门窗的盒子间。这种工厂化生产建筑物各种组件，而后现场装配，可提高建筑速度和质量，降低造价，减轻工人的劳动强度和环境污染，是新型建材的发展方向。

(3)石膏装饰材料品种繁多，五光十色，量大面广。国内不少大中城市或乡村都能生产开发出各式各样的石膏装饰材料。各种高强、防潮、防火又具有环保功能的石膏装饰板、石膏线条、灯盘、门柱、门公共处拱眉等装饰制品不断涌现。此外，具有吸声、防辐射、防火功能的石膏装饰板正在或将要被推广应用。

(4)建筑石膏中，高强度石膏主要用于要求较高的室内抹灰、装饰零件和石膏板，它可代替白水泥，适用于内部装修；无水石膏水泥主要用于地上工程，制造建筑砂浆、保温混凝土、普通混凝土、灰泥、屋顶和制造石膏墙板等；高温煅烧石膏可做无缝地板、人造大理石、地面砖及石膏墙板；模型石膏主要用于制造各种模型、模型工艺品、室内建筑装饰粉刷材料、建筑零件和人造装饰石材等。

(5)石膏还可用来生产水泥和硅酸盐制品。石膏以其优良的建筑特性、丰富的资源、生产设备简单等优点，将会有广泛的应用前景。

(6)石膏一般采用散装发货，应入库保管，保持环境的干燥和清洁，储运过程中应注意防潮防水。石膏应分品种、质量等级分别堆放，标记明显，不得与其他粉状物料混放，防止杂物混入，以防影响石膏的质量。建筑石膏不宜久存，储存期不宜超过三个月。过期或受潮都会使石膏强度明显降低。

石膏一般采用散装发货，应入库保管，保持环境的干燥和清洁，储运过程中应注意防潮和防水。石膏应分级堆放，不得与其他粉状物料堆放，以防影响石膏中混入杂物而影响质量。

建筑石膏不宜久存，一般储存期不超过3个月。

第三节　水　玻　璃

一、水玻璃的概念

水玻璃又称泡花碱，是一种性能优良的矿物胶，它能够溶解于水，并能在空气中凝结硬化，具有不燃，不朽、耐酸等多种性能。

建筑使用的水玻璃，通常是硅酸钠的水溶液，硅酸钠的分子式为 $Na_2O \cdot nSiO_2$，式中的 n 为氧化硅(SiO_2)与氧化钠的(Na_2O)的物质的量的比值，称为水玻璃的硅酸盐模数。n 值的太小决定了水玻璃溶解的难易程度。n 值越大，水玻璃的黏性越大，溶解越困难，硬化也会越快，常用水玻璃的 n 值，一般在2.5～3.0之间，大于3.0时，需在4个表压下才能溶解。硅酸盐水玻璃的制取方法一般有两种，一种为干法(两步法)，即将石英粉或石英岩粉配以碳酸钠或硫酸钠，放入玻璃熔炉内，以130～1400℃温度融化，冷却后得到固体

水玻璃再放入3～8个表压的蒸汽锅中溶成黏稠状液体。另一种方法称为湿法(一步法)，是将石英砂和苛性钠在蒸压锅内用高压蒸汽加热，直接熔成液体的水玻璃。

二、水玻璃的生产原理

水玻璃按其形态可分为液体水玻璃和固体水玻璃两种。液体水玻璃无色透明，当含有不

同杂质时可呈青灰色、绿色或微黄色等，可以与水按任意比例混合而成不同浓度的溶液，浓度越稠黏结力越强；固体水玻璃的形状呈块状、粒状或粉状。

水玻璃的生产方法有湿法生产和干法生产两种。湿法生产是将石英砂和氢氧化钠水溶液在压蒸锅(0.2～0.3MPa)内用蒸汽加热溶解而制成水玻璃溶液。于法是将石英砂和碳酸磨细拌匀，在熔炉中于1300～1400℃温度下熔融，其反应式如下：

$$Na_2CO_3 + nSiO_2 \rightarrow Na_2O \cdot nSiO_2 + CO_2\uparrow$$

所得产物为固体块状的硅酸钠，然后用非蒸压法(或蒸压法)溶解，即可得到常用的水玻璃。如果用碳酸钾代替碳酸钠，则可得到相应的硅酸钾水玻璃。

纯净的水玻璃溶液应为无色透明液体，但因含杂质常呈现青灰或黄绿等颜色。

三、水玻璃的硬化

水玻璃溶液能与空气中的二氧化碳发生反应，生成无定形的硅酸凝胶，随着水分的发挥，无定形的硅酸凝胶脱水转变成为二氧化硅而硬化。

$$Na_2O \cdot nSiO_2 + CO_2 + mH_2O \rightarrow Na_2CO_3 + nSiO_2 \cdot mH_2O$$

$$nSiO_2 \cdot mH_2O \xrightarrow{\text{干燥}} nSiO_2 + mH_2O$$

由于空气中二氧化碳含量较少，这一过程进行得很慢。实际水玻璃使用时需加入促硬剂以加速其硬化。常用的促硬剂为氟硅酸钠，是一种白色粉状固体，有腐蚀性，一般用量为水玻璃用量的12%～15%。

四、水玻璃的特性

水玻璃的特性如图8-3所示。

水玻璃的特性
- 耐热性：硬化后水玻璃，其主要成分含水硅酸凝胶($nSO_2 \cdot mH_2O$)，其耐酸性强。除氢氟酸、20%以下的氟硅酸、热磷酸和高级脂肪酸以外，几乎对所有酸性介质都有较高的耐腐蚀性。但水玻璃不耐碱性介质腐蚀。
- 耐酸性：水玻璃硬化形成SiO_2空间网状骨架，因此具有良好的耐热性能。若以铸石粉为填料，调成的水玻璃胶泥，其耐热温度可达900～1100℃。而对于水玻璃混凝土，其耐热温度受粗骨料石子影响。
- 黏结性：
  - 水玻璃硬化后具有较高的黏结强度、抗拉强度和抗压强度。如水玻璃胶泥的抗拉强度大干2.5MPa，水玻璃混凝土的抗压强度可达15～40MPa。
  - 水玻璃硬化析出的硅酸凝胶还可堵塞毛细孔隙而防止水渗透。对于同一模数的液体水玻璃，其浓度越稠、密度越大，则黏结力越强。而不同模数的液体水玻璃，模数越大，胶体组分越多，黏结力也随之增加。

图8-3　水玻璃的特性

五、水玻璃的用途

(1)配制成耐热砂浆和耐热混凝土。水玻璃可与耐热骨料等一起来配制成耐热砂浆和耐热混凝土。

(2)配制成耐酸砂浆和耐酸混凝土。水玻璃可与耐酸骨料等一起来配制成耐酸砂浆和耐酸混凝土。

(3)涂刷建筑材料表面，提高密实度和抗风化能力。用水将水玻璃稀释，多次涂刷或浸渍材料表面，可提高材料的抗风化能力或使其密实度和强度提高。如果在液体水玻璃中加入适量尿素，在不改变其黏度情况下可提高黏结力25%左右。此方法对黏土砖、硅酸盐制品、水泥混凝土等含$Ca(OH)_2$的材料效果良好。不能用于涂刷或浸渍石膏制品，因为$Na_2O \cdot nSiO_2$与$CaSO_4$反应生成Na_2SO_4，Na_2SO_4，在制品孔隙中结晶，结晶时体积膨帐，引起制品开裂破坏。

(4)加固地基。将水玻璃溶液与氯化钙溶液交替注入土壤内，两者反应析出硅酸胶体，能起胶结和填充孔隙的作用，并可阻止水分的渗透，提高土壤的密度和强度。

(5)在水玻璃中加入二至五种矾，能配制各种快凝防水剂，常见的矾有蓝矾、明矾、红矾、紫矾等。防水剂的配制方法为选取二种、二种、四种或五种矾各 1 份溶于 60 份 100℃的水中，冷却至 50℃后，投入 400 份水玻璃中搅拌均匀即可。这种防水剂分别称为二矾、三矾，四矾或五矾防水剂。

(6)配制水玻璃矿渣砂浆，修补砖墙裂缝。将液体水玻璃，粒化高炉矿渣粉、砂和氟硅酸钠按一定比例配合，压入砖墙裂缝。粒化高炉矿渣粉的加入不仅起填充及减少砂浆收缩的作用，还能与水玻璃起化学反应，成为增进砂浆强度的一个因素。

(7)以水玻璃为基料，配制各种防水剂。水玻璃能促进水泥凝结，如在水泥中掺入约为水泥重量 0.7 倍的水玻璃，初凝为 2min，可直接用于堵塞漏洞、缝隙等局部抢修。因凝结过速，不宜配制水泥防水砂浆用于屋面和地面刚性防水。

第四节　菱　苦　土

一、菱 苦 土

菱苦土属镁质胶凝材料，主要成分是 MgO，它是由菱镁矿或天然白云石经煅烧、磨细而成。煅烧时的反应式如下：

$$MgCO_3 \xrightarrow{600\sim650℃} MgO + CO_2\uparrow$$

煅烧温度对菱苦土的质量影响很大。煅烧温度过低时，$MgCO_3$ 分解不完全，易产生“生烧”而降低胶凝性；温度过高时，MgO 烧结收缩，颗粒变得坚硬，胶凝性差。实际生产时，煅烧温度约为 800～850℃。

白云石[$CaMg(CO_3)$]的分解分两步进行：首先是复盐分解生成碳酸镁和碳酸钙，然后碳酸镁分解成氧化镁。

正常煅烧的菱苦土为白色或浅黄色粉末，密度为 3.1～3.4g/cm^3，堆积密度为 800～900g/cm^3，煅烧所得菱苦土磨得越细，使用时强度越高；相同细度时，MgO 含量越高，质量越好。

二、菱苦土的硬化

菱苦土用水拌和时，生成结构疏松、胶凝性较差的 $Mg(OH)_2$。为改善其性能，常用 $MgCl_2$、$MgSO_4$、$FeCl_3$ 或 $FeSC_4$ 等盐类的水溶液拌和。其中，以用 $MgCl_2$ 溶液拌和最好，生成氯氧化镁水化物($xMgO \cdot yMgCl_2 \cdot zH_2O$)和氢氧化镁等，浆体硬化较快，强度高(可达 40～60MPa)，其吸湿性强，但耐水性差(水会溶解其中的可溶性盐类)。

按菱苦土的化学成分和物理性能，将产品分为优等品(A)、一等品(B)和合格品(C)，其化学组成必须满足表 8－9 的要求。

表 8－9　菱苦土的化学组成要求

级别	优等品	一等品	合格品
氧化镁(MgO)(%)	≥80	≥75	≥70
游离氧化钙(CaO)(%)	≥2	≥2	≥2
烧失量(%)	≥8	≥10	≥12

菱苦土的物理性能要求见表 8－10。

表 8—10　菱苦土的物理性能要求

等　级	凝结时间		安定性	细度(0.080mm 方孔筛筛余)(%)	抗折强度(MPa)		抗压强度(MPa)	
	初凝(min)	终凝(h)			1d	3d	1d	3d
优等品	40		合格	15	5.0	7.0	25.0	30.0
一等品	40		合格	15	4.0	6.0	20.0	25.0
合格品	40		合格	20	3.0	5.0	15.0	20.0

三、菱苦土的应用与保管

(1)菱苦土加水拌和后,生成疏松无胶凝性的氢氧化镁,释放大量的热量,凝结速度很慢,强度降低。由于氢氧化镁的溶解度极小,能在氧化镁表面形成一层不透水的薄膜,阻碍了菱苦土的继续水化,因此菱苦土不能用水拌和。

(2)为了提高菱苦土的凝结硬化速度并提高及其制品的强度,常用氯化镁、氯化铁、硫酸镁、硫酸亚铁等作为调和剂,使用最多的是氧化镁溶液。用氯化镁溶液拌和时,生成氢氧化镁薄膜和盐基性氧化镁复盐,氢氧化镁薄膜立即溶入拌和液,从而提高了菱苦土凝结硬化速度和制品的强度。制品的吸湿性大,抗水性下降,表面易起斑点。为提高菱苦土制品的耐水性,拌和时,可添加改性剂和活性混合材料。

(3)菱苦土能很好地与木屑、刨花、木丝等织物纤维和矿物纤维等粘结,制成各种板材,用作地板、复面板、屋面板、隔板和家具等,具有良好的强度、弹性、保温、隔音、不燃烧等性能,且造价低廉,但耐水性、耐高温性差,不能用于经常受潮的结构和可能受到酸作用的地面。菱苦土掺用泡沫剂或石棉能制成多孔轻质保温隔音材料。

(4)菱苦土也可掺用砂、石或硬矿渣等,制成混凝土和砂浆,配以苇筋或其他材料,制作屋盖、檩条和空心楼板及代木包装材料等。

(5)菱苦土应用内塑料袋和外编织袋的双层包装或用涂塑编织袋、金属容器包装,以防止菱苦土受潮。运输中应采取防潮措施,搬运中不应抛扔。菱苦土应按产品等级、产地分别堆放,不得相互混杂,且堆放场地必须具备防潮、防雨的条件。储存期自出厂日期开始计,不能超过 6 个月。

第五节　水　泥

一、建筑常用水泥的品种及特点

建筑常用水泥的品种及特点如图 8—4 所示。

二、水泥熟料的成分与特性

硅酸盐水泥是由硅酸盐水泥熟料、石膏和适量混合材料所组成。其中硅酸盐水泥熟料是硅酸盐系水泥的主要成分。

硅酸盐水泥熟料是由石灰质原料和黏土质原料及少量其他矿物质的原料成分磨细后,按一定比例配制成的生料,通过高温煅烧而得到的以硅酸盐为主要成分的熟料。其主要矿物质为:

建筑常用水泥及各自特点

- 硅酸盐水泥
  - (1)凡由硅酸盐水泥熟料、0～5%石灰石或粒化高炉矿渣、适量石膏磨细制成的水硬性材料，称为硅酸盐水泥(即国外通称的波特兰水泥)，硅酸盐水泥分两种类型，不掺加混合材料的称为Ⅰ型硅酸盐水泥，代号P·Ⅰ。在硅酸盐水泥粉磨时掺加不超过水泥质量5%石灰石或粒化高炉矿渣混合材料的称为Ⅱ型硅酸盐水泥，代号P·Ⅱ。
  - (2)强度等级分为42.5、42.5R、52.5、52.5R、62.5、62.55R六种。
  - (3)硅酸盐水泥的特点。早期强度及后期强度都较高，在低温下强度增长比其他种类的水泥快，抗冻、耐磨性都好，但水化热较高，抗腐蚀性较差。
- 普通硅酸盐水泥
  - (1)凡由硅酸盐水泥熟料，6%～15%混合材料、适量石膏髓细制成的水硬性胶凝材料称为普通硅酸盐水泥(简称普通水泥)，代号P·O，强度等级分为32.5、32.5R、42.5、42.5R、52.5、52.5R六种。
  - (2)普通硅酸盐水泥的特点除早期强度比硅酸盐水泥稍低，其他件能接近硅酸盐水泥。
- 矿潭硅酸盐水泥
  - (1)凡由硅酸盐水泥熟料和粒化高炉矿渣、适量石膏磨细制成的水硬性胶凝材料称为矿渣硅酸盐水泥(简称矿渣水泥)，代号P·S。水泥中粒化高炉矿渣掺加量按质量百分比计为20%～70%。允许用石灰石、窑灰、粉煤灰和火山灰质混合材料中的一种材料替代矿渣，代替数量不得超过水泥质量的8%，替代后水泥中粒化高炉矿渣不得少于20%。
  - (2)强度等级分为32.5、32.5R、42.5、42.5R、52.5、52.5R六种。
  - (3)矿渣硅酸盐的特点早期强度较低，在低温环境中强度增长较慢，但后期强度增长较快，水化热较低，抗硫酸盐侵蚀性较好，耐热性较好，但干缩变形较大，析水性较大，耐磨性较差。
- 灿灰质硅酸盐水泥
  - (1)凡由硅酸盐水泥熟料和火山灰质混合材料、适量石膏磨细制成的水硬性胶凝材料称为火山灰质硅酸盐水泥(简称火山灰水泥)，代号P·P，水泥中火山灰质混合材料掺量按质量百分比计为20%～50%。强度等级分为32.5、32.5R，42.5、42.5R、5.2 5、52.5R六种。
  - (2)火山灰质硅酸盐水泥的特点。早期强度较低，在低温环境中强度增长较慢，在高温潮湿环境中(如蒸汽养护)强度增长较快，水化热较低，抗硫酸盐侵蚀性较好，但干缩变形较大，析水性较大，耐磨性较差。
- 粉煤灰硅酸盐水泥
  - (1)凡由硅酸盐水泥熟料和粉煤灰、适量石膏磨细制成的水硬性胶凝材料称为粉煤灰硅酸盐水泥(简称粉煤灰水泥)，代号P·F。水泥中粉煤灰掺量按质量百分比计为20%～40%。强度等级分为32.5、32.5R、42.5、42.5R、52.5、52.5R六种。
  - (2)粉煤灰硅酸盐水泥的特点。早期强度较低，水化热比火山灰水泥还低，和易性好，抗腐蚀性好，干缩性也较小，但抗冻、耐磨性较差。
- 复合硅酸盐水泥
  - (1)凡由硅酸盐水泥熟料、两种或两种以上规定的混合材料、适量石膏磨细制成的水硬性胶凝材料称为复合硅酸盐水泥(简称复合水泥)，代号P·C。水泥中混合材料总掺加量按质量百分比计应大于15%，不超过50%，水泥中允许用不超过8%的窑灰代替部分混合材料；掺矿渣时混合材料掺量不得与矿渣硅酸盐水泥重复。强度等级分为32.5、32.5R、42.5、42.5R，52.5、52.5R六种。
  - (2)复合硅酸盐水泥的特点。介于普通水泥与火山灰水泥、矿渣水泥以及粉煤灰水泥性能之间，当复掺混合材料较少(小于20%)时，它的性能与普通水泥相似。

图8—4　建筑常用水泥及各自特点

硅酸三钙　$3CaO \cdot SiO_2$　简称为C_3S

硅酸二钙　$2CaO \cdot SiO_2$　简称为C_2S

铝酸三钙　$3CaO \cdot AlO_3$　简称为C_3A

铁铝酸四钙 $4CaO \cdot Al_2O_3 \cdot Fe_2O_3$ 简称为C_4AF

其中C代表CaO，S代表SiO_2，A代表Al_2O_3，F代表Fe_2O_3。以上四种熟料矿物各具特性，对水泥性质有不同影响，详见表8—11。

通过改变矿物成分间的比例，可以使所生产水泥的性质也随之发生改变。如通过提高C_3S的含量，可以制成高强水泥；增加C_2S和C_3A含量，可制得快硬高强水泥；加大C_2S含量，可制得水化热低的大坝水泥等。

表 8－11 四种熟料矿物单独与水作用时的特性

项目	简写	含量范围	凝硬速度	水化热	强度	强度发展	体积收缩
硅酸三钙	C_3S	44%～66%	快	大	最高	快	小
硅酸二钙	C_2S	18%～30%	慢	小	早期低，后期高	慢	最小
铝酸三钙	C_3A	5%～12%	最快	最大	低	最快	最大
铁铝酸四钙	C_4AF	10%～20%	较快	中	中	中	大

三、水泥中石膏的掺入量

水泥成分中的 C_3A 水化速度很快，会使水泥发生速凝现象，对施工极为不利。为了调节永泥的凝结时间，以适应施工要求，在水泥生产过程中，需要加入少量的石膏，掺入量必须与水泥中的 C_3A 含量相适应。一般石膏掺量为 3%～5%。掺用的石膏既可以是天然的二水石膏、无水硬石膏，也可以是工业副产品石膏等。

四、水泥中的混合材料

在水泥生产过程中，为了改善水泥性能、提高产量、增加品种、降低成本而在水泥中加入的矿物材料称为混合材料。掺入水泥中的混合材料通常分为活性混合材料和非活性混合材料。

1. 活性混合材料

(1)活性混合材料是具有化学活性的混合材料，主要有粒化高炉矿渣、火山灰质材料和粉煤灰等物质。它们在高温下急剧冷却时，所含大量的氧化硅和氧化铝分子尚未规则排列成为非晶体的玻璃体结构，因此具有化学活性，能与石灰发生反应，生成水硬性的胶凝物质。利用这一特性，可将活性混合材料与石灰按一定比例配合，制成具有一定水硬性的无熟料水泥。

(2)粒化高炉矿渣是高炉炼铁的熔融矿渣，经淬冷后形成的松散颗粒。其主要成分是氧化钙、活性氧化硅及活性氧化铝。这些粒状矿渣本身具有一定的水硬性，化学活性高。

(3)火山灰质混合材料是其有火山灰质的天然或人工矿物质材料。天然的火山灰质混合材料是由火山喷发出的高温岩浆急剧冷却而形成的火山灰凝灰岩、粗面凝灰岩、浮石、沸石，还有硅藻土、硅藻石等。人工生产的火山灰质混合材料主要有烧黏土材料，如煅烧的黏土粉、黏土制品碎块等，还有自然煤层下的黏土和煤炭生产排出的煤矸石及自燃后的红矸石等。火山灰中的活性成分具有火山灰性，常用于改善水泥的某些性能。

(4)粉煤灰是从燃煤火力发电厂烟道气体中收集或煤粉燃烧的灰粉，主要成分是氧化硅和氧化铝，也有少量的氧化钙。粉煤灰具有火山灰性，与火山灰的水化原理相似。但为了强调综合利用粉煤灰，将工业废渣化害为利保护环境，故把粉煤灰单独列为一种混合材料。

2. 非活性混合材料

(1)非活性混合材料是在水泥中不起化学反应或反应微弱、仅起到填充作用的矿物质材料，如磨细的石英砂、石灰石、慢冷矿渣和各种废渣等。水泥中掺入非活性混合材料，主要起到提高水泥产量、降低生产成本和降低水化热的作用。

(2)混合材料的分类详见表 8－12。

表 8－12 混合材料的分类

<table>
<tr><th colspan="2">类别</th><th>材料名称</th><th>主要成分</th><th>作用</th></tr>
<tr><td rowspan="4">混合材料</td><td rowspan="3">活性混合材料</td><td>粒化高炉矿渣</td><td>$CaOiO_2$、Al_2O_3 等</td><td rowspan="3">改善水泥性能，调节水泥强度，增加水泥品</td></tr>
<tr><td>火山灰质材料</td><td>火山灰、火山渣、浮石等</td></tr>
<tr><td>粉煤灰</td><td>SiO_2、Al_2O_3 等</td></tr>
<tr><td>非活性混合材料</td><td>非活性混合材料</td><td>石英砂、石灰石、慢冷矿渣</td><td>提高水泥产量，降低成本，减少水化热</td></tr>
</table>

五、水泥中的有害成分

水泥中除了上述有用成分外，还有少量有害成分，如游离氧化钙、游离氧化镁、过量的三氧化硫以及氧化钠和氧化钾等。这些物质虽然量少，但会对水泥的安定性、耐久性产生不良影响。

影响最大的是游离氧化钙，它虽与配料无关，但与炉温控制有关。若炉温控制不好，导致游离氧化钙的含量超过 1%，就会使水泥的安定性不良，严重影响水泥的质量，因此必须对游离氧化钙作专门的检查。

六、水泥的水化与硬化

1. 水化

硅酸盐水泥加水后，其矿物与水作用，生成一系列新的化合物，称为水化。生成的新化合物称为水化产物。

(1)硅酸三钙水化。C_3S 与水作用，生成水化硅酸钙和氢氧化钙，反应式如下：

$$2(3CaO \cdot SiO_2)+6H_2O\ 3CaO \cdot 2SiO_2 \cdot 3H_2O+3Ca(OH)_2$$

$3CaO \cdot 2SiO_2 \cdot 3H_2O$ 简写为 C—S—H；$Ca(OH)_2$ 简写为 CH。

硅酸三钙水化反应快，水化热高，硬化后的强度最高，但生成较多的氯氧化钙易溶于水，易与酸反应。所以硅酸三钙是保证强度的主要成分，但抗侵蚀能力较差。

(2)硅酸二钙水化。C_2S 与水作用，生成水化硅酸钙和氢氧化钙，反应式如下：

$$2(2CaO \cdot SiO_2)+4H_2O \cdot 3CaO \cdot 2SiO_2 \cdot 3H_2O+Ca(OH)_2$$

(3)铝酸三钙水化。C_3A 与水作用，生成水化铝酸钙，其反应式如下；

$$3CaO \cdot Al_2O_3+6H_2O \rightarrow 3CaO \cdot Al_2O_3 \cdot 6H_2O$$

$3CaO \cdot Al_2O_3 \cdot 6H_2O$ 可简化写成 C_3AH_6。

因铝酸三钙与水反应迅速，造成水泥速凝，将影响施工。因此，在水泥磨细时加入适量石膏(一般占水泥成品量的 3%～5%)，石膏与水化铝酸钙反应生成难溶于水的水化硫铝酸钙针状晶体(简称钙矾石，常用符号 AFt 表示)，沉积在水泥颗粒的表面，阻止水分向颗粒内部渗入，延缓水泥的凝结。

(4)铁铝酸四钙水化。C_4AF 与水作用，生成水化铝酸钙和水化铁酸钙。其反应式如下；

$$4CaO \cdot Al_2O_3 \cdot Fe_2O_3+7H_2O \rightarrow 3CaO \cdot Al_2O_3 \cdot 6H_2O+CaO \cdot Fe_2O_3 \cdot H_2O$$

$CaO \cdot Fe_2O_3 \cdot H_2O$ 可简写成 CFH。

铁铝酸四钙水化快，水化热较大，强度发展较快，但强度不高。

2. 硬化

硅酸盐水泥加水拌和后，最初形成具有可塑性的浆体，然后逐渐变稠失去塑性，这一过程称为初凝；开始具有强度时称为终凝。由初凝到终凝的过程为凝结。终凝后强度逐渐提高，并变成坚固的石状物体——水泥石，这一过程即为硬化。

水泥硬化的过程就是水泥石强度发展的过程。影响水泥硬化的因素有水泥的矿物组成、石膏掺用量、水泥的磨细程度和水灰比等。其中水泥矿物成分的含量对水泥的水化和硬化速度影响最大；石膏的掺入可调节水泥的凝结速度，但用量过多会影响水泥的安定性；水泥的颗粒越细，总表面积越大，与水的接触面越大，水化速度越快，凝结硬化速度也快；水灰比越大，浆料越稀，凝结速度越慢，多余的水分留在水泥石中形成缝隙，降低水泥石强度。施工养护的温度和湿度以及龄期的长短对水泥的硬化也有一定的影响。一般情况下，温度高，水泥水化快，凝结硬化就快；湿度大，水泥能充分水化，强度能正常发展。反之亦然。在正常情况下，龄期越长，水泥水化的程度越深，水泥石的强度便随龄期而增强。

七、水泥的性能指标

水泥的性能指标如图 8－5 所示。

水泥的性能指标

- 密度：水泥的密度取决于其组成成分的密度。不同水泥由于其成分不同，所生产的水泥密度也不尽相同。硅酸盐水泥熟料的密度较大，而混合材料的密度较小。硅酸盐水泥与普通水泥成分基本相同，密度为 3.0～3.15g/cm^3，堆积密度为 1200～1600kg/cm^3。矿渣水泥、火山灰水泥和粉煤灰水泥由于掺入混合材料较多，密度较硅酸盐水泥略小，为 2.8～3.1 g/cm^3，堆积密度为 1000～140kg/m^3，堆积密度与水泥的紧密程度有关。
- 细度：细度是指水泥颗粒的粗细程度。水泥颗粒的粗细程度对水泥性质影响很大。颗粒越细，与水接触的面积越大，水化速度越快且越完全，早期强度和后期强度较高，但是成本也较高。
- 凝结时间：
  (1)水泥的凝结时间是指水泥浆体从开始加水到失去塑性，即从可塑性发展到固体状态所需的时间，分为初凝时间和终凝时间。
  (2)初凝时间是从水泥加水拌合起，至水泥浆体开始失去塑性所需的时间。
  (3)终凝时间是从水泥加水拌合起，至水泥浆体完全失去塑性并开始产生强度所需的时间。
  硅酸盐水泥凝结时间，初凝时间不得早于 45min，终凝时间不得迟于 6.5h，而其他硅酸盐系水泥终凝时间不得迟于 10h。
- 安定性：
  (1)水泥的体积安定性是指水泥在凝结硬化过程中体积变化的均匀性。安定性不良的水泥会使其制品产生膨胀性裂缝，降低建筑物的质量，甚至引起严重的工程事故。因此体积安定性是水泥的重要性质，安定性不舍格的水泥必须作废品处理。
  (2)引起水泥体积安定性不良的原因是熟料中吉有过多的游离氧化钙或游离氧化镁，以及掺入石膏过量所致。由于游离氧化钙和氧化镁在水泥已经硬化后才进行水化，产生膨胀，引起不均匀的体积变化，致使水泥石形成裂纹甚至开裂。
  (3)水泥的安定性用沸煮法检验。沸煮法能使游离氧化钙在高温、高湿中加速熟化膨胀，以显示其危害程度。游离氧化镁的水化速度较游离氧化钙缓慢，必须使用蒸压法才能检验出其危害。石膏的危害作用须经长期浸在常温的水中才能发现。国家标准中规定，六种通用硅酸盐类水泥的氧化钙含量不得大于 5%，水泥中三氧化硫的含量不得超过 3.5%，以保证水泥质量。
- 标准稠度用水量：在按国家标准检验水泥的凝结时间和体积安定性时，规定用“标准稠度”的水泥净浆。水泥“标准稠度”用水量采用水泥标准稠度仪测定。硅酸盐系水泥的标准稠度用水量一般为 21%～28%。
- 水化热：
  (1)水化热是水泥水化、凝结与硬化过程中释放出的热量。水化热的大小取决于水泥熟料的矿物成分，还与水泥细度、水泥中的混合材料等因素有关。不同矿物的放热量及放热速度不相同。C_3S 和 C_3A 放热量大且快，C_2S 放热量小且慢，活性混合材料的放热量也较小。硅酸盐水泥和普通水泥由于 C_3S 和 C_3A 含量高，水化热很大，而掺入混合材料较多的矿渣水泥、火山灰水泥和粉煤灰水泥，由于 C_3S 和 C_3A 含量低，水化热就小。水泥越细，水化反应越快，水化热也越大。
  (2)水化热有利有弊。对于一般的结构，水化热有利于水泥的凝结硬化，尤其有利于冬季施工。但是对于大型基础、桥墩桥台、大坝等大体积混凝土，由于水化热积聚在内部不易散发，形成的内外温差过大，引起的温差应力可使混凝土产生裂缝。因此，大体积的混凝土工程中不宜采用硅酸盐水泥和普通水泥，而应选用水化热低的掺入较多混合材料的中热或低热水泥。
- 强度：
  (1)强度是水泥的一项重要技术指标。强度的高低取决于水泥熟料的矿物组成、细度和石膏的掺用量等。水泥的养护、成型条件及龄期也会影响其强度的发展。
  (2)不同强度通用硅酸盐水泥的强度要求见表 8－13。
- 烧失量：
  (1)不溶物是指水泥经酸和碱处理后，不能被溶解的残余物。它是水泥中非活性组分的反映，主要由生料、混合料和石膏中的杂质产生。
  (2)烧失量是指水泥经高温灼烧处理后的质量损失率，主要由水泥中未煅烧组分产生，如未烧透的生料、石膏带入的杂质掺合料及存放过程中的风化等。
  (3) P·Ⅰ型硅酸盐水泥中的不溶物含量不得超过 0.75%，烧失量不得大于 3.0%；P·Ⅱ型硅酸盐水泥中的不溶物含量小得超过 1.50%；烧失量不得大于 3.5%。
  (4)凡不溶物和烧失量任一项不符合标准规定的水泥均为不合格品水泥。
- 碱含量：
  硅酸盐水泥中除主要矿物成分外，还含少量其他化学成分，如钠和钾的氧化物(碱性物质)。水泥中的碱含量以 $Na_2O+0.658K_2O$ 计算值来表示。拌制混凝土时，当水泥中的碱含量过高，骨料又有一些性性物质时，会在潮湿或有水环境中发生有害的碱骨料反应，同时也影响水泥与外加剂的适应性。
  若使用活性骨料，用户要求提供低碱水泥时，水泥中的碱含量不得大于 0.6%，或由供需双方商定。

图 8－5 水泥的性能指标

表 8－13　不同强度通用硅酸盐水泥的强度要求

品种	强度等级	抗压强度(MPa),不小于		抗折强度(MPa),不小于	
		3d	28d	3d	28d
硅酸盐水泥	42.5	17.0	42.5	3.5	6.5
	42.5R	22.0		4.0	
	52.5	23.0	52.5	4.0	7.0
	52.5R	27.0		5.0	
	62.5	28.0	62.5	5.0	8.0
	62.5R	32.0		5.5	
普通硅酸盐水泥	42.5	16.0	42.5	3.5	6.5
	42.5R	21.0		4.0	
	52.5	22.0	52.5	4.0	7.0
	52.5R	26.0		5.0	
矿渣硅酸盐水泥 火山灰质硅酸盐水泥 复合硅酸盐水泥经	32.5	10.0	32.5	2.5	5.5
	32.5R	15.0		3.5	
	42.5	15.0	42.5	3.5	6.5
	42.5R	19.0		4.0	
	52.5	21.0	52.5	4.0	7.0
	52.5R	23.0		4.5	

八、水泥石的结构

水泥石是由未水化的水泥颗粒 A、水化产物 B(凝胶体)、水化产物 C(结晶体)、未被水泥颗粒和水化产物所填满的原充水空间 D(毛细孔或毛细孔水)及凝胶体中的孔 E(凝胶孔)所组成的多孔体系,如图 8－6 所示。

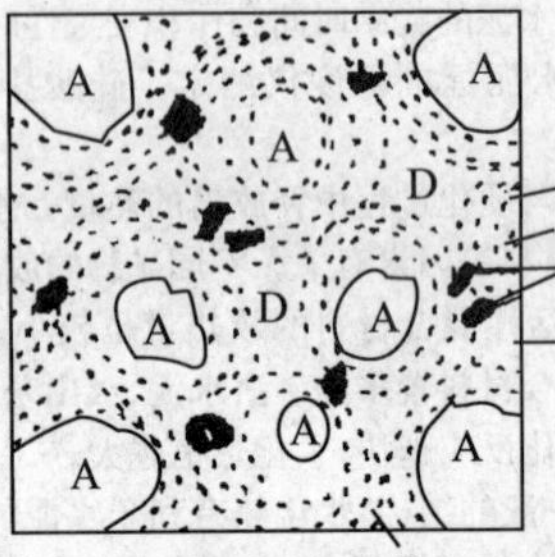

图 8－6　水泥石结构

注:A－未水化水泥颗粒;B－胶体粒子(C－S－H);
C－晶体粒子[$Ca(OH)_2$ 等];D－毛细孔(毛细孔水);E－凝胶孔

1. 水泥矿物组成

水泥的组成成分及各组分的比例对水泥石强度发展有很大影响。当水泥熟料中 C_3S 与 C_3A 含量多时,水泥的凝结硬化加快,水泥石早期强度较高,同时早期水化热也较大。

2. 水灰比

水泥加水拌和后的物质称为水泥浆,水泥浆中水与水泥用量的比值,称为水灰比(W/C)。理论上,水泥完全水化所需要的水灰比为 0.15～0.25。但为了使水泥浆具有良好的塑性,往往要加更多的水(水灰比可达 0.3～0.7),大部分多余的水最终要蒸发留下许多孔隙,可见,水灰比越大,水泥浆越稀,凝结硬化和强度发展越慢,且硬化后毛细孔含量越多,强度也越低。实际工程中,为了提高水泥石的硬化速度和强度,应尽可能降低水灰比。

3. 龄期

水泥浆的凝结硬化是随着龄期(天数)的增加而发展的,随着时间的延长,水泥水化程度增加,凝胶体数量增加,毛细孔数量减少,强度也不断增大,实验表明,常温(20℃)下,水泥混凝土强度的增长在28d以内较快,以后渐缓。

4.环境温度、湿度

(1)环境温度、湿度对水泥石强度发展有明显影响。温度越高,水泥水化越激烈,水泥石强度发展越快;反之,温度越低,水泥水化越馒,水泥石强度发展也越慢。当温度低于0℃对,水泥水化停止,并可能遭受冰冻破坏。因此,冬季施工应采取保温措施。

(2)水泥水化及凝结硬化必须在足够的水分下进行。环境湿度大,水分蒸发慢,水泥浆体可保持水泥水化所需的求分。若环境干燥,水分蒸发快,水泥浆体因缺少水分而影响正常水化,水泥石强度发展也很慢,甚至停止增长。另外,干燥还会给水泥石带来其他渚多方面的危害。所以,水泥混凝土工程在浇筑后2～3周内应加强洒水养护,以保证水泥水化所需的水分,促进水泥充分水化。

九、建筑常用水泥的应用范围

部分常用水泥的适应范围,见表8—14和表8—15所列。

表8—14 部分水泥的适用范围

水泥名称	基本用途	可用范围	不适用范围	使用注意事面
硅酸盐水泥	混凝土、钢筋混凝土和预应力混凝土的地上、地下和水中结构		受侵蚀水(海水、矿物水、工业废水等)及压力水作用的结构	使用加气剂可提高抗冻能力
普通硅酸盐水泥				
矿渣硅酸盐水泥	混凝土和钢筋混凝土的地上、地下和水中的结构以及抗硫酸盐侵蚀的结构		需早期发挥强度的结构	加强洒水养护,冬季施工注意保温
火山灰质硅酸盐水泥		高湿条件下的地上一般建筑	(1)受反复冻融及干湿循环作用的结构 (2)干燥环境中的结构	加强洒水养护,冬季施工注意保温
粉煤灰硅酸盐水泥	混凝土和钢筋混凝土的地上、地下和水中的结构;抗硫酸盐侵蚀的结构;大体积水工混凝土		需早期发挥强度的结构	加强洒水养护,冬季施工注意保温
抗硫酸盐硅酸盐水泥	受硫酸盐水溶液侵蚀,反复冻融及干湿循环作用的混凝土及钢筋混凝土结构	受硫酸盐(SO_4^{2-}浓度在2500mg/L以下)水溶液侵蚀的混凝土及钢筋混凝土结构		配制混凝土的水灰比应小些
高抗硫酸盐水泥		受硫酸盐(SO_4^{2-}浓度在2500～10000mg/L)水溶液侵蚀的混凝土及钢筋混凝土结构		严格控制水灰比
快硬硅酸盐水泥	要求快硬的混凝土、钢筋混凝土和预应力混凝土结构			
高强硅酸盐水泥	要求快硬、高强的混凝土、钢筋混凝土和预应力混凝土结构			(1)储存过久,易风化变质 (2)需强烈搅拌,并最好采用预振和加压振捣

续上表

水泥名称	基本用途	可用范围	不适用范围	使用注意事面
矾土水泥（高铝水泥）	（1）耐热（<1300℃）混凝土； （2）抗腐蚀（如弱酸性腐蚀、硫酸盐、镁盐腐蚀）的混凝土和钢筋混凝土	（1）特殊需要的抢修抢建工程 （2）在−5℃以上施工的工程；	（1）蒸汽养护的混凝土； （2）连续浇筑的大体积混凝土； （3）与碱液接触的工程； （4）不宜制作薄壁构件	（1）后期强度有下降。混凝土应以最低强度稳定值作为设计强度； （2）不得与硅酸盐水泥、石灰及碱性物质混合； （3）未经试验不得使用外掺剂； （4）钢筋混凝土结构的钢筋保护层应加大1～2cm； （5）在混凝土硬化过程中，环境温度不得超过30℃
硅酸盐膨胀水泥 石膏矾土膨胀水泥	（1）有抗渗性要求的混凝土及砂浆； （2）预制构件的接缝及接头； （3）浇灌地脚螺栓及修补加固	（1）与碱性介质； （2）环境温度高于80℃的结构； （3）受反复冻融循环的结构	（1）加强早期养护，养护期不少于14d； （2）易风化，储存期不宜过长	（1）不得在负温下施工； （2）不得与石灰及各种硅酸盐水泥混用； （3）储存时严格防潮； （4）施工时养护期不少于14d； （5）施工温度超过30℃时，凝固时间显著缩短，应采取相应措施
无收缩性不透水水泥	喷射砂浆防水层		非潮湿环境中的结构	
石膏矿渣水泥	（1）水中或潮湿环境中的混凝土结构； （2）地下、水中或井下的抗硫硫酸盐侵蚀的混凝土结构； （3）大体积混凝土		（1）受反复冻融作用的混凝土结构； （2）需早期发挥强度的结构； （3）钢筋混凝土结构	（1）不得与各种硅酸盐水泥混合使用； （2）加强养护，养护期至少14～21d，在最初7d内不得受不浸泡或受水冲刷； （3）宜选用较小的坍落度（1～5cm），严格控制水灰比； （4）不宜在10℃以下的温度中施工； （5）储存期不宜过久
砌筑水泥	（1）钢筋混凝土预制构件之间的锚固连接； （2）抢修及修补工程的灌孔、接缝、填充补强等		要求膨胀量大的混凝土不宜使用砌筑水泥	（1）未经试验不得掺加其他外加剂； （2）可与硅酸盐水泥混合，但混合后即失去其原有特性，不得与其他水泥混用； （3）使用温度不得低于5℃，不得高于40℃； （4）水泥严防受潮

表 8—15　常用水泥的选用

混凝土工程特点或所处环境条件		优先选用	可以使用	不得使用
用环境条件	在普通气候环境中的混凝土	普通硅酸盐水泥	矿渣硅酸盐水泥、火山灰质硅酸盐水泥、粉煤灰硅酸盐水泥	
	在干燥环境中的混凝土	普通硅酸盐水泥	矿渣硅酸盐水泥	火山灰质硅酸盐水泥、粉煤灰硅酸盐水泥
	在高温度环境中或永远处在水下的混凝土	矿渣硅酸盐水泥	普通硅酸盐水泥、火山灰质硅酸盐水泥、粉煤灰硅酸盐水泥	
	严寒地区的露天混凝土、寒冷地区的处在水位升降范围内的混凝土	普通硅酸盐水泥	矿渣硅酸盐水泥	火山灰质硅酸盐水泥、粉煤灰硅酸盐水泥
	严寒地区处在水位升降范围内的混凝土	普通硅酸盐水泥		火山灰质硅酸盐水泥、粉煤灰硅酸盐水泥、矿渣硅酸盐水泥
	受侵蚀性环境水或侵蚀性气体作用的混凝土	根据侵蚀性介质的种类、浓度等具体条件按专门(或设计)规定选用		
	厚大体积的混凝土	粉煤灰硅酸盐水泥、矿渣硅酸盐水泥	普通硅酸盐水泥、火山灰质硅酸盐水泥　硅酸盐水泥、快硬硅酸盐水泥	
	要求快硬的混凝土	快硬硅酸盐水泥、硅酸盐水泥	普通硅酸盐水泥	矿渣硅酸盐水泥、火山灰质硅酸盐水泥、粉煤灰硅酸盐水泥
	高强(大于 C60)的混凝土	硅酸盐水泥	普通硅酸盐水泥、矿渣硅酸盐水泥	火山灰质硅酸盐水泥、粉煤灰硅酸盐水泥
	有抗渗性要求的混凝土	普通硅酸盐水泥、火山灰质硅酸盐水泥		不宜使用矿渣硅酸盐水泥
	有耐磨性要求的混凝土	硅酸盐水泥、普通硅酸盐水泥	矿渣硅酸盐水泥	火山灰质硅酸盐水泥、粉煤灰硅酸盐水泥

注:(1)蒸汽养护时用的水泥品种,宜根据具体条件通过试验确定。

(2)复合硅酸盐水泥选用应根据其混合材的比例确定。

十、水泥的验收要点

(1)水泥进场时应对其品种、级别、包装或散装仓号、出厂日期等进行检查,并应对其强度、安定性及其他必要的性能指标进行复验,其质量必须符合现行国家标准的规定。

(2)当在使用中对水泥质量有怀疑或水泥出厂超过 3 个月(快硬硅酸盐水泥超过 1 个月)时,应进行复验,并按复验结果使用。

(3)钢筋混凝土结构、预应力混凝土结构中,严禁使用含氯化物的水泥。

(4)检查数量。按同一生产厂家、同一等级、同一品种、同一批号且连续进场的水泥,袋装不超过 200t 为一批,散装不超过 500t 为一批,每批抽样不少于一次。

(5)检验方法。检查产品合格证、出厂检验报告。为能及时得知水泥强度,可利用快速检验方法预测水泥 28d 强度。

十一、水泥的外观质量检查

水泥袋上应清楚标明工厂名称、生产许可证编号、品种、名称、代号、强度等级，以及包装年、月、日和编号。掺火山灰质混合材料的普通水泥还应标上“掺火山灰”字样，散装水泥应提交与袋标志相同内容的卡片和散装仓号，设计对水泥有特殊要求时，应检查是否与设计要求相符。

(1)水泥试验应以同一水泥厂、同强度等级、同品种、同一生产时间、同一进场日期的水泥，200t为一验收批。不足200t时，按一验收批计算。

(2)每一验收批取样一组，数量为12kg。抽查水泥的重量是否符合规定。绝大部分水泥每袋净重为(50±1)kg，但以下品种的水泥每袋净重略有不同。

1)快凝快硬硅酸盐水泥每袋净重为(45±1)kg。

2)砌筑水泥每袋净重为(40±1)kg。

3)硫铝酸盐早强水泥每袋净重为(46±1)kg。

注意：袋装水泥的净重，以保证水泥的合理运输和掺量。

另外还要检查产品合格证的品种、强度等级等指标是否符合要求，进货品种是否和合格证相符。

十二、水泥取样的方法

取样要有代表性，一般可以从20个以上的不同部位或20袋中取等量样品，总数至少12kg，拌和均匀后分成两等份，一份由试验室按标准进行试验，一份密封保存备校验用。

(1)袋装水泥。在袋装水泥堆场取样。可采用专用取样管，随机选择20个以上不同的部位，将取样管插入水泥适当深度、用大拇指按住气孔，小心抽出取样管，将所取样品放入洁净、干燥、不易受污染的容器中。

(2)散装水泥。在散装水泥卸料处或输送水泥运输机具上取样。当所取水泥深度不超过2m时，可采用专用取样管，通过取样管内管控制开关，在适当位置插入水泥一定深度，关闭后小心抽出。将所取样品放入洁净、干燥、不易受污染的容器中。

(3)样品制备。样品缩分可采用二分器，一次或多次将样品缩分到标准要求的规定量，水泥样要通过0.9mm方孔筛，均分为试验样和封存样。样品应存放在密封的金属容器中，并加封条，容器应洁净、干燥、防潮、密闭，不易破损、不与水泥发生反应。存放于干燥、通风的环境中。

十三、水泥的运输、存放与受潮处理

(1)运输时，应注意防水、防潮，包装水泥应轻拿轻放，用一般车辆运输散装水泥时，应在车底铺设帆布防止泄漏，上盖篷布防止扬弃。

(2)水泥仓库应保持干燥，外墙及屋顶不得有渗漏水现象。仓库内应按品种、批号、出厂日期，生产厂等分别堆放。

(3)水泥的储存期超过3个月，强度约降低10%～20%；时间越长损失越大，因而水泥的储存期不宜过长，尽量做到先来的先用。超过3个月的水泥应重新检验。

(4)不同品种的水泥所含的矿物成分不同，化学物理特性也不同，在施工中不得将不同品种的水泥混合使用。

(5)结块的水泥,使用时应先行粉碎,重新检验其强度,并加长搅拌时间。结块如较坚硬,应筛去硬块,将小颗粒粉碎,检验其强度。

(6)受潮水泥的鉴别、处理和使用,见表8—16所列。

表8—16 受潮水泥的鉴别、处理和使用

受潮情况	处理方法	使用
有粉块,用手可捏成粉末	将硬块筛除粉块压碎	经试验后,根据实际强度使用
部分结成硬块	将硬块粉碎磨细	经试验后,根据实际强度使用,用于受力小的部位,或强度要求不高的工程可用于配制砂浆
大部分结成硬块		不能作为水泥使用,可掺入新水泥中作混合材料使用(掺量应小于25%)

十四、其他种类水泥

1.快凝快硬硅酸盐水泥

凡以适当成分的生料烧到部分熔融,所得以硅酸三钙、氟铝酸钙为主的熟料,加入适量的硬石膏、粒化高炉矿渣、无水硫酸钠,经过磨细制成的一种凝结快、短时强度增长快的水硬性胶凝材料,称为快凝快硬硅酸盐水泥(简称双快水泥)。

快凝快硬硅酸盐水泥的等级是按4h强度而定的,分为双快—150、双快—200两个等级。各等级、各龄期强度均不得低于表8—17所列数值。双快水泥的细度,要求比表面积不得低于4500cm²/g。凝结时间,初凝不得早于10min,终凝不得迟于60min。安定性用沸煮法检验必须合格。

快凝快硬硅酸盐水泥(双快水泥)的强度要求见表8—17。

表8—17 快凝快硬硅酸盐水泥强度要求

强度等级	比表面积 (m^2/kg)	凝结时间		抗压强度(MPa)			抗折强度(MPa)		
		初凝	终凝	4h	1d	28d	4h	1d	28d
双快—150	≥450	≥10min	≤60min	15.0	19.0	32.5	2.8	3.5	9.5
双快—200				20.0	25.0	42.5	3.4	4.6	6.4

快凝快硬硅酸盐水泥的三氧化硫的含量不得超过9.5%,主要适用于机场道面、桥梁、隧道和涵洞等紧急抢修工程以及冬季施工和堵漏等工程。

2.白色硅酸盐水泥

白色硅酸盐水泥熟料是以适当成分的生料烧至部分熔融,所得以硅酸钙为主要成分、氧化铁含量少的熟料。由氧化铁含量少的硅酸盐水泥熟料、适量石膏及标准规定的混合材料磨细制成的水硬性胶凝材抖称为白色硅酸盐水泥简称白水泥。

硅酸盐水泥的颜色主要由氧化铁决定。当氧化铁含量在3%~4%时,熟料呈暗灰色;在0.4%~0.7%时,带淡绿色;而降低到0.35%~0.40%后,接近白色。因此,白色硅酸盐水泥的生产主要是降低氧化铁含量。此外,氧化锰、氧化铬、氧化钴和氧化钛等也对白水泥的白度有显著影响,故其含量也应尽量减少。

白水泥的国家标准为《白色硅酸盐水泥》(GB/T 2015—2005)。白水泥的细度要求为80μm。

方孔筛筛余不得超过10.0%;凝结时间初凝不早于45min,终凝不迟于10h;体积安定性用沸煮法检验必须合格;水泥中三氧化硫含量不得越过3.5%。

白水泥的强度分为32.5、42.5、52.5三个等级,各龄期的强度不得低于表8—18的规定。

表 8－18　白水泥各龄期强度值

强度等级	抗压强度(MPa)		抗折强度(MPa)	
	3d	28d	3d	28d
32.5	12.0	32.5	3.0	6.0
42.5	17.0	42.5	3.5	6.5
52.5	22.0	52.5	4.0	7.0

白水泥的白度用样品与氧化镁标准白板反射率的比例衡量，要求白度值不得低于 87。

白水泥主要用于建筑物的装饰，如地画、楼梯、外墙饰面，彩色水刷石和水磨石制造，大理石及瓷砖镶贴，混凝上雕塑工艺制品等。还用于与彩色颜料配成彩色水泥、配制彩色砂浆或混凝土，用于装饰工程。

3.彩色硅酸盐

彩色硅酸盐水泥简称彩色水泥，主要有两种生产方法，即染色法和烧成法。染色法是将碱性颜料、白色水泥熟料和石膏共同磨细制而成。也可将颜料直接与白水泥混合配制而成，这种方法灵活而简单，但颜料消耗大，色泽不易均匀。烧成法是将着色剂加入水泥生料中，经过煅烧使熟料具有所需的颜色，再与石膏混合磨细而成。

彩色水泥中加入的颜料必须具有良好的大气稳定性和耐久性，不溶于水，分散性好，抗碱性强，不参与水泥水化反应，对水泥的组成和特性无破坏性。常用的颜料有氧化铁（黑、红、褐、黄色）、二氧化锰（黑、褐色）、氧化铬（绿色）、钴篮（蓝色）等。

白水泥和彩色水泥主要用于建筑物内外面的装饰，如地面、楼面、墙柱、台阶；建筑立面的线条、装饰图案、雕塑等。白色水泥和彩色水泥配以彩色大理石、白云石石子和石英砂作粗细骨煤油骨料，可拌制出彩色砂浆和彩色混凝土，做成水磨石英钟、水刷石、斩假石等饰面，物美价廉。

4.道路硅酸盐水泥

依据国家标准《道路硅酸盐水泥》(GB 13693－2005)的规定，由道路硅酸盐水泥熟料、适量石膏、可加入标准规定的混合材料磨细制成的水硬性胶凝材料称为道路硅酸盐水泥（简称道路水泥）。

(1)特性

对道路水泥的性能要求是耐磨性好、收缩小、抗冻性好、抗冲击性好，有高的抗折强度和良好的耐久性。道路水泥的上述特性，主要依靠改变水泥熟料的矿物组成、粉磨细度、石膏加入量及外加剂来达到。一般适当提高熟料中 C_3S 和 C_4AF 含量，限制 C_3A 和游离氧化钙的含量。C_4AF 的脆性小，抗冲击性强，体积收缩最小，提高 C_4AF 的含量可以提高水泥的抗折强度及耐磨性。水泥的粉磨细度增加，虽可提高强度，但水泥的细度增加，收缩增加很快，从而易产生微细裂缝，使道路易于破坏。研究表明，当细度从 2720cm^2/g 增至 3250cm^2/g 时，收缩增加不大，因此，生产道路水泥时，水泥的比表面积一般可控制在 3000～3200cm^2/g，0.08mm 方孔筛筛余宜控制在 5%～10%。适当提高水泥中的石膏加入量，可提高水泥的强度和降低收缩，对制造道路水泥是有利的。另外，为了提高道路混凝土的耐磨性，可加入 5%以下的石英砂。

(2)组分要求及性能指标

道路水泥的熟料矿物组成要求 $C_3A<5\%$，$C_4AF>16\%$；$f-CaO$ 旋窑生产的不得大于 1.0%，立窑生产的不得大于 1.8%。道路水泥中氧化镁禽量不得超过 5.0%，三氧化硫不得超过 3.5%，烧失量不得大于 3.0%，碱含量不得大于 0.6%或按供需双方协商；比表面积为

300～450m^2/kg，初凝不早于 1.5h，终凝不迟于 10h，沸煮法安定性必须合格，28d 干缩率不大于0.10%，28d 磨耗量应不大于 3.00kg/m^2。道路水泥的各龄期强度不得低于表 8－19 的数值。

(3)用途

1)道路水泥可以较好地承受高速车辆的车轮摩擦、循环负荷、冲击和震荡、货物起卸时的骤然负荷，较好地抵抗路面与路基的温差和干湿度差产生的膨胀应力，抵抗冬季的冻融循环。使用道路水泥铺筑路面，可减少路面裂缝和磨耗、减小维修量、延长使用寿命。

表 8－19　道路水泥各龄期强度值

强度等级	抗压强度(MPa)		抗折强度(MPa)	
	3d	28d	3d	28d
32.5	16.0	32.5	3.5	6.5
42.5	21.0	42.5	4.0	7.0
52.5	26.0	52.5	5.0	7.5

1)道路水泥主要用于道路路面、机场跑道路面和城市广场等工程。

5.铝酸盐水泥

以铝矾土及石灰石为原料，经高温煅烧，得到以铝酸钙为主要成分的铝酸盐水泥熟料。磨细制成的水硬性胶凝性材料，称为铝酸盐水泥(原名高铝水泥)，又名快硬高强铝酸盐水泥或矾土水泥。

(1)性能特点

1)早期强度高，后期强度增长不明显。铝酸盐水泥的水化产物主要是含水铝酸一钙($CaO \cdot Al_2O_3 \cdot 10H_2O$，简写为 CAH_{10})、含水铝酸二钙(C_2AH_8)和铝胶(AH_3)。水化产物 CAH_{10}与 C_2AH_8 为针状或板状结晶，能相互交织成坚固的结晶共生体，析出的氢氧化铝凝胶($Al_2O_3 \cdot 3H_2O$ 难溶于水，填充于晶体骨架的空隙中，形成比较致密的结构，使水泥石获得很高的强度，经 5～7d 后，水化物的数量很少增加，因此，铝酸盐水泥的早期强度增长很快，24h 即可达到极限强度的 80%左右，但后期强度增长不显著。尤其是在高于 30℃湿热环境下，强度下降得更快。

2)水化热大。铝酸盐水泥主要成分是铝酸钙，敢水化放热量大，且集中在水化初期，1d 内即可放出水化热总量的 70%～80%。

3)抗硫酸盐侵蚀性强。由于铝酸盐水泥水化产物中没有 $Ca(OH)_2$，所以，铝酸盐水泥抗硫酸盐侵蚀性强，但抗碱性差。

4)耐热性好。因为高温下产生固相反应，烧结代替水化，使得铝酸盐水泥在高温下仍能保持较高的强度。

(2)强度指标

铝酸盐水泥强度指标见表 8－20。

表 8－20　铝酸盐水泥各龄期的强度

强度等级	抗压强度(MPa)不小于		抗折强度(MPa)不小于	
	1d	3d	1d	3d
42.5	36.0	42.5	4.0	4.5
52.5	46.0	52.5	5.0	5.5
62.5	56.0	62.5	6.0	6.5
72.5	66.0	72.5	7.0	7.5

注：28d 的强度应该测定，其实测值不得低于同等级的 3d 指标。

(3)用途

铝酸盐水泥宜用于要求早期强度高的紧急抢修工程及寒冷地区冬季施工的泥凝土工程;如用耐火的粗、细骨料,可制成使用温度高达1300～2400℃的耐火混凝土等。

铝酸盐水泥不适合用蒸汽养护;严禁与硅酸盐水泥或石灰混杂在一起,也不得与尚未硬化的硅酸盐水泥混凝土接触使用。

6.砌筑水泥

凡由活性混合材料或具有水硬性的工业废料为主要原料,加入少量硅酸盐水泥熟料和石膏,经磨细制成的水硬性胶凝材辩称为砌筑水泥。

在施工配制砌筑砂浆时,会采用最低强度即32.5级或42.5级的通用水泥,而常用砂浆的强度仅为2.5MPa、5.0MPa,水泥强度与砂浆强度的比值大大超过了4～5倍的经济比例,为了满足砂浆和易性的要求,又需要用较多的水泥,造成砌筑砂浆强度等级超高,形成较大浪费。因此,生产专为砌筑用的低强度水泥非常必要。

砌筑水泥用混合材料可采用矿渣、粉煤灰、煤矸石、沸腾炉渣和沸石等,掺加量应大于50%,允许掺入适量石灰石或窑灰。凝结时间要求初凝不早于60min,终凝不迟于12h;按砂浆吸水后保留的水分计,保水率应不低于80%。砌筑水泥的各龄期强度应不低于表8－21的的要求。

表8－21　砌筑水泥的各龄期强度值

强度等级	抗压强度(MPa)		抗折强度(MPa)	
	7d	28d	7d	28d
12.5	7.0	12.5	1.5	3.0
22.5	10.0	22.5	2.0	4.0

砌筑水泥适用于砌筑砂浆、内墙抹面砂浆及基础垫层;允许用于生产砌块及瓦等制品。砌筑水泥一般不得用于配制混凝土,通过试验,允许用于低强度等级混凝土,但不得用于钢筋混凝土等承重结构。

7.抗硫酸盐水泥

以适当成分的硅酸盐水泥熟料,加入适量石膏,磨细制成的具有抵抗中等浓度硫酸根离子侵蚀的水硬性胶凝材料,称为中抗硫酸盐硅酸盐水泥,简称中抗硫水泥,代号P·MSR。

具有抵抗较高浓度硫酸根离子侵蚀的,称为高抗硫酸盐硅酸盐水泥,简称高抗硫水泥。

抗硫酸盐水混熟料矿物组成,主要是限制C_3A及C_3S的含量。按照抗硫酸盐的性能分为中抗硫水泥($C_3A<5\%$,$C_3S<55\%$)及高抗硫水泥($C_3A<3\%$,$C_3S<55\%$)两大类。两类水泥接强度分为32.5、42.5两个强度等级。根据国家标准《抗硫酸盐硅酸盐水泥》(GB 748－2005)的规定各龄期强度值要求见表8－22。

表8－22　抗硫酸盐水泥各龄期强度值(GB 748－2005)

强度等级	抗压强度(MPa)		抗折强度(MPa)	
	3d	28d	3d	28d
32.5	10.0	32.5	2.5	6.0
42.5	15.0	42.5	3.0	6.5

抗硫酸盐水泥抗硫酸盐侵蚀的能力很强,同时也具有较强的抗冻性及较低的水化热。适用于同时受硫酸盐侵蚀、冻融和干湿作用的海港工程、水利及地下等工程。

第九章　混凝土及砂浆

混凝土是工程建设的主要材料之一。广义的混凝土是指由胶凝材料、细骨料(砂)、粗骨料(石)和水按适当比例配制的混合物,经硬化而成的人造石材。但目前建筑工程中使用最为广泛的还是普通混凝土。普通混凝土是由水泥、水、砂、石以及根据需要掺入的各类外加剂与矿物混合材料组成的。

混凝土作为一种重要的建筑工程材料,由于其价格低、具有较高的抗压强度和较好的耐久性、与钢筋能牢固粘结形成钢筋混凝土等诸多优点,广泛应用于铁道工程、工业与民用建筑、水利及交通等工程中。

建筑砂浆是由胶凝材料、细骨料、掺合料和水按适当比例拌制而成,习惯上简称为砂浆。砂浆在建筑工程中的主要用途有:将砖、石材、砌块等块状材料胶结成砌体;用于建筑物室内外的墙面、地面、梁、柱、顶棚等构件的表面抹灰;镶贴大理石、陶瓷墙地砖等各类装饰板材;用于装配式结构中墙板、混凝土搂板等各种构件的接缝;制成各种功能的砂浆,如装饰砂浆,保温砂浆、防水砂浆等。

第一节　混　凝　土

一、混凝土种类

混凝土按不同方法分,有不同的种类,如图 9－1 所示。

二、混凝土的主要特点

1. 易于施工

(1)混凝土既可进行人工浇筑,也可根据不同的工程环境特点灵活采用泵送、喷射等方式施工,必要时可配制自流平混凝土(浇筑后不必人工振动密实,依靠自身大流动性能,自动密实成型,大大减轻了工人的劳动强度)。

(2)混凝土除了以上性能特点外,也存在着自重大、养护周期长、抗拉强度低、导热系数大、不耐高温、拆除后再生利用性差等缺点。随着混凝土新功能、新品种的不断开发,这些缺点正在不断改进或克服。

(3)鉴于建筑工程中,用量最大、用途最广泛的是以水泥为胶凝材料的普通水泥混凝土(简称为普通混凝土。

2. 原材料来源广泛

混凝土组成材料中,砂、石等地方材料占 80%以上,可就地取材,大大降低了材料生产成本。

3. 有较高的强度和耐久性

随着科学技术的发展,我国混凝土生产技术也取得了很大进步。在外加剂作用下,可配制出抗压强度达 100MPa 以上的高强和超高强混凝土,并具有较高的抗渗、抗冻、抗腐蚀及抗碳化性能,其使用年限可达数百年之久。

混凝土按不同方法的分类

- 按胶结材料分类
  - (1)无机胶结材料混凝土。水泥混凝土、硅酸盐混凝土、石膏混凝土、水玻璃氟硅酸钠混凝土。
  - (2)有机胶结材料混凝土。沥青混凝土、硫黄混凝土、聚合物混凝土。
  - (3)有机无机复合胶结材料混凝土。聚合物水泥混凝土、聚合物浸渍混凝土。
- 按强度等级分类
  - (1)普通混凝土。其强度等级一般在 60MPa(C60 等级)以下。其中,抗压强度小于 30MPa 的混凝土为低强度等级混凝土,抗压强度为 30～60MPa(C30～C60 等级)为中强度混凝土。
  - (2)高强混凝土。高强混凝土抗压强度在 60～100MPa 之间。
  - (3)超高强混凝土。超高强混凝土压强度在 100MPa 以上。
- 按表观密度分类
  - (1)特重混凝土。表观密度大于 2600kg/m^3。是用特别密实和特别重的骨料制成的,例如重晶石混凝土,钢屑混凝土等。它们具有防辐射的性能,主要用作原子能工程的屏蔽材料。
  - (2)重混凝土。表观密度为 1900～2500kg/m^3。是用致密的天然砂、石作为骨料制成的,也称普通混凝土,主要用于各种承重结构。
  - (3)轻混凝土。表观密度在 500～1900kg/m^3。用火山灰渣、黏土陶粒和陶砂、粉煤灰陶粒和陶砂等轻骨料制成的轻骨料混凝土。表观密度在 500kg/m^3 以上的多孔混凝土,包括加气混凝土和泡沫混凝土、大孔混凝土,其组成中不加或少加细骨料。轻混凝土主要用作结构材料、结构绝热材料。
  - (4)特轻混凝土。表观密度在 500kg/m^3 及以下的多孔混凝土。特轻骨料如膨胀珍珠岩、膨胀蛭石、泡沫塑料等。制成的轻骨料混凝土主要用作保温隔热材料。
- 按混凝土的结构分类
  - (1)普通结构混凝土。以碎石或卵石、砂、水泥和水制成的混凝土为普通混凝土。
  - (2)细粒混凝土。由细骨料和胶结材料制成,主要用于制造薄壁构件。
  - (3)大孔混凝土。由粗骨料和胶结材料制成。骨料外包胶结材料,骨料彼此以点接触,骨料之间有较大的空隙。主要用于墙体内隔层等填充部位。
  - (4)多孔混凝土。这种混凝土无粗细骨料,全由磨细的胶结材料和其他粉料加水拌成料浆,用机械方法或化学方法使之形成许多微小的气泡后再经硬化制成。
- 按用途和施工方法分类
  - (1)主要有结构混凝土、防水混凝土、隔热混凝土、耐酸混凝土、装饰混凝土、纤维混凝土、防辐射混凝土、沥青混凝土、泵送混凝土、喷射混凝土、高强混凝土、高性能混凝土等。
  - (2)随着混凝土的发展和工程的需要,还出现了膨胀混凝土、加气混凝土、纤维混凝土等各种特殊功能的混凝土。
  - (3)随着混凝土应用范围的不断扩大,混凝土的施工机械也在不断发展。泵送混凝土、商品。
  - (4)混凝土以及新的施工工艺给混凝土施工带来很大的方便。

图 9—1 混凝土按不同方法的分类

4. 拌和物具有良好的可塑性

混凝土可根据工程设汁需要,浇筑成任何形状和太小尺寸的构件或结构物。

5. 能与钢筋共同工作

钢筋与混凝土虽为性能迥异的两种材料,但两者却有近乎相等的线胀系数,黏结力强,从而使它们各取所长,互相配合,共同工作。

三、混凝土的组成与结构

水泥、砂子、石子和水是构成普通混凝土的基本组成材料。普通混凝土的结构如图 9—2 所示。

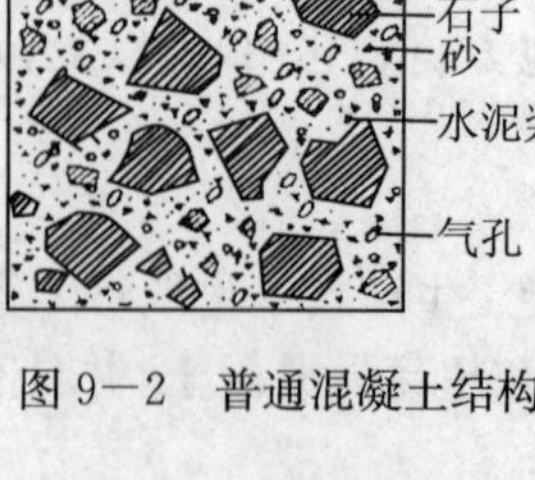

图 9—2 普通混凝土结构

四、混凝土中水泥的选择

(1)配制混凝土所用水泥的强度等级应与混凝土的设计强度等级相适应。原则上，配制高强度等级的混凝土应选用高强度等级水泥。

(2)配制低强度等级的混凝土，应选用低强度等级水泥。

(3)对于一般强度混凝土水泥强度等级宜为混凝土强度等级的 1.5～2.0 倍，对于较高强度等级的混凝土水泥强度宜为混凝土强度等级的 0.9～1.5 倍。

五、混凝土中细骨料的选择

1. 砂的种类选择

砂按其产源可分为天然砂、人工砂。由自然条件作用而形成的，粒径在 5mm 以下的岩石颗粒，称为天然砂。天然砂可分为河砂、湖砂、海砂和山砂。人工砂又分机制砂、混合砂。人工砂为经除土处理的机制砂、混合砂的统称。机制砂是由机械破碎、筛分制成的，粒径小于 4.75mm的岩石颗粒，但不包括软质岩、风化岩石的颗粒。混合砂是由机制砂和天然砂混合制成的砂。按砂的粒径可分为粗砂、中砂和细砂，目前是以细度模数来划分粗砂、中砂和细砂，习惯上仍用平均粒径来区分，见表 9－1 所列。

表 9－1　砂的分类

粗细程度	细度模数 μ_i	平均粒径(mm)
粗砂	3.7～3.1	0.5 以上
中砂	3.0～2.3	0.35～0.5
细砂	2.2～1.6	0.25～0.35

(1)配制混凝土的砂子，要求颗粒坚硬、洁净，砂中各种有害杂质的含量必须控制在一定范围之内。所谓有害杂质是指黏土、淤泥、云母片、轻物质、硫化物、硫酸盐及有机质等。

(2)砂中黏土、淤泥、云母片、轻物质、有机物含量超过允许量，则会降低混凝土的强度；硫化物、硫酸盐含量超过允许值会影响混凝土的耐久性，并引起钢筋的锈蚀。砂的质量要求可参见表 9－2 所列。

(3)砂应采用天然砂，砂中含泥量、泥块含量限值应符合表 9－3 的规定；砂中有害物质限值应符合表 9－4 的规定。

表 9－2　砂的质量要求

<table>
<tr><th>质量</th><th colspan="2">项目</th><th colspan="2">质量指标</th></tr>
<tr><td rowspan="2">含泥量(按质量计)(%)</td><td rowspan="4">混凝土强度等级</td><td>≥C30</td><td colspan="2">≤3.0</td></tr>
<tr><td><C30</td><td colspan="2">≤5.0</td></tr>
<tr><td rowspan="2">泥块含量(按质量计)(%)</td><td>≥C30</td><td colspan="2">≤1.0</td></tr>
<tr><td><C30</td><td colspan="2">≤2.0</td></tr>
<tr><td rowspan="4">有害物质限量</td><td colspan="2">云母含量(按质量计)(%)</td><td colspan="2">≤2.0</td></tr>
<tr><td colspan="2">轻物质含量(按质量计)(%)</td><td colspan="2">≤1.0</td></tr>
<tr><td colspan="2">硫化物及硫酸盐含量(折算成 SO_3 按质量计)(%)</td><td colspan="2">≤1.0</td></tr>
<tr><td colspan="2">有机物含量(用比色法试验)</td><td colspan="2">颜色不应深于标准色，如深于标准色，则应按水泥胶砂强度试验方法，进行强度对比试验，抗压强度比不应低于 0.95</td></tr>
<tr><td rowspan="2">坚固性</td><td rowspan="2">混凝土所处的环境条件</td><td>在严寒及寒冷地区室外使用并经常处于潮湿或干湿交替状态下的混凝土</td><td rowspan="2">循环后重量损失(%)</td><td>≤8</td></tr>
<tr><td>其他条件下使用的混凝土</td><td>≤10</td></tr>
</table>

表 9—3　砂中含泥量、泥块含量限值

混凝土强度等级	≥C30	<C30
含泥量(按质量计)(%)	≤3.0	≤5.0
泥块含量(按质量计)(%)	≤1.0	≤2.0

表 9—4　砂中有害物质限值

项目	质量指标
云母含量(按质量计)(%)	≤2.0
轻物质含量(按质量计)(%)	≤1.0
碳化物及硫酸盐含量(折算成 SO_3,按质量计)(%)	≤1.0
有机物含量(用比色法试验)	颜色不应深于标准色,如深于标准色,则应按水泥胶砂强度试验方法,进行强度对比试验,抗压强度比不应低于 0.95

2. 砂的颗粒级配

颗粒级配是指砂子中不同粒径颗粒之间的搭配比例关系。采用同一粒径的砂子,空隙最大,因此要用粗、细及中间颗粒的砂子合理组合在一起时,才能互相填充使空隙率最小,这种情况就称为良好级配。良好的级配空隙小,可以降低水泥用量,且提高混凝土的密实度。

为保证混凝土的施工和易性,并节约水泥,较经济地配制质量合格的混凝土,应选择颗粒级配好,而且粗细程度适宜的骨料。在砂子用量一定的情况下,最好采用空隙率小而总表面积也小的砂。砂的空隙率小,则混凝土骨架较密实,填充砂子空隙的水泥浆则少;砂总表面积小,包裹砂子表面的水泥浆用量则减少,这就可节约水泥用量。砂的空隙率大小取决于颗粒级配的好坏,而总表面积的大小又取决于砂的粗细程度。当采用同一粒径砂时,其空隙率较大;两种不同粒径砂搭配得当,则空隙率减小;采用多种(粗、中、细或更细)粒径混合时,空隙率会更小。这样一级一级颗粒互相填充搭配,若比例适当,就会使砂子空隙达到最小。所指砂子级配好,就是指砂子空隙率较小。砂子的粗细程度影响砂的总表面积,在相同用量条件下,细砂总表面积大,粗砂总表面积小。为了获得比较小的总表面积,并节约混凝土中水泥用量,应尽量多采用较粗的颗粒。但颗粒过粗,易使混凝土拌和物产生泌水,影响和易性。若砂中粗颗粒过多,中小颗粒搭配又不好,会使砂空隙率增大。因此,砂子粗细程度要与砂的颗粒级配同时考虑。

砂的颗粒级配是指大小不同粒径的砂粒相互间的搭配情况如图 9—3 所示。

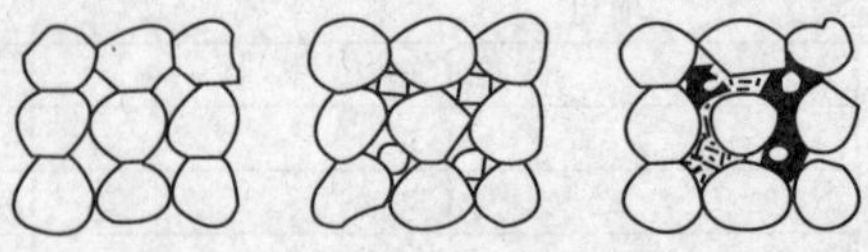

图 9—3　砂的不同级配情况

混凝土用砂按 0.630mm 筛孔的累计筛余量可分为三个级配区,见表 9—5 所列。砂的颗粒级配应处于表中的任何一个区域内。

配制混凝土时宜优先选用Ⅱ区砂。Ⅱ区宜用于强度等级 C30～C60 及有抗冻、抗渗或其他要求的混凝土;Ⅰ区宜用于强度等级大于 C60 的混凝土;Ⅲ区宜用于强度等级小于 C30 的混凝土和建筑砂浆。

对于泵送混凝土用砂,宜选用中砂。

表 9—5　砂颗粒级配区

筛孔尺寸(mm)	级配区		
	Ⅰ区	Ⅱ区	Ⅲ区
	累计筛余(%)		
10.00	0	0	0
5.00	10~0	10~0	10~0
2.50	35~5	25~0	15~0
1.25	65~35	50~10	25~0
0.63	85~71	70~41	40~16
0.315	95~80	92~70	85~55
0.16	100~90	100~90	100~90

3.砂的含水种态

砂的含水种态是:全干状态、气干状态、饱和面干状态和完全湿润状态,如图 9—4 所示。

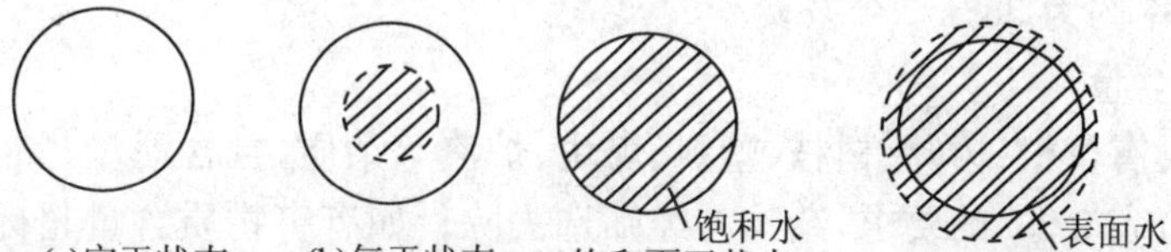

图 9—4　砂的含水状态

(1)全干状态的砂含水率等于或接近于零。

(2)气干状态的砂含水率与大气湿度相平衡,但未达到饱和。

(3)饱和面干状态的砂,其内部空隙含水达到饱和,但表面干燥。

(4)完全湿润状态的砂不但内部空隙含水达到饱和,而且表面还附着自由水。

普通混凝土配合比设计,一般以气干状态的骨料为基础,而一些大型水利工程常以饱和面干状态的骨料为基础。

4.砂的验收与堆放要点

(1)生产单位按批对产品进行质量检验。在正常情况下,机械化集中生产的天然砂,以 400m^3 或 600t 为一批。人工分散生产的,以 200m^3 或 300t 为一检验批。不足上述规定者也以一批检验。每批至少应进行颗粒级配和含泥量检验。如为海砂,还应检验其氯盐含量。若发现砂的质量有明显变化时,应按其变化情况,随时进行取样检验。砂产量比较大,两产品质量比较稳定时,可进行定期的检验。在新产源开发前,应对产品按有关要求进行全面检验。

(2)砂的使用单位的质量检测报告内容应包括:委托单位、样品编号、工程名称、样品产地和名称、代表数量、检测条件、检测依据、检测项目、检测结果、结论等。

砂的数量验收,可按重量或体积计算,测定重量可用汽车地量衡或船舶吃水线为依据。测定体积可按车皮或船的容积为依据。用其他小型工具运输时,可按量方确定。

(3)砂在运输、装卸和堆放过程中,应防止离析和混入杂质,并应按产地、种类和规格分别堆放。

六、混凝土中的粗骨料的选择

混凝土中粒径大于 4.75nm 的岩石颗粒称为粗骨料,通称为石子。常用的粗骨料有天然卵石和人工碎石两种。卵石是由天然岩石经风化、水流搬运和分选、堆积而形成的。卵石按产地的不同分山卵石、河卵石和海卵石。河卵石和海卵石较洁净，表面光滑；山卵石表面粗糙，与水泥浆的胶结力较强，但含黏土等杂质较多，使用前必须加以冲洗，因此以河卵石最为常用。

卵石表面圆滑.空隙率和总表面积均较小，所拌制的水泥浆需用量较少，和易性较好，但与水泥浆的胶结力不如碎石。

碎石由坚硬的天然岩石或卵石经机械破碎、筛分而成，一般比天然卵石干净，表面粗糙，颗粒富有棱角，空隙率和总表面积均较大。用碎石拌制的混凝土，所需水泥浆较多，但与水泥浆粘结力强，施工时较卵石不易浇灌和捣实。

选用何种石子，必须根据就地取材的原则，综合考虑其成本、运输条件及其他经济指标等因素予以确定。拌制轻高强度混凝土时，宜采用碎石或碎卵石。

1. 石子的物理性质及有害物质的害量

(1)物理性质

石子的表观密度为大于 2500kg/m³，松散堆积密度大于 1350 kg/m³，碎石的空隙率约为45%，卵石的空隙率约为 35%～45%。

(2)有害物质含量

石子中不宜混有草根、树叶、树枝、塑料、煤块、炉渣等杂质，且含泥量、黏土块和其他有害物质的含量应符合表 9－6 的要求，杂物需经筛选去除。如有害物质含量超标，应用水冲洗后方能使用。此外，粗骨料中严禁混入煅烧的白云石或石灰石块。

石子颗粒以接近球形为好。石子中常含有针状颗粒和片状颗粒，它们会阻碍混凝土拌和物的流动，在混凝土受力时又容易折断，影响混凝土的质量。因此，混凝土用石子中的针状、片状颗粒的含量应符合表 9－6 的要求。

表 9－6 石子中针、片状颗粒和有害物质的含量

项目	Ⅰ类	Ⅱ类	Ⅲ类
含泥量(按质量计)(%)	≤0.5	≤1.0	≤1.5
泥块含量(按质量计)(%)	0	≤0.5	≤0.7
针片状颗粒含量(按质量计)(%)	≤5	≤15	≤25
有机物(比色法)	合格	合格	合格
硫化物及硫酸盐含量(按 SO_3 质量计)(%)	≤0.5	≤1.0	≤1.0

2. 石子的颗粒级配

石子的颗粒级配原理及要求与砂子基本相同，各粒级的比例要适当，目的是使骨料的空隙率尽可能达到最小。所不同的是，按石子和卵石的粒径尺寸分为单粒粒级和连续粒级。

连续粒级是颗粒尺寸由大到小连续分级，每一级骨料都占适当的比例。采取连续级配骨料拌制的混凝土和易性好，不易发生分层离析现象，且施工方便，因此被工程广泛采用。

单粒粒级是人为地剔除石子中的某些中间粒级，造成颗粒级配的间断，大颗粒间的空隙由比它小很多的小颗粒填充，这样虽然可以减小空隙率，但使用间断级配石子拌制的混凝土拌和物容易产生离析，且施工困难，困此较少被采用。

石子的颗粒级配用筛分析法测定，用一套标准筛进行筛分。混凝土用碎石和卵石的颗粒粒级应符合表 9—7 的要求。一般的混凝土工程大多使用表内连续粒径的石子。表内的单粒粒级石子，可以用于配置有特殊要求的石子，也可以与连续粒级石子混合使用，以改善其级配状况，或组成较大粒径的连续粒径。单粒粒级石子级配不好，不宜使用单一的单粒粒级石子拌制混凝土。

表 9—7　石子颗粒级配

累计筛余(%) / 方筛孔尺寸(mm) / 公称粒径(mm)		2.36	4.75	9.50	16.0	19.0	26.5	31.5	37.5	53.0	63.0	75.0	90.0
连续粒级	5～10	95～100	80～100	0～15	0	—	—	—	—	—	—	—	—
	5～16	95～100	85～100	30～60	0～10	0	—	—	—	—	—	—	—
	5～20	95～100	90～100	40～80	—	0～10	0	—	—	—	—	—	—
	5～25	95～100	90～100	—	30～70	—	0～5	0		—	—	—	—
	5～31.5	95～100	90～100	70～90	—	15～45	—	0～5	0	—	—	—	—
	5～40	—	95～100	70～90	—	30～65	—	—	0～5	0	—	—	—
单粒	10～20	—	95～100	85～90	—	0～15	0	—	—	—	—	—	—
	16～31.5	—	95～100	—	85～100	—	—	0～10	0	—	—	—	—
	20～40	—	—	95～100	—	80～100	—	—	0～10	0	—	—	—
	31.5～63	—	—	—	95～100	—	—	75～100	45～75	—	0～10	0	—
	40～80	—	—	—	—	95～100	—	—	70～100	—	30～60	0～10	0

3. 石子的性能指标

(1)石子的强度直接影响混凝土的强度，因此混凝土中的石子必须具有足够的强度。石子的强度有以下两种表示方法：岩石抗压强度和压碎指标。在选择石场或对石子强度有严格要求时，采用抗压强度。工程施工中可采用压碎指标进行质量控制。

(2)混凝土用石子应同时满足坚固性要求，以确保混凝土的耐久性。混凝土用石子的坚固性按硫酸钠溶液法检验，碎石和卵石经 5 次循环后，其质量损失应符合表 9—8 所列要求。

表 9—8　碎石和卵石的坚固性和压碎指标

项目	Ⅰ类	Ⅱ类	Ⅲ类
质量损失(%)	≤5	≤8	≤12
碎石压碎指标(%)	≤10	≤20	<30
卵石压碎指标(%)	<12	<16	<16

4. 石子的验收与堆放要点

(1)《普通混凝土用碎石或卵石质量标准及检验方法》中的规定进行。购货单位应按同产地同规格分批验收。用大型工具(如火车、货船或汽车)运输的，以 400m^3 或 600t 为一验收批。用小型工具(如马车等)运输的，以 200m^3 或 300t 为一验收批。不足上述数量者以一批论。生产厂家和供货单位应提供产品合格证及质量检验报告。

(2)每验收批至少应进行颗粒级配、含泥量、泥块含量及针、片状颗粒含量检验。对重要工程或特殊工程应根据工程要求增加检测项目。对其他指标的合格性有怀疑时应予检验。当质量比较稳定、进料量又较大时，可定期检验。

(3)当使用新产源的石子时，应由生产厂家或供货单位按质量要求进行全面检验。

(4)石子的使用单位的质量检测报告内容应包括：委托单位、样品编号，工程名称、样品产地、类别、代表数量、检测依据、检测条件、检测项目、检测结果、结论等。

(5)碎石或卵石在运输、装卸和堆放过程中，应防止颗粒离析和混入杂质，并应按产地、种类和规格分别堆放。堆料高度不宜超过 5m，但对单粒级或最大粒径不超过 20mm 的连续粒级，堆料高度可以增加到 10m。

七、混凝中拌和水的要求

混凝土用拌和水和养护水均应使用清洁水。清洁水的质量要求是水中不含有影响水泥正常凝结与硬化的有害杂质或油脂、糖类等。不允许使用污水、酸性水、含硫酸盐量超过总水量1%的水等。海水可用于拌制素混凝土，但不可用于拌制和养护钢筋混凝土、预应力混凝土和有饰面要求的混凝土。

混凝土用水中所含物质不应对混凝土的和易性、凝结、强度、耐久性和钢筋产生不利影响。混凝土用水所含物质的含量应符合表 9－9 的要求。

表 9—9 混凝土用水所含物质含量

项 目	预应力混凝土	钢筋混凝土	素混凝土
pH 值，≥	5.0	4.5	4.5
不溶物(mg/L)，≤	2000	2000	5000
可溶物(mg/L)，≤	2000	5000	10000
氯化物(按 Cl^- 计)(mg/L)，≤	500	1000	3500
硫酸盐(按 SO_4^{2+} 计)(mg/L)，≤	600	2000	2700
碱含量(rag/L)，≤	1500	1500	1500

混凝土拌和物的和易性是指混凝土在施工中是否易于操作，是否具有能使所浇筑的构件质量均匀、成型易于密实的性能。所谓和易性好，是指混凝土拌和物容易拌和，不易发生砂、石或水分离折现象，浇模时填满模板的各个角落，易于捣实，分布均匀，与钢筋黏结牢固，不易产生蜂窝，麻面等不良现象。和易性是一项综合的技术性质，包括有流动性、黏聚性和保水性等涵义。可见，和易性是一项综合性能。

(1)流动性。指混凝土拌和物在自重或机械振动作用下能产生流动，并均匀、密实地填满模板的性能。流动性的大小反映拌和物的稠稀，它影响施工难易及混凝土结构质量。

(2)黏聚性。指混凝土拌和物中各种组成材料之间有较好的黏聚能力，在运输和浇筑过程中，不致产生分层离析，使混凝土保持整体均匀的性能。黏聚性差的拌和物中水泥浆或砂浆与石子易分离，混凝土硬化后会出现蜂窝、麻面、空洞等不密实现象，严重影响混凝土结构质量。

(3)保水性。指混凝土拌和物保持水分，不易产生泌水的性能。保水性差，泌水倾向加大，振捣后拌和物中的水分泌出、上浮，使水分流经的地方形成毛细孔隙，成为渗水通道；上浮到表面的水分，形成疏松层，如上面继续浇灌混凝土，则新旧混凝土之间形成薄弱的夹层；上浮过程中积聚在石子和钢筋下面的水分，形成水隙，影响水泥浆与石子和钢筋的黏结。

八、混凝土的和易性

1. 混凝土的和易性的测定

混凝土和易性内涵较复杂，目前尚未有通过一个技术指标来全面反映混凝土拌和物和易性的方法。通常是测定混凝土拌和物的流动性，观察评定黏聚性和保水性。流动性测定方法有坍落度筒法和维勃稠度法。

(1)坍落度筒法

坍落度筒法是将混凝土拌和物分三层(每层装料约 1/3 筒高)装入坍落度筒内，如图 9－5

所示。每层用 ϕ16mm 的光圆铁棒插捣 25 次。待装满刮平后，垂直平稳地向上提起坍落度筒。用尺量测筒高与坍落后混凝土拌和物最高点之间的高度差(mm)，即为该混凝土拌和物的坍落度值。坍落度越大，表明混凝土拌和物的流动性越好。

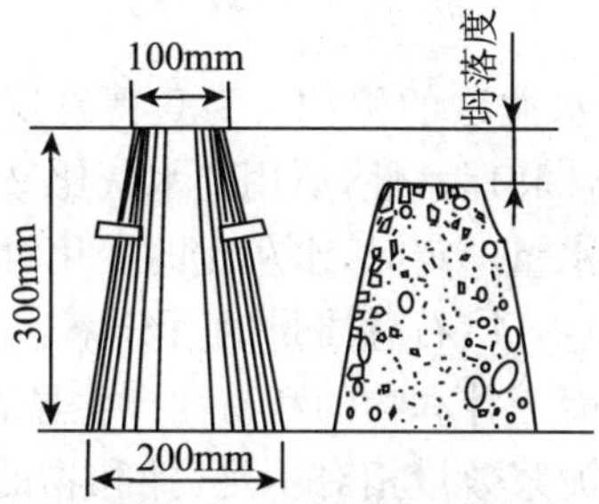

图 9－5　混凝土拌和物坍落度测定

测定混凝土拌和物坍落度后，观察拌和物的黏聚性和保水性。黏聚性的检查方法是，用捣棒在已坍落的拌和物锥体侧面轻轻击打。如果锥体逐渐下沉，表示黏聚性良好；如果突然倒坍、部分崩裂或石子离析，即为黏聚性不良。保水性的检查方法是查看提起坍落度筒后，地面上是否有较多的稀浆流淌，骨料是否失浆而大量裸露，存在上述现象表明保水性不好；反之，则表明保水性良好。

坍落度试验只适用于骨料最大粒径不大于 40mm 的非干硬性混凝土(指混凝土拌和物的坍落度值大于 10mm 的混凝土)。根据坍落度大小，将混凝土拌和物分为四级，见表 9－10 所列。

表 9－10　混凝土按坍落度的分级

级别	名称	坍落度(mm)	级别	名称	坍落度(mm)
T_1	低塑性混凝土	10～40	T_3	流动性混凝土	100～150
T_2	塑性混凝土	50～90	T_4	大流动性混凝土	≥160

(2)维勃稠度法

1)对于干硬性混凝土，通常采用维勃稠度仪如图 9－6 所示。来测定混凝土拌和物的流动性。试验时先将混凝土拌和物按规定的方法装入存放在圆桶内的坍落度筒内，装满后垂直提起坍落度筒，在拌和物试体顶面放一透明圆盘。开启振动台，同时用秒表计时，到透明圆盘的下表面完全布满泥浆时停止秒表，关闭振动台。所读秒数即为维勃稠度。

2)维勃稠度试验适用于骨料最大粒径不大于 40mm、维勃稠度在 5～30s 之间的混凝土。根据维勃稠度，将混凝土拌和物分为四级，见表 9－11 所列。

表 9－11　混凝土按维勃稠度的分级

级别	名称	维勃稠度(s)	级别	名称	维勃稠度(s)
V_0	超干硬性混凝土	≥31	V_2	干硬性混凝土	20～11
V_1	特干硬性混凝土	30～21	V_3	半干硬性混凝土	10～5

2. 影响混凝土和易性的因素

(1)用水量。用水量是决定混凝土拌和物流动性的主要因素。分布在水泥浆中的水量，决定了拌和物的流动性。拌和物中，水泥浆应填充骨料颗粒间的空隙，并在骨料颗粒表面形成润滑层以降低摩擦，由此可见，为了获得要求的流动性，必须有足够的水泥浆。实验表明，当混凝土所用粗、细骨科一定时，即使水泥用量有所变动，为获得要求的流动性，所用水量基本是一定的。流动性与用水量的这一关系称为恒定用水量法则。这给混凝土配合比设计带来很大方便。

增加用水量虽然可以提高流动性，但用水量过大使拌和物黏聚性和保水性变差，影响混凝土的强度和耐久性。因此，必须在保持水灰比即水与水泥的质量比不变的条件下，在增加片水量的同时，增加水泥的用量。

(2)水灰比。水灰比决定着水泥浆的稀稠。为获得密实的混凝土，所用的水灰比不宜过小；为保证拌和物有良好的黏聚性和保水性，所用的水灰比又不能过大。水灰比一般在0.08～0.5，在此范围内，当混凝土中用水量一定时，水灰比的变化对流动性影响不大。

砂率是指混凝土中砂的质量占砂、石总质量的百分率。砂率的变动会使骨料的空隙率和总表面积有显著改变，因而对混凝土拌和物的和易性产生显著的影响。砂率过大时，骨科的总表面积和空隙率都将增大，则水泥浆数量相对不足，拌和物的流动性就降低。若砂率过小，又不能保证粗骨科之间有足够的砂浆层，会降低拌和物的流动性，且黏聚性和保水性也将变差。当砂率值适宜时，砂不但能填满石子间的空隙，而且还能保证粗骨料间有一定厚度的砂浆层，以减小粗骨料问的摩擦阻力，使混凝土拌和物有较好的流动性。这个适宜的砂率，称为合理砂率，当采用合理砂率时，在用水量及水泥用量一定的情况下，能使混凝土拌和物获得最大的流动性且能保持良好的黏聚性和像水性如图 9－6 所示；如要达到一定的坍落度，选择合理砂率，将使水泥用量最少，如图 9－7 所示，这对降低成本是非常有利的。

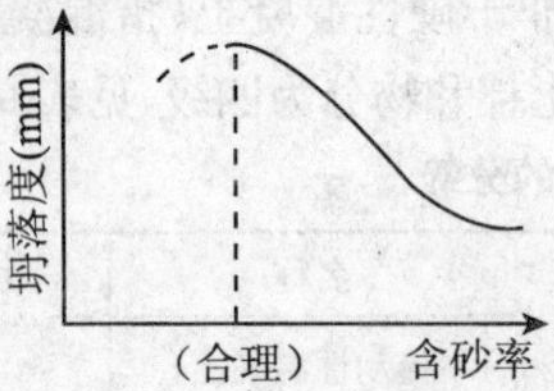

图 9－6　砂率与坍落的关系

（水与水泥用量一定）

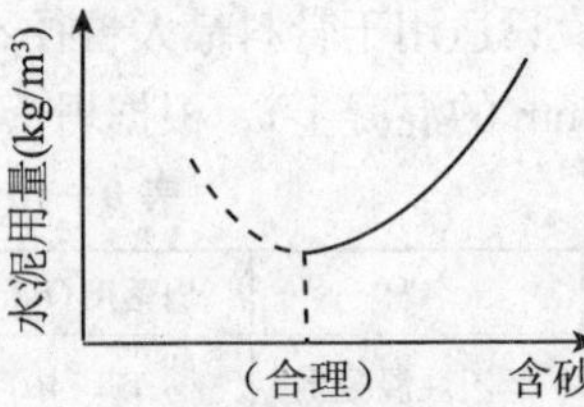

图 9－7　砂率与水泥用量的关系

（达到相同的坍落度）

(3)外加剂。在混凝土拌和物中加入少量的外加剂，如减水剂、引气剂，可以在不增加水泥浆的情况下增大拌和物的流动性。

(4)水泥品种。不同的水泥品种，其需水量不同，所拌制混凝土的流动性也不同。使用硅酸盐水泥和普通硅酸盐水泥拌制的混凝土的坍落度基本相同；使用粉煤灰水泥时，拌和物的流动性较大，保水性较好；使用矿渣水泥或火山灰水泥时，则坍落度较小，泌水性较大，因此，应根根不同的施工要求，合理选择水泥品种。

(5)施工方法。用机械搅拌和捣实时，水泥浆在振动中变稀，可使混凝土拌和物的流动性加大。

(6)温度和时间。混凝土拌和物的和易性也受温度的影响。一般情况下，施工温度较高，水泥吸水速度加快，水分蒸发较多，拌和物的流动性会很快变小。此外，拌制好的混凝土在长距离的运输或放置时间较长时，其流动性也会降低。因此，必须充分考虑这些因素的影响，以满足施工技术要求。

九、混凝土的坍落度

选择混凝土拌和物的坍落度，应根据结构构件截面尺寸的大小，配筋的疏密、施工捣实方法和环境温度来确定。当构件截面尺寸较小时或钢筋较密，或采用人工插捣时，坍落度可选择大些。反之，如构件截面尺寸较大或钢筋较疏、或者采用振动器振捣时，坍落度可选择小些。

当环境温度在 30℃以下时，可按表 9－12 确定混凝土拌和物坍落度值；当环境温度在 30℃以上时，由于水泥水化和水分蒸发的加快，混凝土拌和物流动性下降加快，在混凝土配合比设计时，应将混凝土拌和物坍落度提高 15～25mm。

表 9－12　混凝土浇筑时的坍落度

结构种类	坍落度(mm)
基础或地面等的垫层、无配筋的大体积结构（挡土墙、基础等）或配筋稀疏的结构	10～30
板、梁或大型及中型截面的柱子等	35～50
配筋密列的结构（薄壁、斗仓、筒仓、细柱等）	35～70
配筋特密的结构	75～90

十、混凝土拌和物的凝结时间的测定

(1)混凝土拌和物的凝结时间与其所用水泥的凝结时间是不相同的。水泥的凝结时间是水泥净浆在规定的温度和稠度条件下测得的，混凝土拌和物的存在条件与水泥凝结时间测定条件不一定相同。混凝土的水灰比、环境温度和外加剂的性能等均对混凝土的凝结快慢产生很大影响。水灰比增大，水泥水化产物间的间距增大，水化产物粘连及填充颗粒间隙的时间延长，凝结时间变长。环境温度升高，水泥水化和水分蒸发加快，凝结时间缩短；缓凝剂会明显延长凝结时间，速凝剂会显著缩短凝结时间。

(2)混凝土拌和物的凝结时间通常用贯入阻力仪来测定。先用 5mm 的圆孔筛从混凝土拌和物中筛取砂浆，按一定的方法装入规定的容器中，然后每隔一定时间测定砂浆贯入到一定深度的贯入阻力。绘制贯入阻力与时间的关系曲线。以贯入阻力 3.5MPa 和 280MPa 画两条平行于时间坐标的直线，直线与曲线交点的时间分别为混凝土拌和物的初凝时间和终凝时间。

十一、混凝土的强度

1. 混凝土立方体抗压强度

混凝土立方体抗压强度是指按标准法制作的，标准尺寸为 150mm×150mm×150mm 的立方体试件，在标准养护条件下[(20±2)℃，相对湿度为 95%以上的标难养护室或(20±2)℃的不流动的 $Ca(OH)_2$ 饱和溶液中]，养护到 28d 龄期，以标准试验方法测得的抗压强度值。

(1)非标准试件为 200mm×200mm×200mm 和 100mm×100mm×100mm；当施工涉外工程或必须用圆柱体试件来确定混凝土力学性能等特殊情况时，也可用 ϕ150mm×300mm 的圆柱体标准试件或 ϕ200mm×400mm 的圆柱体非标准试件。

(2)测定混凝土试件的强度时，试件的尺寸和表面状况等对测试结果产生较大影响。下面以混凝土受压为例，来分析这两个因素对检测结果的影响。

(3)当混凝土立方体试件在压力机上受压时，在沿加荷方向发生纵向变形的同时，也按泊松比效应产生横向变形。但是由于压力机上下压板（钢板）的弹性模量比混凝土大 5～15 倍，而泊松比则不大于混凝土的 2 倍。所以在压力的作用下，钢压板的横向变形小于混凝土的横向变形，因而上下压板与试件的接触面之间产生摩擦阻力。这种摩擦阻力分布在整个受压接触面，对混凝土试件的横向膨胀起约束限制作用，使混凝土强度检测值提高。通常称这种作用为“环箍效应”，如图 9－8 所示，它随离试件端部愈远而变小，大约在距离$\frac{\sqrt{3}}{2}a$(a 为立方体试件边长)以外消失，所以受压试件正常破坏时，其上下部分各呈一个较完整的棱锥体，如图9－9所示。如果在压板和试件接触面之间涂上润滑剂，则环箍效应大大减小，试件出现直裂破坏，如图 9－10 所示。如果试件表面凹凸不平，环箍效应小，并有明显应力集中现象，测得的强度值会显著降低。

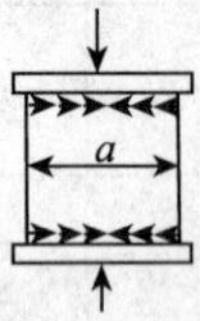

图 9－8 混凝土“效应”

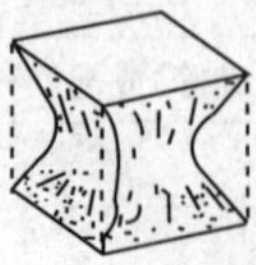

图 9－9 混凝土受压试件破

图 9－10 混凝土受压试件不受残存的棱锥体约束时的破坏情况

(4)混凝土立方体试件尺寸较大时，环箍效应的作用相对较小，测得的抗压强度偏低；反之测得的抗压强度偏高。另外，由于混凝土试件内部不可避免地存存一些微裂缝和孔隙等缺陷，这些缺陷处易产生应力集中。大尺寸试件存在缺陷的概率较大，使得测定的强度值也偏低。

(5)为了使混凝土抗压强度测试结果具有可比性，GB/T 50081－2002 规定，混凝土强度等级小于 C60 时，用非标准试件测得的强度值均应乘以尺寸换算系数，来换算成标准试件强度值。200mm×200mm×200mm 试件换算系数为 1.05，100mm×100mn×100mm 试件换算系数为 0.95。当混凝土强度等级大于或等于 C60 时，宜采用标准试件；使用非标准试件时，尺寸换算系数应由试验确定。

需要说明的是，混凝土各种强度的测定值，均与试件尺寸、试件表面状况、试验加荷速度、环境(或试件)的湿度和温度等因素有关。在进行混凝土各种强度测定时，应按 GB/T50081－2002 等标准规定的条件和方法进行检测，以保证检测结果的可比性。

(6)根据混凝土立方体抗压强度标准值，将混凝土强度划分为若干等级，即 C15、C20、C25、C30、C35、C40、C45、C50、C55、C60、C65、C70、C75、C80。其中 C 表示混凝土，C 后面的数字表示混凝土立方体抗压强度标准值：25MPa$\leqslant f_{cu,k}<$30MPa。

2. 混凝土的轴心抗压强度

确定混凝土强度等级是采用立方体试件，但在实际结构中，钢筋混凝土受压构件多为棱柱体或圆柱体。为了使测得的混凝土强度与实际情况接近，在进行钢筋混凝土受压构件(如柱子、桁架的腹杆等)计算时，都是采用混凝土的轴心抗压强度。

GB/T 50081－2002 规定，混凝土轴心抗压强度是指按标准方法制作的，标准尺寸为 150mm×150mm×300mm 的棱柱体试件，在标准养护条件下养护到 28d 龄期，以标准试验方法测得的抗压强度值。

非标准试件为 100mm×100mm×300mm 和 200mm×200mm×400mm，为当施工涉外工程或必须用圆柱体试件来确定混凝土力学性能等特殊情况时，也可用 ϕ150mm×300mm 的圆柱体标准试件或 ϕ100mm×200mm 和 ϕ200mm×400mm 的圆柱体非标准试件。

轴心抗压强度比同截面面积的立方体抗压强度要小，当标准立方体抗压强度在 10～50MPa 范围内时，两者之间的比值近似为 0.7～0.8。

3. 混凝土的抗拉强度

混凝土是脆性材料，抗拉强度很低，拉压比为 1/20～1/10，拉压比随着混凝土强度等级的提高而降低。因此在钢筋棍凝土结构设计时，不考虑混凝土承受拉力(考虑钢筋承受拉应力)，但抗拉强度对混凝土抗裂性具有重要作用，是结构设计时确定混凝土抗裂度的重要指标，有时也用它来间接衡量混凝土与钢筋的黏结强度。

混凝土抗拉强度测定应采用轴拉试件，因此过去多用 8 字形或棱柱体试件直接测定混凝土轴心抗拉强度。但是这种方法由于夹具附近局部破坏很难避免，而且外力作用线与试件轴心方向不易调成一致而较少采用。目前我国采用劈裂抗拉试验来测定混凝土的抗拉强度。劈裂抗拉强度测定时，对试件前期制作方法、试件尺寸、养护方法及养护龄期等的规定，与检验混凝土立方体抗压强度的要求相同。该方法的原理是在试件两个相对的表面轴线上，作用着均匀分布的压力，这样就能使在此外力作用下的试件竖向平面内，产生均布拉应力，如图 9－11 所示。该拉应力可以根据弹性理论计算得出。这个方法克服了过去测试混凝土抗拉强度时出现的一些问题，并且也能较正确反映试件的抗拉强度。

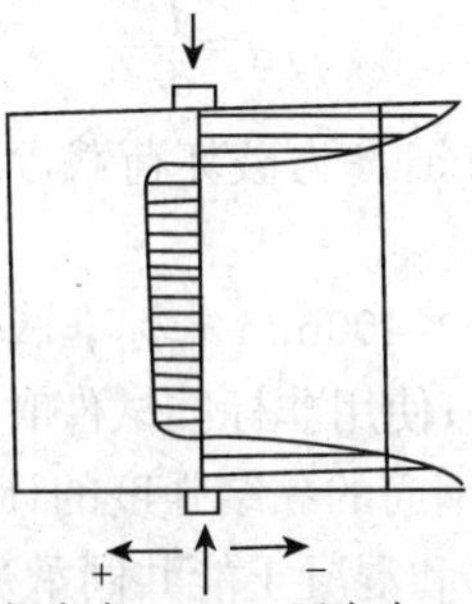

图 9－11　劈裂试验时垂直受力面的应力分布

混凝土劈裂抗拉强度按下式计算：

$$f_{ts}=\frac{2P}{\pi A}=0.637\frac{P}{A}$$

式中　f_{ts}为混凝土劈裂抗拉强度，MPa；P 为破坏荷载，N；A 为试件劈裂面积，mm^2。混凝土劈裂抗拉强度较轴心抗拉强度低，试验证明两者的比值为 0.9 左右。

4. 混凝土的抗弯强度

道路路面或机场跑道用混凝土，以抗弯强度（或称抗折强度）为主要设计指标。水泥混凝土的抗弯强度试验是以标准方法制成 150mm×150mm×500mm 的梁形试件，在标准条件下养护 28d 后，按三分点加荷，测定其抗弯强度（f_{cf}），计算公式如下：

$$f_{cf}=PL/(bh^2)$$

式中　f_{cf}——混凝土抗弯强度，MPa；

F ——破坏荷载，N；

L ——支座间距，mm；

b ——试件截面宽度，mm；

h ——试件截面高度，mm。

如为跨中单点加荷得到的抗折强度，按断裂力学推导应乘以折算系数 0.85。

5. 混凝土的抗折强度

混凝土道路工程和桥梁工程的结构设计、质量控制与验收等环节，须要检测混凝土的抗折强度。

《普通混凝土力学性能试验方法标准》GB/T 50081－2002 规定：混凝土抗折强度是指按标准方法制作的，标准尺寸为 1500mm×150mm×600mm（或 5500mm）的长方体试件，在标准养护条件下养护到 28d 龄期，以标准试验方法测得的抗折强度值。接三分点加荷，试作的支座

一端为铰支,另一端为滚动支座,如图 9－12 所示。抗折强度计算公式如下:

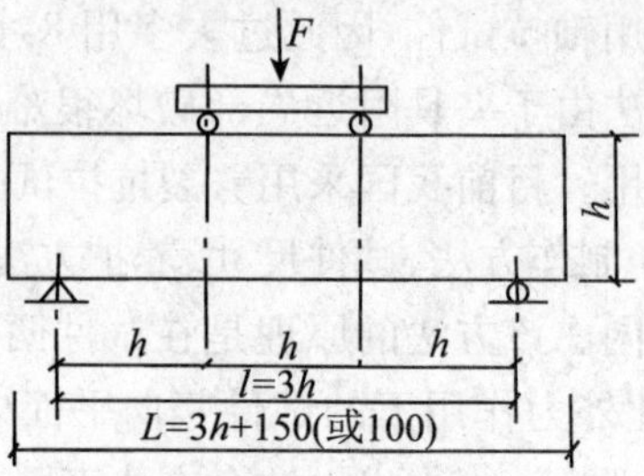

图 9－12 混凝土抗折强度测定装置布

$$f_{cf}=\frac{PL}{bh^2}$$

式中,f_{cf}为混凝土抗抗强度,MPa;P 为破坏荷载,N;L 为支座之间的距离 mm;b、h 为试件截面的宽度和高度,mm。

当试件尺寸为 100mm×100mm×400mm 非标准试件时,应乘以换算系数 0.85;当混凝土强度等级≥C60 时,宜采用标准试件;使用非标准试件时,尺寸换算系数应由试验确定。

6. 钢筋混凝土结构中混凝土与钢筋的黏结强度的计算

在钢筋混凝土结构中,要使钢筋和混凝土能共同承受荷载,它们之间必须要有一定的黏结强度。这种黏结强度主要来源于混凝土和钢筋之间的摩擦力、钢筋与水泥石之间的黏结力及变形钢筋的表面与混凝土之间的机械啮合力。

混凝土与钢筋的黏结强度与混凝土质量、混凝土强度、钢筋尺寸及变形钢筋种类、钢筋在混凝土中的位置(水平钢筋或垂直钢筋)、加荷类型(使钢筋受拉或受压)、混凝土温湿度变化等因素有关。

美国材料试验学会(ASTMC234)提出了一种拔出试验方法:将 $\phi19$ 的标准变形钢筋,埋入边长为 150mm 立方体混凝土试件,标准养护 28d 后,进行拉伸试验,试验时以不超过 34MPa/min 的加荷速度对钢筋施加拉力,直到钢筋发生屈服,或混凝土开裂,或加荷端钢筋滑移超过 2.5mm。记录出现上述三种中任一情况时的荷载值 P,用下式计算混凝土与钢筋的黏结强度:

$$f_N=\frac{P}{\pi dl}$$

式中 f_N——黏结强度,MPa;

d ——钢筋直径,mm;

l ——钢筋埋入混凝土中的长度,mm;

P ——测定的荷载值,N。

7. 影响混凝土强度的主要因素

(1)水泥强度等级和水灰比

水泥强度等和水灰比是影响混凝土强度最重要的因素。在混凝土配合比相同的条件下,所用的水泥强度等级越高,制成的混凝土强度等级也越高;在水泥强度等级相同的情况下,水灰比越小,混凝土强度越高。但应说明的是,如果水灰比太小,拌和物过于干硬,无法保证施工质量,将使混凝土中出现较多的蜂窝、孔洞,显著降低混凝土的强度和耐久性。混凝土的强度与水灰比呈曲线关系如图 9－13 所示,与灰水比则呈直线关系如图 9－13 所示。

瑞士学者通过大量试验研究,应用数理统计的方法,提出了混凝土强度与水泥强度等级及水灰比之间的关系式，即混凝土强度公式：

$$f_{cu,28}=\alpha_a f_{ce}\left(\frac{C}{W}-a_b\right)$$

式中　$f_{cu,28}$——混凝土 28d 龄期立方体抗压强度，MPa；

f_{ce}——水泥实际强度，MPa；f_{ce}可通过试验确定。

C——每立方米混凝土中水泥用量，kg；

W——每立方米混凝土中水的用量，kg；

α_a、α_b——回归系数，与骨料品种及不泥品种等因素有关，其数值通过试验求得，若无试验统计资料，根据《普通混凝土配合比设计规程》(JGJ/T 55－2000)提供的 α_a、α_b 数值取用。

当采用碎石时：α_a＝0.46，α_b＝0.07；

当采用卵石时：α_a＝0.48，α_b＝0.33；

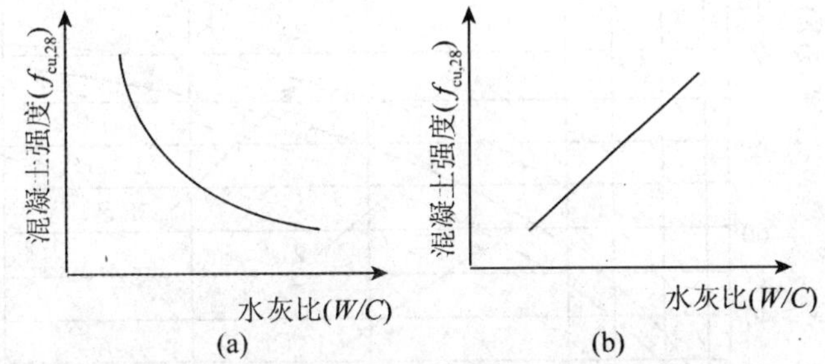

图 9－13　混凝土强度与水灰比及灰水比的关系

混凝土强度公式一般只适用于流动性混凝土和低流动性混凝土(对干硬性混凝土则不适用)。利用上述的强度公式可解决以下两个问题：一是当所采用的水泥强度等级已定，欲配制某种强度的混凝土时，可以估算应采用的水灰比值；二是当已知所采用的水泥强度等级和水灰比时，可以估计混凝土 28d 可能达到的立方体抗压强度。

(2)骨料

当骨料中含有杂质较多，或骨料材质低劣(强度较低)时，会降低混凝土的强度。表面粗糙并有棱角的骨料，与水泥石的黏结力较强，可提高混凝土的强度。所以在相同混凝土配合比的条件下，用碎石拌制的混凝土强度比用卵石拌制的混凝土强度高。骨料粒形以三维长度相等或相近的球形或立方体形为好，若含有较多针片状颗粒，则会增加混凝土孔隙率，增加混凝土结构缺陷，导致混凝土强度降低。

(3)养护的龄期

混凝土在正常情况下，强度随着龄期的增加而增长，最初的 7～14d 内较快，以后增长逐渐缓慢，28d 后强度增长更慢。

普通水泥混凝土，在标准混凝土养护条件下，混凝土强度大致与龄期的对数成正比，计算式如下：

$$\frac{f_n}{f_{28}}=\frac{\lg n}{\lg 28}$$

式中　f_n——经 n 天龄期混凝土的立方体抗压强度，MPa；

f_{28}——经 28d 龄期混凝土的立方体抗压强度，MPa；

n——养护龄期，$n\geqslant3$。

上式适用于在标准条件下养护的不同水泥拌制的中等强度等级的混凝土。根据此式，可由所测混凝土早期强度，估算是28d龄期的强度，或者由混凝土28d强度推算28d前混凝土达到某一强度值需要养护的天数，以此作为确定混凝土拆模、构件起吊、放松预应力钢筋等工序的依据。需要注意的是，由于影响混凝土强度的因素很多，强度发展也很难一致，该公式仅供参考。

(4)养护的温度与湿度

混凝土浇捣后，必须保持适当的温度和足够的湿度，使水泥充分水化，以保证混凝土强度的不断发展。一般规定，在自然养护时，对硅酸盐水泥、普通水泥、矿渣水泥配制的混凝土，浇水保温养护日期不少于7d；火山灰水泥、粉煤灰水泥、掺有缓凝型外加剂或有抗渗性要求的混凝土，则不得少于14d。

1)养护温度高，水泥水化速度快、混凝土强度发展也快；养护温度低混凝土强度发展迟缓。当温度低至0℃以下时，硬化不但停止，且具有冰冻破坏的危险。养护温度对混凝土强腰的影响如图9－14所示。

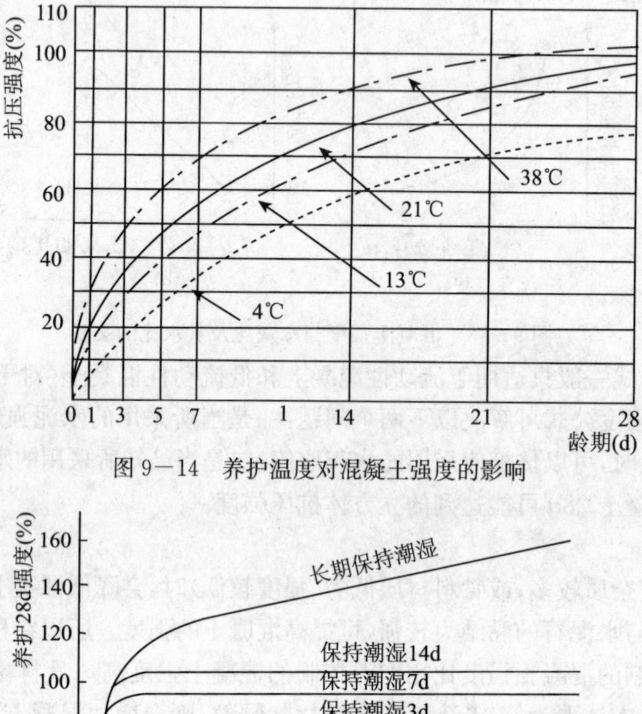

图9－14 养护温度对混凝土强度的影响

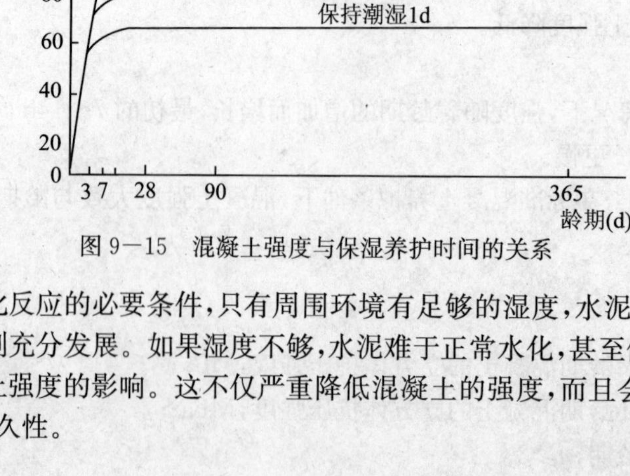

图9－15 混凝土强度与保湿养护时间的关系

2)水是水泥水化反应的必要条件，只有周围环境有足够的湿度，水泥水化才能正常进行，混凝土强度才能得到充分发展。如果湿度不够，水泥难于正常水化，甚至停止水化。图9－15为潮湿养护对混凝土强度的影响。这不仅严重降低混凝土的强度，而且会引起于缩裂缝和结构疏松，从而影响耐久性。

(5)施工质量

施工质量是影响混凝土强度的基本因素。若发生计量不准，搅拌不均匀，运输方式不当造成离析、振捣不密实等现象时，均会降低混凝土强度。因此必须严把施工质量关。

8. 提高混凝土的强度

提高混凝土强度的措施如图 9－16 所示。

提高混凝土强度的措施
- 采用高强度水泥：在相同的配合比情况下，水泥的强度等级越高，混凝土强度越高，但由于水泥强度等级的提高，受原料、生产工艺等因素制约，故单纯靠提高水泥强度来提高混凝土强度，往往不现实，也不经济。
- 采用湿热处理：采用湿热处理分为蒸汽养护和蒸压养护。蒸汽养护是在温度低于 100℃的常压蒸汽中进行。一般混凝土经 16～20h 的蒸汽养护后，强度可达正常养护条件下 28d 强度的 70%～80%。蒸压养护是在 175℃、8 个大气压的蒸压釜内进行。在高温高压的条件下，可有效提高混凝土强度。
- 降低水灰比：降低混凝土拌和物水灰比，即可降低硬化混凝土的孔隙率，提高混凝土的密实度，增加水泥与骨料之间的黏结力，从而提高混凝土强度。但降低水灰比，会使混凝土拌和物的工作性下降，因此，施工时必须有相应的技术措施配合，如采用机械强力振动、掺加外加剂等。
- 机械搅拌和振捣：混凝土采用机械搅拌不仅比人工搅拌工效高，而且搅拌得更均匀，故能提高混凝土的密实度和强度。采用机械振捣混凝土，可使混凝土拌和物的颗粒产生振动，降低水泥浆的黏结度及骨料之间的摩擦力，使混凝土拌和物转入流体状态，提高流动性。同时混凝土拌和物被振捣后，其颗粒互相靠近，使混凝土内部孔隙大大减少，从而使混凝土的密实度和强度得到提高。
- 掺加混合料、外加剂：在混凝土中掺入早强剂可提高混凝土早期强度；掺入减水剂可减少用水量，降低水灰比，提高混凝土强度。此外，在混凝土中掺入高效减水剂的同时，掺入磨细的矿物掺和料（如硅灰、优质粉煤灰、超细矿粉等），可显著提高混凝土强度，配制出超高强度混凝土。
- 改进施工工艺：采用混凝土拌和用水磁化、混凝土裹石搅拌等新技术。

图 9－16　提高混凝土强度的措施

十二、混凝土的变形

1. 混凝土非荷载作用下的变形

混凝土在硬化后和使用过程中，易受各种因素影响而产生变形，例如化学收缩、干湿变形、温度变形等，这些都是在非荷载作用下的变形，如图 9－17 所示。

混凝土非荷载作用下的变形
- 化学收缩：化学收缩。混凝土在硬化过程中，水泥水化后的体积小于水化前的体积，致使混凝土产生收缩，这种收缩称为化学收缩。
- 干湿变形：干湿变形。当混凝土在水中硬化时，会引起微小膨胀，当在干燥空气中硬化时，会引起干缩。干缩变形对混凝土危害较大，它可使混凝土表面开裂，造成混凝土的耐久性严重降低。影响干湿变形的因素主要有：用水量（水灰比一定的条件下，用水量越多，干缩越大）、水灰比（水灰比大，干缩大）、水泥品种及细度（火山灰干缩大、粉煤灰干缩小。水泥细，干缩大）、养护条件（采用湿热处理，可减小干缩）。
- 温度变形：温度缩降 1℃，每米胀缩 0.01mn。温度变形对大体积混凝土极为不利。在混凝土硬化初期，放出较多的水化热，当混凝土较厚时，散热缓慢，致使内外温差较大，因而变形较大。
- 自收缩：
  (1) 自收缩是指水泥浆、砂浆、混凝土因水化引起的宏观体积减小（可见的体积变化），由于硬化浆体结构的刚度较大，所以自收缩减少的体积远小于化学收缩减少的绝对体积。
  (2) 当有外来水补充时自收缩不会发生，而没有外来水时，水泥水化消耗孔隙水导致浆体自身的干燥和体积的均匀减少。
  (3) 自收缩随水灰比的降低和水泥浆量的增加而增加。普通混凝土的自收缩可忽略，然而混凝土的水灰比低于 0.42 时，自收缩极其显著。高强、低水灰比混凝土的自收缩可达（200～400）$\times 10^{-6}$ 对于水灰比为 0.30的混凝土自收缩可达干燥收缩的一半。图 9－18 为水泥浆体早期自收缩与化学收缩之间的关系。
  (4) 随着高性能、低水灰比混凝土在桥梁和其他结构中的广泛应用，混凝土自收缩已受到关注。为了减少自收缩引起混凝土裂缝，除调整浆体数量和水灰比外，应加强混凝土养护，特别要加强混凝土早期养护，也可使用减缩剂来减少自收缩。

图 9－17　混凝土非荷载作用下的变形

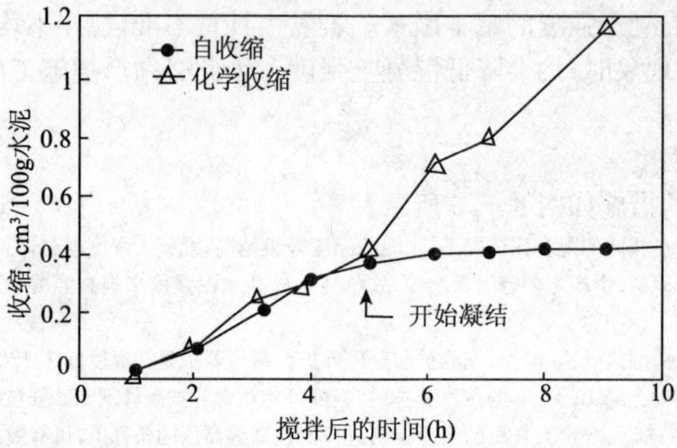

图 9－18　水泥浆体早期自收缩与化学收缩之间的关系

2.混凝土在长期荷载作用下的变形

(1)混凝土受压变形与破坏

混凝土在未受力之前，其水泥浆与骨料之间及水泥浆内部，就已存在着随机分布的不规则微细原生界面裂缝。而混凝土在荷载下产生的变形，则是与裂缝的变化发展密切相关的。当混凝土试件单向静力受压，而荷载不超过极限应力的 30％时，这些裂缝无明显变化，此时荷载(应力)与变形(应变)接近直线关系。当荷载达到 30％～50％极限应力时，裂缝数量上有所增加，且稳定地缓慢伸展。在这一阶段，应力—应变曲线不再成直线关系。当荷载超过 50％极限应力时，界面裂缝将不稳定，而且逐渐延伸至砂浆基体中。当超过 75％极限应力，在界面裂缝继续发展的同时，砂浆基体中的裂缝也逐新增生，并与邻近的界面裂缝连接起来，成为连续裂缝，变形加速增大，荷载曲线明显地弯向水平应变轴。超过极限荷载后，连续裂缝急剧扩展，混凝土的承载能力迅速下降，变形急剧增大而导致试件完全破坏。

(2)徐变

混凝土在长期荷载作用下，除产生瞬间的弹性变形和塑性变形外，还会产生随时间而增长的非弹性变形，这种变形称为混凝土的徐变，如图 9－19 所示为混凝土的徐变曲线。

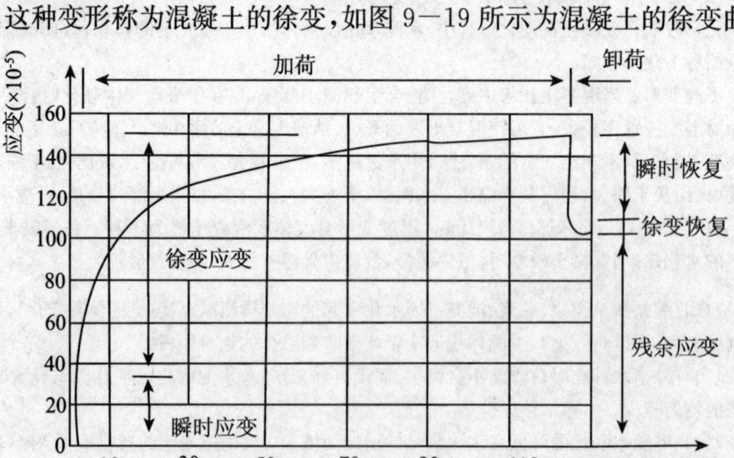

图 9－19　混凝土徐变曲线

1)徐变产生的原因。一般认为徐变是由于水泥中的凝胶体在长期荷载作用下的黏性流动，并向毛细孔中移动的结果。在混凝土的较早龄期加荷，水泥尚未充分水化，所含凝胶体较多，且水泥石中毛细孔较多，凝胶体易于流动，所以徐变发展较快。随着水泥继续硬化，凝胶体含量相对减少，毛细孔亦少，徐变发展渐慢。

2)徐变的利弊。混凝土的徐变对混凝土结构物的影响有利也有弊。有利的是，徐变能消除混凝土内的应力集中，使应力较均匀地重新分布。对大体积混凝土，则能消除一部分由于温度变形所产生的破坏应力。但是。徐变会使结构的变形增加；在预应力钢筋混凝土结构中，徐变会使钢筋的颓应力受到损失，从而降低结构的承载能力。

3)影响徐变的因素。影响混凝土的因素很多，混凝土水灰比较小或在水中养护时，徐变较小，同等水灰比的混凝土，其水泥用量越多，徐变越大；混凝土所用骨料的弹性模量较大对，徐变较小，所受应力越大，徐变也越大。

3.混凝土在荷载作用下的变形弹形模量的表示及影响因素

混凝土是由水泥石、砂、石子等组成的不均匀复合材料，是一种弹性塑性体。混凝土受力后既会产生可以恢复的弹性变形，又会产生不可恢复的塑性变形。全部应变(ε)由弹性应变(ε_c)与塑性应变(ε_P)组成，如图 9－20 所示。混凝土应力与应变曲线上任一点的 σ 与其应变 ε 的比值，称作混凝土在该应力下的变形模量。它反映了混凝土所受应力与所产生应变之间的关系，混凝土应力与应变之间的关系不是直线而是曲线，因此混凝土的变形模量不是定值。

采用 150mm×150mm×300mm 的棱柱体试件，取测定点的应力等于试件轴心抗压强度的 40%，经四次以上反复加荷与卸荷后，所得的应力一应变曲线与初始切线太致平行时测得的变形模量值，即为该混凝土的弹性模量。混凝土变形模量有三种表示方法，即初始弹性模量 $E_0=\tan\alpha_0$、割线弹性模量 $E_C=\tan\alpha_1$ 和切线弹性模量 $E_h=\tan\alpha_2$、α_0、α_1、α_2、表示如图 9－21 所示。在计算钢筋混凝土结构的变形、裂缝以及大体积混凝土的温度应力时，都需要混凝土弹性模量。

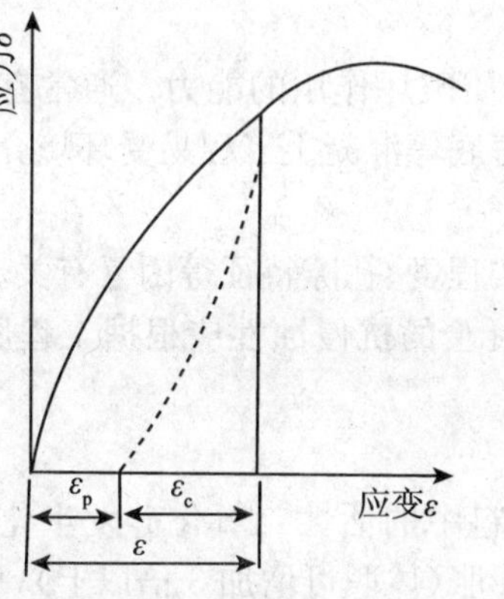

图 9－20　混凝土受力应力一应变图

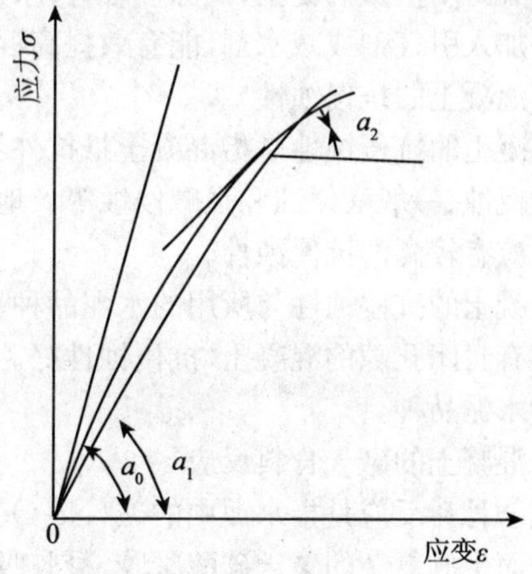

图 9－21　α_0、α_1、α_2 示意图

影响混凝土弹性模量的因素主要有混凝土的强度、骨料的性质以及养护条件等。混凝土的强度等级越高，弹性模量也越高、当混凝土的强度等级由 C15 增加到 C80 时，其弹性模量大致由 2.20×10^{4}MPa 增至 3.80×10^{4}MPa；骨料的含量越多，混凝土的弹性模量也越高；混凝土的水灰比小，养护较好及龄期较长对，混凝土的弹性模量也较大。

十三、混凝土的耐久性

1.混凝土的抗渗性

混凝土的抗渗性是指混凝主抵抗体(水、油等)渗透的能力。抗渗性是混凝土耐久性的一项重要指标。它直接影响混凝土抗冻性和抗腐蚀性。当混凝土的抗渗性较差时，不但容易渗水，而且由于水分渗入内部，当有冰冻作用或水中含腐蚀性介质时，混凝土易受到冰冻或腐蚀作用而破坏，对钢筋混凝土还可能引起钢筋的腐蚀以及保护层的开裂和剥落。

混凝土的抗渗性用抗渗等级表示。抗渗等级是以 28d 龄期的标准混凝土抗渗试件，按规定试验方法，以不渗水时所能承受的最大水压（MPa）确定的，用代号 P 表示，共有 P4，P6、P8、P10、P12 五个等级，分别表示能抵抗 0.4MPa、0.6MPa、0.8MPa、1.0MPa、1.2MPa 的静水压力而不出现渗透现象。

水灰比是影响抗渗性的主要因素之一。试验表明，随着水灰比的增大，抗渗性逐渐变差，当水灰比大于 0.6 时，抗渗性急剧下降。

提高混凝土抗渗性的重要措施有：提高混凝土密实度、改善混凝土孔隙结构、减少连通孔隙，这些可通过降低水灰比、选择好的骨料级配、充分振捣和养护、掺加引气剂等方法来实现。

2.混凝土的抗冻性

混凝土的抗冻性是指混凝土在水饱和状态下，能经受多次冻融循环作用而不破坏，同时不严重降低强度的性能。

混凝土的抗冻性用抗冻等级表示。抗冻等级是以 28d 龄期的混凝土标准试件，在浸水饱和状态下，进行冻融循环试验，以同时满足强度损失率不超过 25%，质量损失率不超过 5%时最大循环次数来表示。混凝土的抗冻等级分为 F10、F15、F25、F50、F100、F150、F200、F250 和 F300 九个等级，分别表示混凝土能承受冻融循环的次数不少于 10 次、l5 次、25 次、50 次、100 次、150 次、200 次、250 次和 300 次。

混凝土抗冻性与混凝土的密实程度、孔隙率和孔隙特征、孔的充水程度等因素有关。密实的或具有封闭空隙混凝土，抗冻性较好；水灰比越小，混凝土的密度越高，抗冻性也越高；在混凝土中加入引气剂或减水剂，能有效提高混凝土的抗冻性。

3.混凝土的抗侵蚀性

混凝土的抗侵蚀性是指混凝土抵抗外界侵蚀性介质破坏作用的能力。通常有软水侵蚀、硫酸盐侵蚀、一般酸侵蚀和强碱侵蚀等。地下、码头、海底等混凝土工程易受环境介质侵蚀，其混凝土应有较高的抗侵蚀性。

混凝土的抗侵蚀性与所用的水泥品种、混凝土密实程度、孔隙特征等因素有关。密实性好的或具有封闭孔隙的混凝土，抗侵蚀性好。欲提高混凝土的抗侵蚀性应根据工程所处环境合理选择水泥品种。

4.混凝土的碱一骨料反应

碱一骨料反应是指水泥中的碱（Na_2O、K_2O）与骨料中的活性二氧化硅发生化学反应，在骨料表面生成复杂的碱一硅酸凝胶，凝胶吸水后体积膨胀（体职可增加 3 倍以上），从而导致混凝土开裂而破坏的现象。

在实际工程中，为抑制碱一骨料反应，常采取控制水泥总含碱量不超过 0.6%；选用非活性骨料；降低混凝土单位水泥用量，以降低混凝土含碱量；在混凝土中掺入火山灰质混合材，以减少膨胀值；防水水分浸入，设法使混凝土处于干燥状态等措施。

5.混凝土拌和物的离析和泌水现象

（1）离析现象

1）混凝土的离析是指拌和因各组成材料分离而造成不均匀和失去连续性的现象。其形式有两种：一种是骨料从拌和物中分离；另一种是稀水泥浆从拌和物中淌出。虽然拌和物的离析是不可避免的，尤其是在租粗料最大粒径较大的混凝土中，但适当的配合比、掺外加剂可尽量使离析减小。

2）离析会使混凝土拌和物均匀性变差，硬化后混凝土的整体性、强度和耐久性降低。

(2)泌水

拌和物泌水是指混凝土在浇筑后到开始凝结期间,固体颗粒下沉,水上升,并在混凝土表面析出水的现象。泌水将造成的影响有:

1)块体上层水多,水灰比增大,质量必然低于下层拌和物;引起块体质量不均匀,易于形成裂缝,降低了混凝土的使用性能。

2)部分泌水挟带细颗粒一直上升到混凝土顶面,再沉淀下来的细微物质称为乳皮,使顶面形成疏松层,降低了混凝土之间的黏结力。

3)部分泌水停留在石子下面或绕过石子上升,形成连通的孔道,水分蒸发后,这些孔道成为外界水分浸入混凝土内部的捷径,降低了混凝土的抗渗性和耐久性。

4)部分泌水停留在水平钢筋下表面,形成薄弱的间隙层,降低了钢筋与混凝土的黏结力。

5)由于泌水和其他一些原因,使混凝土在终凝以前产生少量的"沉陷"。

通常采用掺加适量混合材、外加剂,尽可能降低混凝土水灰比等有效措施来提高混凝土的保水性,从而减少泌水现象。

十四、混凝土的养护

混凝土的养护方法有自然养护、蒸汽养护、蒸压养护、标准养护及同条件养护等,具体内容如图 9—22 所示。

混凝土的养护方法

- 自然养护
  - (1)混凝土在自然条件下于一定时间内使混凝土保持湿润状态的养护。包括洒水养护和喷涂薄膜养护两种。
  - (2)洒水养护是指用草帘等将混凝土覆盖、经常洒水使其保持湿润。养护时间取决于混凝土的特性和水泥品种,非干硬性混凝土浇筑完毕 12h 以内应加以覆盖并保湿养护、干硬性混凝土应于浇筑完毕后立即进行养护。使用硅酸盐水泥、普通水泥和矿渣水泥时,浇水养护时间不应少于 7d;使用火山灰水泥和粉煤灰水泥或混凝土掺用缓凝型外加剂或有抗渗要求时,不得少于 14d;道路路面水泥混凝土宜为 14～21d;使用铝酸盐水泥时,不得少于 3d。洒水次数以能保证混凝土表面湿润为宜,混凝土养护用水应与拌制用水相同。
  - (3)喷涂薄膜养生液适用于不易洒水的高耸构筑物和大面积混凝土结构的养护。它是将过氯乙烯树脂溶液用喷枪喷涂在混凝土表面上,溶液挥发后在混凝上表面形成一层塑料薄膜,将混凝土与空气隔绝,阻止其中水分的蒸发以保证水泥水化用水。有的薄膜在养护完成后要求能自行老化脱落,否则,不宜用于以后要做粉刷的混凝土表面上。在夏季薄膜成型后要防晒,否则易产生裂纹。地下建筑或基础可在其表面涂刷沥青乳液以防止混凝土内水分蒸发。
- 蒸汽养护
  - 将混凝土放在近 100℃的常压蒸汽中进行的养护。蒸汽养护的目的是加快水泥的水化,提高混凝土的早期强度,以加快拆模,提高模板及场地的周转率,提高生产效率和降低成本,这种养护方法非常适用于生产预制构件、预应力混凝土梁及墙板等。这种养护适合于早期强度较低的水泥,如矿渣水泥、粉煤灰水泥等掺有大量混合材料的水泥,不适合于硅酸盐水泥、普通水泥等早期强度高的水泥。研究表明,硅酸盐水泥和普通水泥配制的混凝土,其养护温度不宜超过 80℃,否则待其再养护到 28d 时的强度,将比一直自然养护至 28d 的强度低 10%以上,这是由于水泥的过快反应,致使在水泥颗粒外围过早地形成了大量的水化产物,阻碍了水分深入内部进一步水化。
- 蒸压养护
  - 蒸压养护是将混凝土放在 175℃及 8 个大气压的压蒸釜中进行的养护。这种养护的目的和适用的水泥与蒸汽养护相同,主要用于生产硅酸盐制品,如加气混凝土、蒸养粉煤灰砖和灰砂砖等。
- 标准养护
  - 将用于检查混凝土实体强度的试件置于混凝土实体旁,试件与混凝土实体在同一温度和湿度条件下进行的养护。同条件养护的试件强度能真实反映混凝土构件的实际强度。
- 同条件养护
  - 将混凝土放在(20±2)℃,相对湿度为 95%以上的标准养护室或(20±2)℃的不流动的 $Ca(OH)_2$ 饱和溶液中进行的养护。测定混凝土强度时,一般采用标准养护。

图 9—22　混凝土的养护方法

十五、混凝土外加剂

1.混凝土外加剂的种类

(1)按功能分类

1)改善混凝土拌和物流变性能的外如剂。如各种减水剂、引气剂和泵送剂等。

2)调节混凝土凝结时间、硬化性能的外加剂。如缓凝剂、早强剂、速凝剂等。

3)改善混凝土耐久性的外加剂。如引气剂、防水剂,防锈剂等。

4)改善混凝土其他性能的外加剂。如膨胀剂、防冻剂、防水剂、着色剂、脱模剂、减缩剂、发泡剂、养护剂等。

(2)按化学成分不同分类

1)无机类。主要成分为无机盐。如:氯化钠(防冻剂)、硫酸钠(早强剂)、三聚磷酸钠(无机缓凝剂)等。

2)有机类。主要成分为有机物。如:葡萄糖酸钠(有机缓凝剂)、三乙醇胺(有机早强剂)等。

(3)复合类。包括无机与无机复合、无机与有机复合、有机与有机复合。如:各种性能的泵送剂、硫酸钠十三乙醇胺(复合型早强剂)等均属复合类外加剂。

另外,混凝土外加剂按外观状态不同。分为粉状和液体两种。

2.减水剂

减水剂是指在保证混凝土坍落度不变的条件下,能减少拌和用水量的外加剂。目前国内使用的减水剂种类繁多。按减水效果差异,可分为普通型和高效型;按凝结时间不同,分标准型、早强型和缓凝型;按是否引气,可分为引气型和非引气型。

水泥加水拌和后,由于水泥颗粒间具有分子引力作用,使水泥浆形成絮凝结构,这种絮凝结构,使10%～30%的游离水被包裹在其中如图9－23所示,从而降低了混凝土拌和物的流动性。当加入适量减水剂后,减水剂分子定向吸附于水泥颗粒表面,使水泥颗粒表面带上电性相同的电荷而产生静电斥力,迫使水泥颗粒分开,絮凝结构解体,被包裹的游离水释放出来,从而有效地增加混凝土拌和物的流动性,如图9－23所示。当水泥颗粒表面吸附足够的减水剂后,在水泥颗粒表面形成一层稳定的溶剂化水膜,如图9－23所示,增大了水泥水化面积,促使水泥充分水化,从而提高了混凝土强度。同时,这层水膜也是很好的润滑剂,有助于水泥颗粒的滑动,从而使混凝土的流动性进一步提高。

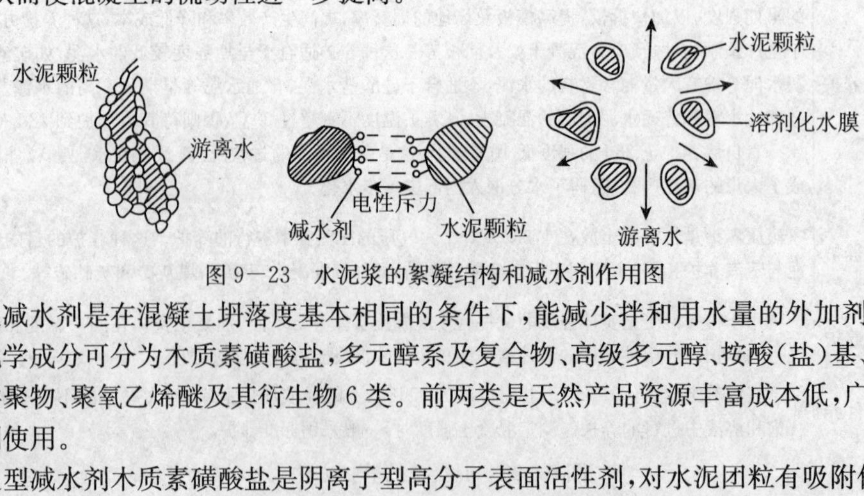

图9－23 水泥浆的絮凝结构和减水剂作用图

普通减水剂是在混凝土坍落度基本相同的条件下,能减少拌和用水量的外加剂。普通减水剂按化学成分可分为木质素磺酸盐,多元醇系及复合物、高级多元醇、按酸(盐)基、聚丙烯酸盐及其共聚物、聚氧乙烯醚及其衍生物6类。前两类是天然产品资源丰富成本低,广泛作为普通减水剂使用。

普通型减水剂木质素磺酸盐是阴离子型高分子表面活性剂,对水泥团粒有吸附作用,具有半胶体性质。普通型减水剂可分为早强型、标准型、缓凝型 3 个品种,但在不复台其他外加剂时,本身有一定缓凝作用。

木质素磺酸盐能增大新拌混凝土的坍落度 6～8cm,能减少用水量,减水率小于 10%;使混凝土台气量增大;减少泌水和离析;降低水泥水化放热速率和放热高峰;使混凝土初凝时间延迟,且随温度降低而加剧。

适用于各种现浇及预制(不经蒸养工艺)混凝土、钢筋混凝土及预应力混凝土、中低强度混凝土。适用于大模板施工、滑模施工及日最低气温+5℃以上混凝土施工。多用于大体积混凝土、热天施工混凝土、泵送混凝土、有轻度缓凝要求的混凝土。以小剂量与高效减水剂复合来增加后者的坍落度和扩展度,降低成本,提高效率。

常用的高效减水剂主要有萘系(萘磺酸盐甲醛缩台物),三聚氰胺系(三聚氰胺磺酸盐甲醛缩合物)、多羧酸系(烯烃马来酸共聚物、多羧酸酯)、胺基磺酸系(芳香族胺基磺酸聚合物)。它们都具有较高的减水能力,三聚氰胺系高效减水剂减水率更大,但减水率越高,流动性经时损失越大。胺基磺酸盐系,由单一组分成型,坍落度经时变化小。

高效减水剂适用于各类工业与民用建筑,水利、交通、港口、市政等工程建设中的预制和现浇钢筋混凝土、预应力钢筋混凝土工程。适用于高强、超高强、中等强度混凝土,早强,浅度抗冻、大流动混凝土。适宜作为各类复合型外加剂的减水组分。

早强剂主要品种有强电解质无机盐类早强剂,如硫酸盐、硫酸复盐,硝酸盐、亚硝酸盐、氯盐等;水溶性有机化合物,如三乙醇胺、甲酸盐、乙酸盐、丙酸盐等。

由早强剂与减水剂组成的为早强型减水剂。

(1)早强剂及早强减水剂适用于蒸养混凝土及常低、低温和最低温度不低于－50℃环境中施工的有早强或防冻要求的混凝土工程。

(2)掺入混凝土后对人体产生危害或对环境产生污染的化学物质不得用作早强剂。含有六价铬盐、亚硝酸盐等有害成分的早强剂,严禁用于饮水工程及与食品相接触的工程。硝类不得用于办公、居住等建筑工程。

不得采用含有氯盐配制的早强剂及早强减水剂的结构包括:

1)预应力混凝土结构。

2)在相对湿度大于 80%环境中使用的结构、处于水位变化部位的结构、露天结构及经常受水淋、受水流冲刷的结构,如:给排水构筑物、暴露在海水中的结构、露灭结构等。

3)大体积混凝土。

4)直接接触酸、碱或其他侵蚀性介质的结构。

5)经常处于温度为 60℃以上的特构,需经蒸养的钢筋混凝土预制构件。

6)有装饰要求的混凝上,特别是要求色彩一致的或是表面有金属装饰的混凝上。

7)薄壁混凝土结沟,中级和重级工作制吊车粱,屋架、落锤及锻锤混凝土基础结构。

骨料具有碱活性的混凝土结构。早强剂是能提高混凝土早期强度并对后期强度无显著影响的外加剂。

引气剂是在混凝土搅拌过程中能引入大量分布均匀的徽小气泡,可减少混凝土拌和物泌水离析,改善和易性,并能显著提高硬化幌凝土抗冻融耐久性的外加剂。引气剂主要品种有松香树脂类,如松香热聚物、松香皂等;烷基苯磺酸盐类,如烷基苯磺酸盐、烷基苯酚聚氧乙烯醚等;脂肪醇磺酸盐类,如脂肪醇聚氧乙烯醚,脂肪酸聚氧乙烯磺酸钠等;其他,如蛋白质盐,石油磺酸盐。

引气减水剂主要品种有:改性本质素磺酸盐类;烷基芳香基磺酸盐类,如萘磺酸盐甲醛缩合物;由各类引气剂与减水剂组成的复合剂。

引气剂是在混凝土搅拌过程中，能引入大量分布均匀的微小气泡，以减少幌凝土拌和物泌水离析，改善和易性，并能显著提高硬化混凝土抗冻融耐久性的外加剂。兼有引气和减水作用的外加剂称为引气减水剂。

引气剂及引气减水剂，可用于抗冻混凝土、防渗混凝土、抗硫酸盐混凝土、泌水严重的混凝土、贫混凝土、轻骨料混凝土以及对饰面有要求的混凝土。

引气剂不宜用于蒸养混凝土及预应力混凝土。抗冻性要求高的混凝土，必须掺用引气剂或引气减水剂，其掺量应根据混凝土的含气气量要求，通过试验加以确定。加引气刺及引气减水剂混凝土的含气量，不宜超过表 9－13 规定。

表 9－13　掺引气剂或引气减水剂混凝土的含气量

粗骨料最大粒径(mm)	混凝土的含气量(%)	粗骨料最大粒径(mm)	混凝土的含气量(%)
10	7.0	40	4.5
15	6.0	50	4.0
20	5.5	80	3.5
25	5.0	100	3.0

3. 防冻剂

防冻剂是能降低水的冰点，使混凝土在负温下硬化，并在规定养护条件下达到足够防冻强度的外加剂。常用的防冻剂有氯盐类(氯化钠、氯化钙)、氯盐阻锈类(以氯盐与亚硝酸钠复合)、无氯盐类(硝酸盐、亚硝酸盐、碳酸盐、乙酸钠或尿素复合)三大类型。

氯盐类防冻剂适用于无筋混凝土，氯盐阻锈类防冻剂可用于钢筋混凝土；无氯盐类防冻剂可用于钢筋混凝土工程和预应力钢筋混凝土工程。使用时，应注意以下几点：

(1)在日最低气温为－5℃时，可不用防冻剂，采用早强剂或早强减水剂即可。浇筑后的混凝土应采用一层塑料薄膜和两层草袋或其他代用品覆盖养护。

(2)混混凝土拌和物中冰点的降低与防冻剂液相浓度有关。因此，气温越低，防冻剂的掺量应适当加太。

(3)在混凝土中掺加防冻荆的同时，还应注意混凝土其他组成材料的选择及养护措施等。如水泥品种尽可能选择硅酸盐水泥或普通硅酸盐水泥；当防冻剂中含有较多的 Na^{+}、K^{+} 离子时，不得使用活性骨料；负温下混凝土表面不得浇水等。

(4)冬季复配防冻剂时，如配比不当，易出现结晶或沉淀，堵塞管道泵而影响混凝土生产或浇注；某些防冻剂(如尿素)掺量过多时，混凝土会缓慢向外释放出对人产生刺激性气体(氨气)，使竣工后的建筑室内有害气体含量超标；还有一些防冻剂(如碳酸钾)掺加后，混凝土后期强度损失较大。这些现象均应在生产和使用防冻剂时加以注意。

4. 缓凝剂

缓凝剂是一种能延缓混凝土时间，并对混凝土后期强度发展没有不利影响的外加剂。兼有缓凝和减水作用的外加剂，称为缓凝减水剂。缓凝剂与缓凝减水剂在净浆及混凝土中均有不同的缓凝效果。缓凝效果随掺量增加而增加，超掺会引起水泥水化完全停止。

各种缓凝剂和缓凝减水剂主要是延缓、抑制 C_3A 矿物和 C_3 矿物组分的水化，对 C_2S 影响相对小得多，因此不影响水泥浆的后期水化和长龄期强度增长。

缓凝剂分为有机物和无机物两大类。许多有机缓凝剂兼有减水、塑化作用，两类性能不可能截面分开。

缓凝剂按材料成分可分为以下几类。

(1)糖类及碳水化合物。葡萄糖、糖蜜、蔗糖、已糖酸钙等。

(2)多元醇及其衍生物。如多元醇、胺类衍生物、纤维素,纤维素醚。

(3)竣基羧酸类。酒石酸、乳酸、柠檬酸、酒石酸钾钠、水杨酸、醋酸等。

(4)木质素磺酸盐类。有较强减水增强作用,而缓凝性能较温和,故一股列入普通减水剂。

(5)无机盐类。硼酸盐、磷酸盐、氟硅酸钠、业硫酸钠、硫酸亚铁、锌盐等。

缓凝剂及缓凝减水剂的品种及其掺量,应根据混凝土的凝结时间、运输距离、停放时间、强度等要求来确定。常用掺量可按表 9－14 的规定采用,也可参照有关产品说明书。

缓凝剂及缓凝减水剂,应以溶液形式掺加,使用时加入拌和水中,溶液中的水量应从拌和水量中扣除。难溶或不溶物较多的缓凝剂和缓凝减水剂,使用必须充分搅拌均匀。

表 9－14　缓凝剂及缓减水剂常用掺量

类别	掺量(占水泥重量)(%)	类别	掺量(占水泥重量)(%)
糖类	0.1～0.3	羧基羧酸盐类	0.03～0.1
木质素磺酸盐类	0.2～0.3	无机盐类	0.1～0.2

缓凝剂和缓凝减水剂,可以与其他外加剂复合使用,配制溶液时,如产生絮凝或沉淀等观象,应分别配制溶液并分别加入搅拌机内。

缓凝剂主要用于大体积混凝土、炎热气候条件下施工的混凝土、长时间停放及远距离运输的商品混凝土。

5. 膨胀剂

混凝土膨胀剂是指在混凝土拌制过程中与水泥、水拌和后经水化反应生成钙矾石或氢氧化钙,使混凝土产生膨胀的外加剂。其主要品种有硫铝酸钙类、硫铝酸钙氧化钙类、氧化钙等几类。

(1)适用范围

膨胀剂的适用范围应符合表 9－15 的规定。

表 9－15　膨胀剂的适用范围

用途	适用范围
补偿收缩混凝土	地下、水中、海水中、隧道等构筑物、大体积混凝土(除大坝外)。配筋路面和板、屋面与而浴间防水、构件补强、渗漏修补、预应力钢筋混凝土、回填槽等
填充用膨胀混凝土	结构后浇缝、隧洞堵头、钢管与隧道之间的填充等
填充用膨胀砂浆	机械设备的底座灌浆、地脚螺栓的固定、梁柱接头、构件补强、加固
自应力混凝土	仅用于常温下使用的自应力钢筋混凝土压力管

(2)相关需求指标

掺硫铝酸钙类、硫铝酸钙一氧化钙类膨胀剂配制的膨胀混凝土(砂浆),不得用于长期环境温度为 80℃以上的工程;含氧化钙类膨胀剂配制的膨胀混凝土(砂浆),不得用于海水或有侵蚀性水的工程。补偿收缩混凝土,其性能应满足表 9－16 的要求。填充用膨胀混凝土,其性能应满足表 9－17 的要求。膨胀砂浆(无收缩灌浆料):其性能应满足表 9－18 的要求。灌浆用膨胀砂浆用水量按砂浆流动度(250±10)mm 的用水量。

表 9—16 补偿收缩混凝土的性能

项目	限制膨胀率($\times10^{-4}$)	限制干缩率($\times10^{-4}$)	抗压强度(MPa)
龄期	水中 14d	空气中 28d	28d
性能指标	≥1.5	≤3.0	≥25

表 9—17 填充用膨胀混凝土的性能

项目	限制膨胀率($\times10^{-4}$)	限制干缩率($\times10^{-4}$)	抗压强度(MPa)
龄期	水中 14d	空气中 28d	28d
性能指标	≥2.5	≤3.0	≥30.0

表 9—18 膨胀砂浆性能

流动度(mm)	竖向限制膨胀率(%)		抗压强度(MPa)		
	3d	7d	1d	3d	28d
≥250	≥0.10	≥0.20	≥20	≥30	≥60

6. 速凝剂

速凝剂是能使混凝土迅速凝结硬化的外加剂。速凝剂与水泥加水拌和后，立即与水泥中的石膏发生反应，使不泥中的石膏变成硫酸钠，失去其缓凝作用，导致水泥浆迅速凝固。

速凝剂的促凝效果与掺入水泥中的数量成正比增长，但掺量超过 4%～6%后则不再进一步保凝。而且掺入速凝剂的混凝土后期强度不如空白混凝土高。

速凝剂主要用于喷射混凝土在铁路隧道、引水涵洞、地下工程、喷锚支护和修补工程中广泛应用。

7. 泵送剂

泵送剂是能改善混凝土拌和物泵送性能的外加剂。泵送性，就是混凝土拌和物顺利通过辅送管道，不阻塞、小离析、黏塑性良好的性能。

泵送制是流化剂中的一种，它除了能大大提高拌和物漉动性以外，还能使新拌混凝土在 60～180min 时间内保持其流动性，剩余坍落度应不低于原始的 55%。此外，它不是缓凝剖，缓凝时间不宜超过 120min(有特殊要求除外)。

泵送混凝土是在泵压作用下，经管道实行垂直及水平输送的混凝土，与普通混凝土相同的是要求具有一定的强度和耐久性指标。不同的是必须有相府的流动性和稳定性。

掺泵送剂的混凝土黏聚性、流动性要好，泌水率要低。坍落度试验时，坍落度扩展后的混凝土试样中心部分不能有粗骨料堆积，边缘部分不能有明显的浆体和游离水分离出来。将坍落度筒倒置并装满混凝土试样，提起 30cm 后计算样品从筒中流空时间，短者为流动性好。

泵送剂通用于各种需要采用泵送工艺的混凝土。超缓凝泵送剂用于大体积混凝土，含防冻组分的泵送荆适用于冬期施工混凝土。

8. 脱模剂

用于减小混凝土与模板黏着力，易于使二者脱离而不损坏混凝土或渗入混凝土内的外加剂是脱模剂。脱模剂主要用于大模板施工、滑模施工、预制构件成型模具等。国内常用的脱模剂有海藻酿钠 1.5kg，滑石粉 20kg，洗衣粉 1.5kg，水 80kg，将海藻酸钠先浸泡 2～3d，再与其他材料混合，调制成白色脱模剂。常用于涂刷钢模。缺点是每涂一次不能多次使用。

乳化机油（又名皂化石油）50%～55%，水（60～80℃）40%～45%，脂肪酸（油酸、硬脂酸或棕榈脂酸）1.5%～2.5%，石油产物（煤油或汽油）2.5%，磷酸（85%浓度）0.01%，苛性钾0.02%，按上述质量比，先将乳化机油加热到50～60℃，并将硬脂酸稍如粉碎然后倒入已加热的乳化机油中，加以搅拌，使其溶解（硬脂酸熔点为50～60℃），再加入一定量的热水（60～80℃），搅拌至成为白色乳液为止。最后将一定量的磷酸和苛性钾溶液倒入乳化液中，并继续搅拌，改变其酸度或碱度。使用时用水冲淡，按乳被与水的质量比为1∶5用于钢模，按1∶5或1∶10用于木模。

9. 常用的养护剂

用来代替洒水、铺湿砂、湿麻布对刚成型混凝土进行保持潮湿养护的外加剂称作养护剂。养护科或称养护液在混凝土表面形成一层薄膜，防止水分蒸发，达到较长期养护的效果。尤其在工程构筑物的立面，无法用传统办法实现潮湿养护，喷刷养护剂就会起不可代替的作用。

常用的养护剂有氯偏、水玻璃、乙烯基二氧乙共聚物、沥青乳剂、过氯乙烯浮液等。养护剂的技术质量标准有待制定。

10. 外加剂的使用要点

(1)使用外加剂之前要进行试验。我国目前虽然已有外加剂国家标准，但由于生产管理及其他一些原因，致使产品质量不稳定，加上外加剂对水泥有一个适应性问题，为确保工程质量，要进行混凝土试配，以检验外加剂对混凝土的变用性能。

(2)使用外加剂要注意调整混凝土的配合比。外加剂对混凝土配合比没有特殊要求，可按普通混凝土方法进行设计，但如在减水和节约水泥的情况下，为保证混凝土制成量，应对配合比作适当调整。掺入减水剂特别是掺人引气减水剂后，混凝土拌和物的和易性能获得较大改善，因此砂率可适当降低1%～3%。

(3)混凝土外加剂的掺量。我国外加剂大部分是固体粉状产品，使用时固体产品的掺量以水泥重量百分数表示。外加剂的蛀佳掺量是获得最好的技术效果和经济效果的重要因素。外加剂的最佳掺量是通过混凝土试配结果确定的，基本的原则是在满足混凝土性能要求的前提下采用最低掺量。生产厂家的产品说明书中提供的是某种外加剂使用时的掺量范围，使用单位必须通过混凝土试配确定外加剂的合理掺量。使用外加剂还需严格控制掺量，各种外加剂都有各自的适宜掺量范围，即使同一种外加剂，不同的用途也有不同的适宜掺量，掺少了达不到预期效果，掺多了可能产生不良后果。

(4)使用碜外加剂的混凝土要注意搅拌，运输和成型等操作的全过程。为了搅拌均匀应适当延长搅拌时间；运输过程应注意保持混凝土拌和物的匀质性，避免分层离析；掺有缓凝型外加剂的混凝土拌和物，要注意初凝时间延缓程度；掺高效减水剂或复台外加剂的混凝土拌和物，要注意坍落度损失快的特点；掺引气减水剂的混凝土拌和物，在成型时，要用高频振动器振捣，以利于除气，否则会影响混凝上的质量。

(5)外加剂混凝土的养护。同普通混凝土一样，要求正常的养护，现浇混凝土硬化早期要浇水养护。使用膨胀剂配制补偿收缩、防渗抗裂混凝土更要重视早期的养护，否则达不到应有的效果。冬期施工使用防冻剂应当注意覆盖保温，使混凝土尽快达到临界强度，防止冻害。外加剂用于蒸养混凝土构件或制品生产时，除采用合理的蒸养制度之外，蒸养后堆放时也应浇水养护，这样可进一步提高强度和改善性能。

11. 外加剂的掺入量

部分掺各种外加剂的混凝土性能指标见表 9－19 和表 9－20 所列。

表 9－19 掺各种外加剂的混凝土性能标准(1)

项目 \ 外加剂种类		缓凝剂	缓凝减水剂	缓凝高效减水剂	早强剂	早强减水剂
减水率(%)		—	≥8	≥18	—	≥8
含气量(%)		—	≤5.5	≤5.5	—	≤4.0
泌水率比(%)		≤100	≤100	≤100	≤100	≤100
凝结时间差(min)	初凝	≥90			−90～90	−90～90
	终凝	—	—	—	−90～90	−90～90
抗压强度比(%)	1d	—	—	—	≥125	≥130
	3d	≥90	≥110	≥120	≥120	≥120
	7d	≥90	≥100	≥115	≥105	≥110
	28d	≥90	≥105	≥110	≥95	≥100
28d 的收缩率(%)		≤135	≤135	≤135	≤135	≤135
抗冻性能①(相对耐久性)		≥60(冻 200)	≥60(冻 200)	≥60(冻 200)	≥60(冻 200)	≥60(冻 200)
对钢筋锈蚀作用		应说明对钢筋有无锈蚀危害				

①"≥60(冻 200)"表示将 28d 龄期的受检混凝土试件冻融循环 200 次以后，冻弹性模量保留值不小于 60%；一般情况下，本表所规定外加剂的相对耐久性不作为控制指标，但当该外加剂用于有抗冻融要求的混凝土时，必须满足此要求。

表 9－20 掺各种外加剂的混凝土性能标准(2)

项目 \ 外加剂种类		普通减水剂	高效减水剂	引气型高效减水剂	引气剂	引气减水剂
减水率(%)		≥8	≥18	≥18	≥6	≥10
含气量(%)		≤10	≤4.0	≥30	≥3.0	≥3.0
泌水率比(%)		≤100	≤95	≤70	≤80	≤80
凝结时间差(min)	初凝	−90～120	−90～120	−90～120	−90～120	−90～120
	终凝	−90～120	−90～120	−90～120	−90～120	−90～120
抗压强度比(%)	1d	—	≥130	—	—	—
	3d	≥110	≥120	≥120	≥80	≥110
	7d	≥110	≥115	≥115	≥80	≥110
	28d	≥105	≥110	≥110	≥80	≥100
28d 的收缩率/%		≤135	≤135	≤135	≤135	≤135
抗冻性能①(相对耐久性)		≥60(冻 200)	≥60(冻 200)	≥60(冻 200)	≥60(冻 200)	≥60(冻 200)
对钢筋锈蚀作用		应说明对钢筋有无锈蚀危害				

12. 外加剂质量检验及取样要点

(1)选用的外加剂应由供货单位提供产品说明书，出厂检验报告及合格证，掺外加剂混凝土性能检验报告。

(2)外加剂运到工地(或混凝土搅拌站)必须立即取代表性样品进行检验，进货与工程试配时一致方可使用。若发现不一致时，应停止使用。

(3)外加剂应按不同供货单位、不同品种、不同牌号分别存放，标识应清楚。

(4)外加剂配料控制系统标识应清楚，计量应准确，计量误差为±2%。

(5)粉状外加剂应防止受潮结块，如有结块，经性能检验合格后，应粉碎至全部通过 0.63mm筛后方可使用。液体外加剂应放置阴凉干燥处，防止日晒、受冻、污染、进水或蒸发，如有沉淀等现象，经性能检验合格后方可使用。

生产厂应根据产量和生产设备条件，将产品分批编号，掺量大于1%（含1%）同品种的外加剂每一编号为100t，掺量小于1%的外加剂每一编号为50t，不足100t或50t的也可按一个批量计，同一编号的产品必须是混合均匀的，每批取样量少于0.2t水泥所需用的外加剂量。

每一编号取得的试样应充分混匀，分为两等份。一份按《混凝土外加剂》规定方法与项目进行试验；另一份要密封保存半年，以备有疑问时交国家指定的检验机构进行复验或仲裁。如生产和使用单位同意，复验和仲裁也可现场取样。

13.外加剂的匀质性指标范围

混凝土外加剂的质量是由掺入外加剂后混凝土的性能来评定的。外加剂匀质性指标见表9－21所列。

14.混凝土的矿物掺和料－粉煤粉的技术含量

当锅炉以磨细的煤粉作为燃料时，煤粉喷入炉膛中，以细颗粒火团的形式进行燃烧，释放出热量，煤中的有机物燃烧后挥发，而煤中的固定碳和矿物杂质燃烧后收缩成球状液，经迅速冷却而成为粉煤灰。粉煤灰主要从火力发电厂的烟气中收集而得到。

我国粉煤灰质量控制、应用技术相关要求指标见表9－22。

表9－21　外加剂匀质性指标

试验项目	指标
含固量或含水量	(1)对液体外加剂，应在生产厂所控制值的相对量的3%内
	(2)对固体外加剂，应在生产厂所控制值的相对量的5%之内
密度	对液体外加剂，应在生产厂所控制值的±0.02g/cm^{3}之内
氯离子含量	应在生产厂所控制值相对量的5%之内
水泥净浆流动量	应不小于生产控制值的95%
细度	0.315mm筛余应小于15%
pH值	应在生产厂控制值±1之内
表面张力	应在生产厂控制值±1.5之内
还原糖	应在生产厂控制值±3%
总碱量(Na_2O+0.658 K_2O)	应在生产厂控制值的相对量5%之内
硫酸钠	应在生产厂控制值的相对量的5%之内
泡沫性能	应在生产厂控制值的相对量的5%之内
砂浆减水率	应在生产厂控制值±1.5%之内

表9－22　用于混凝土中的粉煤灰技术要求

粉煤灰等级	细度(0.045mm方孔筛筛余)(%)	烧失量(%)	需水量比①(%)	含水量(%)	三氧化硫含量(%)
Ⅰ	≤12	≤5	≤95	≤1	≤3
Ⅱ	≤20	≤8	≤105	≤1	≤3
Ⅲ	≤45	≤15	≤115	不规定	≤3

注：①掺30%粉煤灰与不掺的硅酸盐水泥，两者胶砂达到相同流动度时的加水量之比值。

粉煤灰在各种混凝土中取代水泥的最大限量（以质量计），应符合表9－23的规定。

表 9－23　粉煤灰取代水泥的最大限量

混凝土种类	粉煤灰取代水泥的最大限量(%)			
	硅酸盐水泥	普通硅酸盐水泥	矿渣硅酸盐水泥	火山灰质硅酸盐水泥
预应力混凝土	25	15	10	—
钢筋混凝土 高强度混凝土 高抗冻融性混凝土 蒸汽养护混凝土	30	25	20	15
中、低强度混凝土 泵送混凝土 大体积混凝土 水下混凝土 地下混凝土 压浆混凝土	50	40	30	20
碾压混凝土	65	55	45	35

15. 混凝土的矿物掺和料磨细矿渣粉的技术要求指标

磨细矿渣是将粒化高炉矿渣经磨细而成的粉状掺和料。其主要化学成分为 CaO、SiO_2、Al_2O_3，三者的总量占 90%以上，另外含存 Fe_2O_3 和 MgO 等氧化物及少量 SO_3。其活性较粉煤灰高，掺量也可比粉煤灰大。磨细矿渣粉可以等量取代水泥，使混凝土的多项性能得以显著改善，如大幅度提高混凝土强度、提高混凝土耐久性和降低水泥水化热等。国外已将磨细矿渣粉大量应用于工程，我国尚处于研究开发阶段。

矿渣粉根据 28d 活性指数(%)为 S105、S95 和 S75 三个级别，相应的技术要求见表9－24所列。

表 9－24　矿渣粉技术要求

级别	密度 (g/cm^3)	比表面积 (m^3/kg)	活性指数(%)≥		流动度比 (%)	含水量 (%)	三氯化硫 (%)	氯离子 (%)	烧失量 (%)
			7d	28d					
S105	≥2.8	≥350	95	105	≥85	≥1.0	≥4.0	≥0.02	≥3.0
S95			75	95	≥90				
S75			55	75	≥95				

16. 混凝土的矿物掺和料硅灰的作用

(1)硅灰是在生产硅铁、硅钢或其他他硅金属时，高纯度石英和煤在电弧炉中还原所得到的以无定形 SiO_2 为主要成分的球状玻璃体颗粒粉尘，硅灰中无定形 SiO_2 的含量在 90%以上，其化学成分随所生产的合金或金属的品种不同而异，一般其化学成分为 SiO_2：85%～92%；FeO_3：2%～3%；MgO：1%～2%；Al_2O_3：0.5%～1.0%；CaO：0.2%～0.5%。

(2)硅灰颗粒极细，平均粒径为 0.1～0.2μm，比表面积 20000～25000m^2/kg。密度 2.2g/cm^3，堆积密度 250～300kg/m^3。由于硅单位重量很轻，因此包装、运输不很方便。

(3)硅灰活性极高，火山灰活性指标高达 110%。其中的 SiO_2 在水化早期就可与 $Ca(OH)_2$ 发生反应，可配制出 100MPa 以上的高强混凝土。硅灰取代水泥后，其作用与粉煤灰类似，可改善混凝土拌和物的和易性，降低水化热，提高混凝土抗化学侵蚀性、抗冻、抗渗，抑制碱一骨料反应，且效果比粉煤灰好得多。另外，硅灰掺入混凝土中，可使混凝土的早期强度提高。

(4)硅灰需水量比为134%左右，若掺量过大，将会使水泥浆变得十分黏稠。在土建工程中，硅灰取代水泥量常为5%～15%，且必须同时掺入高效减水剂。

17. 混凝土的矿物掺和料沸石粉的作用

沸石粉是由沸石岩经粉磨加工制成的含水化硅铝酸盐为主的矿物火山灰质活性掺和材料。沸石岩系有30多个品种，用作混凝土掺和料的主要有斜发沸石。沸百粉的主要化学成分为SiO_2占60%～70%、Al_2O_3占10%～30%，可溶硅占5%～12%，可溶铝占6%～9%。沸石岩具有较大的内表面积和开放性结构，沸石粉本身没有水化能力，在水泥中碱性物质激发下其活性才表现出来。

沸石粉的技术要求：细度为0.080mm方孔筛筛余不大于7%；吸氨值不小于100g/100g；密度2.2～2.4g/cm^3；堆积密度700～800kg/m^3；火山灰试验合格；$SO_3 \leqslant 3\%$；水泥胶砂28d强度比不得低于62%。

沸石粉掺入混凝土中，可取代10%～20%的水泥，可以改善混凝土拌和物的黏聚性，减少泌水，宜用于泵送混凝土，可减少混凝土离析及堵泵。沸石粉应用于轻骨料混凝土，可较大改善轻骨料混凝土拌和物的黏聚性，减少轻骨料的上浮。

十六、混凝土配合比设计

1. 混凝土配合比设计的重要参数

普通混凝土的配合比设计就是根据工程所需的普通混凝土各项性能要求，确定混凝土中各组成材料数量之间的比例关系。这种比例关系常用两种方式表示：一种是以1m^{3}混凝土中各组成材料的用量来表示，例如1m^{3}混凝土各项材料的用量为：水泥310kg，水155kg，砂750kg，石子1116kg；另一种是以混凝土各项材料的质量比来表示(以水泥质量为1)，例如，水泥：水：砂：石子＝1：0.5：2.4：3.6。

配合比设计的重要参数有：水与水泥用量的比值(水灰比)：砂子质量占砂石总质量的百分率(砂率)；单位用水量。在配合比设计中正确地确定这几个参数，就能使混凝土满足配合比设计的四项基本要求。

水灰比是影响混凝土强度和耐久性的主要因素，其确定原则是在满足强度和耐久性要求前提下，尽量选择较大值，以节约水泥。砂率是影响混凝土拌和物和易性的重要指标，选用原则是在保证混凝土拌和物黏聚性和保水性的前提下，尽量取较小值，单位用水量是指1m^{3}混凝土用水量，它反映混凝土拌和物中水泥浆与骨料之间的比例关系，其确定原则是在达到流动性要求前提下取较小值。

2. 混凝土配合比设计用到的技术资料

在设计混凝土配合比之前，应掌握以下基本资料：

(1)混凝土施工方法及管理水平，以便选择混凝土拌和物坍落度及骨料最大粒轻。

(2)原材料的性能指标，包括：水泥的品种、强度等级、密度；砂、石骨料的种类、体积密度、级配、最大粒径；拌和用水的水质情况；外加剂的品种、性能、掺量等。

(3)工程设计所要求的混凝土强度等级和质量稳定性的强度标准差，以硬确定混凝土配制强度。

(4)工程所处环境对混凝土耐久的要求，以便确定所配制混凝土最大水灰比和最小水泥用量。

(5)结构构件断面尺寸及钢筋配置情况，以便确定混凝土骨料的最大粒径。

3. 混凝土配合比设计的基本要求

混凝土配合比设计的基本要求是使拌制出的混凝土保证达到结构设计中所要求的强度，符合施工对混凝土和易性的要求，同时也要符合合理使用材料、节约水泥等经济原则，必要时还应满足混凝土抗冻性、抗渗性等特殊要求。

4. 混凝土的初步配制强度的确定

为了保证混凝土能够达到设计要求的强度等级，在混凝土配合比设计时，必须使混凝土的配制强度高于设计强度等级。根据《普通混凝土配合比设计规程》(JGJ 55－2000)规定，配制强度 $f_{cu,0}$ 可按下式计算。

$$f_{cu,0}=f_{cu,k}+1.645\sigma$$

式中 $f_{cu,0}$——混凝土配制强度，MPa；

$f_{cu,k}$——混凝土设计强度等级，MPa；

σ——混凝土强度标准差，MPa。强度标准差 σ 可根据施工单位以往的生产质量水平进行测算，如施工单位无历史统计资料时，可按表 9－25 选取。

表 9－25 σ 取值表

混凝土强度等级	＜C20	C20～C35	＞C35
σ(MPa)	4.0	5.0	6.0

5. 确定混凝土的初步水灰比

根据已算出的混凝土配制强度($f_{cu,0}$)及所用水泥的实际强度(f_{ce})或水泥强度等级，计算出所要求的水灰比值(混凝土强度等级小于 C60 级)：

$$W/C=\frac{\alpha_a f_{ce}}{f_{cu,0}+\alpha_a\beta_b f_{ce}}$$

式中 $f_{cu,0}$——混凝土配制强度，MPa；

f_{cu}——水泥 28d 抗压强度实测值，MPa；

α_a、α_b——回归系数。

为了保证混凝土耐久性，如计算出的水灰比值大于表 9－26 规定的最大水灰比值，应取表中规定的最大水灰比进行设计。

表 9－26 混凝土的最大水灰比和最小水泥用量指标

环境条件		结构物类别	最大水灰比			最小水泥用量(kg)		
			素混凝土	钢筋混凝土	预应力混凝土	素混凝土	钢筋混凝土	预应力凝土
干燥环境		正常居住或办公用房室内部件	不做规定	0.65	0.60	200	260	300
潮湿环境	无冻害	高湿度的室内部件，室外部件，在非侵蚀性土和(或)水中的部件	0.70	0.60	0.60	225	280	300
潮湿环境	有冻害	经受冻害的室外部件在非侵蚀性土和(或)水中且经受冻害的室内部件，高湿度且经受冻害的部件	0.55	0.55	0.55	250	280	300
有冻害和除冰剂的潮湿环境		经受冻害和除冰剂作用的室内和室外部件	0.50	0.50	0.50	300	300	300

注：当用活性掺合料取代部分水泥时，表中的最大水灰比及最小水泥用量即为替代前的水灰比和水泥用量。

6. 混凝土的初步用水量的确定

对干硬性混凝土用水量可参考表 9－27 选用；对塑性混凝土的用水量可参考表 9－28 选用。如果是流动性或大流动性混凝土，以表 9－27 中坍落度为 90mm 的用水量为基础，按坍落度每增大 20mm，用水量增加 5kg。如果混凝土掺加外加剂，其用水量按下式计算：

表 9－27　干硬性混凝寺用水量选用指标（kg/m³）

维勃稠度(S)	卵石量大粒径(mm)			碎石最大粒径(mm)		
	10	20	40	16	20	40
16～20	175	160	145	180	170	155
11～15	180	165	150	185	175	160
5～10	185	170	155	190	180	165

表 9－28　塑性混凝土用水量选用指标（kg/m³）

坍落度	卵石量大粒径(mm)				碎石最大粒径(mm)			
	10	20	31.5	40	16	20	31.5	40
10～30	190	170	160	150	200	185	175	165
30～50	200	180	170	160	210	195	185	175
50～70	210	190	180	170	220	205	195	185
70～90	215	195	185	175	230	215	205	195

$$m_{wa}=m_{w0}(1-\beta)$$

式中　m——掺外加剂时，每 1m³ 混凝土用水量，kg/m³；

m_{w0}——未掺加外加剂，每 1m³ 混凝土用水量，kg/m³；

β——外加剂减水率(%)，应经试验确定。

如何确定 1m³ 混凝土的初步水泥用量(m_{c0})

根据确定出的水灰比和 1m³ 混凝土的用不量，可求出 1m³ 混凝土的水泥用量(m_{c0})；

$$m_{c0}=\frac{m_{c0}}{W/C}$$

为了保证混凝土的耐久性，计算得出的水泥用量还要满足表 9－26 中规定的最小水泥用量的要求，如果算得的水泥用量小于表 9－26 规定的最小水泥量，应取表 9－26 规定的最小水泥用量。

7. 砂率的确定

(1)通过试验找出合理的砂率。

如无试验经验，可根据骨料种类、规格及混凝土的水灰比，参考表 9－29 选用合理砂率。

表 9－29　混凝土砂率选用表（%）

水灰比(W/C)	卵石量大粒径(mm)			碎石最大粒径(mm)		
	10	20	40	16	20	40
0.40	26～32	25～31	24～30	30～35	29～34	27～32
0.50	30～35	29～34	28～33	33～38	32～37	30～35
0.60	33～38	32～37	31～36	36～41	35～40	33～38
0.70	36～41	35～40	34～39	39～44	38～43	36～41

注：本表适用于坍落度为 10～60mm 的混凝土，坍落度若大于 60mm，应在上表的基础上，按坍落度每增大 20mm，砂率

增大1%的幅度予以调整；坍落度小于10mm的混凝土，其砂率应经试验确定。

8. 混凝土粗、细骨料的用量的确定

如果混凝土所用原料的情况比较稳定，所配制混凝土的体积密度将接近一个固定值，这样就可以先假定1m³混凝土拌和物的体积密度，列出以下两个方法：

$$m_{c0}+m_{w0}+m_{g0}+m_{s0}=\beta_h$$

$$\beta_s=\frac{m_{s0}}{m_{s0}+m_{g0}}\times100\%$$

式中　m_{c0}——1m³混凝土水泥用量，kg/m³；

m_{w0}——1m³混凝土用水量，kg/m³；

m_{g0}——1m³混凝土粗骨料用量，kg/m³；

m_{s0}——1m³混凝土细骨料用量，kg/m³；

β_h——1m³假定混凝土的体积密度，kg/m³；

β_s——砂率，%。

假定混凝土拌和物的体积等于各组成材料的绝对体积和拌和物中空气的体积之和。在计算1m³混凝土拌和物的各材料用量时，可列出下式：

$$\frac{m_{c0}}{\rho_g}+\frac{m_{g0}}{\rho_g}+\frac{m_{s0}}{\rho_s}+\frac{m_{w0}}{\rho_w}+0.01\alpha=1$$

式中　ρ_c——水泥密度，可取2900～3100kg/m³；

ρ_g——粗骨料的体积密度，kg/m³；

ρ_s——细骨料的体积密度，kg/m³；

ρ_w——水的密度，可取1000kg/m³；

α——混凝土的含气量百分数，在不使用引气型外加剂时，可取1。

联立以上三个方程式，可求解出m_{g0}和m_{s0}。

9. 基准配合比的调整和确定

混凝土的初步配合比是根据经验及公式估算而得出的，未必符合工程要求，必须通过实验进行配合比调整。配合比调整的目的有两个：一是使混凝土拌和物的和易性满足施工需要；二是使水灰比满足混凝土强度及耐久性的要求。

按初步配合比称取一定量原材料进行试拌。当所用骨料最大粒径$D_{max}\leqslant31.5$mm时，试配的最小拌和量为15L；当$D_{max}=40$mm时，试配的最小拌和量为25L。试拌时的搅拌方法应与生产时使用的方法相同。拌和均匀后，先测定拌和物的坍落度，并检验黏聚性和保水性。如果和易性不符合要求，应进行调整。调整的原则如下：若坍落度过大，应保持砂率不变，增加砂、石的用量；若坍落度过小，应保持水灰比不变，增加用水量及相应的水泥用量；如拌和物黏聚性和保水性不良，应适当增加砂率（保持砂、石总重量不变，提高砂用量，减少石子用量）；如拌和物显得砂浆过多，应适当降低砂率（保持砂、石总重量不变，减少砂用量，增加石子用量）。每次调整后再试拌，评定其和易性，直到和易性满足设计要求为止，并记录好调整后各种材料用量，测定实际体积密度。

假定调整后混凝土拌和物的体积密度为ρ_{0h}（kg/m³），调整和易性后的混凝土试样总质量为：

$$m_{Qb}=m_{cb}+m_{wb}+m_{sb}+m_{gb}$$

基准配合比（调整和易性后1m³混凝土中各材料用量）为：

$$m_{cj}=\frac{m_{cb}}{m_{Qb}}\rho_{0h}(kg/m^3)$$

$$m_{wj}=\frac{m_{wb}}{m_{Qb}}\rho_{0h}(kg/m^3)$$

$$m_{sj}=\frac{m_{sb}}{m_{Qb}}\rho_{0h}(kg/m^3)$$

$$m_{gj}=\frac{m_{gb}}{m_{Qb}}\rho_{0h}(kg/m^3)$$

式中　m_{Qb}——调整和易性后的混凝土试样总质量，kg；

m_{wb}、m_{wb}、m_{sb}、m_{gb}——调整和易性后的混凝土试样中水泥、水、砂、石用量，kg；

m_{cb}、m_{wb}、m_{sb}、m_{g}——调整和易性后 1m³ 混凝土中水泥、水、砂、石用量，kg/m³。

10. 实验室配合比的确定

经过和易性调整后得到的基准配合比，混凝土强度和耐久性有可能不符合要求，应检验强度和耐久性。强度检验一般采用三组不同的水灰比，其中一组为基准配合比中的水灰比，另外两组配合比的水灰比值，应较准配合比中的水灰比值分别增加和减少 0.05，其用水量应与基准配合比相同，砂率值可分别适当增加或减少 1%，调整好和易性，测定其体积密度，制作三个水灰比下的混凝土标准试块，并经标准养护 28d，进行抗压试验（如对混凝土还有抗渗、抗冻等耐久性要求，还应增添相应的项目试验）。由试验所测得的混凝土强度与相应的灰水比作图，求出与混凝土配制强度 $f_{cu,0}$ 相对应的灰水比，并按以下原则确定 1m³ 混凝土拌和物的各材料用量，即实验室配合比：

确定实验配合比的确定步骤为：

(1)用水量(m_c)应在基准配合比用水量的基础上，依据制作强度试件时测得的坍落度或维勃稠度进行调整确定。

(2)水泥用量(m_c)应以用水量乘以选定出来的灰水比计算确定。

(3)粗、细骨料用量(m_g、m_s)应在基准配合比的精、细骨料用量基础上，按选定的灰水比进行调整后确定。

经试配确定配合比后，尚应按下列步骤进行校正($\rho_{c,c}$)：

$$\rho_{c,c}=m_c+m_w+m_s+m_g$$

再按下式计算混凝土配合比较正系数 δ：

$$\delta=\frac{\rho_{c,s}}{\rho_{c,c}}$$

式中　$\rho_{c,s}$——混凝土体积密度实测值(kg/m³)；

$\rho_{c,c}$——混凝土体积密度计算值(kg/m³)。

当混凝土体积密度实测值与计算值之差的绝对值不超过计算值的 2%时，按以前的配合比即为确定的实验室配合比；当两者之差超过 2%时，应将配合比中每项材料用量乘以校正系数 δ，即为实验室配合比。

11. 施工配合比的计算公式

理论混凝土配合比设计是以干燥骨料（细骨料含水率小于 0.05%，粗骨料含水率小于 0.2%）为基准得出的，而工地存放的砂石一般都含有水分。假设施工现场砂含水率为 W_s，石子的含水率为 W_g，则施工配合比为：

水泥用量 m'_c　　　　$m'_c=m_c$

砂用量 m'_s　　　　　　　$m'_s = m_s(1+W_s)$

石子用量 m'_g　　　　　　$m'_g = m_g(1+W_g)$

用水量 m'_w　　　　　　　$m'_w = m_w - m_sW_s - m_gW_g$

12.混凝土质量的参数评定

同一等级的混凝土，在施工条件基本一致的情况下，其强度波动服从正态分布规律。正态分布是一形状如钟形的曲线，以平均强度为对称轴，距离对称轴越远，强度概率值越小。对称轴两侧曲线上各有一个拐点如图 9－24 所示。拐点至对称轴的水平距离等于标准差(σ)。曲线与横坐标之间的面积为概率的总和，等于 100%，在数理统计中，常用强度平均值、标准差、变异系数和强度保证率等统计参数来评定混凝土质量，如图 9－25 所示。

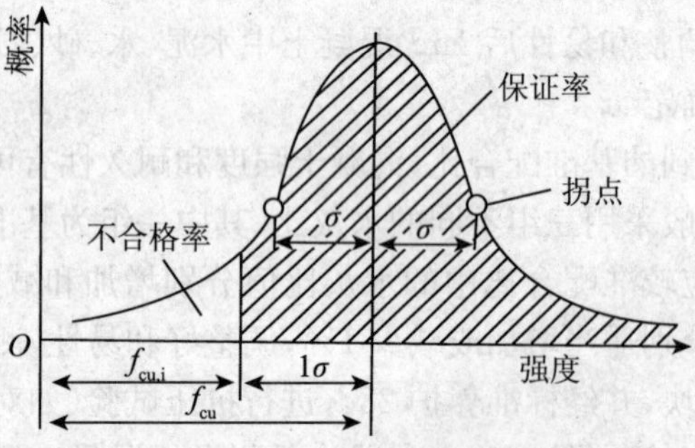

图 9－24　混凝土强度波动规律图

评定混凝土质量的参数

混凝土强度平均值($\bar{f}_{cn}$)

(1)混凝土强度平均值代表混凝土强度总体的平均水平，其值按下式计算：

$$f_{cu} = f_{cu,i}\frac{1}{n}\sum_{i=1}^{n} f_{cu,i}$$

式中　n——试件的组数；

$f_{cu,i}$——第 i 组的试验值。

(2)平均强度反映了混凝土总体强度的平均值，但并不反映混凝土强度的波动情况。

标准差(σ)

(1)混凝土的标准差与平均强度之比，称为变异系数，又称离差系数，计算公式为

$$C_v = \frac{\sigma}{f_{cu}}$$

(2)C_v 也是说明混凝土质量均匀性的指标。在相同生产管理水平下，混凝土强度标准差会随强度平均值的提高或降低而增大或减小，它反映绝对波动量的大小，有量钢；而变异系数 C_v 反映的是平均强度水平不同的混凝土之间质量相对波动的大小，无量钢，其值越小，说明混凝土质量越稳定，混凝土生产的质量水平越高。

变异系数(C_v)

(1)标准差义称均方差，反映混凝土强度的离散程度，即波动程度，用 σ 表示，其值可按下式计算：

$$\sigma = \sqrt{\frac{\sum_{i=1}^{n} f_{cu,i}^2 - nf_{cu}^2}{n-1}}$$

式中　n——试件的组数($n \geqslant 25$)；

$f_{cu,i}$——第 i 组试件的抗压强度值，MPa；

f_{cu}——n 组试件抗压强度算术平均值，MPa；

σ——n 组抗压强度的标准差，MPa。

(2)σ 是评定混凝土质量均匀性的重要指标。σ 值越大，强度分布曲线就越宽而矮，离散程度越大，则混凝土质量越不稳定。

图 9－25　评定混凝土质量的参数

十七、其他种类混凝土

1.多孔加气混凝土

加气混凝土是由含钙材料、含硅材料和发气剂为基本原料，经磨细、配料、搅拌、浇筑、发泡、凝结、切割、压蒸养护而成的硅酸盐混凝土。它具有保温隔热、吸声、耐火等多种功能和易

于加工、施工方便等优点，适用于墙体砌块、配筋隔墙板、配筋屋面板、屋面保温块、管道保温瓦等。

常用的发气剂有铝粉和双氧水。用铝粉作发气剂是目前国内外广泛应用的一种方法。铝粉同碱性物质 $Ca(OH)_2$ 的饱和溶液反应产生氢气：

$$2Al+3Ca(OH)_2+6H_2O \rightarrow 3CaO \cdot Al_2O_3 \cdot 6H_2O+3H_2 \uparrow$$

孔径在很大程度上取决于原料性质、发气剂用量、成型方法、水料间的比例及发气凝结过程。

加气混凝土的性能随其体积密度及含水率不同而变化，在干燥状态下，其物理力学性能见表 9—30。

表 9—30　压蒸加气混凝土物理力学性能

体积密度(kg/m^3)	抗压强度(MPa)	抗拉强度(MPa)	弹性模量(MPa)	导热系数[W/(m·K)]
500	3.0～4.0	0.3～0.4	1.4×10^3	0.12
600	4.0～5.0	0.4～0.5	2.0×10^3	0.13
700	5.0～6.0	0.5～0.6	2.2×10^3	0.16

2. 防水混凝土

防水混凝土又称抗渗混凝土，是一种通过各种方法提高自身抗渗性能，以达到防水目的的混凝土，主要用于地下建筑和水工结构物，如隧道、涵洞、地下工程、储水输水构筑物及其他有防水要求的结构物。

3. 轻混凝土

凡体积密度小于 $1950kg/m^3$ 的混凝土称为轻混凝土，主要有轻骨料混凝土，多孔混凝土和大孔混凝土等。质轻、多功能的混凝土是新型建筑材料，广泛用于建筑工程，有利于减轻结构质量，发送保温隔热和吸声性能。

4. 轻骨料混凝土

轻骨料混凝土是指用轻粗骨料、轻砂(或普通砂)、水泥和水配制而成的干体积密度不大于 $1950kg/m^3$ 的混凝土。为进一步改善轻骨料混凝土的各项技术性能，轻骨料混凝土中还常掺入各种外加剂和掺合料(如粉煤灰等)。

轻骨料按其来源不同可分为三类：

(1)人造轻骨料。以天然矿物为主要原料轻加工制粒、烧胀而成。如黏土陶粒、膨胀珍珠岩等。

(2)天然轻骨料。以天然形成的多孔岩石经破碎、筛分而成。如浮石、火山渣及轻砂等。

(3)工业废料轻骨料。以粉煤灰、煤渣、煤矸石、高炉熔融矿渣等工业废料为原料，经专门加工工艺而制成。如粉煤灰陶粒、煤渣、煤矸石、膨胀矿渣珠等。

另外，轻骨料按颗粒形状不同，分为圆球形(如粉煤灰陶粒、黏土陶粒等)，普通型(如页岩陶粒、膨胀珍珠岩等)及碎石型(如浮石、煤渣等)。

轻骨料混凝土的技术要求如图 9—26 所示。

5. 高强混凝土

(1)配制高强混凝土时，应选用质量稳定、强度等级不低于 42.5 级的硅酸水泥或普通硅酸盐水泥，水泥用量不应大于 $550kg/m^3$，水泥和矿物掺合料的总量不应大于 $600kg/m^3$。应掺用活性较好的矿物掺合料，且宜复合使用矿物掺合料。

掺加的高效减水剂或缓凝高效减小剂应有较高的减水率。

- 轻骨料混凝土的技术要求
  - 体积密度：轻骨料混凝土按其干体积密度值不同。分为十二个等级，即在 800～1900 之间，每增加 100kg/m³ 为一个等级，而每一密度等级有一定的变化范围，该范围的上限值即为该密度等级的轻骨料混凝土的密度标准值。如 800 密度等级的轻骨料混凝土，密度变化范围为 760～850kg/m³，其密度标准值为 850 kg/m³；900 密度等级的为 860～950kg/m³，其密度标准值为 950kg/m³。依此类推。
  - 强度：即使轻骨料的强度低于普通骨料，轻骨料混凝土仍可达到较高强度。原因是轻骨料表面粗糙而多孔，轻骨料的吸水作用使其表面呈低水灰比，提高了轻骨料与水泥石的界面黏结强度，使弱结合面变成了强结合面。正因为如此，混凝土受力时不是沿界面破坏，而是骨料本身先遭到破坏。对低强度的轻骨料混凝土，也可能是水泥石先开裂，然后裂缝向骨料延伸。因此，轻骨料混凝土的要求，主要取决于轻骨料的强度和水泥石的强度。
  - 弹性横量与变形
    - (1)轻骨料混凝土的弹性模量比普通混凝土低 25%～60%。这有利于提高轻骨料混的抗震性能和抵抗动荷载的作用。
    - (2)由于轻骨料弹性模量较普通骨料小，不能有效抵抗水泥石的干缩变形。所以，轻骨料混凝土的干缩和徐变较大。同强度的结构轻骨料混凝土构件的轴向收缩值约为普通混凝土的 1～1.5倍，热膨胀系数比普通混凝土小 20%。
  - 和易性
    - (1)轻骨料具有体积密度小、表面多孔粗糙、吸水性强等特点，轻骨料的这一特点，决定了轻骨料混凝土的黏聚性和保水性较好，但流动性较差。因此，要达到一定流动度，必须加大用水量。
    - (2)轻骨料混凝土用水量分成两部分：一部分被轻骨料吸收，其数量为轻骨料 1h 的吸水量，称为附加水量；另一部分供水泥水化和赋予拌和物流动性，称为净用水量。附加水量及净用水量之和称为总用水量。对轻骨料混凝土，拌和用水量过大，不仅影响轻骨料混凝土强度，而且容易引起轻骨料上浮，造成离析。所以，轻骨料混凝土应控制总用水量。考虑到振捣成型时轻骨料吸入的水可能释出，加大流动度，故坍落度选择应比普通混凝土的坍落度值低 10～20mm。
  - 抗冻性：大量试验表明，轻骨料混凝土具有较好的抗冻性，主要原因是粗骨料孔隙内有较大的未被水充满的空间，当外界温度下降，水结冰体积发生膨胀时可有效释放膨胀压力，故有较高的抗冻能力。另一方面，轻骨料混凝土导热系数小，也降低了冬季室内外温差在墙体上引起水分的负迁移，有利于提高轻骨料混凝土抗冻性。

图 9－26　轻骨料混凝土的技术要求

对强度等级为 C60 级的混凝土，其粗骨料的最大粒径不应大于 31.5mm；对强度等级高于 C60 级的混凝土，其粗骨料的最大粒径不应大于 25mm，其中，针、片状颗含量不宜大于 5.0%，含泥量不应大于 0.5%，泥块含量不宜大于 0.2%，细骨料的细度模数宜大于 2.6，含泥量不应大于 2.0%，泥块含量不应大于 0.5%，其他质量指标也应符合现行标准的规定。

(2)高强混凝土的特点是强度高、耐久性好，能适应现代工程结构向大跨度、重载、高层发展和承受恶劣环境条件的需要。使用高强混凝土可获得明显的工程效益和经济效益。高效减水剂及超细掺合料的使用，使在普通施工条件下制得的高强混凝土成为可能。但高强混凝土的脆性比普通混凝土大，强度的拉压比低。

6. 纤维混凝土

纤维混凝土是以混凝土为基材，掺入各种纤维材料拌制而成的水泥基复合材料。纤维可分为两类：一类为高弹性模量的纤维，如玻璃纤维、钢纤维和碳纤维等；另一类为低弹性模量的纤维，如尼龙、聚丙烯、人造丝以及植物纤维等。实际工程中常用的纤维混凝土有：钢纤维混凝土、玻璃纤维混凝土、聚丙烯纤维混凝土及石棉水泥制品等。

7. 泵送混凝土

泵送混凝土是指混凝土拌和物的坍落度不低于 100mm 并用泵送施工的混凝土。近年来，为了提高施工效率，确保混凝土质量，改善施工环境，商品混凝土应用越来越广，从而使得泵送混凝土量越来越大。

泵送混凝土不但要满足强度和耐久性要求，而且可满足管道输送对混凝土拌和物提出的可泵性要求。所谓可泵性是指混凝土拌和物应具有顺利通过管道、与管道内壁的摩擦阻力小，混凝土不离析、不泌水、不阻塞的性能。为达到这一要求，泵送混凝土应掺加泵送剂。

配制泵送混凝土应适当掺加一些粉煤灰或其他矿物掺合料。粗骨料最大粒径应满足表9—31要求。细骨料应采用中砂，砂率宜为35％～45％，小于0.315mm的颗粒含量不应小于15％。根据规定，泵送混凝土中的水泥和矿物掺合料总量不宜小于300kg/m³，且用水量与水泥及矿物掺合料总量之比(即水胶比)不宜大于0.6，以免浆体黏度过小产生离析。

表9—31　泵送混凝土对骨料要求

石子品种	泵送高度(m)	粗骨料最大粒径与输送管径之比
碎石	<50	≤1∶3.0
	50～100	≤1∶4.0
	>100	≤1∶5.0
卵石	<50	≤1∶2.5
	50～100	≤1∶3.0
	>100	≤1∶4.0

8. 流态混凝土

(1)流态混凝土是指混凝土拌和物坍落度大于或等于160mm，呈现高度流动状态的混凝土，可自动流满模板并呈密实状态，因此也称自流密实混凝土。

(2)为了避免流态混凝土施工过程中产生离析及分层现象，粗骨料最大粒径不宜大于40mm。在配合比设计中应适当加大砂率值，且砂中应含有一定量的细颗粒，必要时可掺用一定数量的粉煤灰。水泥与小于0.315mm的细骨料颗粒的总和不宜小于400kg/m³。与此同时，选择合适的复合型高效塑化剂能改善大流动性混凝土的黏聚性。

(3)配制流态混凝土，必须在拌和物中加入复合的高效塑化剂。由于高效塑化剂具有高减水作用，可使混凝土在低水灰比情况下大大提高混凝土流动性，因而混凝土强度和耐久性并不会降低。

(4)流态混凝土主要应用于不便振捣施工、用普通塑性混凝土难于浇筑密实的部位，流态混凝土适用于浇筑钢筋特别密、形状复杂、截面窄小的料仓壁，高层建筑的剪力墙，安装机械设备的预留孔，隧道衬砌的封顶部位或水下混凝土等。

第二节　砂　浆

一、砂浆的组成材料与性质

1. 砂浆的组成材料

砂浆用于砌筑砖、石等各种砌块。砌筑砂浆在砖石结构中起到胶结作用，把块体材料胶结成整体结构，起到粘结砌块、构筑砌体、传递荷载的作用，是砌体的重要组成部分。

砂浆要求具有良好的和易性。和易性的砌筑砂浆可以比较容易在砖石表面铺成均匀连续的薄层，且与地面紧密地粘结。和易性可根据其流动性和保水性来综合评定。

砂浆的组成材料有水泥、细骨料、掺和料、水、外加剂等，如图 9—27 所示。

砂浆的组成材料

- **水泥**
  - (1)水泥是砂浆的主要胶凝材料，常用的水泥品种有普通水泥、矿渣水泥、火山灰水泥/粉煤灰水泥、复合水泥等。砌筑水泥有较低的强度等级且配成的砂浆具有较好的和易性。因此，砌筑水泥是专门用于配制砌筑砂浆与抹面砂浆的水泥。对于一些有特殊要求的工程，如修补裂缝、预制构件嵌缝、结构加固可采用膨胀水泥。装饰砂浆还可能用到白色水泥或彩色水泥。
  - (2)水泥强度一般为砂浆强度等级的 4～5 倍较为适宜。由于砂浆的强度等级要求不高，因此在配制砂浆时，为合理利用资源，节约材料，在配制水泥砂浆时要尽量选用 32.5 级水泥和砌筑水泥。水泥混合砂浆中，石灰膏掺合料会降低砂浆的强度，因此，水泥混合砂浆可用强度等级为 42.5 级的水泥。
- **细骨料**
  - (1)由于砂浆层较薄，对砂子的最大粒径应有所限制。用于砌筑石材的砂浆，砂子的最大粒径不应大于砂浆层厚度的 1/5～1/4；砌砖所用的砂浆宜采用中砂或细砂，且砂子的粒径不大于 2.5mm；用于各种构件表面的抹面砂浆及勾缝砂浆，宜采用细砂，且砂子的粒径不大于 1.2mm。
  - (2)为了保证砂浆的质量，对砂中的含泥量也有要求。强度等级大于等于 M5 的砂浆，砂中含泥量应不大于 5%；强度等级小于 M5 的砂浆，砂中含泥量应不大于 10%。
- **掺和料**
  - 掺和料是为改善砂浆的和易性、减少水泥用量、降低成本而加入的无机材料。如石灰膏、黏土膏、粉煤灰等。掺和料应符合以下规定：
  - (1)石灰膏。石灰膏是将生石灰熟化后，应用孔径不大于 3mm×3mm 的网过滤，熟化时间不得少于 7d；磨细生石灰粉的熟化时间不得少于 2d。
  - (2)黏土膏。采用黏土或亚黏土制备黏土膏时，宜用搅拌机加水搅拌，通过孔径不大于 3mm×3mm 的网过筛。用比色法鉴定黏土中的有机物含量时应浅于标准色。
  - (3)电石膏。制作电石膏的电石渣应用孔径不大于 3mm×3mm 的网过筛，检验时应加热至 70℃并加热保持 20min，没有乙炔气味后，方可使用。石灰膏、黏土膏和电石膏试配时的稠度，应为 120mm±5mm。
  - (4)粉煤灰。粉煤灰的品质指标和磨细生石灰的品质指标，应符合表 9—32 的要求。
- **水**
  - 砂浆用水宜采用饮用水。当采用其他来源水时，水质必须符合《混凝土用水标准》(JGJ 63—2006)的规定。
- **外加剂**
  - 引气剂、早强剂、缓凝剂及防冻剂应符合国家质量标准或施工合同确定的标准，并应具有法定检测机构出具的该产品砌体强度型式检验报告，经砂浆性能试验合格后方可使用。其掺量应通过试验确定。

图 9—27　砂浆的组成材料

表 9—32　粉煤灰品质指标

指标		级别		
		Ⅰ	Ⅱ	Ⅲ
细度(0.045mm 方孔筛筛余)(%)	≤	12	20	45
需水量比(%)	≤	95	105	115
烧失量(%)	≤	5	8	15
含水量(%)	≤	1	1	不规定
三氧化硫(%)	≤	3	3	3

2.新拌砂浆的和易性

新拌砂浆的和易性是指新拌砂浆是否便于施工并保证质量的综合性质，其概念与混凝土拌和物易性相同，和易性好的新拌砂浆便于施工操作，能比较容易地在砖、石等表面上铺砌成均匀、连续的薄层，且与底面紧密地黏结。新拌砂浆的和易性包括其流动性和保水性。

(1)流动性

1)流动性。其概念与混凝土拌和物流动性相同，但表示方法是用沉入度表示的。沉入度是指以质量 300g 顶角为 30°的圆锥体，在 10s 沉入砂浆的深度，沉入度愈大，说明流动性愈高。

2)影响流动性的因素与混凝土拌和物相同，即用水量、胶凝材料的种类和用量、细骨料种类、颗粒形状、粗细程度和级配等。当原材料条件和胶凝材料与砂的比例一定时，主要取决于单位用水量。砂浆流动性的选择应根据施工方法及砌体材料吸水程度和施工环境的温度、湿度等条件来决定。通常情况下，基底为多孔吸水材料，或在干热条件下施工时，应使砂浆的流动性大些。相反，对于密实的吸水很少的基底材料，或者是湿冷气候条件下施工时，可使流动性小些。流动性选择可参考表 9－33。

表 9－33　砂浆流动性选用参考表(沉入度)(cm)

砌筑砂浆			抹灰砂浆		
砌体种类	干热环境多孔吸水材料	湿冷环境密实材料	抹灰层	机械抹灰	手工抹灰
砖砌体	80～100	60～80	准备层	80～90	110～120
普通毛石砌体	60～70	40～50	底层	70～80	70～80
振捣毛石砌体	20～30	10～20	面层	70～80	90～100
炉渣混凝土砌块	70～90	50～70	石膏浆面层	—	90～120

(2)保水性

1)其概念与混凝土拌和物保水性相同。保水性可用分层度(mm)表示。测定时将拌和好的砂浆装入内径为 15cm、高 30cm 的圆桶内，测定其沉入度。静止 30min 以后，去掉上面 20cm 厚的砂浆，剩余部分重新搅拌，再测沉入度。前后两次沉入度之差(单位为 cm)就是分层度。分层度大，表明砂浆的分层离析现象严重，保水性不好。保水性不好的砂浆，在砌筑过程中由于多孔的砖石吸水，使砂浆在短时间内变得干稠，难于铺摊成均匀而薄的砂浆层，使砖石之间砂浆不饱满形成穴洞，降低了砌体强度。

2)保水性主要取决于新拌砂浆组分中微细颗粒的含量，如胶凝材料用量过少，将使保水性降低。为了改善保水性，常掺入石灰膏、粉煤灰、黏土或微沫剂等。保水性好的砂浆，其分层度应为 10mm。分层度过低，例如分层度为“0”的砂浆，虽然保水性很强，上下无分层现象，但这种砂浆干缩较大，影响黏结力，不宜作抹面砂浆。

3. 砂浆的强度等级及密度

(1)强度等级

砂浆的强度等级确定是将砂浆制成 70.7mm×70.7mm×70.7mm 的立方体标准试件，一组六块，在标准条件下养护 28d，用标准试验方法测得的平均抗压强度(f_m)。根据砂浆的抗压强度，将砂浆划分为 M2.5、M5、M7.5、M10、M15、M20 六个强度等级。如 M10 表示砂浆的抗压强度为 10MPa。砌筑砂浆强度等级为 M10 及 M10 以下宜采用水泥混合砂浆。

(2)砂浆的密度

水泥砂浆拌和物的密度不宜小于 1900kg/m^3；水泥混合砂浆拌和物的密度不宜小于 1800kg/m^3。

4. 砂浆的黏结力与耐久性

砌筑砂浆必须有足够的粘结力，以便将砖、石粘结成一个坚固的整体。砂浆黏结力与砂浆强度有关。砂浆强度等级越高，黏结力越大。砂浆的黏结力与砖石表面的粗糙程度、清洁程度和潮湿状况等有关。为提高砂浆与砖、石之间的黏结力，保证砌体质量，砌筑前要对砖、石浇水湿润，使其含水率控制在 10%～15%范围内。

二、砌筑砂浆

1. 砌筑砂浆的概念

工程上砌筑砂浆种类有水泥砂浆，石灰砂浆及水泥灰石灰砂浆等，如图 9—28 所示。

砌筑砂浆：
- 水泥砂浆：水泥砂浆由于水泥、砂子和水组成。水泥砂浆和易性较差，但强度较高，适用于潮湿环境、水中以及要求砂浆强度等级较高的工程。
- 石灰砂浆：石灰砂浆由石灰、砂子和水组成。石灰砂浆和易性较高，但强度低。由于石灰是气硬性胶凝材料，故石灰砂浆一般用于地上部位、强度要求不高的低层建筑或临时性建筑，不适合用于潮湿环境或水中。
- 水泥石灰砂浆：水泥石灰混合砂浆由水泥、石灰、砂子和水组成，其强度、和易性、耐水性介于水泥砂浆和石灰砂浆之间，应用较广，常用于地面以上的工程。

图 9—28　砌筑砂浆

2. 砌筑砂浆配制时水泥用量的确定

(1)已知砂浆设计要求强度等级 f_2，按下式计算配制强度 $f_{m,0}$：

$$f_{m,0}=f_2+0.645\sigma$$

式中，σ 为砂浆现场强度标准差，可根据表 9—34 进行选用。

表 9—34　砂浆强度标准差选用值

砂浆强度等级施工水平	M2.5	M5	M7.5	M10	M15	M20
优良	0.50	1.00	1.50	2.00	3.00	4.00
一般	0.62	1.25	1.88	2.50	3.75	5.00
较差	0.75	1.50	2.25	3.00	4.50	6.00

(2)每立方米砂浆中的水泥用量，根据下式计算：

$$Q_c=\frac{1000(f_{m,0}-\beta)}{\alpha f_{ce}}$$

式中，f_{ce}为水泥的实测强度，在无法取得水泥实测强度时，可按以下计算：

$$f_{ce}=\gamma_c f_{ce,k}$$

式中，$f_{ce,k}$为水泥强度等级对应的强度值；γ_c 为水泥强度等级值的富余系数，该值应按实际统计资料确定，无统计资料时可取 1.0。

(3)每立方米砂浆中的砂子的用量，应按干燥状态(含水率小于 0.5%)的砂子的堆积密度值作为计算值(kg)。

(4)由于砌筑砂浆中的水分，对取材没有直接影响，只是用量满足工作要求，因此用水量可根据砂浆稠度等要求，依据经验在 240～310kg/m^3 间选用。

3. 砌筑砂浆掺加料用量的确定

每立方米砂所需掺加料用量 Q_D(kg)可按下式计算：

$$Q_D=Q_A-Q_c$$

式中　Q_D 为每立方米砂浆所需掺加料用量，kg；Q_A 为每立方米砂浆中水泥和掺加料总量，宜在 300～350kg 之间。

为了保证砂浆的和易性，胶凝材料(包括水泥和其他混合材料)在每立方米砂中不宜少于 350kg，当然，这仅是经验数值，实际应用时在保证砂浆和易性的前提下，可在 300～350kg 范围内加以调整。

4.砌筑砂浆的配合比试配与调整

(1)试配

1)试配时易采用工程中实际使用的材料,按计算或查表所得配合比进行试拌,测定其拌和物的稠度和分层度,当不能满足要求时,应调整材料用量,直到符合要求为止。然后确定试配时的砂浆为基准配合比。

2)根据基准配合比,以及在基准配合比基础上,水泥用量分别增加和减少10%(在保证稠度和分层度合格的条件下,可将用水量或掺加料用量作相应调整),试配三种不同的配合比,根据标准方法成型强度试件,测定砂浆并选定符合试配强度要求的且水泥用量最低的配合比作为砂浆配合比。

(2)试验调整

1)计算配合比经过试拌,测定和易性和调整配合比,再按规定方法制备试件和强度检验,最后确定出砂浆配合比。

2)为了改善砂浆的和易性,也可以用微沫剂代替部分或全部石灰膏。微沫剂的掺量,以常用的松香热聚物为例,大约占水泥重的0.005%～0.02%,使用时用70℃的热水拌和使用。

5.砌筑砂浆的拌制和使用

(1)砂浆的组成材料有水泥、有机塑化剂±2%砂、石灰膏、黏土膏、粉煤灰、电石膏、磨细生石灰粉±5%砂应考虑其含水量对配料的影响。

(2)砂浆应采用砂浆搅拌机拌和。砂浆搅拌机可选用活门卸料式、倾释卸料式或立式,其容量多用200L或325L。

(3)搅拌水泥砂浆时,应先将砂及水泥投入,干拌均匀后,再加入水搅拌均匀。

(4)搅拌水泥混合砂浆时,应先将砂及水泥投入,干拌均匀后,再投入石灰膏(或黏土膏等)加水搅拌均匀。

(5)搅拌粉煤灰砂浆时,宜先将粉煤灰、砂与水泥及部分水投入,待基本拌匀后,再投入石灰膏加水搅拌均匀。

(6)在水泥砂浆和水泥石灰砂浆中掺用微沫剂时,微沫剂掺量应事先通过试验确定。一般为水泥用量的0.5/10000～1/10000(微沫剂按100%纯度计)。微沫剂宜用不低于70℃的水稀释至5%～10%的浓度。微沫剂溶液应随拌和水投入搅拌机内。

(7)砂浆搅拌时间,自投料完算起,水泥砂浆和水泥混合砂浆,不得少于2min;粉煤灰砂浆及掺用外加剂的砂浆,不得少于3min;掺用微沫剂的砂浆为3～5min。

(8)拌成后的砂浆,其稠度应符合表9—35的规定,分层度不应大于30mm,颜色一致。

表9—35　砌筑砂浆的稠度

砌体种类	砂浆稠度(mm)	砌体种类	砂浆稠度(mm)
烧结普通砖砌体	70～90	烧结普通砖平拱式过梁空心墙、筒拱 普通混凝土小型空心砌块砌体 加气混凝土砌块砌体	50～70
轻骨料混凝土小型砌块砌体	60～90		
烧结多孔砖,空心砖砌体	60～80	石砌体	30～50

(9)砂浆拌成后和使用时,均应盛入储灰器中。如砂浆出现泌水现象,应在砌筑前再次拌和。

(10)砂浆应随拌随用。水泥砂浆和水泥混合砂浆必须分别在拌成后3h和4h内使用完毕；当施工期间最高气温超过 30℃时，必须分别在拌成后 2h 和 3h 内使用完毕。对掺用缓凝剂的砂浆，其使用时间可根据具体情况延长。

6. 砌筑砂浆的质量检验

(1)同一验收批砂浆试块抗压强度平均值必须大于或等于设计强度等级所对应的立方体抗压强度；同一验收批砂浆试块抗压强度的最小一组平均值必须大于或等于设计强度所对应的立方体抗压强度的 0.75 倍。

(2)抽检数量。每一检验批且不超过 $250m^3$ 砌体的各种类型及强度等级的砌筑砂浆，每台搅拌机应至少抽检一次。

(3)检验方法。在砂浆搅拌机出料口随机取样制作砂浆试块(同盘砂浆只应制作一组试块)。最后检查试块强度试验报告单。

(4)当施工中或验收时出现下列情况，可采用现场检验方法对砂浆和砌体强度进行原位检测或取样检测，并判定其强度。

砂浆试块缺乏代表性或试块数量不足。

对砂浆试块的试验结果有怀疑或有争议。

砂浆试块的试验结果，不能满足设计要求。

三、抹面砂浆

1. 抹灰砂浆概念

抹灰砂浆又称为抹面砂浆，是涂抹在建筑物或建筑构件表面的砂浆的统称。它以大面积薄层涂抹于建筑物或建筑物表面，既可对构件提供保护，增加建筑物和结构的耐久性，又使其表面平整、光洁美观。

对于抹灰砂浆，要求它具有更好的和易性和粘结力、面层抹灰还要求平滑、光洁。因此，它所用的胶凝材料比砌筑砂浆多。抹灰砂浆种类的选择，主要根据所使用的部位、环境和要求的性能来决定。为了保证抹灰层表面平整，避免开裂剥落，抹灰砂浆有两层或三层做法，备层作用不同，对砂浆的要求也有所不同。底层主要起到粘结作用，中层主要起到找平作用，面层主要起到装饰作用。常用抹灰砂浆的品种和配合比见表 9－36。

表 9－36　常用抹灰砂浆的品种和配合比

品种	配合比(体积比)		应用
水泥砂浆	水泥：砂	1：1	清水墙色缝、混凝土地面压光
	水泥：砂	1：2.5	潮湿的内外墙面、地面、楼面水泥砂浆面层
	水泥：砂	1：3	砖或混凝土墙面的水泥砂浆底层
混合砂浆	水泥：石灰膏：砂	1：0.5：4	加气混凝土表面砂浆抹面的底层
	水泥：石灰膏：砂	1：1：6	加气混凝土表面的砂浆抹面的中层
	水泥：石灰膏：砂	1：3：9	混凝土墙、梁、柱、顶棚的砂浆底层和中层
石灰砂浆	水泥：砂	1：3	干燥砖墙或混凝土墙的内墙面石灰砂浆抹面的底层
纸筋灰	100kg 石灰膏加 3.8kg 纸筋		内墙、吊顶石灰砂浆面层
麻刀灰	100kg 石灰膏加 1.5kg 麻刀		板条、苇箔抹灰的底层

2. 装饰砂浆

建筑砂浆是涂抹在建筑物内外墙表面、具有美观装饰效果的抹面砂浆。装饰砂浆的底层和中层抹面砂浆基本相同，主要是装饰砂浆的面层，因此要选具有一定颜色的胶凝材料和骨料并采用某种特殊的操作工艺，使其表面呈现出各种不同的色彩、线条与花纹等装饰效果。

装饰砂浆所用胶凝材料有普通水泥、矿渣水泥、火山灰水泥和白水泥、彩色水泥，或在水泥中掺加耐碱矿物颜料配成彩色水泥等。骨料常采用花岗石、大理石等带颜色的细石碴或玻璃等。

3. 防水砂浆

防水砂浆是具有不透水性的砂浆。

防水砂浆依靠特定的施工工艺或在普通水泥中掺入防水剂、高分子材料等以提高砂浆的密实度或改善砂浆的抗裂性，从而使硬化后的砂浆层具有防水、抗渗性能。

防水砂浆按其组成成分可分为：多层抹面水泥砂浆（也称五层抹面法或四层抹面法）、掺防水剂的防水砂浆、膨胀水泥防水砂浆及掺聚合物防水砂浆等四类。

常用的防水剂有氯化物金属盐类防水剂、水玻璃类防水剂和金属皂类防水剂等。

防水砂浆的配合比为水泥与砂子的质量比不宜大于 1∶2.5，水灰比应为 0.5～0.60，稠度不应大于 80mm，水泥强度等级宜采用 32.5 级以上。

根据做法的不同，可将防水砂浆分为普通防水砂浆、防水剂防水砂浆和聚合物防水砂浆三种。

水工工程和地下工程，如水池、水塔、地下室、隧道、涵洞等结构物的抹面砂浆，应采用具有一定强度、黏结力和防水防潮性能的防水砂浆。

四、建筑工程常用保温砂浆

保温砂浆是以水泥、石灰膏、石膏等胶凝材料与膨胀珍珠岩砂、膨胀蛭石、火山渣或浮石砂、陶砂等轻质多孔骨灰按一定比例配制成的砂浆。具有轻质、保温特性。

常用的保温砂浆有水泥膨胀珍珠岩砂浆、水泥膨胀蛭石砂浆、水泥石灰膨胀蛭石砂浆等。水泥膨胀珍珠岩砂浆用 32.5 级普通水泥配制时，其体积比为水泥∶膨胀珍珠岩砂＝11∶(12～15)，水灰比为 1.5～2.0，热导率为 0.067～0.074W/(m·K)。可用于砖及混凝土内墙表面抹灰或喷涂。水泥石灰膨胀蛭石砂浆是按体积比水泥∶石灰膏∶膨胀蛭石＝1∶1∶(5～8)配制而成。其热导率为 0.076～0.105W/(m·K)。可用于平屋顶保温层及顶棚、内墙抹灰。

五、其他种类砂浆

(1)绝热吸声砂浆是以水泥、石灰膏、石膏等胶凝材料与膨胀珍珠岩、膨胀蛭石等轻质多孔骨料按一定比例配制成的砂浆，具有质轻、保温隔热性能好、吸声性能强等优点。

(2)耐酸砂浆是用水玻璃与氟硅酸钠拌制成的耐酸砂浆，有时掺入石英岩、花岗岩铸石等粉状

细骨料，水玻璃硬化后具有很好的耐酸性能。耐酸砂浆多用作衬砌材料、耐酸地面和耐酸容器的内壁防护层等。

(3)放射线砂浆是在水泥中掺入重晶粉、重晶石、砂配制成的有防 X 射线能力的砂浆。放射

线砂浆主要用于有防放射线要求的防护工程。

(4)膨胀砂浆是在水泥中掺入膨胀剂或使用膨胀水泥配制的膨胀砂浆。膨胀砂浆可用于修补

工程及大板装配工程中填充缝隙，达到粘结密封的作用。

第十章　建筑用石材、砖及砌块

天然石材是来自地壳、经过加工或未经加工的天然岩石。天然石材是古老的建筑材料之一、具有强度高、耐磨性和耐久性良好等优点，一些岩石经过加工还具有独特的装饰效果，由于石结构抗震性能差，岩石的表面密度大、硬度较高、抗拉强度较低，因此开采和加工都比较困难。

石材品种丰富，花色齐全，有红、黑、白、绿、蓝、灰、多彩等系列品种，可以满足各式各样的装修、装饰及石刻、石雕需求。石材作为结构材料，已逐步被其他材料所替代，但在现代建筑尤其是建筑装饰中的应用仍十分广泛。

凡是以黏土、工业废料或其他地方资源为主要原料，以不同工艺制成的，在建筑中用于砌筑承重和非承重墙体的砖，统称为砌墙砖。

根据砖内部结构，砌墙砖分为普通砖和空心砖。普通砖是没有孔洞或孔洞率（砖面上孔洞总面积占砖总面积的百分率）小于15%的砖；空心砖是指孔洞率大于或等于15%的砖。

砌块是指砌筑用人造块材，外形多为直角六面体，也有各种异形的。砌块系列中主规格的长度、宽度或高度有一项或一项以上分别大于365mm、240mm或115mm。

第一节　石　材

一、天然石材的形成

石材是由各种不同的地质作用所形成的天然固态矿物的集合体。所谓矿物，就是地壳中的各种化学元素经过各种地质作用所形成的相对稳定的自然产物。由一种矿物构成的岩石称为单成岩。单成岩的性质由其矿物组成及结构所决定。由一种以上矿物集合组成的岩石称为复成岩，这种岩石的性质由其组成的矿物相对含量及结构构造所决定。石材中常见矿物见表10—1。

石材颜色的成因很复杂，主要是由矿物自身中的金属离子引起的，同一种金属离子在不同石材中的含量大小不同，所形成的颜色也不同；同一种金属离子的价态不同，其颜色也不一样。不同带色离子的混合物，同样会形成不同的颜色。此外，石材的干湿程度不同也会引起颜色的变化。正因如此，才形成石材颜色的千差万别，装点多彩的世界。

表10—1　石材中常见矿物

矿物名称	化学成分	晶形	颜色	莫氏硬度	体积密度
石英	SiO_2	常呈他形粒状	无色透明，含各种杂质，呈各种颜色	7	2.65
斜长石	复杂的硅酸盐，成分随着酸度的提高，Ca、Na含量有规律地变化	板状、柱状	白或灰白	6～6.5	2.16～2.78
钾长石	$K[AlSi_3O_8]$	常呈短柱、厚板状	肉红色、浅黄红、浅黄白色或白色	6	2.5

续上表

矿物名称	化学成分	晶形	颜色	莫氏硬度	体积密度
方解石	$CaCO_3$	柱状、板状、各种菱面体,集合体为粒状	无色或白色,含铁时为黄褐色或褐色,含锰时略带淡红色	3	2.7
白云石	$CaMg(CO_3)_2$	菱面体、柱状、各种菱面体,集合体为粒状	无色或白色,含铁时为黄褐色或褐色,含锰时略带淡红色	3.3～4	2.8
黑云母	$K(Mg,Fe)_2[AlSi_3O_{10}](OH,F)_2$	常为片状、鳞片状	黑色、棕色、褐色,有时呈绿色,玻璃光泽	2～3	3.02～3.12
橄榄石	$(Mg,Fe)_2(SiO_4)$	粒状集合体	黄绿色或橄榄绿色	6～7	3.22～4.39
白云母	复杂的硅酸盐	常呈片状	无色透明,因含杂质常呈浅黄或浅绿色	2.5～3	2.77～2.88
菱镁矿	$Mg(CO_3)$	通常是柱状集合体,菱面体的少见	白色,含铁者是黄色或褐色	3.5～4.5	2.98～3.48
菱铁矿	$Fe[CO_3]$	菱面体,集合体为粒状、结核状	灰黄至浅褐色	3.5～4.5	3.96
普通辉石	$Ca(Mg,Fe,Al)_2[(Si,Al)_2]O_6$	短柱状	绿、黑、蓝、黑色,少数呈暗绿色或褐色	5.6～6	3.2～3.6
普通角闪石	复杂的硅酸盐	长柱状	绿色、黑色	5.6～6	3.1～3.3
褐铁矿	$Fe_2O_3 \cdot nH_2O$	蜂窝状、土状、钟乳状、葡萄状,有时呈黄铁矿的假象	黄褐、暗褐至褐黑色	1～4	3.3～4
绿帘石	$Ca_2[FeAl]_3[SiO_4][Si_2O_7]O(OH)$	常呈柱状、集合体呈放射状、粒状	呈各种不同色调的绿色,含铁多色加深	6～6.5	3.05～3.38
绿泥石	复杂的硅酸盐	鳞片状	浅绿色,含铁多加深	2～2.5	2.6～2.8
蛇纹石	$Mg_6[Si_4O_{16}](OH)_8$	致密块状或片状、纤维状	一般为绿色、草绿色	2.5～3.5	2.5～2.7
磁铁矿	$FeFe_2O_4$	粒状	铁黑色	5.5～6.5	5.175
黄铁矿	FeS_2	常呈立方体,集合体呈致密块状	浅铜黄色	6～6.5	4.9～5.2

二、岩石的种类

天然石料按其形成原因、用途及应用形式,可以分成不同类型。通常按照其地质形成条件将天然岩石分为岩浆岩、沉积岩和变质岩三大类。

火成岩是由炽热的岩浆侵入地壳或喷出地表经冷却固结而成的岩石,故又称岩浆岩。火成岩是地壳中的主要岩石,约占地壳岩石总量的89%。火成岩根据其产出环境可分为两大类:一是岩浆侵入地壳内冷凝而成的火成岩,称为侵入岩;二是由火山作用使岩浆突破地壳喷出地表，在海上或大气中冷却所形成的岩石，称为火山岩（或喷出岩）。

沉积岩是在地壳表层条件下，由风化作用、生物作用、火山作用及其他地质应力下改造的物质，经搬运、沉积、成岩等一系列地质作用形成的岩石。由于沉积岩以水力沉积为主，故过去也称之为水成岩。沉积岩虽然仅占地壳岩石圈总体积的5%，但分布面积却十分广，占据陆地岩石分布总面积的75%和几乎全部的海底面积，是人类接触最多的岩石。

变质岩是指在（温度和压力等）变质作用条件下，使地壳中已经存在的岩石（可以是火成岩、沉积岩及早已形成的变质岩）变成具有新的矿物组合及结构、构造等特征的岩石。

目前发现的岩石矿物大约有3300多种。其中常见的岩石矿物有30多种。

三、天然石材的物理性能

1. 表观密度

(1)石材表观密度与其矿物的孔隙率有关。致密的花岗岩、大理石等石材，其表观密度接近于密实密度，一般在2500～3100kg/m³之间。孔隙率较大的石材，如火山凝灰岩、浮石等，表观密度小，仅为500～1700kg/ms。

(2)根据表观密度大小，天然石材可分为轻质石材和重质石材两类。轻质石材表观密度小于1800kg/m³，可作墙体材料。重质石材的表观密度大于1800kg/m³，可用于建筑物的基础、贴面、房屋外墙、道路及水工构筑物等。

(3)在一般情况下，同一类石料的表观密度越大，其抗压强度越高，吸水率越小，抗冻性与耐久性越好，导热性也越高。

2. 导热性

导热性是当材料两侧面存在温差时，热量从一侧传至另一侧的性质，用导热系数表示。石材的导热性与表观密度和结构状态有关。重质石材的导热系数可达2.91～3.49W/(m·K)；轻质石材的导热系数可达0.23～0.70W/(m·K)。一般情况下，具有封闭、微小空隙的石材导热性差。石材受冻或受潮后，由于水分的导热性较空气高，其导热系数会大大提高。相同成分的石材，玻璃态比结晶的导热系数小。

3. 吸水性

(1)吸水性主要与石材的孔隙率及孔隙特征有关，同时还与其矿物组成、湿润性及浸水条件有关。深成岩及许多变质岩的孔隙率较小，吸水率也较小。如花岗岩的吸水率通常小于0.5%。

(2)吸水性对石材的强度和耐水性有很大影响，与导热性、抗冻性等性质密切相关。石材吸水后，会导致结构减弱、强度降低、耐水性和抗冻性变差，但导热性增强。

4. 抗冻性

(1)抗冻性指在吸水饱和状态下能经受多次冻融而不破坏，也不严重降低强度的性能。石材的抗冻性与石材的吸水性、矿物组成及冻结温度密切相关。吸水率越低，抗冻性越好，如坚硬致密的花岗岩、石灰岩等，其抗冻性能好。冻结温度越低或冷却速度越快，则冻结的破坏速度与程度就越大。

(2)石材的抗冻性是根据石材在吸水饱和状态下能经受的冻融循环次数来表示的。根据能经受的冻融循环次数，可将石材分为F5、F10、F15、F25、F50、F100及F200等。吸水性小于0.5%的石材被认为是抗冻的，可以不进行抗冻试验。

5. 抗风化性

石材因长期受温度变化、水的侵蚀、冻融破坏及各种气体的侵蚀作用，逐步崩解碎裂或变成新的矿物成分，这种作用称为风化。根据石材的抗风化性能，将其分为不易风化岩石和易风化岩石两类。其性能见表 10－2。

表 10－2　石材按抗风化性能的分类

分类	不易风化岩石	易风化岩石	
软化系数	＞0.75	≤0.75	
耐冻性	好	差	
岩浆岩的结构	细晶粒	粗晶粒	
造岩矿物	以石英为主	橄榄石、辉石、角闪石较多	长石、黄铁矿、黑云母较多
胶结物	硅质的	钙质的	泥质的
耐风化时间	暴露 1～2 年后尚不易风化	暴露数日至数月后即出现风化	

6. 耐热性

耐热性是材料长期在热环境中抵抗破坏的能力。石材的耐热性与其化学成分和矿物组成成分有关。含有石膏的石料，在温度达到 100℃以上时开始破坏。含有碳酸镁、碳酸钙的石材，温度高于 725℃和 827℃时开始破坏。由石英与其他矿物质组成的结晶石料（如花岗岩等），温度达到 700℃以上时，由于石英发生膨胀，强度会急剧下降。

7. 耐水性

(1)石材的耐水性指石材长期在饱和水作用下不被破坏，其强度也不显著下降的性质，用软化系数表示。

$$\text{软化系数}=\frac{\text{石材在吸水饱和状态下的抗压极限强度}}{\text{石材在干状态下的抗压极限强度}}$$

(2)石材中如含有较多黏土或易溶物质，在水的作用下会减弱其内部的结合力。软化系数较小，则耐水性较差。根据软化系数的大小，可将石材分为高、中、低三个等级。其中软化系数大于 0.9 的为高耐水性，软化系数为 0.7～0.9 的是中耐水性，软化系数为 0.6～0.7 的是低耐水性。软化系数大于 0.85 的石材，可以认为是耐水的；软化系数低于 0.7 的石材，一般不允许用于重要建筑。

四、石材的力学性能

石材的力学性能有抗压强度、硬度、耐磨性及冲击韧性等，如图 10－1 所示。

五、石材的工艺性能

1. 磨光性

磨光性是岩石能够磨成光滑表面的性质。均匀、致密、细粒的岩石，一般磨光性能良好。而有鳞片状结构、疏松多空隙的岩石，其磨光性均不好。

2. 加工性

加工性是指对岩石劈解、凿琢和破碎等加工工艺的难易程度。凡强度、硬度、韧性较高的石材均不易加工;脆性大、质粗糙且有颗粒交错结构、含有层状或片状构造以及已经风化的岩石、都难以满足加工要求。

3. 抗钻性

抗钻性指岩石钻孔的难易程度。影响石材抗钻性的原因复杂,一般与岩石的硬度、强度等性质密切相关。

石材的力学性能

- 抗压强度
  - (1)石材的抗压强度主要取决于矿物组成、结构和构造特征及均匀性等。一般由石英组成的岩石抗压强度较高,长石次之,云母组成的较低。沉积岩的抗压强度受胶结物胶结力的影响。由硅质胶结的抗压强度较大,石灰质胶结的抗压强度次之,泥质胶结的抗压强度较低。由石英组成的岩石较非晶体组成的岩石抗压强度高,垂直于岩层的抗压强度较平行方向的抗压强度高、石材的抗压强度一般采用边长70mm的立方体试件进行测试,并以3个试件破坏强度的平均值来表示。
  - (2)石材的抗压强度等级是根据其抗压强度的大小来划分的。石材分为9个强度等级,分别是MU100、MU80、MU60、MU50、MU40、MU30、MU20、MU15和MU10。
- 硬度
  - 石材的硬度取决于其矿物组成的硬度和结构。一般情况下,凡由致密、坚硬矿物组成的石材硬度较高。岩石的硬度以莫氏硬度表示。莫氏硬度计由10种硬度不同的矿物组成,分为10级。1级最软,10级最硬。用它们来刻划待测试体以确定试体的硬度。莫氏硬度见表10—3。
- 耐磨性
  - (1)耐磨性是指石材在使用条件下抵抗摩擦、边缘剪切以及冲击等复杂作用的性质。石材的耐磨性与抗压强度、冲击韧性及硬度有关。这些性质较好的石材,其耐磨性也越高。
  - (2)在可能遭受磨损作用的场所,如路面、地面、楼梯、台阶等处,应采用具有较高耐磨性的石材。
- 冲击韧性
  - 石材的冲击韧性取决于岩石的矿物组成和结构。石英岩、硅质砂岩有较高的脆性。含暗色矿物较多的辉长岩、辉绿岩等具有较高的韧性。通常晶体结构的岩石较非晶体结构的岩石冲击韧性高。

图10—1 石材的力学性能

表10—3 莫氏硬度

硬度级	1	2	3	4	5	6	7	8	9	10
矿物名称	滑石	石膏	方解石	萤石	磷灰石	正长石	石英	黄玉	刚玉	金钢石

六、常见建筑石材产品

石材产品指由采掘地表的大理石岩、花岗岩、石灰岩和板岩等岩石经锯切、磨光等物理方法加工而成的石质建筑材料,包括块料、板料和磨光的饰面板材,不包括用于骨料或人造石料的碎石或石粉。天然石材除了用作建筑石外,还可用于园林石、工艺石和墓碑石等。

建筑石包括花岗石、大理石、板岩、水磨石、人造石树。这些建筑石还可按饰面分为光质类和麻质无光类。光质类可分成光滑的锯片切割板材,粗而亮的雕刻面、磨光板材、细而光亮的石灰岩和白云岩类板材、光可鉴人的抛光镜面板材等。麻质无光类分成麻质天然建筑石、蘑菇石、剁斧石、烧毛板、凿毛板、凿刻板、喷砂板和腐蚀板等。

由此可见,天然石材产品种类繁多,在建筑工程中主要用作装饰材料和构筑材料。

七、花岗石的矿物组成

花岗石泛指具有装饰功能并可以磨光、抛光的各类岩浆岩及少量其他类岩石。花岗石中的矿物成分主要由长石、石英、云母、辉石、角闪石等组成。在这些硅酸盐矿物结构中,每一个硅离子都被四个氧离子所包围,而构成硅氧四面体。这种基本结构单元决定了花岗岩的物理化学性质相当稳定,耐酸、碱性能强,难溶解,耐风化,不变色性好。

花岗岩是应用历史最久、用途最广、用量最多的岩石,也是地壳中最常见的岩石。从外观上看,花岗岩花色、品种较多,外表颗粒较大。花岗岩一般为浅色,多为灰、灰白、浅灰、红、肉红等。花色品种较好的有红、黑、白、蓝、绿、灰、彩色等七大系列 700 个品种。七大系列中以黑色、红色和彩色三大系列的产品为最多，约占总品种的 80%。可作为饰面石材的花岗石包括其他岩浆岩、变质岩、火山岩及少量沉积岩等，其中岩浆岩占 80%，矿点遍及全国。我国花岗岩资源主要集中在沿海各省，如山东、浙江、福建、广东、广西等地，其产量几乎占到全国花岗岩产量的 70%。

几种花岗石材图谱如图 10－2 所示。

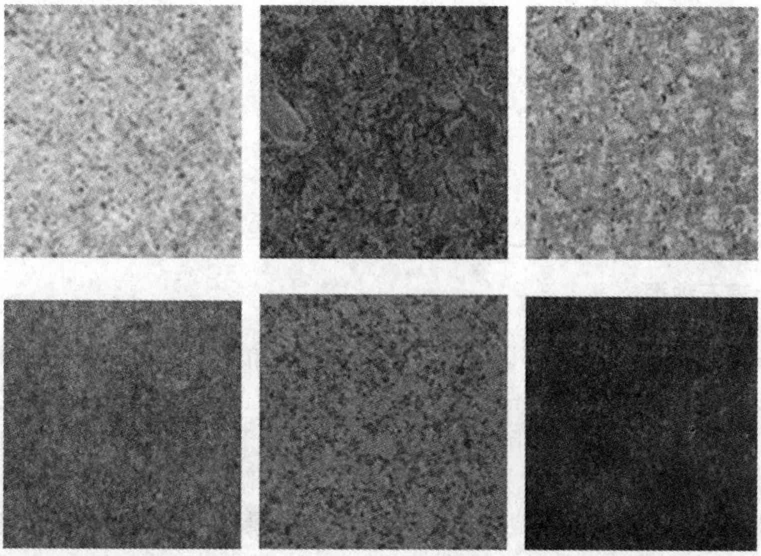

图 10－2　部分花岗石材图谱

花岗石具有以下特性：

(1)花岗岩构造致密，表观密度大(2500～2700kg/m^3)，抗压强度高，硬度高(莫氏硬度为 6～7)，耐磨性好。

(2)主要组成矿物为长石、石英、云母，化学稳定性好，抗风化能力强，耐腐蚀性强。

(3)耐酸性好，对硫酸、硝酸具有较强的抵抗作用。

(4)装饰效果好，表面经琢磨加工后光泽美丽，是优良的装饰材料。

(5)耐热性稍差，石英在 573℃时晶体开始发生转型，导致石材膨胀开裂。

(6)花岗石饰面石材抗压强度达 120～250MPa，耐久性好，使用年限可长达 75～200 年，主要用作建筑物内外饰面装饰，也可作为大型建筑物基础、踏步、栏杆、路面、街道石、堤坝和桥梁等。

八、大理石的组成及外观质量要求

大理石饰面石材泛指具有装饰功能，并可磨光、抛光的各种沉积岩和变质岩。

大理石中一般含有氧化铁、氧化硅、云母、石墨等杂质，呈现出红、黄、黑、绿、灰、褐等各色斑驳纹理，颜色有纯白、灰白、纯黑、黑白花、浅绿、深绿、淡红、紫红、浅灰、橘黄、米黄等，抛光后美丽典雅，极其装饰效果。

大理岩属变质岩，主要由方解石、白云石等矿物构成，常为白色、浅白色、灰白色。其中又以方解石居多。方解石和白云石都具有碳酸根离子，它比较活泼，易与空气中的二氧化硫作用形成石膏，呈浑浊的微粒状。方解石易与水作用，形成溶解于水的碳酸氢钙，在水分失去后又变成碳酸钙。经过这些变化后，大理石抛光板材原来的晶体磨光面已不复存在，因此以碳酸盐为主要成分的大理石虽能抵抗碱的腐蚀但不耐酸，不能用于建筑物的外部装饰。以石英砂为主的大理石则不存在此类问题，选用时应特别注意。

大理石的外观质量要求见表 10－4。

表 10－4　天然大理石的外观质量要求

<table>
<tr><th>缺陷名称</th><th>优等品</th><th>一等品</th><th>合格品</th></tr>
<tr><td>翘曲</td><td rowspan="8">不允许</td><td rowspan="8">不明显</td><td rowspan="6">有，但不影响使用</td></tr>
<tr><td>裂纹</td></tr>
<tr><td>砂眼</td></tr>
<tr><td>凹陷</td></tr>
<tr><td>色斑</td></tr>
<tr><td>污点</td></tr>
<tr><td>正面棱缺陷长≤8mm，宽≤3mm</td><td>1 处</td></tr>
<tr><td>正面角缺陷长≤3mm，宽≤3mm</td><td>1 处</td></tr>
</table>

九、我国大理石种类

我国大理石储量和品种数量都居世界前列。已投放市场的约有 700 种。颜色有纯白、灰等，较为著名的品种有：北京的“汉白玉”、“艾叶青”，辽宁的“丹东绿”、“铁岭红”，云南的“彩花”、“云灰”、“苍白玉”，贵州的“纹脂奶油”、“残雪”、“米黄”，河南的“松香花”，浙江的“杭灰”，江苏的“红奶油”、“白奶抽”、“咖啡”、山东的“雪花白”、“莱阳绿”，四川的“宝兴白”，广西的“墨玉”，湖南的“双峰黑”、“邵阳黑”，湖北的。“虎皮”、“秋景”等，几种大理石图谱如图 10－3 所示。

图 10－3　几种大理石图谱

1. 大理石的特性

(1)大理石构造致密，表观密度大（2500～2700kg/m^3），抗压强度高，但硬度较低（莫氏硬度约为 3）、耐磨性较差。

(2)大理石的耐酸性差，这一特性是其所含矿物（方解石、白云石）决定的，即便是在空气中，也会因大气中 CO_2、SO_3 等腐蚀介质长期作用而失色和表面点蚀。

(3)大理石较花岗石易于加工,雕刻性能好,磨光后纹理差面,甚至可以成为天然山水画,如图 10－4 所示。

图 10－4 大理石壁画

(4)大理石耐热性较花岗石好,但 700～900℃时也会受热分解,这个过程也即是石灰生产的过程。

2. 大理石的用途

(1)大理石因一般均含多种矿物质,常呈多种色彩组成的花纹。抛光后的太理石光洁细腻,如脂似玉,色彩绚丽,纹理自然,十分诱人。例如毛主席纪念堂内的十四种大理石花盆,每个花盆正面图案都具有深刻的含义,画面中有韶山、井冈山、娄山关、赤水河、金沙江、太渡河、雪山、草地和延安等,它们或是红军长征经过的地方,或是毛主席工作、生活过的场所,或是毛主席诗词中歌颂过的壮丽景色。

(2)纯净的大理石为白色,称汉白玉,纯白或纯黑的大理石属名贵品种。大理石荒料经锯切、研磨和抛光等加工工艺可用于建筑物室内饰面,如墙面、地面、柱面、台面、栏杆和踏步等。汉白玉和艾叶青等少数几种致密、质纯的品种可用于室外。

(3)用大理石边角料加工而成的正方体、长方体、多边体(此称冰裂块料),或不加工而制作成的“碎拼大理石”墙面、地面、庭院走廊,格调优美,乱中有序,且造价低廉。

(4)用天然大理石或花岗石等残碎料加工而成的石渣,具有多种颜色和装饰效果,可作为人造大理石、水磨石、水刷石,斩假石、干粘石及其他饰面的骨料之用。

十、石灰岩的用途

石灰岩俗称“青石”,是沉积岩的一种。石灰岩来源广,硬底低,易劈裂,便于开采,具有一定的强度和耐久性,因而广泛用于建筑工程中。

石灰岩主要化学成分为 $CaCO_3$,主要矿物成分为方解石,但常含有白云石、菱镁矿、石英、含铁矿物、黏土矿等,表观密度为 2600～2800kg/m^3,抗压强度为 80～160MPa,吸水率为 2%～10%。若岩石中黏土含量不超过 3%～4%时,也有较好的耐水性和抗冻性,但也有松散状的或多孔状的石灰岩。

石灰岩加工而成的“青石板”造价不高,表面能保持劈裂后的自然形状,加之多种色彩的搭配,作为墙面装饰板材,具有独特的自然风格。

其块石可作为建筑物的基础、墙身、价石及路面等,其碎石是常用的混凝土骨料。此外,它也是生产水泥和石灰的主要原料。

十一、砂岩的种类

(1)砂岩属沉积岩,它是由石英砂或石灰岩等的细小碎屑(直径 0.1～9.2mm)经沉积并重新胶结而形成的岩石。砂岩的主要矿物为石英、云母及黏土等。根据胶结物的不同,砂岩可分为硅质砂岩、钙质砂岩、铁质砂岩、黏土质砂岩。

(2)硅质砂岩由氧化硅胶结而成,常呈淡灰色;钙质砂岩由碳酸钙胶结而成,呈白色;铁质砂岩由氧化铁胶结而成,常呈红色;黏土质砂岩由黏土胶结而成,常呈黄灰色。

(3)各种砂岩因胶结物质和构造的不同,其抗压强度(5～200MPa),表观密度(2200～2500kg/m³),孔隙率(1.6%～28.3%),吸水率(0.2%～0.7%),软化系数(0.44～0.97)等性质差异很大。

建筑工程中,砂岩常用于基础、墙身、人行道和踏步等,也可破碎成散粒状用作混凝土骨料。纯白色砂岩俗称白玉石,可用作雕刻及装饰材料。

十二、建筑构筑用石材

构筑用石材按加工后的外形规则程度可分为毛石和料石两类。重质致密的块状石材常用于砌筑基础、桥涵、挡土墙、沟渠护坡和隧道衬砌;石板主要用于内外墙的贴面和地面材料;散粒状的碎石则用于道路材料、道碴材料等。

1.毛石

毛石分为乱毛石和平毛石两种。乱毛石是指形状不规则的石块;平毛石是指形状不规则,但有两个子面大致平行的石块。毛石应呈块状,其中部厚度不宜小于 150mm,如图 10－5 所示。

毛石的强度等级分为 MU100、MU80、MU60、MU50、MU40、MU30、MU20。其强度等级是以 70mm 边长的立方体试块的抗压强度表示(取三块试块的平均值)。

使用时毛石。其品种、规格、颜色必须符合设计要求和有关施工规范的规定,应有出厂合格证和抽样检测的告。

2.料石

料石按其加工面的平整程度分为方块石、粗料石、细料石、条石及板石,如图 10－6～图 10－10所示。

(1)料石墙体可采用毛料石、粗料石、细料石,料石柱、标志性建筑物及构筑物可采用细料石。选用的石材的品种、规格、颜色必须符合设计要求,其材质必须质地坚实,无风化剥落和裂纹。

(2)料石应六面方整,四角齐全,边棱整齐。料石的宽度、厚度均不宜小于 200mm,长度不宜大于厚度的 4 倍。料石加工的要求和允许偏差见表 10－5 和表 10－6 的要求。

图 10－5　毛石外形

图 10－6　方块石外形

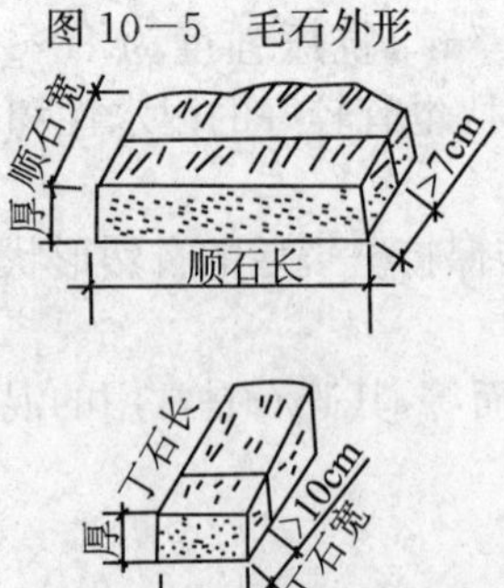

图 10－7　粗料石

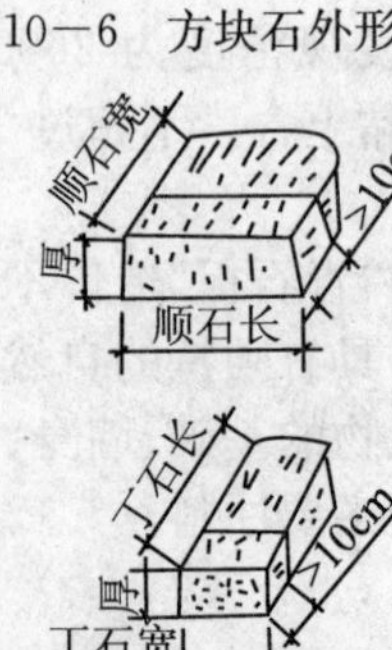

图 10－8　细料石

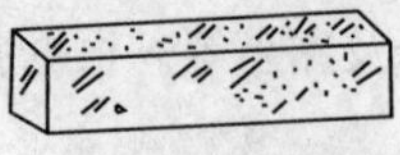

图 10－9　条石

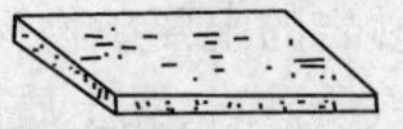

图 10－10　板石

表 10-5　料石各面的加工要求

料石种类	外露面及相接周边的表面凹入深度(mm)	叠砌面和接砌面的表面凹入深度(mm)
细料石	不大于 2	不大于 10
粗料石	不大于 20	不大于 20
毛料石	稍加修整	不大于 25

表 10-6　料石加工的允许偏差(mm)

料石种类	允许偏差	
	宽度、厚度	长度
细料石	±3	±5
粗料石	±5	±7
毛料石	±10	±15

注：如设计有特殊要求，应按设计要求加工。

(3)选用的料石，其强度等级不应低于 MU20。

(4)料石基础和墙体的砌筑砂浆宜采用水泥砂浆或水泥混合砂浆，基础砂浆的强度等级不应低于 M5；墙体砂浆的强度等级不应低于 M2.5。

(5)料石各面的加工要求，应符合规定。料石加工的允许偏差也应符合规定。料石的宽度、厚度均不宜小于 200mm，长度不宜大于厚度的 4 倍。

十三、天然石材

天然石材具有一定的放射性。石材的放射性来源于地壳岩石中所含的天然放射性核素。岩石中广泛存在的天然放射性核素主要有铀系、钍系的衰变产物和钾－40 等。这些放射性核素在不同种类岩石中的平均含量有很大差异。在碳酸盐岩石中，放射性核素含量较低；在岩浆岩中，放射性核素则随岩石中 SiO_2 含量的增加而增大；此外岩石的酸性增加，其放射性核素的平均值含量也有规律地增加。

天然石材的放射性水平，把天然石材产品分为 A、B、C 三类。其中：

(1)A 类产品的使用不受限制，可在任何场合中使用。

(2)B 类产品放射性程度高于 A 类，不可用于Ⅰ类民用建筑的内饰面，可用于Ⅰ类民用建筑的外饰面及其他一切建筑物的内、外饰面(注：Ⅰ类民用建筑指住宅、老年公寓、托儿所、医院和学校等；Ⅱ类民用建筑指Ⅰ类民用建筑以外的民用建筑，如商场、体育馆、书店、宾馆、办公楼、图书馆、文化娱乐场所、展览馆和公共交通等候室等)。

(3)C 类产品放射性程度高于 A、B 两类，只可用于建筑物的外饰面。

超过 C 类的天然石材，只可用碑石、海堤、桥墩等人类很少涉及的地方。

天然石材的放射性水平并不相同，一般来说大理石放射性很小，花岗石放射性高有较大可能。一般来说，花岗石放射性的强弱次序为：

红色＞肉红色＞灰白色＞白色＞黑色

判断花岗石的放射性应经过计量认证机构认可单位检测的数据才是最为可靠的。

十四、石材的保养

(1)天然石材取自于大自然，在使用中由于受到自然环境中水、空气成分以及光、热、外力和生物的作用和影响，其保养和防护直接影响到石材的使用效果和使用寿命。

(2)对石材寿命影响最大的是水。水能软化石材，加重石材的冻害，能与空气中的侵蚀气体形成酸性物质，加速石材的溶蚀和分解。大量的流水还对石材进行冲刷和冲击，加速对石材的损害,因此使用和保管中首先应注意水的影响。

(3)为减轻和防止石材风化造成的破坏,延长石材的使用寿命,必须特别加强防护。首先,要合理选用石材品种,做到扬长避短、材尽其用,从源头上减少石材遭破坏的机会;其次,用于建筑物表面的石材要尽量使其表面光滑、排水流畅,以减小水的停留时间。石材要按不同品种、规格分别存放于干燥、通风、坚实平整的场所。

第二节　砖

一、烧结普通砖

1. 烧结普通砖烧制与种类

烧结普通砖是以黏土、页岩(黏土岩的构造变种)、煤矸石(采煤和洗煤过程中排出的以二氧化硅为主要成分的废渣)或粉煤灰为主要原料制成的砖。

按使用的原料不同,烧结普通砖可分为烧结普通黏土砖(N)、烧结粉煤灰砖(F)、烧结煤矸石砖(M)和烧结页岩砖(Y)。它们的原料来源及生产工艺略有差异,但性能基本相同。

各种烧结普通砖中,以烧结普通黏土砖较为常见,其生产工艺为:采土→原料调制→制坯成型→干燥一焙烧→制品。

普通砖焙烧是在连续作用的隧道窑或轮窑中进行,焙烧是生产工艺的关键阶段。焙烧温度不宜过高或过低,一般控制在950～1000℃。当焙烧的温度低于烧结温度的下限时,会产生欠火砖。欠火砖,特点是坯体孔隙率大、强度低、耐久性差、颜色浅、敲之声哑;反之,则会产生过火砖.其特点是坯体孔隙率小、密实度大、强度与耐久性较高、颜色深、敲之声脆,但导热系数大,多有变形.两者均属于不合格产品。

当焙烧窑中为氧化气氛时,黏土中所含的氧化物被氧化成红色的高价氧化物(Fe_2O_3),砖呈红色,称为红砖;若窑内为还原气氛时,铁的氧化物为Fe_3O_4或FeO砖呈青灰色,称为青砖,青砖较红砖结实,耐久性强,但其燃料消耗多,价格较贵。

2. 烧结普通砖的技术要求

(1)外观指标。砖的外形为直角六面体。其公称尺寸为:长240mm、宽115mm、高53mm(尺寸偏差应符合表10－7的标准规定)。通常将240nm×115mm的面称为大面,240mm×53mm的面称为条面,115mm×53mm的面称为顶面,如图10－11所示。因此,在砌筑使用时,包括砂浆厚度(10mm)在内,4块砖长、8块砖宽、16块砖厚都为1m,1m³的砌体正好是512块砖。

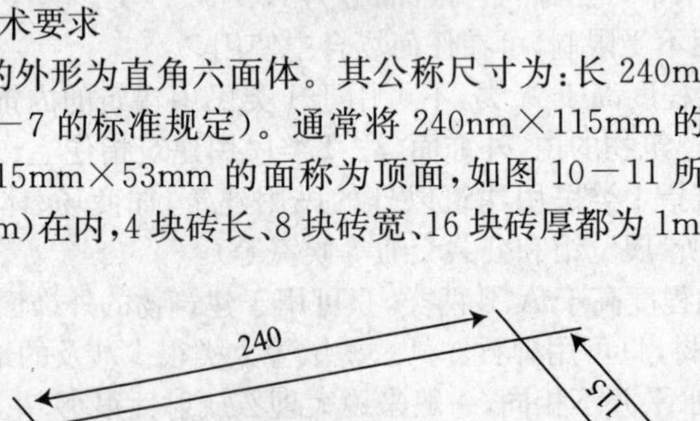

图10－11　烧结普通砖示意图

(2)尺寸偏差。烧结普通砖的尺寸允许偏差见表10－7。

表 10—7　烧结普通砖尺寸允许偏差

公称尺寸	优等品		一等品		合格品	
	样本平均偏差	样本极差≤	样本平均偏差	样本极差≤	样本平均偏差	样本极差≤
240	±2.0	8	±2.5	8	±3.0	8
115	±1.5	6	±2.0	6	±2.5	7
53	±1.5	4	±1.6	5	±2.0	6

(3)外观质量。砖的外形应该平整、方正。外观应无明显的弯曲、缺棱、掉角、裂缝等缺陷，敲击时发出清脆的金属声，色泽均匀一致，见表 10—8。

表 10—8　烧结普通砖外观质量

<table>
<tr><th colspan="2">项目</th><th>优等品</th><th>一等品</th><th>合格品</th></tr>
<tr><td>两条面高度差</td><td>≤</td><td>2</td><td>3</td><td>4</td></tr>
<tr><td>弯曲</td><td>≤</td><td>2</td><td>3</td><td>4</td></tr>
<tr><td>杂质凸出的高度</td><td>≤</td><td>2</td><td>3</td><td>4</td></tr>
<tr><td>缺棱掉角的三个破坏尺寸</td><td>不得同时大于</td><td>15</td><td>20</td><td>30</td></tr>
<tr><td>裂纹长度</td><td>≤</td><td></td><td></td><td></td></tr>
<tr><td colspan="2">(1)大面上宽度方向及其延伸至条面的长度
(2)大面上长度方向及其延伸至顶面的长度或条顶面上水平裂纹的长度</td><td>30
50</td><td>60
80</td><td>80
100</td></tr>
<tr><td>完整面</td><td>不得少于</td><td>一个条面和一个顶面</td><td>一个条面和一个顶面</td><td>—</td></tr>
<tr><td>颜色</td><td></td><td>基本一致</td><td>—</td><td>—</td></tr>
</table>

(4)抗风化性能。抗风化性能是指材料在干湿变化、温度变化、冻融变化等物理因素作用下不破坏并保持原有性质的能力，它与砖的使用寿命密切相关。常用抗冻性、吸水率及饱和系数来评定砖的抗风化性能。

根据规定，风化区的划分见表 10—9。

表 10—9　风化区的划分

严重风化区		非严重风化区	
黑龙江省 吉林省 辽宁省 内蒙古自治区 青海省 陕西省 山西省 河北省	新疆维吾尔自治区 宁夏回族自治区 甘肃省 北京市 天津市	山西省 河南省 安徽省 江苏省 湖北省 江西省 浙江省 四川省 贵州省 湖南省	福建省 台湾省 广东省 广西壮族自治区 海南省 云南省 西藏自治区 上海市 重庆市 香港特别行政区 澳门特别行政区

严重风化区的前五个省区的砖必须进行冻融试验，其他地区砖的抗风化性能符合表 10—10规定时，可不作冻融试验，否则，要进行冻融试验。冻融试验后，每块砖样不允许出现裂纹、分层、掉皮、缺棱、掉角等冻坏现象；质量损失不得大于 2%。

表 10—10　抗风化性能

<table>
<tr><td rowspan="3">项目
砖种类</td><td colspan="4">严重风化区</td><td colspan="4">非严重风化区</td></tr>
<tr><td colspan="2">5h 沸煮吸水率(%)≤</td><td colspan="2">饱和系数≤</td><td colspan="2">5h 沸煮吸水率(%)≤</td><td colspan="2">饱和系数≤</td></tr>
<tr><td>平均值</td><td>单块最大值</td><td>平均值</td><td>单块最大值</td><td>平均值</td><td>单块最大值</td><td>平均值</td><td>单块最大值</td></tr>
<tr><td>黏土砖</td><td>18</td><td>20</td><td rowspan="2">0.85</td><td rowspan="2">0.87</td><td>19</td><td>20</td><td rowspan="2">0.88</td><td rowspan="2">0.90</td></tr>
<tr><td>粉煤灰砖</td><td>23</td><td>25</td><td>23</td><td>25</td></tr>
<tr><td>页岩砖</td><td>16</td><td>18</td><td rowspan="2">0.74</td><td rowspan="2">0.77</td><td>18</td><td>20</td><td rowspan="2">0.78</td><td rowspan="2">0.80</td></tr>
<tr><td>煤矸石砖</td><td>19</td><td>18</td><td>18</td><td>20</td></tr>
</table>

(5)泛霜。泛霜是指黏土原料中的可溶性盐类在砖或砌块表面的盐析现象。砖内过量的可溶盐受潮吸水而溶解，随水分蒸发而沉积于砖的表面，形成白色粉状、絮状或絮片状附着物，影响建筑物的美观。

优等品：无泛霜；一等品：不允许出现中等泛箱；合格品：不得严重泛霸。

(6)石灰爆裂。石灰爆裂是指砖(或烧结砌块)的原料或内燃物质中夹杂着石灰石时，焙烧过程中，石灰石被烧成过烧石灰留在砖内，砖(或砌块)吸水后，过烧石灰消化，体积膨胀导致砖发生爆裂现象。

优等品砖不允许出现最大尺寸大于 2mm 的爆裂区域。一等品砖最大破坏尺寸大于 2mm，且小于等于 10mm 的爆裂区域，每组砖样不得多于 15 处；不允许出现最大酸坏尺寸大于 10mm 的爆裂区域。合格品砖最大破坏尺寸大于 2mm，且小于等于 15mm 的爆裂区域，每组砖样不得多于 15 处，其中大于 10mm 的不得多于 7 处；不允许出现最大破坏尺寸大于 15mm 的爆裂区域。

3. 烧结普通砖的特点及用途

烧结普通砖具有一定的强度、良好的绝热隔声性能，有较好的耐久性，原材料来源广泛、生产工艺简单，价格低廉等优点。它是应用历史最久、应用范围最广的建筑材料之一。在建筑工程中主要用作墙体材料。也可砌筑柱、拱、烟囱、沟道及基础等。还可与轻骨料混凝土、岩棉、加气混凝土等复合使用，砌成两面为砖、中间填以轻质材料的复合墙体。在砌筑中适当配置钢筋或钢丝网，可代替钢筋混凝土柱、过梁等。

二、烧结空心砖

烧结空心砖是以黏土、页岩、煤矸石等为主要原料，经焙烧而成的空心砖。

烧结空心砖的外形为矩形体，在与砂浆的接合面上应设有增加结合力的深度 1mm 以上的凹线槽，如图 10—12 所示。

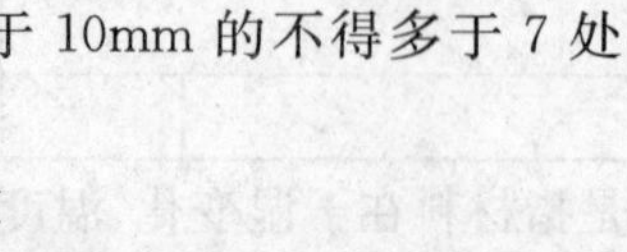

图 10—12　烧结空心砖

(1)烧结空心砖的长度、宽度、高度应符合的要求有：

290mm，190mm，140mm，90mm；240mm，180mm(175mm)，115mm。

(2)烧结空心砖的尺寸允许偏差应符合表 10—11～表 10—13 的规定。

表 10—11　尺寸允许偏差(mm)

尺　寸	优等品		一等品		合格品	
	样本平均偏差	样本极差,≤	样本平均偏差	样本极差,≤	样本平均偏差	样本极差,≤
＞300	±2.5	6.0	±3.0	7.0	±3.5	8.0
200～300	±2.0	5.0	±2.5	6.0	±3.0	7.0
100～200	±1.5	4.0	±2.0	5.0	±2.5	6.0
＜100	±1.5	3.0	±1.7	4.0	±2.0	5.0

(3)外观质量。砖的外观质量应符合表 10—12 的规定。

表 10—12　外观质量(mm)

项　目	优等品	一等品	合格品
(1)弯曲　≤	3	4	5
(2)缺棱掉角的三个破坏尺寸　不得同时大于	15	30	40
(3)垂直度差	3	4	5
(4)未贯穿裂纹长度　≤			
①大面上宽度方向及其延伸到条面的长度	不允许	100	120
②大面上长度方向或条面上水平面方向的广度	不允许	120	140
(5)贯穿裂纹长度　≤			
①大面上宽度方向及其延伸到条面的长度	不允许	40	60
②壁、肋没长度方向、宽度方向及其水平方向的长度	不允许	40	60
(6)肋、壁内残缺长度　≤	不允许	40	60
(7)完整面　≥	一条面和一大面	一条面或一大面	—

注:1. 为装饰而施加的色差、凹凸纹、拉毛、压花等不算缺陷。

2. 凡有下列缺陷之一者,不能称为完整面:

(1)缺损在条面或顶面上造成的破坏面尺寸同时大于 20 mm×30 mm。

(2)条面或顶面上裂纹宽度大于 1 mm,其长度超过 70 mm。

(3)压陷、焦花、粘底在条面或顶面上的凹陷或凸出超过 2 mm,区域尺寸同时大于 20 mm×30 mm。

表 10—13　密度等级(kg/m^3)

密度等级	5 块密度平均值	密度等级	5 块密度平均值
800	≤800	1 000	901～1 000
900	801～900	1 100	1 001～1 100

烧结多孔砖因其强度较高,绝热性能优于普通砖,一般用于砌筑 6 层以下建筑物的承重墙;烧结空心砖主要用于非承重的填充墙和隔墙。

三、炉渣砖

1. 分类

本产品按抗压强度分为 MU25、MU20、MU15 三等级。

(1)产品规格

1)砖的外型为直角六面体。

2)砖的公称尺寸为:长度 240mm,宽度 115mm,高度 53mm。其它规格尺寸由供需双方协商确定。

(2)产品标记

按产品名称(LZ)、强度等级以及标准编号顺序进行编写。

示例:强度等级为 MU20 的炉渣砖标记为:

LZ MU20 JC/T 525—2007。

2. 技术要求

(1)尺寸允许偏差

尺寸允许偏差应符合表 10—14 的规定。

(2)外观质量

外观质量应符合表 10—15。

表 10—14 尺寸允许偏差(mm)

项目名称	合格品
长度	±2.0
宽度	±2.0
高度	±2.0

表 10—15 外观质量(mm)

项目名称		合格品
弯曲		不大于 2.0
缺棱掉角	个数(个)	≤1
	三个方向投影尺寸的最小值	≤10
完整面		不少于一条面和一顶面
裂缝长度 (1)大面上宽度方向及其延伸到条面的长度 (2)大面上长度方向及延伸到顶面上的长度或条、顶面水平裂纹的长度		 不大于 30 不大于 50
层裂		不允许
颜色		基本一致

(3)强度

强度应符合表 10—16 的规定。

表 10—16 强度等级(MPa)

强度等级	抗压强度平均值 $f\geqslant$	变异系数 $\delta\leqslant0.21$	变异系数 $\delta\geqslant0.21$
		强度标准值 $f_k\geqslant$	单块最小抗压强度 $f_{min}\geqslant$
MU25	25.0	19.0	20.0
MU20	20.0	14.0	16.0
MU15	15.0	10.0	12.0

四、蒸压灰砂砖

1. 蒸压灰砖的制成原理

蒸压灰砂砖是以石灰、砂子为原料(也可加入着色剂或掺合料),经配料、拌和、压制成型和蒸压养护(175~191℃,0.8~1.0MPa 的饱和蒸汽)而制成的砖,简称为灰砂砖,代号为 LSB。

2. 蒸压灰砂砖的规格及强度等级

(1)规格

蒸压灰砂砖的外形尺寸同普通黏土砖:240mm×115mm×53mm。

(2)强度等级

蒸压灰砂砖根据抗压强度及抗折强度，分 MU25、MU20、MU15 和 MU10 四个强度等级，见表 10—17。

表 10—17　灰砂砖的强度等级

强度等级	抗压强度(MPa)，不小于		抗折强度(MPa)，不小于	
	平均值	单块值	平均值	单块值
MU25	25.0	20.0	5.0	4.0
MU20	20.0	16.0	4.0	3.2
MU15	15.0	12.0	3.3	2.6
MU10	10.0	8.0	2.5	2.0

(3)产品等级

根据尺寸偏差和外观质量分为优等品(A)、一等品(B)和合格品(C)三个质量等级。

(4)适用范围

1)灰砂砖是在高压下成型，又经过过蒸压养护，砖体组织致密，具有强度高、大气稳定性好、干缩率小、尺寸偏差小、外形光滑平整等特点。它主要用于工业与民用建筑的墙体和基础。其中，MU15，MU20 和 MU25 的灰砂砖可用于基础及其他部位，MU10 的砖可用于防潮层以上的建筑部位。

2)灰砂砖不得用于长期受热 200℃以上、受急玲、急热或有酸性介质侵蚀的环境，也不宜用于受流水冲刷的部位。

3)灰砂砖表面光滑平整，使用时注意提高砖与砂浆之间的黏结力。

五、蒸压粉煤砖

1. 蒸压粉煤灰砖制成原理

蒸压粉煤灰砖是以粉煤灰和石灰为主要原料，配以适量的石膏和炉渣，加水拌和后压制成型，经常压或高压蒸汽养护而制成的实心砖，称为粉煤灰砖。

2. 蒸压粉煤砖的技术要求

(1)规格。粉煤灰砖的外形尺寸同普通黏土砖，240mm×115mm×53mm。

(2)强度等级。根据抗压强度和抗折强度分为 MU30、MU25，MU20、MU10 和 MU15 五个强度等级、见表 10—18。

表 10—18　粉煤灰砖的强度等级

强度等级	抗压强度(MPa)，不小于		抗折强度(MPa)，不小于	
	10 块平均值	单块值	10 块平均值	单块值
MU30	30.0	24.0	6.2	5.0
MU25	25.0	20.0	5.0	4.0
MU20	20.0	16.0	4.0	3.2
MU15	15.0	12.0	3.3	2.6
MU10	10.0	8.0	2.5	2.0

(1)长期受高于 200℃作用，或受冷热交替作用，或有酸性侵蚀的建筑部位不得使用粉煤灰砖。

(2)粉煤灰砖出釜后，应存放一段时间后再用，以碱少相对伸缩值。

(3)产品等级。产品等级：根据尺寸偏差、强度、抗冻性和干缩值分为优等品(A)。一等品(B)和合格品(C)三个质量等级。

(4)在易受冻融和干湿交替的部位必须使用优等品或一等品砖。用于易受冻融作用的部位时要进行抗冻性检验,并采取适当措施,以提高其耐久性。

(5)用粉煤灰砖砌筑的建筑物,应适当增设圈梁及伸缩缝或采取其他措施,以避免或减少收缩裂缝的产生。

六、蒸压炉渣转

1.蒸压炉渣砖的技术要求

(1)规格。炉渣砖的外形尺寸同普通黏土砖,240mm×115mm×53mm。

(2)强度等级。根据抗压强和抗折强度分为 MU25、MU20、MU15 和 MU10 四个强度等级,见表 10-19。

表 10-19 炉渣砖的强度等级

强度等级	抗压强度(MPa),不小于		抗折强度(MPa),不小于	
	平均值	单块值	平均值	单块值
MU25	25.0	20.0	5.0	3.5
MU20	20.0	15.0	4.0	3.0
MU15	15.0	11.0	3.3	2.4
MU10	10.0	7.5	2.5	1.9

注:强度等级以蒸汽养护后 24~36h 内的强度。

(3)产品等级。根据外观质量、尺寸偏差、强度、抗冻性分为优等品(A)、一等品(B)和合格品(C)三个质量等级。

2.蒸压炉渣砖的应用

炉渣砖可用于一般工业与民用建筑的墙体和基础。用于基础或易受冻融和干湿交替作用的建筑部位,必须使用 MU15 及以上强度等级砖时;炉渣砖不得用于长期受热在 200℃以上或受急冷急热或有侵蚀性介质的部位。

第三节 砌 块

一、普通混凝土小型空心砌块

1.普通混凝土小型空心砌块的制成原理

普通混凝土小型空心砌块以水泥、砂、碎石或卵石、水等预制成的。混凝土原材料一般选用 42.5 级普通水泥或 42.5 级矿渣水泥和含泥量不大于 0.95%、平均粒径为 0.27mm 的河沙,碎石规格为 6~13mm。为了降低水泥用量又能满足生产工艺对混凝土和易性的要求,可在水泥中掺入矿粉。还可以采用珍珠岩尾矿粉工业废料,使每正方米混凝土水泥用量降至 192kg。

为了快速脱模、隔日起吊归堆,除选择合理的配合比外,还可加入氯化钙作早强剂。厚度为 180~200mm、空心率 60%左右的混凝土空心砌块,其平均容重为 960kg/m³;有保温填充料的砌块,其容重约为 1414kg/m³。砌块抗压强度为 50~70MPa,砌体强度为 4MPa 左右(相当当于 MU20 砖、M2.5 砂浆砌体强度),这说明混凝土空心砌块强度潜力较大。但是,砌块的热工性能较差。200mm 厚的空心砌块墙体的保温性能只与 3/4 砖墙体相当;隔热性能只稍强于 1/2 砖墙体。为了适应不同建筑的需要,满足其热工要求,可在砌块的孔洞中填塞保温和隔热材料,则砌块墙体的热工性能可以显著提高。有的单位采用粉煤灰泡沫混凝土作为填充料,改善了墙体保温隔热性能,稍优于一砖墙的隔热效果。

普通混凝土小型空心砌块主规格尺寸为 390mm×190mm×190mm,有两个方形孔,最小外壁厚应不小 30mm,最小肋厚应不小于 25mm,空心率应不小于 25%,如图 10—13 所示。

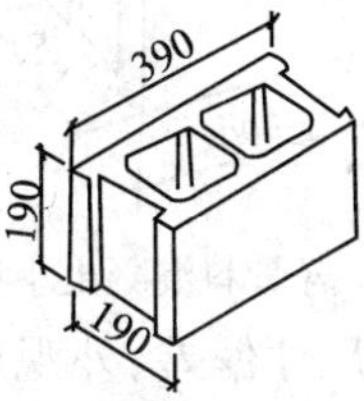

图 10—13　普通混凝土小型空心砌块

2.普通混凝土小型空心砌块的规格要求

(1)普通混凝土小型空心砌块的尺寸允许偏差应符合表 10—20 的规定。

表 10—20　普通混凝土小型空心砌块尺寸允许偏差

项　目	优等品	一等品	合格品
长度	±2	±3	±3
宽度	±2	±3	±3
高度	±2	±3	+3,−4

(2)普通混凝土小型空心砌块外观质量分为优等品、一等品和合格品,见表 10—21。

表 10—21　普通混凝土小型空心砌块外观质量

项　目			优等品	一等品	合格品
弯曲(mm)		≤	2	2	3
掉角缺棱	个数	≤	0	2	2
	三个方向投影尺寸的最小值(mm)	≤	0	20	30
裂纹延伸的投影尺寸累计(mm)		≤	0	20	30

(3)普通混凝土小型空心砌块按其强度分为 MU3.5、MU5、MU7.5、MU10、MU15、MU20 六个强度等级,见表 10—22。

表 10—22　普通混凝土小型空心砌块抗压强度

强度等级	砌块抗压强度(MPa)		强度等级	砌块抗压强度(MPa)	
	5 块平均值≥	单块最小值≥		5 块平均值≥	单块最小值≥
MU3.5	3.5	2.8	MU10	10.0	8.0
MU5.0	5.0	4.0	MU15	15.0	12.0
MU7.5	7.5	6.0	MU20	20.0	16.0

二、轻骨料混凝土小型空心砌块的规格要求

轻骨料混凝土小型空心砌块以水泥、轻骨料、砂、水等预制成的。

轻骨料混凝土小型空心砌块主规格尺寸为 390mm×190mm×190mm。按其孔的排数有:单排孔、双排孔、三排孔和四排孔等四类,如图 10—14 所示。

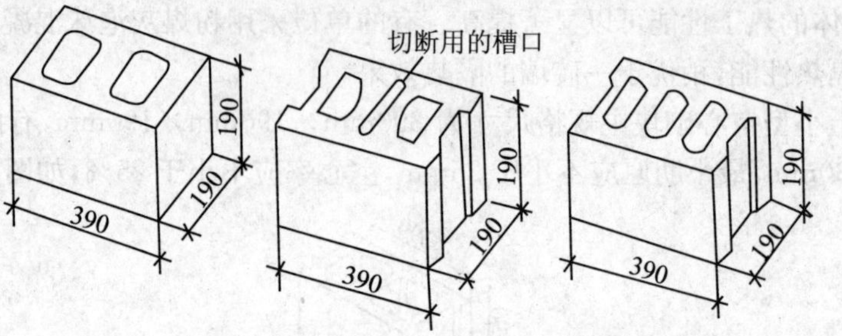

图 10—14 轻骨料混凝土小型空心砌块

(1)轻骨料混凝土小型空心砌块按尺寸偏差、外观质量,分为优等品、一等品和合格品,见表 10—23～表 10—24。

表 10—23 轻骨料混凝土小型空心砌块尺寸允许偏差(mm)

项 目	优等品	一等品	合格品
长度	±2	±3	±3
宽度	±2	±3	±3
高度	±2	±3	+3,−4

表 10—24 轻骨料混凝土小型空心砌块外观质量

项 目		优等品	一等品	合格品
缺棱掉角(个数)	≤	0	ϕ	2
3 个方向投影的最小值(mm)	≤	0	20	30
裂缝延伸投影的累计尺寸(mm)	≤	0	20	30

(2)轻骨料混凝土小型空心砌块按其密度(kg/m^3)分为:500、600、700、800、900、1000、1200、1400 八个密度等级,见表 10—25。

(3)轻骨料混凝土小型空心砌块按其强度分为:MUL5、MU2.5、MU3.5、MU5、MU7.5、MU10 六个强度等级,见表 10—26。

表 10—25 轻骨料混凝土小型空心砌块密度(kg/m^3)

密度等级	砌块干燥表现密度的范围	密度等级	砌块干燥表现密
度的范围 500	≤500	900	810～900
600	510～600	1000	910～1000
700	610～700	1200	1010～1200
800	710～800	1400	1210～1400

表 10—26 轻骨料混凝土小型空心砌块抗压强度

强度等级	砌块抗压强度(MPa)		密度等级范围(kg/m^3)≤
	平均值≥	单块最小值≥	
MU1.5	1.5	1.2	600
MU2.5	2.5	2.0	800
MU3.5	3.5	7.8	1200
MU5.0	5.0	4.0	1200
MU7.5	7.5	6.0	1400
MU10.0	10.0	8.0	1400

三、粉煤灰混凝土小型空心砌块

1. 类型

(1)分类

按砌块孔的排数分为：单排孔(1)、双排孔(2)和多排孔(D)三类。

(2)规格

主规格尺寸为390mm×190mm×190mm，其他规格尺寸可由供需双方商定。

(3)等级

1)按砌块密度等级分为：600、700、800、900、1000、1200和1400七个等级。

2)按砌块抗压强度分为：MU3.5、MU5、MU7.5、MU10、MU15和MU20六个等级。

(4)标记

产品按下列顺序进行标记：代号(FHB)、分类、规格尺寸、密度等级、强度等级、标准偏号。

示例：

规格尺寸为390mm×190mm×190mm、密度等级为800级、强度等级为MU5的双排孔砌块的标记：

FHB2　390×190×190　800　MU5　JC/T 862—2008。

2. 原材料

(1)水泥

应符合GB 175的规定。水泥用量应不低于原材料干重量的10%。

(2)粉煤灰

应符合GB/T 1596和GB 6566的规定，对含水率不作规定，但应满足生产工艺要求。粉煤灰用量应不低于原材料干重量的20%，也不高于原材料干重量的50%。

(3)集料

各种集料的最大粒径不宜大于10mm。

1)砂：应符合GB/T 14684的规定。

2)卵石和碎石：应符合GB/T 14865的规定。

3)轻集料：应符合GB/T 17431的规定。

4)重矿渣集料：应符合YBJ 20584的规定。

5)炉底渣、灰渣混排时，0.16mm筛筛余部分的烧失量应不大于15%

6)石屑：小于0.16mm的细石粉含量应不大于20%。

(4)外加剂

应符合GB 8076的规定。

(5)水

应符合JGJ 63的规定。

3. 要求

(1)尺寸偏差和外观质量

尺寸允许偏差和外观质量应符合表10－27的规定。

表 10－27　尺寸允许偏差和外观质量

项目			指标
尺寸允许偏差(mm)	长度		±2
	宽度		±2
	高度		±2
最小外壁厚(mm)　不小于	用于承重墙体		30
	用于非承重墙体		20
肋厚(mm)　不小于	用于承重墙体		25
	用于非承重墙体		15
缺棱掉角	个数(个)	不多于	2
	3个方向投影的最小值(mm)	不大于	20
裂缝延伸投影的累计尺寸(mm)		不大于	20
弯曲(mm)		不大于	2

(2)密度等级

密度等级应符合表 10－28 的规定。

表 10－28　密度等级(kg/m³)

密度等级	砌块块体密度的范围
600	≤600
700	610～700
800	710～900
900	810～1000
1000	910～1200
1200	1010～1200
1400	1210～1400

(3)强度等级

强度等级应符合表 10－29 的规定。

表 10－29　密度等级(MPa)

强度等级	砌块抗压强度	
	平均值　不小于	单块最小值　不小于
MU3.5	3.5	2.8
MU5	5.0	4.0
MU7.5	7.5	6.0
MU10	10.0	8.0
MU15	15.0	12.0
MU20	20.0	16.0

(4)干燥收缩率

干燥收缩率应不大于 0.060％。

(5)相对含水率

相对含水率应符合表 10－30 的规定。

表 10－30　相对含水率(%)

使用地区	潮湿	中等	干燥
相对含水率不大于	40	35	30

注：1. 相对含水率即砌块含水率与吸水率之比：

$$W = 100 \times \omega_1/\omega_2$$

式中：W——砌块的相对含水率，单位为百分比(%)；

ω_1——砌块的含水率，单位为百分比(%)；

ω_1——砌块的吸水率，单位为百分比(%)。

2. 使用地区的湿度条件：

潮湿——系指年平均相对湿度大于 75%的地区；

中等——系指年平均相对湿度 50%～75%的地区；

干燥——系指年平均相对湿度小于 50%的地区。

(6)抗冻性

抗冻性应符合表 10－31 的规定。

表 10－31　抗冻性(%)

使用条件	抗冻指标	质量损失率	强度损失率
夏热冬暖地区	F_{15}	≤5	≤25
夏热冬冷地区	F_{25}		
寒冷地区	F_{35}		
严寒地区	F_{50}		

四、蒸压加气混凝土砌块

1. 蒸压加气混凝土砌块的制成原理

蒸压加气混凝土砌块是以水泥、矿渣、砂、石灰等为原料，加入发气剂，经搅拌、成型、高压蒸汽养护而成。

加气混凝土砌块一般规格的公称尺寸有两个系列。

(1)长度 600mm。

高度 200mm、250mm、300ram。

宽度 75mm、100mm、125mm、150mm、175mm、200mm、225mm(以 25mm 递增)…

(2)长度 600mm。

高度 240mm、300mm。

宽度 60mm、120mm、180mm、240mm、(以 60mm 递增)…

2. 蒸压加气混凝土砌块的技术指标

《蒸压加气混凝土砌块》(GB 11968－2006)规定，加气混凝土砌块的尺寸偏差和外观要求、抗压强度、干密度和强度级别指标分别见表 10－32、表 10－33 和表 10－34。

表 10－32 加气混凝土切块尺寸偏差和外观

项 目		指标	
		优等品(A)	合格品(B)
尺寸允许偏差(mm)	长度(*L*)	±3	±4
	宽度(*B*)	±1	±2
	高度(*H*)	±1	±2
缺棱掉角	最小尺寸不得大于(mm)	0	30
	最大尺寸不得大于(mm)	0	70
	大于以上尺寸的缺棱掉角个数,不多于(个)	0	2
裂纹长度	贯穿一棱二面的裂纹长度不得大于裂纹所在面的裂纹方向尺寸总和的	0	1/3
	任一面上的裂纹长度不得大于裂纹方向尺寸的	0	1/2
	大于以上尺寸的裂纹条数,不多于(条)	0	2
爆裂、黏膜和损坏深度不得大于(mm)		10	30
平面弯曲		不允许	
表面疏松、层裂		不允许	
表面油污		不允许	

表 10－33　加气混凝土切块的抗压强度

强度等级	立方体抗压强度，不小于		强度等级	立方体抗压强度，不小于	
	平均值	单组最小值		平均值	单组最小值
A1.0	1.0	0.8	A5.0	5.0	4.0
A2.0	2.0	1.6	A7.5	7.5	6.0
A2.5	2.5	2.0	A10.0	10.0	8.0
A3.5	3.5	2.8			

表 10－34　加气混凝土切块的干密度和强度级别（kg/m^3）

干密度等级		B03	B04	B05	B06	B07	B08
干密度	优等品（A）≤	300	400	500	600	700	800
	合格品（B）≤	325	425	525	625	725	825
强度级别	优等品（A）	A1.0	A2.0	A3.5	A5.0	A7.5	A10.0
	合格品（B）			A2.5	A3.5	A5.0	A7.5

五、粉煤灰实心砌块

1. 规格

砖的外形为直角六面体，其公称尺寸为：长 240 mm、宽 115 mm，高 57 mm。

2. 等级

（1）根据抗压强度和抗折强度将强度级分为 MU30、MU25、MU20、MU15、MU10 五个级别。

（2）根据尺寸偏差、外观质量、强度等级和干燥收缩分为：优等品（A）；一等品（B）；合格品（C）。

3. 产品标记

粉煤灰砖按产品名称（FB）、颜色、强度等级、质量等级、标准编号顺序编号。

强度等级为 20 级的优等品彩色粉煤灰砖标记为：FB CO 20 A JC 239—2001。

4. 技术要求

（1）尺寸偏差和外观质量。尺寸偏差和外观质量应符合表 10－35 的规定。

表 10－35　尺寸偏差和外观质量（mm）

项　目	指　标		
	优等品（A）	一等品（B）	合格品（C）
尺寸允许偏差：			
长	±2	±3	±4
宽	±2	±3	±4
高	±1	±2	±3
对应高度差 ≤	1	2	3
缺棱掉角的最小破坏尺寸 ≤	10	15	20
完整面 不少于	二条面和一顶面或二顶面和一条面	一条面和一顶面	一条面和一顶面
裂纹长度 ≤			
（1）大面上宽度方向的裂纹（包括延伸到条面上的长度）	30	50	70
（2）其他裂纹	50	70	100
层裂	不允许		

注：在条面或顶面上破坏面的两个尺寸同时大于 10 mm 和 20 mm 者为非完整面。

（2）强度等级。强度等级应符合表 10－36 的规定，优等品的强度级别应不低于 15 级，一等品的强度级别应不低于 10 级。

表 10－36　粉煤灰砖强度指标(MPa)

强度等级	抗压强度		抗折强度	
	10 块平均值≥	单块值≥	10 块平均值≥	单块值≥
MU30	30.0	24.0	6.2	5.0
MU25	25.0	20.0	5.0	4.0
MU20	20.0	16.0	4.0	3.2
MU15	15.0	12.0	3.3	2.6
MU10	10.0	8.0	2.5	2.0

(3)抗冻性。抗冻性应符合表 10－37 的规定。

表 10－37　粉煤灰砖抗冻性

强度等级	抗压强度(MPa)　平均值≥	砖的干重量损失(%)　单块值≤
MU30	24.0	2.0
MU25	20.0	
MU20	16.0	
MU15	12.0	
MU10	8.0	

(4)干燥收缩和碳化性能。

1)干燥收缩值:优等品和一等品应不大于 0.65 mm/m;合格品应不大于0.75 mm/m。

2)碳化性能:碳化系数 K_c≥0.8。

六、石膏砌块

1.石膏砌块的制成原理

石膏砌块是以建筑石膏为原料,加水拌和,浇筑成型,自然干燥或烘干而制成的轻质块状隔墙材料,在生产中还可加入各种轻骨料、填充料、纤维增强材料、发泡剂等辅助原料,也可用高强石膏粉或部分水泥代替建筑石膏,并掺加粉煤灰生产石膏砌块。

石膏砌块可分为天然石膏砌块和工业副产石膏砌块,实心石膏砌块和空心石膏砌块,普通石膏砌块和防潮石膏砌块等类型。目前,国内以空心石膏砌块为主,国外以实心石膏砌块为主。

2.石膏砌块的规格要求

石膏砌块的外形一般为一平面长方体,通常在纵横四边分别设有凹凸企口。常用尺寸为长度×宽度×厚度为 666mm×500mm×(60、80、90、100、110、120)mm,三块砌块相拼正好是 1m^2 的墙面。实心砌块的密度为 800～1100kg/m^3,空心砌块的密度为 500～700kg/m^3。

石膏砌块的规格与尺寸偏差应付合表 10－38 的要求,外观质量应符合表 10－39 的要求。

表 10－38　石膏砌块的规格与尺寸偏差(mm)

项　目	规　格	尺寸偏差
长度	666	±3
宽度	500	±2
厚度	60、80、90、100、110、120	±1.5

表 10－39　石膏砌块外观质量

项　目	指　标
缺角	同一砌块不得多于一处，缺角尺寸应小于 30mm×30mm
板面裂纹	非贯穿裂纹不得多于一条，裂纹长度小于 30mm，宽度小于 1mm
油污	不允许
气孔	直径 5～10mm，不多于 2 处；直径大于 10mm，不允许

3. 石膏砌块的性能指标

石膏砌块墙体为轻质结构，具有减轻建筑自重，降低基础造价，提高抗震能力，长期使用过程中不会释放有害气体，无放射性和重金属危害，并具有安全防水、调节温度、保温隔热、节约能源等优良性能，是典型的绿色建材产品。石膏空心砌块的技术性能指标应符合表 10－40 的要求。

表 10－40　石膏空心砌块的技术性能指标

项　目	单　位	指　标	备　注
容重	kN/m³(kg/m³)	6.5(650)	
抗弯强度	MPa	4.0	
抗压强度	MPa	9.0	
抗拉强度	MPa	2.0	
热导率	W/(m·K)	0.1447	
软化系数		≥0.5	
隔音	dB	45.71	
放射性		符合	在建筑业上使用不受任何限制，对人体无放射性影响
钉子吊挂荷载	kg	40	
加工性	可锯、可刨、可钻孔		
抗撞击性	15kg 砂袋，2m 距离经受 200 次冲击无裂缝		

注：以上指标均为 80mm 厚度的石膏空心砌块测得。

第十一章　木　材

木材的应用历史悠久，是人类最早使用的建筑材料之一。木材与水泥、钢材曾被列为建筑工程的三大材料。近年来，我国为保护有限的森林资源，木材应用不再像从前一样，但由于木材具有独特的优点，故它仍不失在建筑工程中的重要地位。

在建筑工程中，屋架、梁、柱、支撑、门窗、地板、桥梁、混凝土模板、脚手架以及室内装修，水利工程中的木桩、闸门，以及隧洞支护的坑木等，都需要使用大量木材。

木材作为建筑材料具有许多优良性能，如质轻、比强度高、有较高的弹性和韧性、抗冲击和振动、容易加工，长期保持干燥或长期置于水中时均有很高的耐久性、导热性低，大部分木材具有美丽的纹理、装饰性好等。木材的性能也有缺点，如构造不均匀、各向异性、易变形、易腐朽、易虫蛀、易燃烧等，因而在使用中受到很大限制。特别是因为木材生长期长，资源有限，不能满足工程建筑的需要。因此，一方面要努力节约木材，提高木材的利用率，另一方面要发展其他材料来代替木材，如以钢代木、以塑代木等。

目前还有不少的工程和建筑仍需要使用木材，如铁路上的桥枕和岔枕、临时性建筑的结构、建筑物的门窗和装饰材料及施工脚手架等。因此，木材仍是不可缺少的材料之一。

第一节　木材的分类及构造

一、木材的分类

木材的种类很多，从树叶的外观现状可将树木分为针叶树和阔叶树两大类。

(1)针叶树成长较快，树干通直高大，易得大材，纹理平顺，材质均匀，木质较软，易加工，故又称软木，如杉木、红松、落叶松、马毛松等。其表面密度和胀缩变形小，耐腐朽性较强，因而是土木建筑工程中作为结构构件、门窗、地板和铁道枕木的主要用材。

(2)阔叶树生长较慢，树干通直部分较短，材质较硬，较难加工，故又称硬木材，如榆木、水曲柳、柞木等。但也有材质较软的，如椴木、杨木、桦木等。阔叶树木材一般较重，强度较大，胀缩、翘曲变形较大，较易开裂，故不适用于承重构件；它坚硬耐磨，纹理美观，宜用于制作家具和内部装修及胶合板等。

二、木材的构造

1. 木材的三个面

从不同的方向锯解木材，可以得到无数的切面，如图 11－1 所示。观察和研究木材时，通常在三个典型的切面上进行。这三个切面如下。

(1)横切面

沿垂直于树木生长方向锯开的切面称为切面。在这个切面上，木材细胞间的相互联系都能清楚反映出来。木材的横切面硬度大，耐磨损，难刨削，易折断，是识别木材的重要切面。

(2)径切面

树木生长方向，通过髓心并与年轮垂直锯开的切面，称为径切面。径切面上年轮呈现相互平行的条状。径切板材较直，收缩小，不易翘曲。

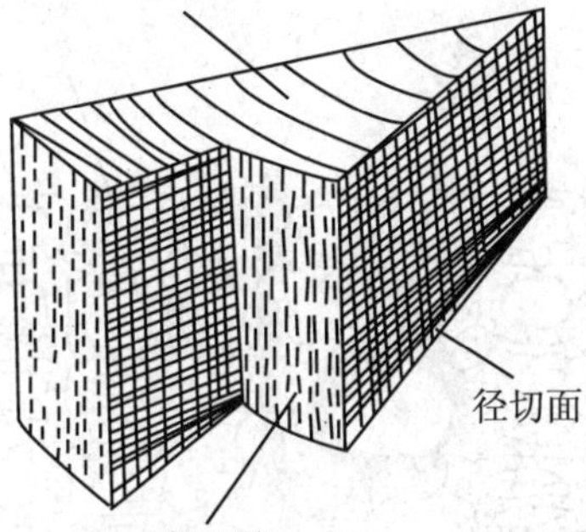

图 11－1 木材切面示意

(3)弦切面

沿树木生长的方向，与年轮相切锯解的切面称为弦切面。标准的弦切面与年轮平行，为曲面而不是平面。通常的弦切板是非标准弦切面。弦切面上的年轮呈 V 字形花纹，较美观但易翘曲变形。

2. 木材的宏观构造

因肉眼或放大镜能看清楚的构造称为宏观构造。树木是由树皮、形成层、木质部和髓心四个部分组成。

(1)树皮

树皮即形成层外围的一种组织。树皮分外皮和内皮两部分，外皮和内皮除构造不同外，立木期间尚有生理上的差异。外皮是指树干表层已经死亡的组织(又称木栓层)；内皮是指树皮中还活着的组织(又称韧皮)。因此，外皮也称死皮，内皮也称活皮。树皮的主要作用是对树木生长起保护作用和储藏养分，输送养分，它是识别木材的主要标志之一。

(2)形成层

形成层是指在树皮和木质部之间一层肉眼看不到的很薄的组织。它的作用是期内形成木质部，向外形成树皮，是产生木材的源泉。

(3)木质部

术质部是指位于形成层和髓之间的组织，为树干最主要的部分。根据细胞的组织来源，木质部可分为初生木质部和次生木质部。初生木质部起源于顶芽，分量极小，围绕在髓的周围。次生木质部是由形成层分生而来的，是木质部的主要成分。因此，严格地说，树木有利用价值的部分仅是树干组成中的次生木质部。

(4)髓心

髓心是指位于树干中心的一种柔软的薄壁组织，常呈褐色和淡褐色。髓心的组织松软，强度低，易干裂和腐朽，严格地说，是木材的一种缺陷。

3. 木材的微观构造

木材的微观构造是指在(在显微镜下所见到的木材组织。在显微镜下，可以看到，木材是由无数不同形态、不同大小的管状细胞紧密结合而成的。它们大部分为纵向排列，少数为横向排到(如髓线)。

每个管状细胞都分为细胞壁和细胞腔两部分如图 11－2 所示。

细胞壁由纤维素和木质素组成，其纵向连结牢固，横向连结较软，所以形成细胞壁乃至整个木材的纵向强度大、横向强度小的各项异性特点。细纤维之间存在着极小的空腺，能吸附和透过水分。

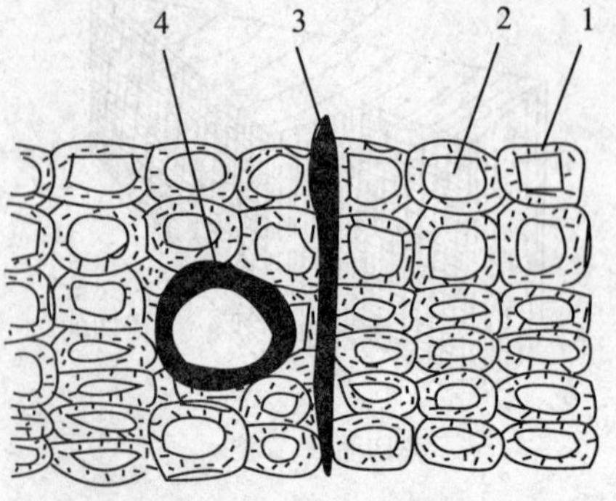

图 11－2 松木的微观构造

1－细胞壁；2－细胞腔；3－木髓线；4－树脂溢出孔

细胞壁的成分和细胞本身的组织决定了木材的物理性质。细胞壁中的木质素含量越高，则细胞越硬。细胞壁越厚，则细胞腔越小，组织越均匀，木材构造也越密实，体积密度和强度越大，但发生于湿变化时，对体积的影响也越大。

由细胞壁围成的长形空腔称为细胞腔。

第二节 木材的性质

一、常见木材的基本特性

常用木材主要特性，见表 11－1 所列。

表 11－1 常用木材主要特性

树 种	基 本 特 性
落叶松	干燥较慢，易开裂，早晚材硬度及收缩差异均大，在干燥过程中容易轮裂，耐腐蚀性强
陆均松(泪松)	干燥较慢，若干燥不当，可能翘曲，耐腐性较强，心材耐白蚁
云杉类木材	干燥易，干后不易变形，收缩较大，耐腐性中等
软木松	系五针松类，如红松、华北松、广东松、台湾五针松、新疆红松等。一般干燥易，不易开裂或变形，收缩小，耐腐性中等，边材易呈蓝变色
硬木松	系二针或三针松类，如马尾松、云南松、赤松、高山松、黄山松、樟子松、油松等，干燥时可能翘裂，不耐腐，最易受白蚁危害，边材蓝变色最常见
铁衫	干燥较易，耐腐性中等
青冈(槠木)	干燥困难，较易开裂，可能劈裂，收缩颇大，质重且硬，耐腐性强
栎木(柞木)(桐木)	干燥困难，易开裂，收缩甚大，强度高，质重且硬，耐腐性强
水曲柳	干燥困难，易翘裂，耐腐性较强
桦木	干燥较易，不翘裂，但不耐腐

二、木材的物理性质

木材的物理性质包括密度、表观密度、木材的水分、湿胀干缩性等性质。其中含水率对木材的湿胀干缩性和强度影响很大，如图 11－3 所示。

木材的物理性质

密度与表观密度

(1)由于各木材的分子构造基本相同,因而木材的密度基本相等,平均约为 1.5g/cm³。木材表观密度是指木材单位体积的质量。木材细胞组织中的细胞腔及细胞壁中存在大量微小的孔隙,所以木材的表观密度较小,一般只有 300～800kg/m³。木材的孔隙率很大,可达 50%～80%,因此密度与表观度相差较大。

(2)木材的气干表观密度大,其强度就高,湿胀干缩性大。

木材的水分

(1)木材内部所含的水根据其存在形式可分为三种,即自由水(存在于细胞腔与细胞间隙中)、吸附水(存在于缎胞壁内)和化合水(木材化学组成中的结合水)。水分进入木材后,首先吸附在细胞壁内的细纤维间,成为吸附水,吸附水饱和后,其余的水成为自由水。木材干燥时,首先失去自由水,然后才失去吸附水。当木材细胞腔和细胞间隙中的自由水完全脱去为零,而细胞壁吸附水饱和时,木材的含水率称为"木材的纤维饱和点"。纤维饱和点随树种而异,一般在 25%～35%之间,平均为 30%左右。纤维饱和点是木材物理力学性质发生改变的转折点,是木材含水率是否影响其强度和干缩湿胀的临界值。

(2)木材具有较强的"吸湿性"。当木材的古水率与周围空气相对湿度达到平衡时,此含水率称为平衡含水率。平衡含水率随周围大气的强度和相对湿度而变化。周围空气的相对温度为 100%时,木材的平衡含水率便等于其纤维饱和点。

湿胀干缩

(1)本材具有很显著的湿胀干缩性,但只在木材含水率低于纤维饱和点时才会发生,主要是由于细胞壁内所含的吸附水增减而引起的。

(2)当木材的含水率在纤维饱和点以下时,随着含水率的增大,木材体积产生膨胀,随着含水率减小,木材体积收缩,这分别称为木材的湿胀和干缩。此时的含水率变化主要是吸附水的变化。

(3)而当木材含水率在纤维饱和点以上,只是自由水增减变化时,木材的体积不发生变化。木材含水率与其胀缩变形的关系如图 11－4 所示,从图中可以看出,纤维饱和点是木材发生湿胀干缩变形的转折点。

(4)于木材为非匀质构造,木材的干缩率值各不相同。其中,以弦向最大,为 5%～12%;径向次之,为 3%～6%;纵向(即顺纤维方向)最小,为 0.1%～0.35%。木材之所以出现弦向胀缩变形最大,是因为受管胞横向排列的髓线与周围联结较差所引起。

(5)木材的湿胀干缩变形还随树种不同而异,一般来说,表观密度大,夏材含量多的木材,胀缩变形就较大。这些湿胀与干缩变形对木材的使用有严重的影响,会使木材产生翘曲、裂缝,使木结构结合处产生松弛、开裂、拼缝不严;湿胀则造成凸起变形,强度降低等现象。为避免这些不良现象,应对木材进行干燥或化学处理,预先达到使用条件下的平衡含水率,使木材的含水率与其工作环境相适应。

(6)如图 11－5 所示为树材干燥时其横截面上各部位的不同变形情况。由图可知,板材距髓心越远,由于其横向更接近典型的弦向,因而干燥时收缩越大,致使板材产生背向髓心的反翘变形。

图 11－3　木材的物理性质

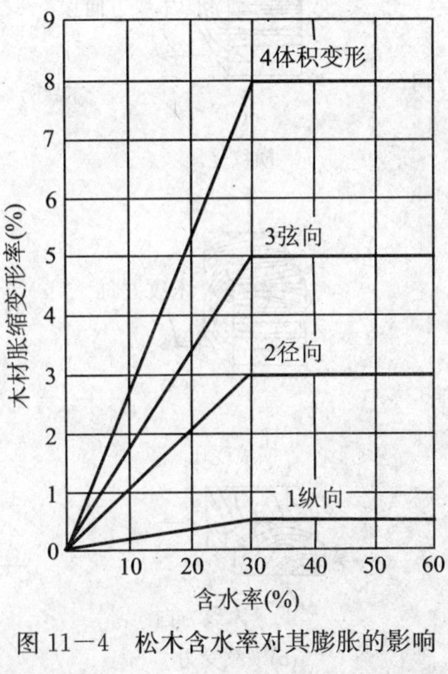

图 11－4　松木含水率对其膨胀的影响

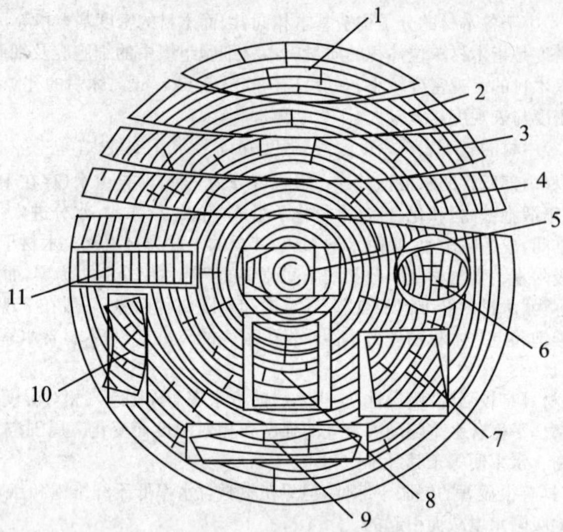

图 11－5　木材干燥后截面形状的改变

1－弓形成橄榄状；2、3、4－成反翘曲；5－通过髓心径锯板两头缩小成纺锤形；
6－圆形成椭圆形；7－与年轮成对角线的正方形变菱形；
8－两边与年轮平行的正方形变长方形；9、10－长方形板的翘曲；11－边材径向锯板较均匀

三、木材的力学性能指标

木材的力学性能是指木材抵抗外力的能力。木构件在外力作用下，在构件内部单位截面上所产生的内力，称为应力。木材抵抗外力破坏时的应力，称为木材的极限强度。根据外力在木构件上作用的方向、位置不同，木构件的工作状态分为受拉、受压、受弯、受剪等，如图 11－6 所示。

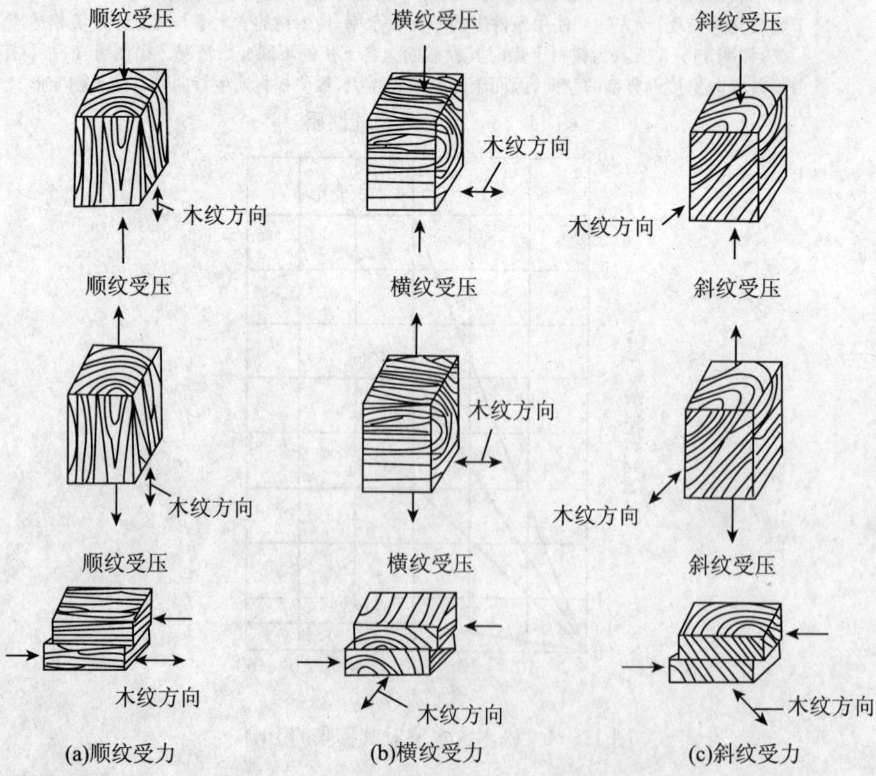

图 11－6　木构件受力状态

1. 抗拉强度

(1)顺纹抗拉强度。即外力与木材纤维方向平行的抗拉强度。由木材标准小试件测得的顺纹抗拉强度,是所有强度中最大的。但是,节子、斜纹、裂缝等木材缺陷对抗拉强度的影响很大。因此,在实际应用中,木材的顺纹抗拉强度反而比顺纹抗压强度低。木屋架中的下弦杆、竖杆均为顺纹受拉构件。工程中,对于受拉构件应采用选材标准中的Ⅰ等材。

(2)横纹抗拉强度。即外力与木材纤维方向相垂直的抗拉强度。木材的横纹抗拉强度远小于顺纹抗拉强度。对于一般木材,其横纹抗拉强度约为顺纹抗拉强度的 1/10～1/4。所以,在承重结构中不允许木材横纹承受拉力。

2. 抗压强度

(1)顺纹抗压强度。即外力与木材纤维方向相平行的抗压强度。由木材标准小试件测得的顺纹抗压强度,约为顺纹抗拉强度的 40%～50%。由于木材的缺陷对顺纹抗压的影响很少,因此,术构件的受压工作要比受拉工作可靠得多。屋架中的斜腹杆、木柱、木桩等均为顺纹受压构件。

(2)横纹抗压强度。即外力与木材纤维方向相垂直的抗压强度。木材的横纹抗压强度比顺纹抗压强度低。垫木、枕木等均为横纹受压构件。

3. 抗弯强度

(1)木材的抗弯强度介于顺纹抗拉强度和顺纹抗压强度之间。木材受弯时,在木材的横截面上有受拉区和受压区。

(2)梁在工作状态时,截面上部产生顺纹压应力,截面下部产生顺纹拉应力,且越靠近截面边缘,所受的压应力或拉应力也越大。由于木材的缺陷对受拉影响大,对受压影响小,因此,对大梁、搁栅、檩条等受弯构件,不允许在其受拉区内存在节子或斜纹等缺陷。

4. 抗剪强度

外力作用木材,使其一部分脱离邻近部分而滑动时,在滑动面上单位面积所能承受的外力,称为木材的抗剪强度。木材的抗剪强度有顺纹抗剪强度、横纹抗剪强度和剪断强度三种,其受力状态如图 11—7 所示。

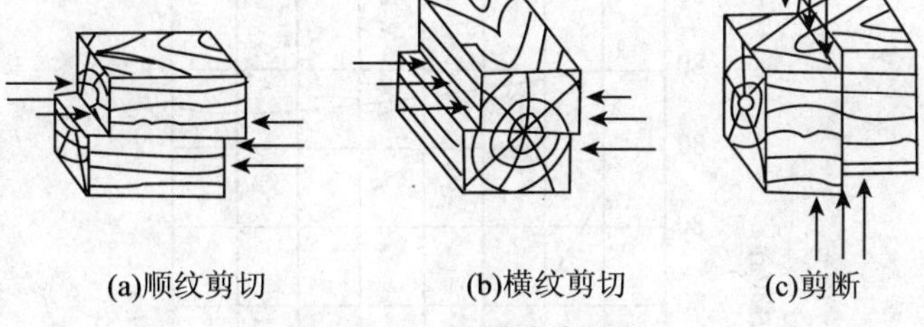

(a)顺纹剪切　(b)横纹剪切　(c)剪断

图 11—7　木材受剪形式

(1)顺纹抗剪强度。即剪力方向和剪切面均与木材纤维方向平行时的抗剪强度。木材顺纹受剪时,绝大部分是破坏在受剪面中纤维的联结部分,因此,木材顺纹抗剪强度是较小的。

(2)横纹抗剪强度。即剪力方句与木材纤维方向相垂直,而剪切面与木材纤维方向平行时的抗剪强度。木材的横纹抗剪强度只有顺纹抗剪强度的一半左右。

(3)剪断强度。即剪力方向和剪切面都与木材纤维方向相垂直时的抗剪强度。木材的剪断强度约为顺纹抗剪强度的 3 倍。

木材的裂缝如果与受剪面重合,将会大大降低本树的抗剪承载能力,常为构件结合破坏的主要原因。这种情况在工程中必须避免。

为了增强木材的抗剪承载能力,可以增大剪切面的长度或在剪切面上施加足够的压紧力。

四、影响木材力学性能的因素

木材的疵病、木材的纤维组织、温度及受力作用的负荷时间均会对木材的性能造成影响，如图 11－8 所示。

影响木材力学性能的因素

- **木材的疵病影响**
  - (1)木材的疵病主要有木节、斜纹和腐朽及虫害等，这些疵病将影响木材的力学性能，但同一疵病对木材不同强度的影响不尽相同。
  - (2)木节分为活节、死节、松软节和腐朽节等几种，活节影响较小。木节使木材顺纹抗拉强度显著降低，对顺纹抗压影响较小。在木材受横纹抗压和剪切时，木节反而增加其强度。斜纹为木纤维与树轴成一定夹角，斜纹木材严重降低其顺纹抗拉强度，抗弯次之，对顺纹抗压影响较小。
  - (3)裂纹、腐朽、虫害等疵病，会造成木材构造的不连续性或破坏其组织，因此严重影响木材的力学性能，有时甚至能使木材完全失去使用价值。
- **木材的纤维组织影响**
  - 木材受力时，主要靠细胞壁承受外力，厚壁细胞数量越多，细胞壁越厚，强度就越高。当表观密度越大，则所含夏材的百分率越高，木材的强度也越高。
- **温度的影响**
  - (1)随环境温度升高，木材中的细胞壁成分会逐渐软化，强度也随之降低。一般气候下的温度升高不会引起化学成分的改变，温度回复时会恢复原来强度。
  - (2)当温度由 25℃升到 50℃时。针叶树抗拉强度降低 10%～15%，抗压强度降低 20%～24%。当木材长期处于 60～100℃温度以下时，会引起水分和所含挥发物的蒸发，而呈暗褐色，强度下降，变形增大。温度超过 140℃时，木材中的纤维素发生热裂解，色渐变黑，强度明显下降。当温度降至 0℃以下时，木材中的水分结冰，强度将增大，但木质变脆，解冻后木材的各项强度均下降。
  - (3)长期处于高温的建筑物，不宜采用木结构。
- **含水率的影响**
  - (1)材的含水率在纤维饱和点以下时，随着含水率降低，木材强度增大；当含水率在纤维饱和点以上变化时，基本上不影响木材的强度。
  - (2)含水率的变化对各强度的影响是不一样的。对顺纹抗压强度和抗弯强度的影响较大，对顺纹抗拉强度和顺纹抗剪强度影响较小，如图 11－9 所示。
- **负荷时间影响**
  - (1)木材在长期荷载作用下，即使外力值不变，随着时间延长木材将发生较大的蠕变，最后达到较大的变形而破坏。这种木材在长期荷载作用下不致引起破坏的最大强度，称为持久强度。木材的持久强度比其极限强度小得多，一般为极限强度的 50%～60%。
  - (2)木材的长期承载能力远低于暂时承载能力。这是因为在长期承载情况下，木材会发生纤维等速蠕滑，累积后产生较大变形而降低了承载能力的结果。实际木结构中的构件均处于某种负荷的长期作用下，因此在设计木结构时，应考虑负荷时间对木材强度的影响。

图 11－8　影响木材力学性能的因素

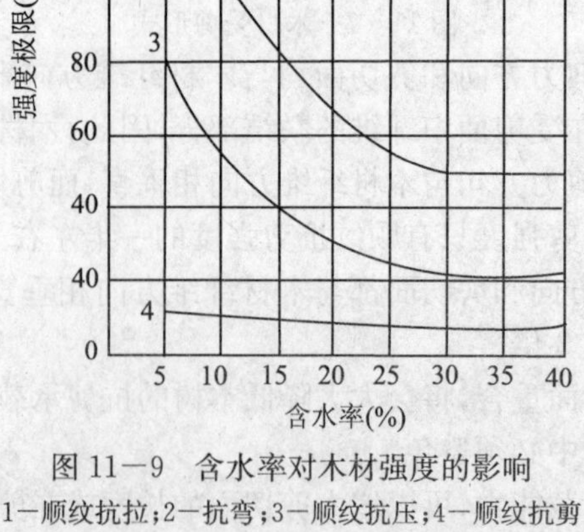

图 11－9　含水率对木材强度的影响

1－顺纹抗拉；2－抗弯；3－顺纹抗压；4－顺纹抗剪

第三节 木材的应用

一、木材的缺陷

1. 节子(节疲)

(1)树木的枝条在生长过程中埋藏在树干内部的枝条基部称为节子或节疤。木材有节子是树木的一种正常生理现象。但是节子的存在破坏了木材的纹理。靠近节子附近的年轮被挤弯,影响木材的物理和力学性质,所以在木材的利用上,通常都认为节子是一种缺陷。

(2)节子按其构造和性质可分为活节、死节和漏节。活节是树干中的活树枝形成的节子,节的纤维与周围木材相连生,节的质地坚硬、构造正常。死节是树木的枯枝形成的、它和周围木材部分或全部脱离,死节按材质情况又可分为死硬节、松软节、脱落节和腐朽节。

(3)材质坚硬的死节称为死硬节。材质松软变质,但周围木材健全,称为松软节。干燥后死节脱落形成节孔称为脱落节。如节子已腐朽,但没有透入树干内部,称为腐朽节。如果节子腐朽严重,形成筛孔状或粉末状并且腐朽已深入树干内部,和树干的内部腐朽相连,这种节子就是漏节。漏节常成为树干或树木内部腐朽的外部标志。

2. 虫眼

大都是树木伐倒(或枯死)后,遭受甲虫、蚊虫等的蛀食而成。

3. 刨花板、木丝板、木屑板

(1)刨花板、术丝板、木屑板是利用木材加工中大量的刨花、木丝、木屑等副产品经干燥、拌合胶料、加压而成的板材。所用的胶料是多种多样的,如动植物胶、合成树脂、水泥、菱苦土等。

(2)这类板材的表观密度小,强度低,主要用作吸声和绝缘材料。在运输和使用时要注意进行防潮处理。

二、木材的等级标准

普通木结构构件的材质等级,见表 11－2 所列。

表 11－2 普通木结构构件的材质等级

主 要 用 途	材质等级
受拉或拉弯构件	I_a
受弯或压弯构件	II_a
受压构件及次要受弯构件(如吊顶小龙骨等)	III_a

1. 阔叶树锯材

(1)种类。柞木、麻栎、榆木、杨木、槭木(色木)、桦木、泡桐、青冈、荷木、枫香、槠木及其他阔叶树种。

(2)尺寸。板材宽度、厚度规定见表 11－3。

表 11－3 阔叶树锯材的尺寸

分类	厚度(mm)	宽度(mm)	
		尺寸范围	进级
薄板	12,15,18,21	60～300	10
中板	25,30,35		
厚板	40,45,50,60		

注:1. 特等锯材是用于各种特殊需要的优质锯材,其长度自 2 m 以上,宽、厚度和树种按需要供应。

(3)尺寸偏差。尺寸允许偏差见表 11－4。

表 11－4　阔叶树锯材的尺寸偏差

<table>
<tr><th>种类</th><th>尺寸范围</th><th>偏差(cm)</th><th>种类</th><th>尺寸范围</th><th>偏差(mm)</th></tr>
<tr><td rowspan="3">长度(m)</td><td rowspan="2">不足 2.0</td><td rowspan="2">+3
−1</td><td rowspan="3">宽、厚度(mm)</td><td>自 25 以下</td><td>±1</td></tr>
<tr><td>25～100</td><td>±2</td></tr>
<tr><td>自 2.0 以上</td><td>+6
−2</td><td>100 以上</td><td>±3</td></tr>
</table>

(4)质量检测。阔叶树锯材的质量要求见表 11－5。

表 11－5　阔叶树锯材的质量要求

<table>
<tr><th rowspan="3">缺陷名称</th><th rowspan="3">检量与计算方法</th><th colspan="4">允许限度</th></tr>
<tr><th rowspan="2">特等锯材</th><th colspan="3">普通锯材</th></tr>
<tr><th>一等</th><th>二等</th><th>三等</th></tr>
<tr><td rowspan="2">死节</td><td>最大尺寸不得超过材宽的</td><td>15%</td><td>25%</td><td>40%</td><td rowspan="2">不限</td></tr>
<tr><td>任意材长 1 m 范围内个数不得超过</td><td>3</td><td>5</td><td>6</td></tr>
<tr><td>腐朽</td><td>面积不得超过所在材面面积的</td><td>不许有</td><td>5%</td><td>10%</td><td>30%</td></tr>
<tr><td>裂纹夹皮</td><td>长度不得超过材长的</td><td>10%</td><td>15%</td><td>40%</td><td>不限</td></tr>
<tr><td>虫眼</td><td>任意材长 1 m 范围内的个数不得超过</td><td>1</td><td>2</td><td>8</td><td>不限</td></tr>
<tr><td>钝棱</td><td>最严重缺角尺寸不得超过材宽的</td><td>10%</td><td>20%</td><td>40%</td><td>60%</td></tr>
<tr><td rowspan="2">弯曲</td><td>横弯最大拱高不得超过水平长的</td><td>0.5%</td><td>1%</td><td>2%</td><td>4%</td></tr>
<tr><td>顺弯最大拱高不得超过水平长的</td><td>1%</td><td>2%</td><td>3%</td><td>不限</td></tr>
<tr><td>斜纹</td><td>斜纹倾斜程度不得超过</td><td>5%</td><td>10%</td><td>20%</td><td>不限</td></tr>
</table>

注:1. 长度不足 2 m 的锯材不分等级,其缺陷允许限度不低于三等材。

2. 南方裂纹在允许限度基础上,各等均放宽 5 个百分点。

2. 特级原木(根据 GB/T 4812—2006 编制)

(1)种类。红松、云杉、沙松、樟子松、华山松、柏木、杉木、落叶松、马尾松、水曲柳、核桃楸、檫木、黄樟、香椿、楠木、榉木、槭木、麻栎、柞木、青冈、荷木、红锥、榆木、椴木、枫桦、西南桦、白桦等。

(2)特级原木的主要技术要求。

1)特级原木的尺寸规格见表 11－6。

表 11－6　尺寸规格

树　　种	检尺长(m)	检尺径(cm)
针叶树	4～6	自 24 以上(柏木、杉木自 20 以上)
阔叶树	2～6	自 24 以上

注:1. 检尺长按 0.2 m 进级;长级公差:$^{+6}_{0}$ cm。

2. 检尺径按 2 cm 进级。

2)特级原木的材质指标见表 11—7。

表 11—7　材质指标

<table>
<tr><td rowspan="2">缺陷名称</td><td colspan="2">允许限度</td></tr>
<tr><td>针叶树</td><td>阔叶树</td></tr>
<tr><td rowspan="2">活节、死节</td><td colspan="2">任意 1 m 材长范围内，节子直径不超过检尺径 15%的允许</td></tr>
<tr><td>2 个</td><td>1 个</td></tr>
<tr><td>树包(隐生节)</td><td colspan="2">全材长范围内凸出原木表面高度不超过 30 mm 的允许:1 个</td></tr>
<tr><td>心材腐朽</td><td colspan="2">腐朽直径不得超过检尺径的:
小头　不允许
大头　10%</td></tr>
<tr><td>边材腐朽</td><td colspan="2">距大头端面 1 m 范围内，大头边腐厚度不得超过检尺径的 5%，边材腐朽弧长不得超过该断面圆周的 1/4，其他部位不允许</td></tr>
<tr><td>裂　纹</td><td colspan="2">纵裂长度不得超过检尺长的:
杉木　15%
其他树种　10%
贯通断面开裂不允许
断面弧裂拱高或环裂半径不得超过检尺径的:20%
断面的环裂、弧裂的裂缝在 25 cm^2 的正方形中允许有 2 条(裂纹没有起点限制)</td></tr>
<tr><td>劈　裂</td><td colspan="2">大头及小头劈裂脱落厚度不得超过同方向直径的:5%</td></tr>
<tr><td rowspan="2">弯　曲</td><td colspan="2">最大拱高与该段内弯曲水平长相比不得超过:</td></tr>
<tr><td>1%</td><td>1.5%</td></tr>
<tr><td>扭转纹</td><td colspan="2">小头 1 m 长范围内，倾斜高度不得超过检尺径的:10%</td></tr>
<tr><td>偏　心</td><td colspan="2">小头断面中心与髓心之间距离不得超过检尺径的:10%</td></tr>
<tr><td>外　伤</td><td colspan="2">径向深度不得超过检尺径的:10%</td></tr>
<tr><td>外夹皮</td><td colspan="2">距大头端面 1 m 范围内，长度不得超过检尺长的:10%
其他部位不允许</td></tr>
<tr><td>抽　心</td><td colspan="2">小头断面不允许
大头抽心直径不得超过检尺径的:10%</td></tr>
<tr><td>虫　眼</td><td colspan="2">全材长范围内及端面自 3 mm 以上的均不允许</td></tr>
</table>

注:除本表所列缺陷外，如漏节、树瘤、偏枯、风折木、双心，在全材长范围内均不允许，其他未列入缺陷不计。

三、木材的防护措施

1. 防腐

(1)破坏真菌的生存条件。最常用的方法是对木材进行干燥，使其含水率降至 20%以下(即干法保管法)。在储存和使用木材时要注意通风和排湿。木材构件表面应刷以油漆，使木材隔绝空气和水汽。总之，要保证使木材构件经常处于干燥状态。

干法保管法是木材的三种物理保管法之一。木材的另两种物理保管法是湿存保管法和水存保管法。它们的防腐原理，都是通过将木材保持在很高的含水率，使木材细胞腔被水分所占据，木材由于缺乏空气而破坏了真菌生存所需的条件，从而达到防腐的目的。

(2)木材变成有毒的物质。将化学防腐剂注入木材内，把木材变成真菌有毒物质，使真菌无法生存。这是木材的化学保管法。

注入防腐剂的方法很多，通常有表面涂刷法、浸流法、冷热槽浸透法、压力渗透法等，其中以冷热槽浸透法和压力渗透法效果最好。通常的水溶性防腐剂的品种有：氧化钠、硼酚合剂、氟硅酸纳等；常用的油质防腐剂有：克鲁苏油、葱油等。

木材除因真菌的存在造成腐朽外，还因会遭到昆虫的蛀蚀。常见的蛀虫有：蠹虫、天牛、白蚁等。防止虫蛀的方法是向木材内注入防虫剂。

2. 防虫

(1)生态防治。根据蚀虫的生活特性，把需要保护的木材及其制品尽量避开害虫密集区，避开其生存、活动的最佳区域。从建筑上改善透光、通风和防潮条件，以创造出不利于害虫的环境条件。

(2)生物防治。就是保护害虫的天敌。

(3)物理防治。用灯光诱捕分飞的虫蛾或用水封杀。

(4)化学防治。用化学药物杀灭害虫，是当前木材防虫害的主要方法。

3. 防火

(1)低于木材着火危险温度。木材是易燃物质。在热作用下，木材会分解出可燃气体，并放出热量；当温度达到 260℃时，即使在无热源的情况下，木材自己也会发焰燃烧，因而木结构设计中将 260℃称为木材着火危险温度。木材在火的作用下，外层炭化，结构疏松，内部温度升高强度降低，当强度低于承载能力时，木结构即被破坏。

(2)采用化学药剂。防火剂一般有两类：一类是浸注剂；另一类是防火涂料(如 A60—50)膨胀防火涂料、A60—1 型改性氨基胀防火涂料、AE60—1 膨胀型透明防火涂料等)。其防火原理是化学药剂遇火源时能产生隔热层，阻止木材着火燃烧。

第十二章 装饰材料

墨子曰“食必常饱，然后求美”。随着经济的发展和社会的进步，人们对家庭的生活环境和工作空间的要求越来越高。在建筑业迅速发展的同时，建筑装饰材料也迅速发展，使得各种新型材料、新的施工工艺不断涌现，为改善和提高人们生活、工作环境的质量创造了良好的物质条件。

装饰材料是用于建筑表面，主要起装饰作用的材料。装饰材料品种繁多，且发展很快。

装饰工程的总体效果和功能的实现，都要通过应用装饰材料及其配套产品的质感、形体、图案、色彩、光泽、功能、质量等体现出来。因此，对于装饰工程的设计、工来说，必须正确掌握各种装饰材料的功能和特点。

第一节 建筑装饰材料的分类及选用

一、装饰材料的功能

1. 室内装饰材料

(1)保护基底材料，达到装饰效果。室内装饰主要指室内各界面(墙面、柱面、地面、顶棚)的装饰，室内装饰材料对建筑物的墙体、柱子、楼板等内部构件起到饰面保护作用，可延长其使用寿命，增加建筑物的耐久性。

(2)改善建筑物的内部环境。室内的装饰可以美化内部空间，并改善建筑的物理性能(声、光、热)，满足使用要求，给人们创造一个舒适、整洁、美观、宜人的生活和工作环境。

2. 室外装饰材料

(1)对建筑物超保护作用。外墙结构材料直接受到自然界各种因素，如日晒、雨淋、风沙、冰冻的作用和各种人为因素的侵袭，严重影响房屋的耐久性，如果对外墙予以适当的装修保护，可有效地提高建筑物的耐久性。

(2)美化建筑物外观和城市风貌。建筑物的外观效果，直接影响着人们对建筑的第一观感，也直接影响着城市的环境质量，而建筑物的外观效果主要取决于总的建筑形体、比例、虚实、对比、线条等平面和立面的设计，同时也取决于对各种装饰材料的合理利用与表现。因此，只有正确掌握装饰材料的性能和特点，才有可能创造出美好的建筑艺术形象来。

二、装饰材料的分类

装饰材料的类别繁多。花色品种浩如烟海，且新材料、新产品层出不穷，升级换代非常频繁。

1. 按材料成分分

(1)无机装饰材料。包括金属和非金属两类。金属装饰材料主要有铝合金、不锈钢、复合钢板、铜合金、金箔等，非金属装饰材料主要有天然石材(大理石、花岗岩等)、陶瓷制品(瓷砖、琉璃瓦等)、各种胶凝材料(如水泥、石灰、石膏)、玻璃以及各种无机建筑涂料等。

(2)有机装饰材料。主要有木材及其制品、各种塑料及其制品。

(3)复合装饰材料。如玻璃钢、铝塑复合板等。

2.按使用部位分

按装饰材料用于建筑物的部位可分为外墙饰面材料、内墙饰面材料、顶棚饰面材料、地面饰面材料及其配套设备与用品等,详见表12—1。

表12—1 装饰材料分类(概)表

装饰部位	常用材料名称
外墙装饰材料	天然石材(大理石、花岗岩)
	人造石材(人造大理石人造花岗岩)
	陶瓷制品(大型陶瓷装饰面板、外墙面砖、陶瓷锦砖)
	玻璃制品(玻璃马赛克、彩色吸热玻璃、热玻璃、热反射玻璃等)
	铝合金幕墙、门、窗、装饰板
	白水泥、彩色水泥与装饰混凝土
	外墙涂料(各种丙烯酸酯类等)
	碎屑饰面(水刷石、干粘石等)
内墙装饰材料	内墙涂料
	壁纸、墙布
	织物类(挂毯、装饰布等)
	木贴面装饰
	大理石、人造大理石
	玻璃
顶棚装饰材料	塑料吊顶板
	铝合金吊顶板
	胶合板吊顶
	石膏板(浮雕装饰石膏板、纸面石膏板等)
	壁纸装饰天花板
	矿棉装饰吸音、贴塑矿(岩)棉装饰板
	膨胀珍珠岩装饰吸音板
地面装饰材料	地毯类(全毛地毯、化纤地毯、混纺地毯)
	塑料地板、地面涂料、陶瓷地砖(包括陶瓷棉砖)
	天然石材、人造石材
	木地板

三、选择装饰材料应考虑的问题

在选用装饰材料时,首先要从建筑物的实用性出发,不仅要求表面的美观,而且要求装饰材料具有多种功能,能长期保持它的特征,并能有效地保护主体结构材料。

选用装饰材料应结合建筑物的特点,使之与室内环境相协调,应使材料颜色的深浅合适,色调柔和美观。有时可通过运用装饰材料的花纹、图案及材料表面结构特征,拼装成所需要的质感和色彩效果。

1.外观

(1)色彩。根据建筑物的规模、功能、所处环境以及所装饰的部位综合考虑，合理选用装饰材料的色彩，尤其在人们的生理上和心理上能产生良好的效果。

(2)光泽。光泽是材料表面的一种特性。光线的反射有方向性，有镜面反射和漫反射两种。镜面反射是产生光泽的主要因素，它对形成于表面的物体形象的清晰程度(反射光线的强弱)起着决定性的作用。

(3)透明性。材料的透明性也是与光线有关的一种性质。既能透光又能透视的物体称为透明体，只能透光而不能透视的物体称为半透明体，既不能透光也不能透视的物体称为不透明体。如普通门窗用的玻璃大多是透明体的，而磨砂玻璃和压花玻璃等则为半透明的。

(4)表面组织。由于材料的品种、原料、组成、配合比、生产工艺及加工方法不同，使得材料表面组织有多种多样的特征，有细致与粗糙、平整与凹凸、坚实与疏松等之区分，给人以不同的质感。

(5)形状尺寸。对于装饰材料的形状和尺寸，及其表面的天然花纹(如天然石材)、纹理(如木材)或人造的花纹与图案(如壁纸、地毯、彩印玻璃等)，都有其特定的要求和规格。

(6)立体造型。各种预制花饰和雕塑作品，既要注意其自身造型美，还要考虑它与整体环境的协调和风格一致。

2.材料的功能性

装饰材料所具有的功能要与使用该材料的场所特点结合起来考虑。如人流密集的公共场所地面，(应采用耐磨性好、易清洁的地面装饰材料:住宅中厨房、卫生间的地面和顶棚，则选用耐污性和耐擦洗性较好的材料。

3.材料的经济性

建筑装饰材料的费用在建设项目总投资中的比例往往高达1/2，甚至2/3。主要原因是由于装饰材料的价格较高。在装饰前，应从长远性、经济性出发，充分利用有限的资金取得最佳的装饰效果，做到既满足目前的要求，又有利于今后的装饰变化。如家庭装饰时，管道线路的敷设一定要考虑到今后室内陈设的变化情况，否则在进行内部装饰环境改造时，会遇到较多的麻烦。又如许多高层或超高层建筑的外部围护采用了保温隔热性能优越的热反射幕墙(中空玻璃幕墙)，尽管其一次性投资较大，但由于采用幕墙后能降低室内采暖或制冷的空调费用，大楼使用后的数年内，能耗降低的费用与使用幕墙的投资增加额相当，因此，从长期运行的经济角度来看，使用一次性投资较大的此类幕墙是经济合理的。但是，必须考虑热反射幕墙是否会影响周围建筑物室内居住人正常生活。

第二节　建筑装饰石材

一、天然大理石板

天然大理石的组织细密坚实，经切割、研磨、抛光制成大理石板，色彩花纹艳丽，品种繁多，常用作建筑的高级饰面材料，如墙面、柱面、楼地面、窗台板、桌面、服务台面饰等。并可雕刻成各种装饰工艺品。但由于其不耐风化，易被酸雨侵蚀，会较快地失去光泽甚至出现斑点、脱粉等现象。故除汉白玉、艾叶青等外，较少用于受到室外。

大理石板的质量技术指标见表12－2～表12－8。

二、花岗石板

花岗石的外观特征呈现出一种整体均匀的粒状结构。粒状结构使花岗石具有独特的总起来说装饰效果。

花岗石构造细密，硬度大，耐磨、耐压、耐化学侵蚀。花岗石板材是建筑装饰工程中高档的装饰材料之一。

花岗石的外观质量要求及技术指标见表 12－9～表 12－14。

表 12－2 普形板规格尺寸允许偏差(mm)

<table>
<tr><th colspan="2" rowspan="2">项 目</th><th colspan="3">允许偏差</th></tr>
<tr><th>优等品</th><th>一等品</th><th>合格品</th></tr>
<tr><td colspan="2">长度、宽度(mm)</td><td colspan="2">0
−1.0</td><td>0
−1.5</td></tr>
<tr><td rowspan="2">厚度
(mm)</td><td>≤12</td><td>±0.5</td><td>±0.8</td><td>±1.0</td></tr>
<tr><td>>12</td><td>±1.0</td><td>±1.5</td><td>±2.0</td></tr>
<tr><td colspan="2">干挂板材厚度(mm)</td><td colspan="2">+2.0，0</td><td>+3.0，0</td></tr>
</table>

表 12－3 圆弧板规格尺寸允许偏差(mm)

<table>
<tr><th rowspan="2">项 目</th><th colspan="3">允许偏差</th></tr>
<tr><th>优等品</th><th>一等品</th><th>合格品</th></tr>
<tr><td>弦长(mm)</td><td colspan="2">0
−1.0</td><td>0
−1.5</td></tr>
<tr><td>高度(mm)</td><td colspan="2">0
−1.0</td><td>0
−1.5</td></tr>
</table>

表 12－4 普形板平面度允许公差(mm)

板材长度	优等品	一等品	合格品
≤400	0.20	0.30	0.50
>400～≤800	0.50	0.60	0.80
>800	0.70	0.80	1.00

表 12－5 圆弧板直线度与线轮廓度允许公差(mm)

<table>
<tr><th colspan="2" rowspan="2">项 目</th><th colspan="3">允许公差</th></tr>
<tr><th>优等品</th><th>一等品</th><th>合格品</th></tr>
<tr><td rowspan="2">直线度
(按板材高度)</td><td>≤800</td><td>0.60</td><td>0.80</td><td>1.00</td></tr>
<tr><td>>800</td><td>0.80</td><td>1.00</td><td>1.20</td></tr>
<tr><td colspan="2">线轮廓度</td><td>0.80</td><td>1.00</td><td>1.20</td></tr>
</table>

表 12－6 普形板角度允许公差(mm)

<table>
<tr><th rowspan="2">板材长度</th><th colspan="3">允许公差</th></tr>
<tr><th>优等品</th><th>一等品</th><th>合格品</th></tr>
<tr><td>≤400</td><td>0.30</td><td>0.40</td><td>0.50</td></tr>
<tr><td>>400</td><td>0.40</td><td>0.50</td><td>0.70</td></tr>
</table>

表 12—7　板材正面外观缺陷质量规定

<table>
<tr><th>名　称</th><th>规定内容</th><th>优等品</th><th>一等品</th><th>合格品</th></tr>
<tr><td>裂纹</td><td>长度超过 10 mm 的不允许条数/条</td><td colspan="3">0</td></tr>
<tr><td>缺棱</td><td>长度不超过 8 mm，宽度不超过 1.5 mm（长度≤4 mm，宽度≤1 mm 不计），每米长允许个数/个</td><td rowspan="4">0</td><td rowspan="2">1</td><td rowspan="2">2</td></tr>
<tr><td>缺角</td><td>沿板材边长顺延方向，长度≤3 mm，宽度≤3 mm（长度≤2 mm，宽度≤2 mm 不计），每块板允许个数/个</td></tr>
<tr><td>色斑</td><td>面积不超过 6 cm²（面积小于 2 cm² 不计），每块板允许个数/个</td><td rowspan="2">不明显</td><td rowspan="2">有，不影响装饰效果</td></tr>
<tr><td>砂眼</td><td>直径在 2 mm 以下</td></tr>
</table>

表 12—8　板材物理性能指标

<table>
<tr><th colspan="2">项　　目</th><th>指　　标</th></tr>
<tr><td colspan="2">体积密度(g/cm³)</td><td>≥2.30</td></tr>
<tr><td colspan="2">吸水率(%)</td><td>≤0.50</td></tr>
<tr><td colspan="2">干燥压缩强度(MPa)</td><td>≥50.0</td></tr>
<tr><td>干燥</td><td rowspan="2">弯曲强度(MPa)</td><td rowspan="2">≥7.0</td></tr>
<tr><td>水饱和</td></tr>
<tr><td colspan="2">耐磨度(1/cm³)</td><td>≥10</td></tr>
</table>

注：为了颜色和设计效果，以两块或多块大理石组合拼装时，耐磨度差异应不大于 5，建议适用于经受严重踩踏的阶梯、地面和胎使用的石材耐磨度最小为 12。

表 12—9　普形板材规格尺寸允许偏差

<table>
<tr><th colspan="2">分　类</th><th colspan="3">亚光面和镜面板材</th><th colspan="3">粗　面　板　材</th></tr>
<tr><th colspan="2">等　级</th><th>优等品</th><th>一等品</th><th>合格品</th><th>优等品</th><th>一等品</th><th>合格品</th></tr>
<tr><td colspan="2">长、宽度(mm)</td><td colspan="2">0～−1.0</td><td>0～−1.5</td><td colspan="2">0～−1.0</td><td>0～−1.5</td></tr>
<tr><td rowspan="2">厚度(mm)</td><td>≤12</td><td>±0.5</td><td>±1.0</td><td>+1.0～−1.5</td><td colspan="3">—</td></tr>
<tr><td>>12</td><td>±1.0</td><td>±1.5</td><td>±2.0</td><td>+1.0～−2.0</td><td>±2.0</td><td>+2.0～−3.0</td></tr>
</table>

表 12—10　圆弧板规格尺寸允许偏差(mm)

<table>
<tr><th rowspan="2">项　目</th><th colspan="3">亚光面和镜面板材</th><th colspan="3">粗面板材</th></tr>
<tr><th>优等品</th><th>一等品</th><th>合格品</th><th>优等品</th><th>一等品</th><th>合格品</th></tr>
<tr><td>弦长</td><td colspan="2" rowspan="2">0～−1.0</td><td rowspan="2">0～1.5</td><td>0～−1.5</td><td>0～−2.0</td><td>0～−2.0</td></tr>
<tr><td>高度</td><td>0～−1.0</td><td>0～−1.0</td><td>0～−1.5</td></tr>
</table>

表 12—11 普形板平面度允许极限公差

<table>
<tr><td rowspan="2">板材长度范围(mm)</td><td colspan="3">亚光面和镜面板材</td><td colspan="3">粗面板材</td></tr>
<tr><td>优等品</td><td>一等品</td><td>合格品</td><td>优等品</td><td>一等品</td><td>合格品</td></tr>
<tr><td>≤400</td><td>0.20</td><td>0.35</td><td>0.50</td><td>0.60</td><td>0.80</td><td>1.00</td></tr>
<tr><td>>400～≤800</td><td>0.50</td><td>0.65</td><td>0.80</td><td>1.20</td><td>1.50</td><td>1.80</td></tr>
<tr><td>≥800</td><td>0.70</td><td>0.85</td><td>1.00</td><td>1.50</td><td>1.80</td><td>2.00</td></tr>
</table>

表 12—12 圆弧板直线度与线轮廓度允许公差(mm)

<table>
<tr><td colspan="2" rowspan="2">项 目</td><td colspan="3">亚光面和镜面板材</td><td colspan="3">粗面板材</td></tr>
<tr><td>优等品</td><td>一等品</td><td>合格品</td><td>优等品</td><td>一等品</td><td>合格品</td></tr>
<tr><td rowspan="2">直线度(按板材高度)</td><td>≤800</td><td>0.80</td><td>1.00</td><td>1.20</td><td>1.00</td><td>1.20</td><td>1.50</td></tr>
<tr><td>>800</td><td>1.00</td><td>1.20</td><td>1.50</td><td>1.50</td><td>1.50</td><td>2.00</td></tr>
<tr><td colspan="2">线轮廓度</td><td>0.80</td><td>1.00</td><td>1.20</td><td>1.00</td><td>1.50</td><td>2.00</td></tr>
</table>

表 12—13 普形板材角度允许极限公差

板材长度(mm)	优等品	一等品	合格品
≤400	0.30	0.50	0.80
>400	0.40	0.60	1.00

表 12—14 板材正面外观缺陷质量规定

<table>
<tr><td>名称</td><td>规 定 内 容</td><td>优等品</td><td>一等品</td><td>合格品</td></tr>
<tr><td>缺棱</td><td>长度不超过 10 mm,宽度不超过 1.2 mm(长度小于 5 mm,宽度小于 1.0 mm 不计),周边每米长允许个数(个)</td><td rowspan="5">不允许</td><td rowspan="2">1</td><td rowspan="2">2</td></tr>
<tr><td>缺角</td><td>沿板材边长,长度≤3 mm,宽度≤3 mm<长度≤2 mm,宽度≤2 mm 不计,每块板允许个数(个)</td></tr>
<tr><td>裂纹</td><td>长度不超过两端顺延至板边总长度的 1/10(长度小于20 mm的不计),每块板允许条数(条)</td><td rowspan="3">2</td><td rowspan="3">3</td></tr>
<tr><td>色斑</td><td>面积不超过 15 mm×30 mm(面积小于 10 mm×10 mm不计),每块板允许个数(个)</td></tr>
<tr><td>色线</td><td>长度不超过两端顺延至板边总长度的 1/10(长度小于40 mm的不计),每块板允许条数(条)</td></tr>
</table>

注:干挂板材不允许有裂纹存在。

三、彩色水泥砂浆

彩色水泥浆是在白色水泥砂浆中直接加入颜料配制而成,或以彩色水泥与各种砂配制而成。彩色水泥砂浆的骨料多用白色、浅色或彩色的天然砂、石屑（大理石、花岗岩等）、陶瓷碎粒或特制的塑料色粒，或加入少量的云母片、玻璃碎渣、长石等以获得闪光效果。

彩色水泥砂浆主要用于外墙面的装饰，其表面可进行各种艺术处理，如拉毛、拉条、喷涂、滚涂或制成剁斧石假面砖、人造大理石等。

四、水磨石及基制品性能指标

（1）水磨石是用普通水泥、白水泥或彩色水拌和各种彩色的石渣，铺实硬化后用机械将其表面磨平抛光而成，有现浇和预制两种。

（2）水磨石可按不同颜色的面浆用铜条、铝条或玻璃条分格，以形成美丽的图案，预制水磨石板亦可根据需要进行图案并接。水磨石的特点是强度高、坚固耐用、美观大方，具有较好的防水耐磨性能，不易起尘，洗刷方便，多用于室内地面。用它还可以制成各种形状的饰面板及其他制品，如墙面板、隔断板、窗台板、踢脚板、踏步板、桌面、茶几、台面板、灶台板、水池贴面板等。

（3）预制水磨石板是以水泥和彩色石屑拌和，经成型、养护、研磨、抛光等工艺制成。预制水磨石板产品有定型和不定型两种，其中定型水磨石板品种规格见表 12—15 所列。

表 12—15　定型水磨石板品种规格

平板			踢脚板		
长	宽	厚	长	宽	厚
500	500	25.50	500	120	19.25
400	400	25	400	120	19.25
300	300	19.25	300	120	19.25

五、水泥石渣

水泥石渣装饰材料除彩色水泥砂浆与水磨石外，还有水刷石、干粘石、斩假石、装饰混凝土以及人造大理石、人造花岗石等多种，如图 12—1 所示。

其他水泥石渣类装饰材料

- 水刷石：水刷石的材料为普通水泥或白水泥（可加彩色颜料）与颗粒细小（粒径约 5 mm）的碎石拌和，压抹于墙面装饰的面层，等初凝未硬化、碎石不致脱落时，用刷洗的方法刷去表面的水泥浆而露出石渣。水刷石用于外墙饰面，尤其是彩色刷石具有良好的装饰效果。但水刷石饰面易积灰尘，经雨水冲刷而形成污斑或脏痕。
- 干粘石：在水泥浆面层上粘结粒径约 5 mm 彩色石渣或彩色玻璃碎粒，即可得到如水刷石的装饰效果。若在水泥浆中加入适量的 107 胶，可以提高砂浆的粘结力和耐久性。干粘石用于外墙饰面，可避免湿作业，改善劳动条件，不浪费水泥，但容易掉粒，其积灰、污斑、脏痕较为严重。
- 斩假石：斩假石又称剁斧石，采用 1∶3 水泥砂浆打底，面层为 1∶2 水泥白石子浆，厚度不小于 15mm 待其结硬干燥后，用齿锥或斧刃将表面剁毛并露出石渣，使表面具有天然石材的装饰效果，主要用于外墙饰面。
- 装饰混凝土：
  - （1）装饰混凝土是人造石材的一种，是采取特殊衬模灌注彩色混凝土，使其表面具有装饰性的线型、纹理、质感及色彩效果。
  - （2）装饰混凝土即可用白色水泥也可用彩色水泥，同时还可在表在喷涂色彩丰富的涂料面层。
  - （3）混凝土的施工，可将构件制作和装饰处理同时进行，从而简化施工工序。
- 人造大理石和人造花岗石：
  - （1）人造大理石、人造花岗岩是以石粉和粒径为 3 mm 左右的石渣为主要骨料，以水泥、树脂为胶结剂，经搅拌、注入钢模、真空振捣、一次成型，再锯开磨光，切割而成。其花纹图案可以人为控制，花色可模仿大理石、花岗石，还可自行设计。人造大理石和人造花岗岩的抗污性、耐久性及可加工性均优于天然石材。
  - （2）人造大理石和人造花岗岩按胶结材料不同分为水泥型、树脂型、水泥树脂复合型和烧结型四种。其表观密度为 2 100～2 500 kg/cm^3，抗折强度为 38 MPa，抗压强度为 100～150 MPa。室外暴露 300 d，表面无裂纹，色泽略微变黄。

图 12—1　其他水泥石渣类装饰材料

第三节 建筑陶瓷

一、常用建筑陶瓷制品种类

建筑陶瓷是以黏土为原料，按一定的工艺制作、焙烧而成的建筑物室内外装饰用的高级的烧土制品。特点是质地均匀，构造致密，有较高的强度、硬度和耐磨，耐化学腐蚀性能，并可制成一定的花色和根据要拼接成各种彩色图案。若在陶瓷材料表面上釉，便成为平滑、光亮、吸水率小、更具有装饰性的釉陶瓷制品。常用建筑陶瓷主要有陶瓷墙面砖、陶瓷地面砖，陶瓷锦砖、玻璃制品等。

二、瓷砖的分类方法

1. 瓷砖的分类

(1)按生产方法主要分为干压砖和挤压砖。

(2)按吸水率。瓷质砖(吸水率 $E<0.5\%$)、炻瓷砖($E=0.5\%\sim3\%$)、细炻砖($E=3\%\sim6\%$)、炻质砖($E=6\%\sim10\%$)、陶质砖($E>10\%$)

(3)按砖体表面有无釉面分为釉面砖、无釉砖。

(4)按使用部位分为内墙砖、外墙砖和地面砖等。

(5)按专门用途分为防滑砖、仿古砖、花砖和腰线砖等。

2. 外观质量等级及规格尺寸

(1)内墙釉面砖按外观质量和尺寸偏差(表面缺陷、允许色差、平整度、边直度、直角度、剥边、落脏、釉泡、斑点、波纹、缺陷、磕碰等)分为优等品、一等品、合格品三个等级。

(2)内墙釉面砖的规格尺寸有：边长为 76 mm、80 mm、108 mm、110 mm、152 mm、200 mm、的正方形和(76～300)mm×(75～200)mm 的长方形，厚度为 4 mm 或 5 mm，并配有压顶条、阳角条、压顶阳角、阳三角、腰线砖等异型配件砖。

3. 特点及用途

内墙釉面砖具有热稳定性好，防火、防潮、耐酸碱腐蚀、坚固耐用和易于清洁等特点。常用内墙釉面砖属陶质砖，吸水率一般为 16%～21%，由于内墙釉面砖吸水率高易导致釉面开裂，故不应用于室外。

内墙釉面砖色彩稳定，表面光洁，易于清洗，装饰美观，故多用于浴室、卫生间、厨房、盥洗室的墙面、台面及各种清洗槽之中。经过专门设计、彩绘、烧制而成的釉面砖，可镶拼成各式壁画，更具有独特的艺术效果。

三、外墙釉面砖

1. 种类

外墙面砖是以陶土为原料，经压制成型，在 1100 ℃的高温下煅烧而成。根据表面装饰方式的不同，以分为墙面砖(表面不饰釉的单色砖)、彩釉砖(表面饰釉)、立体彩釉砖(表面既有彩釉又有突起的纹饰或图案)、线砖(表面既有彩釉又有突起线条的纹饰)四种类型。其花饰、色彩极为丰富。为了与基层墙面有很好粘结，其背面制有肋纹。

2. 规格尺寸

外墙面砖的规格有边长为 75 mm、100 mm、108 mm、的正方形和(95～300)mm×(50～200)mm 的长方形，厚度为 7～15 mm 的各种规格，并有近 20 种不同颜色。

3.特点及用途

(1)外墙面砖具有强度高、防潮、抗冻、不易污染、装饰效果好并且经久耐用等特点，是一种高档装饰材料，常用于建筑物的外墙面、柱面、门窗套等立面的装饰。

(2)外墙釉面砖与内墙釉面砖相比，有一个显著的差别就是外墙砖吸水率更底，一般在10%以下，多属于炻质砖。过去为了区分内、外墙釉面砖，也把外墙釉面砖和地面釉面砖称为“彩釉砖”。

四、无釉地砖

无釉砖因砖体表里如一，故也可称为通体砖或彩胎砖。目前市场上的抛光砖、渗花砖、玻化砖、微晶砖、微粉砖等均属于无釉砖。无釉砖表面光洁，具有境面效果，多用于铺地。

常见无釉地砖有抛光砖、渗花砖及玻化砖。

(1)抛光砖。是指经过机械研磨、抛光，表面呈镜面光泽的瓷砖。

(2)渗花砖。是指将可溶性色料深液渗入坯体内，烧成后呈现色彩或花纹的陶瓷砖。

(3)玻化砖。玻化砖采用高温烧制而成，属全瓷砖，可看作是一种强化的抛光砖，质地比抛光砖更硬更耐磨。但价格也相应高些。

五、陶瓷锦砖

(1)陶瓷锦砖亦称马赛克，它是以优质瓷土为主要原料，经压制成型，烧制而成的小瓷片，按不同图案贴在牛皮纸上，故又称之为纸皮石。

(2)陶瓷锦砖分为无釉及有釉两种。其单片为各种几何形状，且长边一般不大于50mm，每联(每张)的规格为边长305.5mm或325mm的正方形，按其尺寸允许偏差和外观质量分为优等品和合格品两个等级。

(3)陶瓷锦砖质地坚硬，不变形，不褪色，吸水率小，耐磨性好.色彩美观，图案多样，且耐酸、耐碱，广泛用于建筑物的室内外装饰，如建筑外墙面、建筑门厅、走廊、卫生间、厨房、盥洗室、浴室、化验室的墙面和地面等。

六、仿 古 砖

仿古砖是一种为了追求古朴、典雅的瓷砖装饰风格新型的具有特殊装饰效果的釉面砖，仿古砖其坯体多为瓷色、灰色、灰黑色等为主；仿古砖蕴藏的文化、历史内涵和丰富的装饰手法，使其在国内也得到了迅速的发展。

第四节　建筑装饰玻璃

一、琉璃制品的基本种类

建筑琉璃制品是一种带釉陶瓷，是我国陶瓷宝库中的古老珍品之一。琉璃是用难熔黏土制坯，经干燥、上釉后焙烧而成的一种高级屋面材料。其坯体泥质细净坚实，烧成温度较高。

建筑琉璃制品的品种有琉璃瓦(板瓦、筒瓦、滴水瓦、沟头、脊瓦等)、琉璃砖、琉璃花格、琉璃栏杆和各种玻璃饰物(人物、飞禽、走兽、龙纹大吻)等。其颜色有黄、绿、蓝、青、翡翠等。按其尺寸允许偏差和外观质量分为优等品、一等品和合格品三个等级。

琉璃制品耐久，不易剥釉，不易褪色，表面光滑，不易玷污，色彩绚丽，造型古朴，用它装饰的建筑物富丽堂皇、雄伟壮观，富有我国传统的民族特色。琉璃制品因其价格较高、自重较大，故主要用于具有民族色彩的宫殿式或纪念性建筑物、某些公共建筑的屋檐装饰。用于园林建筑中的亭、台、楼、阁，可增加园林的景色。

二、玻璃的制成原理

玻璃是用石英砂、纯碱、长石及石灰石等为主要原料，并加入某些辅助性材料，于1550～1660 ℃高温下熔融，再经急冷而得到的一种无定形硅酸盐物质。如在玻璃中加入某些金属氧化物和化合物，或经过特殊工艺处理，又可制得各种具有特殊性能的特种玻璃。

建筑玻璃的制造方法有引拉法(分平拉法和上引法)、压延法、浮法等。浮法生产的玻璃光滑平整、厚度均匀，建筑中采用较多。

玻璃主要用于透光或反射。玻璃作为建筑装饰材料已由过去单纯作为采光材料向着能控制光线、调节热量、节约能源、控制噪声，以及降低建筑结构自重、改善环境等方面发展，同时用着色、彩绘、磨光、刻花等办法提高其装饰效果。

三、玻璃的密度及化学组成

(1)普通玻璃的密度为2.45～2.55g/cm^3。玻璃的密度与其化学组成有关，故变化很大，且随温度升高而降低。

(2)普通玻璃的化学业组成主要是SiO_2、Na_2O、K_2O、CaO、及少量Al_2O_3、MgO等，如在玻璃中加入某些属氧化物、化合物，可制成各种特殊性能的玻璃。

四、玻璃的光学性质

玻璃具有优良的光学性质，既能通过光线，还能反射光线和吸收光线。厚度大的玻璃和重叠多层玻璃是不易透光的。光线入射玻璃，表现有透射、反射和吸收的性质。光线能透过玻璃的性质称为透射；光线被玻璃阻挡，按一定角度折回称为反射；光线通过玻璃后，一部分被损失掉，称为吸收。利用玻璃的这些特殊光学性质，人们研制出一些具有特殊功能的新型玻璃，如吸热玻璃、热反射玻璃、光致变色玻璃等。玻璃对光线的吸收能力随着化学组成和颜色而异。无色玻璃可透过各种颜色的光线，但吸收红外线和紫外线。各种颜色玻璃能透过同色光线而吸收其他颜色的光线。

五、玻璃的力学性质

(1)玻璃的力学性质与其化学组成、制品形状、表面形状和加工方法等有关。凡含有未熔夹杂物、节瘤或具有微细裂纹的制品，都会造成应力集中，从而降低玻璃的机械强度。

(2)玻璃的抗压强度极限随其化学组成而变，相差极大(600～1600 MPa)。荷载的时间长短对抗压强度影响很小，但受高温的影响较大。玻璃承受荷载后，表面可能发生极细微的裂纹，并随着荷载的次数加多及使用期加长而增多和增大，最后导致制品破碎。因此，制品长期使用后，须用氢氟酸处理其表面，消灭细微裂纹，恢复其强度。

(3)抗拉强度是决定玻璃品质的主要指标，通常为抗压强度的1/15～1/14，约为40～120 MPa。普通玻璃的弹性模量为60000～75000 MPa，接近于铝，为钢的1/3。

(4)玻璃的抗弯强度决定于其抗拉强度，并且随着荷载时间的延长和制品宽度的增大而减小。玻璃的硬度随其化学成分和加工方法的不同而不同，其莫氏硬度一般在4～7之间。

六、玻璃的热工性质

玻璃是热的不良导体，导热性能与玻璃的化学组成有关，热导率一般为0.75～0.92

W/(m·K)，大约为铜的 1/400。但随温度升高热导率增大，尤其在 700 ℃以上时更为显著。热导率大小还受玻璃颜色和化学组成影响，密度对热导率也有影响。当玻璃温度急变时，沿玻璃的厚度温度不同，由于膨胀量不同而产生内应力，当内应力超过玻璃极限强度时，就会造成碎裂。玻璃抵抗温度变化而不破坏的性质称为热稳定性，玻璃抗急热的破坏能力比抗急冷破坏的能力强。这是因为受急热时玻璃表面产生压应力，受急冷时玻璃表面产生的是拉应力，而玻璃的抗压强度远高于抗拉强度。玻璃中常含有游离的 SiO_2，有残余的膨胀性质，会影响制品的热稳定性，因此须用热处理方法加以消除，以提高制品的热稳定性。

七、玻璃的稳定性

玻璃具有较高的化学稳定性，通常能抵抗除氫氟酸除外的酸、碱、盐侵蚀，但长期受到侵蚀性介质的腐蚀，也能导致变质和破坏。如玻璃的风化、玻璃发霉等都会导致玻璃外观的破坏和透光能力的降低。

八、玻璃的工艺性质

玻璃的工艺性质表现为冷加工、热加工和表面处理三大类。

(1)在常温下通过机械方法来改变玻璃制品的外形和表面形态过程，称为冷加工。冷加工的基本方法有研磨、切割、喷砂、钻孔和切削。

(2)建筑玻璃常进行热加工处理，目的是为了改善其性能及外观质量。热加工原理主要是利用玻璃黏度随温度改变的特性以及其表面张力与热导率的特点来进行的。各种类型的热加工，都需要把玻璃加热到一温度。由于玻璃的黏度随温度升高而减小，同时玻璃热导率较小，所以能采用局部加热的方法，在需要加热的地方使其局部达到变形、软化、甚至熔化流动的状态，再进行切割、钻孔和焊接等加工。利用玻璃表面张力大和有使玻璃表面趋向平整的作用，可将玻璃制品在火焰中抛光和烧口。

(3)玻璃的表面处理主要分为三类，即化学刻蚀、化学抛光和表面金属涂层。化学刻蚀是用氢氟酸溶掉玻璃表层的硅氧，根据残留盐类溶解度的不同，而得到有光泽的表面或无光泽毛面的过程。化学抛光的原理与化学蚀刻一样，是利用氢氟破坏玻璃表面原有的硅氧膜而生成一层新的硅氧膜，提高玻璃的光洁度与透光率。玻璃表面镀上一层金属薄膜，广泛用于加工制造热反射玻璃、护目玻璃、膜层导电玻璃、保温瓶胆、玻璃器皿和装饰品等。

九、玻璃按功能用途的分类

建筑玻璃泛指平板玻璃及由平板玻璃制成的深加工玻璃，也包括玻璃空心砖和玻璃马赛克等玻璃类建筑材料。如图 12－2 所示。

按其功能可以分为：平板玻璃、饰面玻璃、安全玻璃、功能玻璃及玻璃砖等。

十、玻璃的质量要求

1. 平板玻璃

(1)按厚度分为 2mm、3 mm、4 mm、5 mm、6 mm、8 mm、10 mm、12 mm、15mm、19mm、22mm、25mm 十二类。

(2)按等级分为优等品、一等品和合格品三等。

(3)按颜色属性分为无色透明平板玻璃体和本体着色平板玻璃。

(4)平板玻璃的尺寸偏差见表 12－16。

(5)平板玻璃的外观质量要求见表 12－17～表 12－19。

建筑玻璃按功能的分类

- 平板玻璃：利用平板玻璃透光和透视特性，用作建筑物的门窗、橱窗及屏风等装饰。这一类玻璃制品包括普通平板玻璃、磨砂平板玻璃、花纹平板玻璃和浮法平板玻璃。
- 饰面玻璃：饰面玻璃利用表面色彩图案花纹及光学效果等特性，用于建筑物立面装饰和地坪装饰。
- 安全玻璃：安全玻璃利用高强度、抗冲击及破碎后无损伤人的危险性等特性，用于装饰建筑物安全门窗、阳台走廊、采光天棚、玻璃幕墙等。
- 功能玻璃：
  (1)功能玻璃一般是有吸热或反射热、吸收或反射紫外线，光控或电控变色等特性。
  (2)如在玻璃中加入着色氧化物或在玻璃表面喷涂氧化物膜层可制成吸热玻璃。研究表明，吸收太阳的辐射热随吸热玻璃的颜色和厚度不同，对太阳的辐射热吸收程度也不同。6 mm 厚的蓝色吸热玻璃能挡住 40 %左右的太阳辐射热。在玻璃表层镀覆金属或金属氧化物膜层可制成热反射玻璃。6 mm 厚的热反射玻璃能反射 67 %左右的太阳辐射热吸热玻璃和热反射玻璃可克服温、热带建筑物普通玻璃窗的暖房效应，减少空调能耗，取得较好的节能效果，同时，能吸收紫外线、使刺目耀眼的阳光变得柔和，起到防眩的作用。具有一定的透明度，能清晰地观察室外景物，色泽经久不衰，能增加建筑物美感。
- 玻璃砖：玻璃砖是块状玻璃制品，主要用于屋面和墙面装饰。该类包括：特厚玻璃、玻璃空心砖、玻璃锦砖、泡沫玻璃等。

图 12－2　建筑玻璃按功能的分类

表 12－16　厚度允许差(mm)

公称厚度	尺寸偏差	
	尺寸≤3000	尺寸＞3000
2～6	±2	±3
8～10	＋2　－3	＋3　－4
12～15	±3	±4
15～25	±5	±5

表 12－17　平板玻璃合格品外观质量

<table>
<tr><td>缺陷种类</td><td colspan="3">质 量 要 求</td></tr>
<tr><td rowspan="5">点状缺陷*</td><td>尺寸(L)(mm)</td><td colspan="2">允许个数限度</td></tr>
<tr><td>0.5≤L≤1.0</td><td colspan="2">2×S</td></tr>
<tr><td>1.0＜L≤2.0</td><td colspan="2">1×S</td></tr>
<tr><td>2.0＜L≤3.0</td><td colspan="2">0.5×S</td></tr>
<tr><td>L＞3.0</td><td colspan="2">0</td></tr>
<tr><td>点状缺陷密集度</td><td colspan="3">尺寸≥0.5mm 的点状缺陷最小间距不小于 300mm；直径 100mm 圆内尺寸≥0.3mm 的点状缺陷不超过 3 个</td></tr>
<tr><td>线道</td><td colspan="3">不允许</td></tr>
<tr><td>裂纹</td><td colspan="3">不允许</td></tr>
<tr><td rowspan="2">划伤</td><td>允许范围</td><td colspan="2">允许条数限度</td></tr>
<tr><td>宽≤0.5mm，长≤60mm</td><td colspan="2">3×S</td></tr>
<tr><td rowspan="4">光学变形</td><td>公称厚度</td><td>无色透明平板玻璃</td><td>本体着色平板玻璃</td></tr>
<tr><td>2mm</td><td>≥40°</td><td>≥40°</td></tr>
<tr><td>3mm</td><td>≥45°</td><td>≥40°</td></tr>
<tr><td>≥4mm</td><td>≥50°</td><td>≥45°</td></tr>
</table>

续上表

缺陷种类	质　量　要　求
断面缺陷	公称厚度不超过 8mm 时，不超过玻璃板的厚度，8mm 以上时，不超过 8mm

注：S 为以平方米为单位的玻璃板面积数值，按 GB/T 8170 修约，保留小数点后两位。点状缺陷的允许个数限度及划伤的允许条数限度为各系数与 S 相乘所得的数值，按 GB/T 8170 修约至整数。

＊光畸变点视为 0.5mm～1.0mm 的点状缺陷。

表 12－18　平板玻璃一等品外观质量

缺陷种类	质　量　要　求		
点状缺陷＊	尺寸(L)(mm)	允许个数限度	
	$0.3 \leqslant L \leqslant 0.5$	$2 \times S$	
	$0.5 < L \leqslant 1.0$	$0.5 \times S$	
	$1.0 < L \leqslant 1.5$	$0.2 \times S$	
	$L > 1.5$	0	
点状缺陷密集度	尺寸≥0.3mm 的点状缺陷最小间距不小于 300mm；直径 100mm 圆内尺寸≥0.2mm 的点状缺陷不超过 3 个		
线道	不允许		
裂纹	不允许		
划伤	允许范围	允许条数限度	
	宽≤0.2mm，长≤40mm	$2 \times S$	
光学变形	公称厚度	无色透明平板玻璃	本体着色平板玻璃
	2mm	≥50°	≥45°
	3mm	≥55°	≥50°
	4mm～12mm	≥60°	≥55°
	≥15mm	≥55°	≥50°
断面缺陷	公称厚度不超过 8mm 时，不超过玻璃板的厚度，8mm 以上时，不超过 8mm		

注：S 为以平方米为单位的玻璃板面积数值，按 GB/T 8170 修约，保留小数点后两位。点状缺陷的允许个数限度及划伤的允许条数限度为各系数与 S 相乘所得的数值，按 GB/T 8170 修约至整数。

＊点状缺陷中不允许有光畸变点。

表 12－19　平板玻璃优等品外观质量

缺陷种类	质　量　要　求	
点状缺陷＊	尺寸(L)(mm)	允许个数限度
	$0.3 \leqslant L \leqslant 0.5$	$1 \times S$
	$0.5 < L \leqslant 1.0$	$0.2 \times S$
	$L > 1.0$	0
点状缺陷密集度	尺寸≥0.3mm 的点状缺陷最小间距不小于 300mm；直径 100mm 圆内尺寸≥0.1mm 的点状缺陷不超过 3 个	
线道	不允许	
裂纹	不允许	

续上表

缺陷种类	质量要求		
划伤	允许范围		允许条数限度
	宽≤0.1mm，长≤30mm		2×S
光学变形	公称厚度	无色透明平板玻璃	本体着色平板玻璃
	2mm	≥50°	≥50°
	3mm	≥55°	≥50°
	4mm～12mm	≥60°	≥55°
	≥15mm	≥55°	≥50°
断面缺陷	公称厚度不超过 8mm 时，不超过玻璃板的厚度，8mm 以上时，不超过 8mm		

注：S 为以平方米为单位的玻璃板面积数值，按 GB/T 8170 修约，保留小数点后两位。点状缺陷的允许个数限度及划伤的允许条数限度为各系数与 S 相乘所得的数值，按 GB/T 8170 修约至整数。

* 点状缺陷中不允许有光畸变点。

2. 磨光玻璃

磨光玻璃又称镜面玻璃，是用普通平板玻璃以过抛光而成，分单面磨光和双面磨光两种。其表面平整光滑且有光泽，物象透过不变形。双面磨光玻璃还要求两面平行，厚度一般为 5～6 mm。磨光玻璃常用于高级建筑物的门窗、橱窗或制做镜子。

3. 磨砂玻璃

磨砂玻璃又称毛玻璃，是用机械喷砂或手工研磨或氢氟酸溶蚀等方法，将平板玻璃表面处理成均匀毛面。其一面粗糙，透光不透视，通常用于隐秘和不受视线干扰的房门，如浴室、卫生间、办公室等的门、窗上。磨砂玻璃还可用作黑板。

4. 压花玻璃

压花玻璃又称滚花玻璃，是用压延法生产，表面带有花纹图案，透光而不透明的平板玻璃，它是将塑性状态的玻璃带通过一对刻有花纹图案的辊子，对玻璃表面连续延压而成。如果一个辊子带有花纹，则生产出单面压花玻璃，如果两个辊子都带有花纹，则生产出双面压花玻璃。

压花玻璃广泛用于办公室、会议室、卫生间、走廊、内墙等的门窗、屏风和分隔材料以及高级建筑物的大厅装饰。

5. 彩绘玻璃

彩绘玻璃是目前家居装修中较多运用的一种装饰玻璃。在制作中，先用一种特制的胶绘制出各种图案，然后再用铅油描摹出分隔线，最后再用特制的胶状颜料在图案上着色。彩绘玻璃图案丰富亮丽，居室中彩绘玻璃的恰当运用．能较自如地创造出一种赏心悦目的和谐氛围，增添浪漫迷人的现代情调。

6. 钢化玻璃

钢化玻璃又称强化玻璃。是经强化处理，具有良好的力学性能和耐热震性能玻璃制品的统称，钢化玻璃是采用普通平板玻璃、浮法玻璃，磨光玻璃、吸热玻璃等在钢化炉中，控制加热至接近软化点时，用高速吹风骤然冷却而成。分平型钢化玻璃和弯型钢化玻璃。用于建筑物的门窗，隔墙与幕墙以及汽车、船舶的门窗等．钢化玻璃的加工通常采用物理钢化法。即半平板玻璃放人加热炉中，加热到接近其软化温度(约 650 ℃)并保持一定时间(一般 3～5 min)，然后移出加热炉并随即用用喷嘴向玻璃两面喷吹冷空气，使之迅速均匀冷却，冷至室温后就成为高强度的钢化玻璃。一旦受损，便产生应力崩溃，碎成无数无尖锐棱角的 小块，不易伤人，故称安全玻璃。

钢化玻璃的尺寸偏差及外观质量，要求见表 12－20 至表 12－23。

表 12－20　长方形平面钢化玻璃边长允许偏差(mm)

<table>
<tr><th rowspan="2">厚　度</th><th colspan="4">边长(L)允许偏差</th></tr>
<tr><th>L≤1 000</th><th>1 000<L≤2 000</th><th>2 000<L≤3 000</th><th>L>3 000</th></tr>
<tr><td>3、4、5、6</td><td>+1
−2</td><td rowspan="2">±3</td><td rowspan="3">±4</td><td rowspan="3">±5</td></tr>
<tr><td>8、10、12</td><td>+2
−3</td></tr>
<tr><td>15</td><td>±4</td><td>±4</td></tr>
<tr><td>19</td><td>±5</td><td>±5</td><td>±6</td><td>±7</td></tr>
<tr><td>>19</td><td colspan="4">供需双方商定</td></tr>
</table>

表 12－21　孔径及其允许偏差(mm)

公称孔径(D)	允许偏差	公称孔径(D)	允许偏差
4≤D≤50	±1.0	D>100	供需双方商定
50<D≤100	±2.0		

表 12－22　厚度及其允许偏差(mm)　　(单位:mm)

公称厚度	厚度允许偏差	公称厚度	厚度允许偏差
3、4、5、6	±0.2	15	±0.6
8、10	±0.3	19	±1.0
12	±0.4	>19	供需双方商定

注:对于表中未作规定的公称厚度的玻璃，其厚度允许偏差可采用表中与其邻近的较薄厚度的玻璃的规定，或由供需双方商定。

表 12－23　钢化玻璃的外观质量

<table>
<tr><th>缺陷名称</th><th>说　明</th><th>允许缺陷数</th></tr>
<tr><td>爆边</td><td>每片玻璃每米边上允许有长度不超过 10 mm，自玻璃边部向玻璃板表面延伸深度不超过 2 mm，自板面向玻璃厚度延伸深度不超过厚度 1/3 的爆边个数</td><td>1 处</td></tr>
<tr><td rowspan="2">划伤</td><td>宽度在 0.1 mm 以下的轻微划伤，每平方米面积内允许存在条数</td><td>长度≤0.1 mm 时
4 条</td></tr>
<tr><td>宽度大于 0.1 mm 的划伤，每平方米面积内允许存在条数</td><td>宽度 0.1～1 mm，长度≤100 mm 时
4 条</td></tr>
<tr><td>夹钳印</td><td colspan="2">夹钳印与玻璃边缘的距离≤20 mm，边部变形量≤2 mm</td></tr>
<tr><td>裂纹、缺角</td><td colspan="2">不允许存在</td></tr>
</table>

7. 防火玻璃

1. 防火玻璃的分类

(1)防火玻璃按结构分类。

1)复合防火玻璃(FFB)。由两层或两层以上玻璃复合而成或由一层玻璃和有机材料复合而成，并满足相应耐火等级要求的特种玻璃。

2)单片防火玻璃(DFB)：由单层玻璃构成，并满足相应耐火等级要求的特种玻璃。

(2)防火玻璃按耐火性能分 A、B、C 三类。

A 类防火玻璃：同时满足耐火完整性、耐火隔热性要求的防火玻璃。

B 类防火玻璃：同时满足耐火完整性、热辐射强度要求的防火玻璃。

C 类防火玻璃：满足耐火完整性要求的防火玻璃。

以上三类防火玻璃按耐火等级可分别分为Ⅰ级、Ⅱ级、Ⅲ级、Ⅳ级。

2. 标记示例

一块公称厚度为 15 mm、耐火性能为 A 类，耐火等级Ⅰ级的复合防火玻璃的标记如下：

FFB-15-AⅠ

一块公称厚度为 12 mm、耐火性能为 C 类，耐火等级Ⅱ级的复合防火玻璃的标记如下：

DFB-12-CⅡ

3. 质量要求

(1)复合防火玻璃的尺寸和厚度允许偏差应符合表 12－24 的规定。

表 12－24 复合防火玻璃的尺寸和厚度允许偏差(mm)

玻璃的总厚度 d	长度或宽度(L)允许偏差		厚度允许偏差
	$L\leqslant1\,200$	$1\,200<L\leqslant2\,400$	
$5\leqslant d<11$	±2	±3	±1.0
$11\leqslant d<17$	±3	±4	±1.0
$17\leqslant d<24$	±4	±5	±1.3
$d>24$	±5	±6	±1.5

注：当长度 L 大于 2 400 mm 时，尺寸允许偏差由供需双方商定。

(2)单片防火玻璃尺寸和厚度允许偏差应符合表 12－25 的规定。

表 12－25 单片防火玻璃的尺寸和厚度允许偏差(mm)

<table>
<tr><th rowspan="2">玻璃厚度</th><th colspan="3">长度或宽度(L)允许偏差</th><th rowspan="2">厚度允许偏差</th></tr>
<tr><th>L≤1 000</th><th>1 000<L≤2 000</th><th>L>2 000</th></tr>
<tr><td>5
6</td><td>+1
−2</td><td rowspan="3">±3</td><td rowspan="4">±4</td><td>±0.2</td></tr>
<tr><td>8
10</td><td rowspan="2">+2
−3</td><td>±0.3</td></tr>
<tr><td>12</td><td>±0.4</td></tr>
<tr><td>15</td><td>±4</td><td>±4</td><td>±0.6</td></tr>
<tr><td>19</td><td>±5</td><td>±5</td><td>±6</td><td>±1.0</td></tr>
</table>

(3)复合防火玻璃的外观质量应符合表 12－26 的规定，周边 15 mm 范围内的气泡、胶合层杂质不作规定。

表 12－26 复合防火玻璃的外观质量要求

缺陷名称	要 求
气泡	直径 300 mm 圆内允许长 0.5～1.0 mm 的气泡 1 个
胶合层杂质	直径 500 mm 圆内允许长 2.0 mm 以下的杂质 2 个
裂痕	不允许存在
爆边	每米边长允许有长度不超过 20 mm、自边部向玻璃表面延伸深度不超过厚度一半的爆边 4 个
叠差	由供需双方商定
磨伤	
脱胶	

(4)单片防火玻璃的外观质量应符合表 12－27 的规定。

表 12－27 单片防火玻璃的外观质量

缺陷名称	要 求
爆边	不允许存在
划伤	宽度≤0.1 mm，长度≤50 mm 的轻微划伤，每平方米面积内不超过 4 条
	0.5 mm>宽度>0.1 mm，长度≤50 mm 的轻微划伤，每平方米面积内不超过 1 条
结石、裂纹、缺角	不允许存在
波筋、气泡	不低于 GB 11614 建筑级的规定

(5)耐火性能。

1)A 类防火玻璃的耐火性能应符合表 12－28 的规定。

表 12－28 A 类防火玻璃的耐火性能(耐火完整性、耐火隔热性)

耐火等级	Ⅰ级	Ⅱ级	Ⅲ级	Ⅳ级
耐火时间(min)	≥90	≥60	≥45	≥30

2)B 类防火玻璃的耐火性能应符合表 12－29 的规定。

表 12－29 B 类防火玻璃的耐火性能(耐火完整性、热辐射强度)

耐火等级	Ⅰ级	Ⅱ级	Ⅲ级	Ⅳ级
耐火时间(min)	≥90	≥60	≥45	≥30

3)C 类防火玻璃的耐火性能应符合表 12－30 的规定。

表 12－30 C 类防火玻璃的耐火性能(耐火完整性)

耐火等级	Ⅰ级	Ⅱ级	Ⅲ级	Ⅳ级
耐火时间(min)	≥90	≥60	≥45	≥30

8.夹层玻璃

夹层玻璃料薄片，经加热、加压黏结合成平面或弯曲的复合玻璃制品。其生产方法分直接合片法和预聚法两种。夹层玻璃的品种有：减薄夹层玻璃、遮阳夹层玻璃、电热夹层玻璃，隔声夹层玻璃、防紫外线夹层玻璃、防弹夹层玻璃、报警夹层玻璃、玻璃纤维增强玻璃等。

按夹层玻璃的特性分有多个品种：破碎时能保持能见度的减薄型；可减少日照量和眩光的遮阳型；通电后可保持表面干燥的电热型；防弹型；玻璃纤维增强型；报警型；防紫外线型以及隔声夹层玻璃等。夹层玻璃的抗冲击性能比平板玻璃高几倍，破碎时只产生裂纹而不分离成碎片，不致伤人。它还具有耐久耐热、耐湿、耐寒和隔音等性能，适用于有特殊安全要求的建筑物的门窗、隔墙、工业厂房的天窗和某些水下工程等。

夹层玻璃的尺寸允许偏差见表 12—31～表 12—33。

表 12—31 边长的允许偏差(mm)

总厚度 D	长度或宽度 L		总厚度 D	长度或宽度 L	
	$L\leqslant1200$	$1200<L<2400$		$L\leqslant1200$	$1200<L<2400$
$4\leqslant D<6$	+2 −1	—	$11\leqslant D<17$	+3 −2	+4 −2
$6\leqslant D<11$	+2 −1	+3 −1	$17\leqslant D<24$	+4 −3	+5 −3

表 12—32 最大允许叠差(mm)

长度或宽度 L	最大允许叠差 δ	长度或宽度 L	最大允许叠差 δ
$L<1000$	2.0	$4000\leqslant L<4000$	4.0
$1000\leqslant L<2000$	3.0	$L\geqslant4000$	6.0

表 12—33 湿法夹层玻璃——中间的允许偏差(mm)

中间层厚度 d	允许偏差 δ	中间层厚度 d	允许偏差 δ
$d<1$	±0.4	$2\leqslant d<3$	±0.6
$1\leqslant d<2$	±0.5	$d\geqslant3$	±0.7

夹层玻璃的技术性能有：

(1)弯曲度。平面夹层玻璃的弯曲度不得超过 0.3%。使用夹丝玻璃或钢化玻璃制作的夹层玻璃由供需双方商定。

(2)可见光透射比。可见光透射比由供需双方商定。取三块试样进行试验，三块试样均符合要求时为合格。

(3)可见光反射比。可见光反射比由供需双方商定。取三块试样进行试验，三块试样均符合要求时为合格。

(4)耐热性。试验后允许试样存在裂口，但超出边部或裂口 13 mm 部分不能产生气泡或其他缺陷。取三块试样进行试验。三块试样全部符合要求时为合格，一块符合时为不合格。当第二块试样符合时，再追加试验三块新试样，三块全部符合要求时则为合格。

(5)耐温性。试验后超出原始边 15 mm、新切边 25 mm、裂口 10 mm 部分不能产生气泡或其他缺陷。取三块试样进行试验。三块试样全部符合要求时为合格，一块符合时为不合格。当二块试样符合时，再追加试验三块新试样，全部符合时则为合格。

(6)耐辐照性。试验后要求试样不可产生显著变色、气泡及浑浊现象。可见光透射比相对减少率 ΔT 应不大于 10%：

$$\Delta T=[(T_1-T_2)/T_1]\times100\%$$

式中 ΔT 为可见光透射比相对减少率，%；T_1 为紫外线照射前的可见光透射比；T_2 为紫外线照射后的可见光透射比。

使用压花玻璃作原片的夹层玻璃对可见光透射比不作要求。取三块试样进行试验。三块试样全部符合要求时为合格，一块符合时为不合格。当二块试样符合时，再追加试验三块新试样，全部符合时则为合格。

(7)落球冲击剥离性能。试验后中间层不得断裂或不得因碎片的剥落而暴露。钢化夹层玻璃、弯夹层玻璃、总厚度超过 16 mm 的夹层玻璃及原片的三片或三片以上的夹层玻璃由供需双方商定。取六块进行试验。当五块或五块以上符合时为合格，三块或三块以下符合时为不合格。当四块试样符合时，再追加试验六块新试样，六块全部符合要求时为合格。

(8)霰弹袋冲击性能。取四块试样进行试验，四块试样均应符合表 12－34 的规定。

表 12－34　霰弹袋冲击性能

种类	冲击高度(mm)	结果判定
Ⅱ－1类	1200	试样不破坏；如试样破坏，破坏部分不应存在断裂或使直径 75 mm 球自由通过的孔；
Ⅱ－2类	750	
Ⅲ类	300→450→600→750→900→1200	需同时满足以下要求： (1)破坏时，允许出现裂缝和碎裂物，但不允许出现断裂或产生使 75 mm 球自由通过的孔 (2)在不同的高度冲出后发生崩裂而产生碎片时，称量试验后 5 min 内掉下来的 10 块最大碎片，其质量不得超过 65 cm^2 面积内原始试样的质量； (3)1200 mm 冲击后，试样不一定保留在试验框内，但应保持完整

注：该项不适用于评价比试样尺寸或面积大得多的物品。

(9)抗风压性能。应由供需双方商定是否有必要进行本项试验，以便合理选择给定风载条件下适宜的夹层玻璃厚度，或验证所选定的玻璃厚度及面积能否满足设计抗风压值的要求。

9.吸热玻璃

吸热玻璃是能吸收大量红外线辐射能量而又保持良好可见光透过率的平板玻璃，又称本体着色玻璃.是在普通平板玻璃组分中加入微量镍、钴、硒等金属成分，可呈现各种颜色。一般有灰色、茶色、蓝色、绿色、古铜色、青铜色、金色、棕色、粉红色等。按组分可分为硅酸盐吸热玻璃、磷酸盐吸热玻璃与镀膜玻璃等.常用于避免阳光辐射而增热的炎热地区，需设置空调及避免眩光的建筑物门窗或外墙体及火车、汽车、船舶挡风玻璃等，起隔热、空调、防眩晕作用。

(1)生产方法

生产吸热玻璃的方法有两种：一是在普通钠钙硅酸盐玻璃的原料中加入一定量的有吸热性能的着色剂，如氧化铁。氧化镍、氧化钴以及硒等；另一种是在平板玻璃表面喷镀一层或多层金属或金属氧化物薄膜而制成。吸热玻璃的颜色有灰色、茶色、蓝色、绿色，古铜色、青铜色、粉红色和金黄色等。我国目前主要生产前三种颜色的吸热玻璃。厚度有 2 mm、3 mm、5 mm 和 6 mm 四种规格。吸热玻璃还可进一步加工制成磨光、钢化、夹层或中空玻璃。

(2)吸热(着色)玻璃的主要技术要求

吸热玻璃的光学性能见表 12－35 所列。

表 12－35　吸热玻璃的光学性能(%)

颜色	可见光透射比≥	太阳光直接透射比≤
茶色	42	60
灰色	30	60
蓝色	45	70

(3)特点

吸热玻璃与普通平板玻璃相比具有如下特点：

1)吸收太阳辐射热。如 6 mm 厚透明浮法玻璃，在太阳照射下总透过热为 84%，而同样条件下吸热玻璃的总透过热量为 60%。吸热玻璃的颜色和厚度不同，对太阳辐射热的吸收程度也不同。

2)吸收太阳可见光，减弱太阳光的强度，起到反眩作用。

3)具有一定的透明度，并能吸收紫外线。吸热玻璃已经广泛用于建筑物的门窗、外墙以及用作车、船挡风玻璃等，起到隔热、防眩、采光及装饰等作用。

10. 热反射玻璃

热反射玻璃是对太阳的辐射能具有较高反射能力而又保持良好透光性的平板玻璃。其高反射能力是通过在玻璃表面镀敷一层极薄的金属或金属氧化物膜来实现的，故又称为镀膜玻璃。其颜色有金、银、灰、茶、浅蓝等。

热反射玻璃对太阳的辐射热具有较高的反射能力(反射率可达 25%～40%)，遮光性能和绝热性能好，具有单向透视的特性(白天室内能清楚地观察室外景色，而室外却看不见室内的情况)。热反射玻璃在高档建筑上采用越来越多，特别是作为高层建筑的玻璃幕墙，尤为适宜。

第五节　建筑石膏及木质材料

一、石膏板和石膏饰品

石膏板的体积密度为 800～950 kg/m^3，导热系数为 0.193 W/(m·K)，具有质轻、抗火、吸声、保温隔热等性能，有一定强度，且可锯、可钉、可刨，容易加工，施工安装简便，但耐水性能较差。为提高石膏板的耐水性，可掺入有机硅、聚乙烯醇、聚醋酸乙烯等防水剂制成防潮石膏板。石膏板按其构成和形态分为纸面石膏板、装饰石膏板和嵌装式装饰石膏板三类，主要用于室内的轻质隔墙和吊顶的饰面板。在厨房、卫生间及空气相对湿度经常大于 70 %的潮湿环境中，应采用耐水石膏板。

1. 纸面石膏板

(1)分类

1)板材种类与代号

纸面石膏板按其功能分为：普通纸面石膏板、耐水纸面石膏板、耐火纸面石膏板以及耐水耐火纸面石膏板四种。

①普通纸面石膏板(代号 P)

以建筑石膏为主要原料，掺入适量纤维增强材料和外加剂等，在与水搅拌后，浇注于护面纸的面纸与背纸之间，并与护面纸牢固地粘结在一起的建筑板材。

②耐水纸面石膏板(代号 S)

以建筑石膏为主要原料，掺入适量纤维增强材料和耐水外加剂等，在与水搅拌后，浇注于耐水护面纸的面纸与背纸之间，并与耐水护面纸牢固地粘结在一起，旨在改善防水性能的建筑板材。

③耐火纸面石膏板(代号 H)

以建筑石膏为主要原料，掺入无机耐火纤维增强材料和外加剂等，在与水搅拌后，浇注于护面纸的面纸与背纸之间，并与护面纸牢固地粘结在一起，旨在提高防火性能的建筑板材。

④耐水耐火纸面石膏板(代号 SH)

以建筑石膏为主要原料，掺入耐水外加剂和无机耐火纤维增强材料等，在与水搅拌后，浇注于耐水护面纸的面纸与背纸之间，并与耐水护面纸牢固地粘结在一起，旨在改善防水性能和提高防火性能的建筑板材。

2)棱边形状与代号

纸面石膏板按棱边形状分为：矩形(代号 J)、倒角形(代号 D)、楔形(代事情 C)和圆形(代号 Y)四种(见图 12—3～图 12—6)，也可根据用户要求生产其他棱边形状的板材。

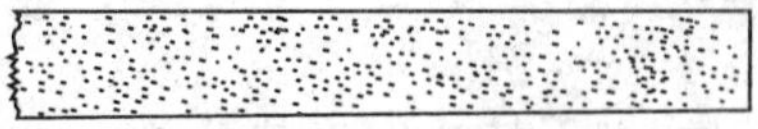

图 12—3　矩形棱边

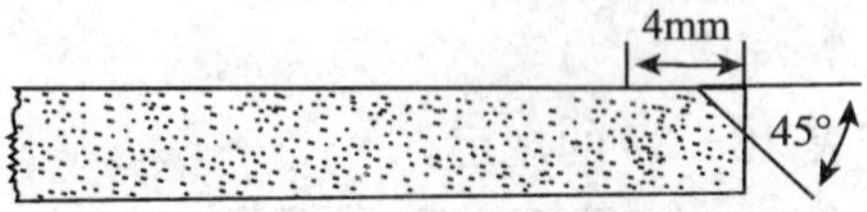

图 12—4　倒角形棱边

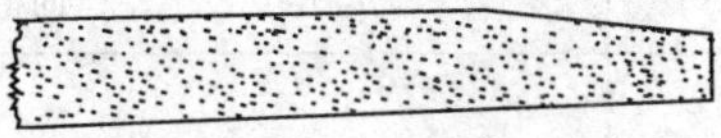

图 12—5　楔形棱边

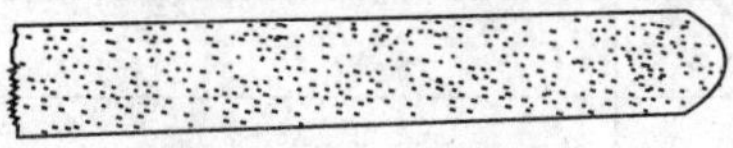

图 12—6　圆形棱边

3)规格尺寸

①板材的公称长度为 1500mm、1800mm、2100mm、2400mm、2440mm、2700mm、3000mm、3300mm、3600mm 和 3660mm。

②板材的公称宽度为 600mm、900mm、1200mm 和 1220mm。

③板材的公称厚度为 9.5mm、12.0mm、15.0mm、18.0mm、21.0mm 和 25.0mm。

(2)标记

①标记方法

标记的顺序依次为：产品名称、板类代号、棱边形状代号、长度、宽度、厚度以及本标准编号。

②标记示例

标记示例子如下：

示例：长度为 3000mm、宽度为 1200mm、厚度为 120.mm、具有楔形棱边形状的普通纸面石膏板，标记为：

纸面石膏板 PC 3000×1200×12.0　GB/T 9775 —2008。

(3)要求

①外观质量

纸面石膏板板面平整，不应有影响使用的波纹、沟槽、亏料、漏料和划伤、破损、污痕等缺陷。

②尺寸偏差

板材的尺寸偏差应符合表 12－36 的规定。

表 12－36　尺寸偏差(mm)

项目	长度	宽度	厚度	
			9.5	≥12.0
尺寸偏差	－6～0	－5～0	±0.5	±0.6

③对角线长度差

板材应切割成矩形,两对角线长度差应不大于 5mm。

④楔形棱边断面尺寸

对于棱边形状为楔形的板材,楔形棱边宽度应为 30～80mm,楔形棱边深度应为0.6～1.9mm。

⑤面密度

板材的面密度应不大于表 12－37 的规定。

表 12－37　面密度

板材厚度(mm)	面密度(kg/m²)
9.5	9.5
12.0	12.0
15.0	15.0
18.0	18.0
21.0	21.0
25.0	25.0

⑥断裂荷载

板材的断裂荷载应不小于表 12－38 的规定。

表 12－38　断裂荷载

板材厚度(mm)	断裂荷载(N)			
	纵向		横向	
	平均值	最小值	平均值	最小值
9.5	400	360	160	140
12.0	520	460	200	180
15.0	650	580	250	220
18.0	770	700	300	270
21.0	900	810	350	320
25.0	1100	970	420	380

2.普通装饰石膏板

普通装饰石膏板是以建筑石膏为主要原料,掺入适量纤维增强材料和外加剂,加水拌和均匀后，经浇筑成型并压出各种图案花纹或孔眼，制成不带护面纸的石膏板材。根据板材正面形状和防潮性能的不同分为普通平板(P)、普通孔板(K)、普通浮雕板(D)和防潮平板(FP)、防潮孔板(FK)、防潮浮雕板(FD)。产品规格为 500 mm×500 mm×9 mm 和 600 mm×600 mm×11 mm 两种。常用的装饰石膏板有穿孔板(兼具吸声功能)、盲孔板、浮雕图案板等。

3.嵌装式装饰石膏板

同装饰石膏板，嵌装式装饰石膏板的正面可为平面，亦可带孔或带浮雕图案，但板材背面的四周加厚，并在侧边带有嵌装企口。由于这种板材带有嵌装企口，使吊顶龙骨不外露，具有更好的美观性。嵌装式装饰石膏板的规格为：边长 600 mm×600 mm，的边厚大于 28 mm：边长 500 mm×500 mm 的，边厚大于 25 mm。

若以带有一定数量穿透孔洞的嵌装式装饰石膏板为面板，背后复合吸声材料，使其具有一定吸声特性的板材，便是嵌装式吸声石膏板。

4.艺术装饰石膏板

艺术装饰石膏板用优质建筑石膏配以纤维增强材料、胶粘剂等，经调制、压型、干燥、硬化，制成富有艺术性的线板、线角、花角、灯圈、灯座、柱头、花饰等，用于室内装饰，将装饰性与实用性结合起来，具有特殊的风格和情调。

二、纤维吸声板

1.硬质纤维吸声板

(1)硬质纤维装饰吸声板是由硬质纤维板表面粘贴钛白纸或其他装饰纸，经裁切、打孔、修整(喷涂装饰涂料或静电植绒加工)而成，又称硬质装饰吸声板、硬质打孔装饰纤维板。

(2)硬质纤维装饰吸声板的规格一般为 1000 mm×1000 mm× 4 mm 及 500 mm×500 mm×4 mm。其穿孔孔距为 20 mm、孔径为 8 mm，因穿孔图案各不相同，所以穿孔率各异。

(3)硬质纤维装饰吸声板主要用于公用建筑的会议室、影剧场、休息厅，以及有吸声要求的工作室等处，作为天棚和护壁等饰面。

2.软质纤维装饰声扳

(1)软质纤维装饰吸声板是以草质植物纤维为主要原料，先经切割、水解打浆、施胶铺膜成型、热压烘干而成胚料，再经表面粘贴钛白纸或其他饰面防潮纸、穿孔修整而成的轻质装饰吸声板材。

(2)软质纤维装饰吸声板的规格一般有 305 mm×305 mm×13 mm、(500～550) mm×(500～550) mm×13 mm、610 mm× 610 mm×13 mm，以及表面不贴纸的本色板，其规格为 2440 mm×1220 mm×13 mm。该板的穿孔图案类同于硬质纤维装饰吸声板。

(3)软质纤维装饰吸声格主要用于不受潮湿影响的环境有保温吸声要求的顶棚及不易受碰损的护壁画。

三、木质装饰材料

木材具有许多其他材料所无法比拟的装饰质量和特殊效果，如自然古朴的天然花纹、良好的弹性、宜人的固有色彩等，给人以淳朴、古雅、温暖、亲切的质感，所以木材作为室内装饰材料得到广泛应用。

用于室内装饰的木材主要有木地板、木制饰件(如踢脚板、挂镜线、门窗套、装饰线条、雕花等)、栏杆扶手以及各种人造板材(如胶合板、宝丽板等)等。

1. 条木地板

条木地板有单层和双层(下层为毛板、上层为面板)之分;其构造做法有实铺式和架空式两种;拼缝方式有企口缝、截口缝和平头缝;条木地板按所用木材持地软硬不同分为软木地板和硬木地板。软木地板常用木材有松木、杉木;硬木地板常用木材有水曲柳、柞木、枫木、柚木、榆木、榉木、樟木、桧木等。

条木地板的板宽一般不大于 120 mm,厚度约为 20～30 mm。木地板铺完后,经过一段时间,待木板变成稳定后,再进行刹光、清扫、刷漆(一般刷清漆,以露出木材的天然纹理)。木地板受潮后容易变形,若长期潮湿容易腐朽。为延长其使用寿命,应作防潮处理。

2. 拼花木地板

(1)拼花木地板由许多小单元的木块组合而成,有大拼花、小拼花之分。拼成各种图案,如人字型、席纹型、斑马型、长条型、阶梯型、正方格、斜方格等,款式多样,图案丰富,纹理清晰,美观大方,经刨光、油漆、打蜡,给人以温暖舒适、富有弹性之感.广泛用于各种高中档室内地面装修。

(2)拼花木地板多采用柚木、柞木、橡胶木、水曲柳、核桃木、枫木、榆木、桦木、梢楠木等,所用木材都是硬木,质地优良,不易腐朽开裂.能经久耐用,且可充分利用边角零料。

3. 木制饰件

(1)木制饰件主要有装饰木线条、木制雕花、木制浮雕和贴花等。但在装饰工程中用得最多的还是木线条。

(2)木线条一般均采用机械制作,常用木材有柚木、水曲柳、红松、白松等硬质木,定型产品多达百种,并可组合搭配成各种新的造型方式。

第六节　建筑装饰塑料

一、塑料板材装饰制品种类

塑料装饰板材制品的种类较多,主要有塑料贴面板,PVC 装饰板、玻璃钢装饰板、有机玻璃、聚氯乙烯塑料板、三聚氰胺塑料板、浮印大理石装饰板等。

1. 塑料贴面板

塑料贴面装饰板的面层为三聚氰胺甲醛树脂浸渍过的印花纸,里面各层都是酚醛浸渍过的牛皮纸,经干燥后叠合热压而成。塑料贴面装饰板的图案、色调丰富,品种繁多,耐湿、耐磨、耐烫、耐燃烧,耐一般酸、碱、油脂及酒精等溶剂的化学侵蚀,表面平整光滑,极易清洗,用于板材的表面,装饰效果好,主要用于室内墙面、台面、门面及桌面的贴面装饰。

2. PVC 装饰板

PVC 装饰板是以聚氯乙烯与稳定剂、色料等经拌和、混炼、拉片或压延成型而得的一种高级装饰板材,分硬质和软质两种。硬质 PVC 塑料板材的机械强度较高,耐用性和抗老化性较理想,易熔接及粘合,线膨胀系数大,成型加工性差。软质 PVC 板材较柔软,弹性好,易加工成型,其抗弯强度及冲击韧性均较硬质 PVC 板低。

PVC 装饰板材适用于各种建筑物室内墙面、柱面、吊顶、家具、台面的装修铺设,主要作为装饰及耐腐蚀之用,其中塑料扣板大量用于顶棚材料。

3. 玻璃钢装饰板

玻璃钢装饰板是以不饱和聚酯和玻璃布制成的，具有色彩多样、美观大方、表膜光亮、硬度高、耐磨、耐酸碱、耐高温等性能，主要用于各种基层、板材的表面装饰。

4. 有机玻璃装饰板

常用的有机玻璃装饰板有五色透明有机玻璃板、有色有机玻璃板、珠光有机玻璃板、有机玻璃工艺装饰板材等。有机玻璃装饰板具有透光性好、质量轻、耐冲击、绝缘性好、色彩绮丽突出、加工容易等特点，在装饰工程中主要用用采光板、天窗板、门窗、楼梯栏板、扶手、照明灯罩、灯具板、广告牌、招牌字、灯箱片、家具、浴缸等。

二、塑料门窗的种类

塑料门窗料是以聚氯乙烯、改性聚氯乙烯或其他树脂为主要原料，以碳粉为填料，添加适量改性剂，经挤压成型得到的各种截面的空腹门窗异型材，有 PVC 塑料门窗、改性 PVC 塑料门窗和其他树脂制作的塑料门窗三类。

塑料门窗刚度差，容易变成，可在其中加入型钢作为其骨架，以增强抗弯能力，便得到塑钢门窗料，其刚度大为增强。

三、塑料地板

塑料地板是建筑物地面的饰面层，它可以粘贴在各种基层上。其装饰效果好，色彩、图案丰富，种类繁多，施工维修方便，并具有一定的防潮性。塑料地板按其外形分为块状地板和卷材地板；按其材性可分为硬质、半硬质和弹性塑料地板。

四、塑料墙纸与墙布

塑料墙纸亦称塑料壁纸，是以纸为基材，以聚氯乙烯等塑料为面层，经压延或涂布以及印刷、轧花或发泡而成。塑料壁纸分为普通壁纸、发泡壁纸和特中壁纸三类。塑料壁纸的规格尺寸有两种：宽度以 530 mm 的，每卷长度为 10 m；宽度为（900～1000）mm 的，每卷长度为 50 m。

普通壁纸是在纸基上印涂塑料制成，表面有一定的花纹，质感好，颜色稳定，具有一定弹性，对接拼缝不易察觉。纸基能保持壁纸的秀气性，对裱糊用胶的性能要求不高，主要用于内墙和顶棚饰面。

化纤装饰墙布是以化纤布为基材，经一定处理后印花而成，具有无毒、无味、透气、耐磨等优点，适用于各级宾馆、旅馆、写字楼、住宅的内墙面装饰。

无纺墙布是采用棉麻等天然纤维或绦纶、腈纶等合成纤维，经过无纺成布、涂布树脂、印刷彩色花纹制成的一种新型贴墙材料。无纺墙布挺括，富弹性，不易折裂，纤维不老化，对皮肤无刺激作用，色彩绮丽，图案雅致，透气，能擦洗，不褪色，施工方便，适用于各种室内墙面装饰。

五、塑料异性材

构成门窗及各种建筑装饰材料如楼梯扶手、护墙、踢脚线。画镜线、饰边线等的塑料异型材，其断面形式大都比较复杂，但其制造方法却很简单，均为挤出加工，可稳定而高效地生产。其挤出异型材的种类，按其构造形式，可分为五种。

(1)闭合中空异型材。断面为完全闭合，中间有单孔或多孔。

(2)开放中空异型材。也是单孔或多孔的异型材,单有开放的部分。

(3)开放异型材。无中空室,为薄壁异型材。

(4)复合异型材。是用两种不同的塑料或不同颜色的同种塑料共挤出的异型材。

(5)嵌件异型材。是用塑料包覆于金属或木材的外面,用十字机头共挤出的异型材。塑料异型材按用途分,可分为窗用、门用及其他装饰用途的异型材。

第七节 装饰涂料

一、涂料的分类

涂料是一种涂敷于物体表面,能形成完整涂膜并能牢固附着于物体表面的物质。它对物体起到装饰和保护的功能。

涂料品种繁多,分类方法亦有多种形式,目前通常采用的分类方法,如图 12—7 所示。

涂料的分类

- 按用途分
  - 建筑涂料按用途可分为内墙涂料、外墙涂料、顶棚涂料、地面涂料、防水涂料、其他功能性建筑涂料(如防火涂料、防腐涂料、防锈涂料、防霉涂料、杀虫涂料、隔热涂料、隔声涂料、多彩涂料和荧光涂料)等。
- 按状态分
  - 建筑上经常使用的涂料还包括木器涂料(属于工业涂料)。
- 按成膜物质性质分
  - 建筑涂料按其主要成膜物质性质可分为有机系涂料(如聚丙烯酸酯外墙涂料)、无机系涂料(如硅酸钾水玻璃外墙涂料)、有机－无机复合系涂料(如硅溶胶－苯丙复合外墙涂料)等。
- 按涂膜厚度与质感分
  - (1)建筑涂料按其状态可分为水溶性涂料、乳液型涂料(前两者统称水性涂料)、溶剂型涂料和粉末涂料。
  - (2)水性涂料以水作为分散介质,主要包括水溶性涂料和乳液型涂料。
  - (3)水溶性涂料主要有:聚乙烯醇水玻璃涂料、聚乙烯醇缩甲醛涂料等。
  - (4)乳液型涂料(也称水乳型涂料或乳胶漆)主要有:聚醋酸乙烯涂料、聚丙烯酸酯乳液涂料(包括纯丙、苯丙、醋丙、硅丙涂料等)。
  - (5)溶剂型涂料以有机溶剂作为分散介质,主要有:溶剂型聚丙烯酸酯涂料、聚氨酯涂料、环氧树脂涂料、氯化橡胶涂料、过氯乙烯树脂涂料、有机硅改性聚丙烯酸酯涂料、氯磺化聚乙烯橡胶涂料及硝酸纤维素涂料等,其中前三种涂料用量较大,应用最为广泛。
  - (6)粉末涂料,如某些内外墙腻子、仿瓷涂料等,此类涂料较少。
  - 建筑涂料按涂膜厚度和质感可分为薄质涂料(如大多数乳液涂料)、厚质涂料(如砂壁状建筑涂料、复层涂料等。

图 12—7 涂料的分类

二、水溶性内墙涂料

水溶性内墙涂料的特点是不耐水洗,填料用量大,颜料用量小,产品档次不高。

聚乙烯醇水玻璃内墙涂料原料丰富、价格低廉、工艺简单、无毒、无味、耐燃,并与基层材料间有一定的黏结力,但涂层的耐水性及耐水洗刷性差,不能用湿布擦洗,且涂膜表面易产生脱粉现象。

聚乙烯醇缩甲醛内墙涂料的性能和生产成本与聚乙烯醇水玻璃内墙涂料相仿,耐洗刷性略优于聚乙烯醇水玻璃内墙涂料,但涂料成品中含有大量的游离甲醛,环保性能难以达到要求。

三、合成树脂乳液内墙涂料乳胶漆

合成树脂乳液内墙涂料主要包括聚酯酸乙烯乳液类涂料和丙烯酸酯乳液系列涂料。

聚酯酸乙烯乳液涂料的特点是成本低、流平性好,但涂膜不耐碱,耐水及耐洗刷性差。这类涂料一般只有平光(无光)产品,主要用于内墙面及顶棚的涂装。

丙烯酸酯乳液系列涂料系指以丙烯酸酯均聚乳液或丙烯酸酯共聚乳液为基料制成的建筑涂料,具体可分为硅丙涂料(仅用于外墙)、纯丙涂料、苯丙涂料、醋丙涂料(仅用于内墙)等几类。为便于对比,表 12—39 中列出了丙烯酸酯乳液系列涂料特性及应用。这类涂料主要的共同特点是具有良好的耐水性、耐碱性、耐紫外光的降解性和良好的保色保光能力。

四、特色内墙涂料

近年来各类新式内墙涂料层出不穷,如壁纸漆、质感漆、钻石漆、幻多漆、云丝漆、彩缎漆、夜光漆等,有些涂料品种装饰效果令人惊叹。这些特色涂料可在特殊场合如电视背景墙、主题墙、毛花碱等部位小面积应用。

表 12—39　丙烯酸酯乳液系列涂料特性及应用

涂料名称	简称	主要特性	应用范围
有机硅—丙烯酸酯共聚乳液涂料	硅丙涂料	除了具有纯丙乳液的特性外,具有极好的耐玷污性、耐老化性,高温不回粘,价格高	主要用于要求高耐久性以及耐沾污性要求高的外用涂料
丙烯酸酯共聚乳液涂料	纯丙涂料	具有很好的黏结性,良好的耐光、耐候性,长期在紫外线照射下不降解、不粉化、不黄变,耐酸、碱等化学腐蚀性好,涂膜透明、光泽高、价格稍高	主要应用于要求有很好耐久性的外用涂料、复层涂料、砂壁状涂料等
苯乙烯—丙烯酸酯共聚乳液涂料	苯丙涂料	性能与纯丙乳液相近,耐碱性、耐水性和涂膜硬度有所提高,但通常认为会使涂膜易于泛黄,价格低	主要用于一般外墙及外用涂料以及内墙、内用涂料等
醋酸乙烯—丙烯酸酯共醋丙涂料聚乳液涂料	醋丙涂料	具有良好的颜料黏结力,但在抗水解、耐光等性能方面比苯丙乳液性能差,不能制成有光乳胶漆,成本低	主要用于一般平光到半光的内用乳胶漆

五、溶剂型外墙涂料

溶剂型涂料系指以有机溶剂为分散介质制成的涂料。

溶剂型外墙涂料的特点是流平性好,涂膜装饰效果好,物理力学性能优异,例如涂膜致密,对水、气阻隔性好,光泽度高等。但溶剂造成的环境污染至今仍是难以有效解决的问题。

溶剂型外墙涂料种类较多,主要有丙烯酸类、聚氨酯类、氯化橡胶类、有机硅类、氟树脂类以及一些复合型的涂料。

六、合成树脂乳液外墙涂料

合成树脂乳液外墙涂料具有良好的耐水性、耐碱性、耐紫外光的降解性和良好的保色保光能力。此类涂料不仅适用于建筑物的内墙,同时也适用于外墙涂装,尤其是硅丙、纯丙涂料性能更佳,更加适宜外墙面使用。

七、砂壁状建筑涂料

砂壁状建筑涂料是以合成树脂乳液为主要成膜物质(如纯丙、苯丙乳液),在涂料中加入天然彩砂、人工彩砂或石材微粒、石粉等作为骨料。使涂膜具有天然岩石般质感的一种厚质建筑涂料。

砂壁状涂料涂膜酷似天然石材，商业上常称为“石头漆”、“仿石漆”、“真石漆”。此类涂料涂膜质感丰满、大气粗犷，装饰效果极具个性，但因其外观粗糙，耐污染性差。为克服此不足，目前已有专用于该类涂料的耐污型合成树脂乳液(例如硅一丙乳液)。砂壁状建筑涂料主要应用于外墙，近年来也逐渐开始用于内墙面装饰，其装饰效果独具魅力。

八、氟树脂涂料

氟树脂涂料以氟树脂为主要成膜物质制成的涂料，也称氟碳涂料或氟涂料。由于引入的氟元素电负性大，碳氟键能高，氟树脂涂料具有诸多优越性能，如耐候性、耐热性、耐低很性以及耐玷污性等。成为继丙烯酸涂料、聚氨酯涂料、有机硅涂料等高性能涂料之后，综合性能最高的涂料品种，被誉为“涂料之王”。目前较为广泛应用的氟树脂涂料主要有 PTFE、PVDF、FEVE 三大类型。

(1)PTFE 聚四氟乙烯树脂，防腐能力优异，号称“塑料王”不用于建筑，主要用于不粘锅涂料及其他高温、防腐涂料。

(2)PVDF 聚偏二氟乙烯树脂，主要用于超耐候性能建筑涂料。如美国新泽西州、大西洋内赌城、澳洲堪培拉国会大楼、新加坡樟宜机场、法国世纪之门、东京本田大厅和香港汇丰银行大厦等都是采用 PVDF 氟碳涂料涂装的，部分建筑已经历了三十多年的环境考验，仍能保持原有光泽和色彩。

(3)PTFE、PVDF 氟树脂涂料不能在常温下施工，必须高温烘烤成膜。

1995 年我国某公司历经 13 年研发，也开发出了常温固化的 FEVE 涂料成为能生产常温固化 FEVE 氟树脂涂料的国家之一。

九、地面装饰涂料

地面装饰涂料应具有良好的耐碱性，与水泥砂浆有良好的粘结性，有较好的耐水性、耐磨性、抗冲击性，涂刷施工应方便。

用于木地板的装饰涂料主要有聚氨酯清漆、酯胶磁漆、钙酯地板漆、酚醛地板漆等。

用于水泥砂浆地面的装饰涂料主要有聚合物水泥系涂料(聚乙烯醇缩甲醛胶，即 108 胶水泥涂料、聚醋酸乙烯水泥涂料)、聚氨酯系涂料(如多功能聚氨酯弹性彩色地面涂料等)、环氧树脂涂料、丙烯酸酯地面涂料、苯一丙地面涂料、氯一偏地面涂料等。

十、防水涂料

防火涂料是采用特制的保温蛭石集料、无机胶结材料、防火添加剂与复合化学助剂调配而成，具有体积密度小、导热系数小、防火隔热性能优良、附着力强、干燥固化快、无毒无污染等特点。如 CT—01—03 微珠防火涂料、钢结构防火涂料、106 预应力混凝土楼板防火隔热涂料等。

十一、建筑内、外墙涂料选用参考表

建筑内、外墙涂料选用参考资料见表 12—40～表 12—41。

表 12－40　建筑内墙涂料选用参考资料

类别	技术与产品类别	优选	推荐	限制	淘汰	适用范围
内墙涂料	T11 丙烯酸共聚乳液系列内墙涂料（纯丙、苯丙、醋丙等乳液涂料）	√				适用于住宅、工业建筑和公共建筑装修工程
			√			
	T12 乙烯一醋酸乙烯共聚乳液系列内墙涂料（含醋酸乙烯乳液涂料）		√			适用于住宅装修工程（普通内墙装修）
				√		
	T13 水溶性树脂涂料：T131 仿瓷内墙除料（是以聚乙烯醇为基料掺入灰钙粉、大白粉、滑石粉等）			√		不允许用于住宅、公共建筑和工业建筑的高级装修工程
	T13 水溶性树脂涂料：T132 聚乙烯醇水玻璃内墙涂料（106 内墙涂料）				√	目前用量较大的省市可在两年内淘汰
	T13 水溶性树脂涂料：T133 聚乙烯醇缩甲醛内墙涂料（107、803 内墙涂料）				√	
	T14 多彩内墙涂料（树脂以硝化纤维素为主，溶剂以二甲苯为主的 O/W 型涂料）				√	

表 12－41　外墙涂料选用资料

技术与产品类别		优选	推荐	限制	淘汰	适用范围
外墙涂料	T21 丙烯酸共聚乳液薄质外墙涂料(含苯丙、纯丙烯酸乳液外墙涂料)	√	√			适用于住宅、公共建筑、工业建筑和构筑物的各类装修工程
	T22 有机硅丙烯酸乳液薄质外墙乳胶涂料		√	√		适用于住宅、公共建筑、工业建筑和构筑物的各类装修工程
	T23 水性聚氨酯外墙涂料		√			适用于住宅、公共建筑、工业建筑和构筑物的各类装修工程
	T24 丙烯酸共聚乳液厚质外墙涂料(含复层、砂壁状等外墙涂料)		√			适用于住宅、公共建筑、工业建筑的各类装修工程
	T25 溶剂型有机硅改性丙烯酸树脂外墙涂料	√				适用于高层住宅、公共建筑、工业建筑和构筑物中抗沾污性要求高的各类装修工程
	T26 溶剂型丙烯酸外墙涂料(低毒性溶剂)		√			适用于高层住宅、公共建筑、工业建筑和构筑物的各类装修工程
	T27 溶剂型丙烯酸聚氨酯外墙涂料		√			适用于高层住宅,公共建筑、二业建筑和构筑物的各类装修工程
	T28 聚乙烯醇缩甲醛类外墙涂料				√	
	T29 聚醋酸乙烯乳液类(含 EVA 乳液)外 墙涂料				√	
	T210 氯乙烯一偏氯乙烯共聚乳液类外墙涂料				√	

第八节　建筑胶粘剂

一、胶粘剂在建筑中的优缺点

建筑胶粘剂是实用、可靠的,它逐步取代传统的焊接、螺接、嵌接等连接方法,在建筑工程中发挥着重要作用。

1. 优点

(1)胶粘剂均匀涂覆在粘接面上,使应力分布均匀。耐疲劳性要比铆接、螺接高几倍到十几倍。没有因焊缝而产生的电化学腐蚀和脆性破坏。

(2)能有效地应用于不同种类的金属和非金属之间的粘接。适用于不同吻合、薄型、微小、复杂物件的连接。

(3)粘接材料对空气、水等环境介质有良好的密封性,粘接表面平滑,对于流线型工艺具有独特的意义。能满足防水堵漏、防腐、绝缘、保温和隔音的要求。

(4)粘接工艺可极大提高工作效率和节约材料。据统计采用 1 t 胶粘剂可节约 5 t 金属材料,节约 5 000～10 000 个人工。粘接工艺比较简单,对操作者的熟练程度要求不高。

(5)粘接一般可在室温或中温下进行,节约能源,并且不影响材质强度。

(6)选用功能性胶粘剂,可赋于粘接缝以绝缘性、导电性、导磁性、快速固结等性能。

2.缺点

(1)胶粘剂70%以上是合成高聚物,其耐老化、耐环境侵蚀性差。

(2)胶粘剂主要通过分子的作用来连接被粘物体,其粘接强度有限。

(3)胶粘剂耐温范围不高,非结构胶使用温度−60～100 ℃;结构胶使用温度在−253～315 ℃;无机胶粘剂虽可达到700～800 ℃,但它的综合性能较差。

(4)粘接质量无损检测迄今还没有可靠的方法。

二、建筑结构用胶要点

(1)承重结构使用的胶,应保证其胶合强度不低于木材顺纹抗剪和横纹抗拉的强度。胶连接的耐水性和耐久性,应与结构的用途和使用相适应。

(2)对于在使用中有可能受潮的结构以及重要的建筑物,应采用耐水胶(如苯酚甲醛树脂胶等);对于在室内正常温、湿度环境中使用的一般胶合木结构,可采用中等耐水性胶。

(3)承重结构用胶,除应具有出厂合格证明外,还应在使用前按有关的规定检验其胶黏能力。

三、建筑木工常用胶粘剂

1.耐水性胶粘剂

(1)间苯二酚甲醛胶粘剂黏结强度高,黏结性能优良,可在常温或中温下固化,故操作方便,黏结层整而不脆,可在−40～100 ℃的温度条件下使用,但价格较高,且对木材污染严重。多用于承受较重荷载的木结构,以及在露天等苛酷条件下使用的木结构。如建筑用的层合梁、弓形屋架等。

(2)酚醛树脂胶粘剂黏结强度、耐水性、耐候性优异,耐老化、耐热性好,价格适中,但对术材有明显污染。是我国用于经常受潮结构的主要胶料。适用于建筑木结构的黏结、木工装配粘合以及胶合板等木制品的生产。

2.半耐水性胶粘剂

(1)聚醋酸乙烯胶粘剂(白乳胶)。耐潮湿,较耐冷水,不耐热水,粘接件不能在露天条件下使用,温度在60～80 ℃条件下软化,黏结强度降低,在长期受连续荷载下,黏结层会产生较大的塑性变形。用于木板拼合,木装修黏结,以及碎木层压材、人造板材生产等,应用极为广泛。

(2)脲醛树脂胶粘剂。能溶于水,不需要有机溶剂,常温或加热条件下均能自行固化,故使用方便,固化后无色,不污染木材。黏结强度比动物胶高,黏结层耐热、耐潮湿、耐微生物,但其耐热性、耐沸水性、耐老化性均低于酚醛胶黏剂。主要用于批量的木材黏结生产,制造胶合板、夹芯板和木层压材,也可用于一般木作工程的结构。

(3)酪素胶粘剂。无毒,抗震性好,可在低温条件下操作固化,乳结强度较好,但耐水性、抗腐性差,固化时间较长。是一种非结构性胶剂,可用于黏结木材。

(4)三聚氰胺脲醛树脂胶粘剂。是一种改善了的脲醛树脂胶黏剂,大大提高了耐水性能和耐热性能。可用于使用期较短的露天木结构和一些非永久性结构。

四、酚酞树脂胶黏剂的配方比例

酚醛树脂系由苯酚与甲醛,在催化剂氢氧化钠作用下,进行缩聚而得一种红棕色醇溶性黏稠液体。其配合比为。

苯酚:1

甲醛:1.5

氢氧化钠:0. 05 moL

乙醇:适量

常温固化酚醛树脂胶粘剂,系在酚醛树脂中加入苯磺酸、甲苯磺酸、石油磺酸等固化剂配制而成,其配方见表 12—42 所列。

表 12—42 常温固化酚醛树脂胶黏剂的配方(质量比)

配方	组分	配合比		
Ⅰ	操作环境温度	15 ℃	20 ℃	25℃
	醇溶性酚醛树脂	100	100	100
	苯磺酸	12	9	6
Ⅱ		常温固化	60 ℃固化	
	醇溶性酚醛树脂	100	100	
	石油磺酸	$\frac{1800-2100}{\alpha}$	$\frac{1600}{\alpha}$	
		α为石油磺酸酸值,一般为 65～90		
Ⅲ	醇溶性酚醛树脂	Ⅰ	Ⅱ	
	石油磺酸	100	100	
	苯磺酸	10～20	10～20	

五、脲醛树脂胶黏剂的配方比例

配制常温固化胶黏剂所用的脲醛树脂,系尿素与甲醛以较高的摩尔分数,在弱碱性介质中缩聚而成。这类树脂浓度较高(固体含量 55%),加入固化剂即成脉醛树脂胶黏剂。常用固化胶黏剂配方见表 12—43～表 12—44。

表 12—43 表常温固化胶黏剂配方(质量比)

配方 1		配方 2			
		组分	0～30 ℃	20℃～30 ℃	30℃～40℃
浓缩脲醛树脂	100	液态脲醛树脂	100	100	100
15%氯化铵溶液	12	氯化铵(粉末)	2.5～1.5	1.5～0.8	0.7～0.05
面粉	10～20	表中温度值为黏结操作环境温度			

表 12—44 常温固化脲醛树脂胶黏剂的配方(质量比)

组分	常温固化		高温固化	
	Ⅰ	Ⅱ	Ⅲ	Ⅳ
粉末状脲醛树脂	100	100	100	100
水	100	120	100	120
豆粉	—	20	—	20
20%氯化铵溶液	10	10	—	5

第九节 建筑金属材料

一、铝合金门窗的主要性能

铝合金门窗在出厂前必须经过严格的性能试验,达到规定的性能指标后,才能安装使用。

铝合金门窗主要性能有：

(1)气密性。铝合金门窗在压力试验箱内，使窗的前后形成 4.9～24.9Pa 的压力差，其每平方米面积每小时的通气量(m^3)表示窗的气密性，单位是 $m^3/(h \cdot m^2)$。一般性能的铝合金门窗，当前后压力差为 1 000 Pa 时，气密性可达 8 $m^3/(h \cdot m^2)$以下，高密封性能的铝合金门窗可达 2.0 $m^3/(h \cdot m^2)$以下。

(2)水密性。铝合金门窗在压力试验箱内，对窗的外侧加入周期为 2 s 的正弦波脉动压力，同时向窗以 4 L/(m^2 · min)的淋水量人工降雨，进行连续 10 min 的风雨交加试验，在室内一侧不应有可见的漏、渗水现象。水密性用试验时施加的脉冲风压平均压力表示，一般性能铝合金门窗为 343 Pa，抗台风的高性能铝合金门窗可达 490 Pa。

(3)强度。铝合金门窗的强度是用在压力箱内对窗进行压缩空气加压试验时所加风压的等级来表示的。一般性能的铝窗强度可达 1 961～2 353 Pa，高性能铝窗可达 2 353～2 746Pa。在上述压力下测定窗扇：中央最大位移量应小于窗框内沿高度的 1/70。

(4)隔声性。在音响试验室内对铝合金门窗的音响透过损失进行试验可以发现，当音响频率达到一定值以后，铝窗的音响透过损失趋于恒定。用这种方法测定出隔声性能的等级曲线。有隔声要求的铝窗，音响透过损失可达 25 dB，即响声透过铝窗后声级可降低 25 dB。高隔声性能铝窗，音响透过损失等级曲线为 30～45 dB。

(5)隔热性。通常用窗的热对流阻抗值来表示隔热性能。一般分成三级：R1＝0.05 $m^2 \cdot h \cdot ℃/kJ$，R2＝0.06 $m^2 \cdot h \cdot ℃/kJ$，R3＝0.07 $m^2 \cdot h \cdot ℃/kJ$。采用 6 mm 双层玻璃高性能的隔热窗，热对流阻抗值可以达到 0.05 $m^2 \cdot h \cdot ℃/kJ$。

(6)开闭力。当装好玻璃后，窗扇打开或关闭所需的外力应在 49.0 N 以下。

(7)开闭锁耐久性。开闭锁在试验台上用电机拖动，以 10～30 次/min 的速度进行连续开闭试验，当达到 30 000 次时应无异常损伤。

(8)尼龙导向轮耐久性。推拉窗活动窗扇用电动机经偏心连杆机构作连续往复行走试验。尼龙轮直径 12～16 mm，试验 10 000 次；尼龙轮直径 20～24 mm，试验 50 000 次；尼龙轮直径 30～60 mm，试验 100 000 次，窗及导向轮等配件无异常损坏为正常。

二、建筑装饰用铝合金龙骨有何特点

铝合金龙骨具有自身质量轻、刚度大、防火、耐腐蚀、华丽明净、抗震性能好、加工方便、安装简单等优点。常用于活动式装配吊顶的有主龙骨、次龙骨及边龙骨。如用于其他明龙骨吊顶时，次龙骨(包括中龙骨和小龙骨)、边龙骨采用铝合金龙骨，外露部分显得比较美观，而承担负荷的主龙骨(即大龙骨)采用钢制的。所用吊杆均为钢制。铝合金龙骨适用于室内装饰要求较高的走廊、厅堂、卫生间等顶棚之装饰。

(1)主龙骨(大龙骨)。主龙骨的侧面有方形孔和圆形孔。方形孔供次龙骨穿插连接，圆形状供悬吊固定。其断面及立面如图 12－7 所示。

(2)次龙骨(中、小龙骨)。次龙骨的长度，根据罩面板的规格下料。在次龙骨的两端，为了便于插入主龙骨的方眼中，要加工成“凸头”形状。其断面及立面如图 12－8 所示。为了使多根次龙骨在穿插连接中保持顺直，在次龙骨的凸头部位弯了一个角度，使两根次龙骨在一个方眼中保持中心线重合。

(3)边龙骨。边龙骨亦称封口角铝。其作用是吊顶毛边及检查部位等封口，使边角部位保持整齐、顺直。边龙骨有等肢与不等肢差别，一般常用 25 mm×25 mm 等肢角边龙骨，色彩与板的色彩相同。

铝合金吊顶龙骨的规格见表12—45所列。

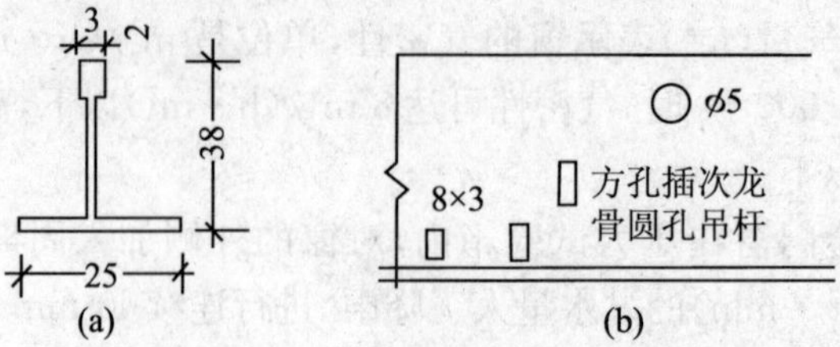

图12—8　铝合金主龙骨断面和立面

(a)断面;(b)立面

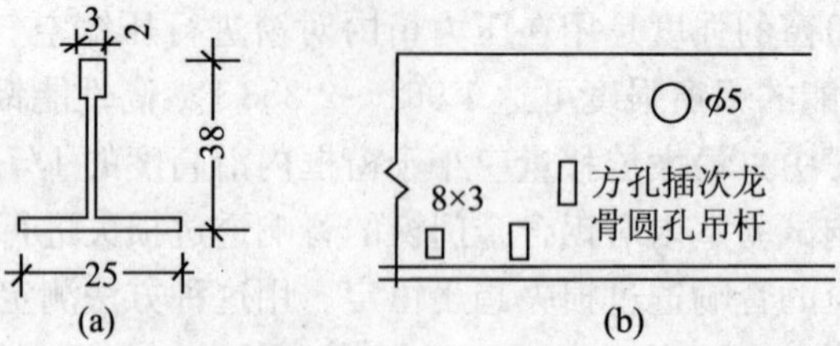

图12—9　铝合金次龙骨断面和立面

(a)断面;(b)立面

表12—45　铝合金吊顶龙骨的品种、规格

品名	代号	规格/mm	简要说明
铝合金T型吊顶龙骨			包括大龙骨及附件
			6306铝硅镁系合金
	hS型 pS型	高32 高38	
		300 600 900 1200	
			包括矿棉吸声板
铝合金大T型 铝合金小T型 铝合金角条	T_1 T_2 L	30×32 25×23 20×20	
铝合金T型吊顶			
铝小龙骨 铝平顶中筋 钢大龙骨 配件	T T L [	22×22×1.3 32×22×1.3 22×22×1.3 45×15×1.2	长3 m或0.6 m三倍数 长0.596 m 长3 m或0.6 m三倍数 长2 m 包括全部配件

三、建筑装饰常用的铝合金材料的用途

(1)常用的铝合金装饰板材有铝合金花纹板、铝合金压型板、铝合金冲孔平板、铝合金扣板、铝合金波纹板等,主要用于现代建筑的墙面、柱面、吊顶、楼梯、屋面等;铝箔用于装饰贴面。铝合金板材质轻、耐高温、耐高压、耐腐蚀、防火、防潮、防震、化学稳定性好、造型美观、色彩幽雅、立体感强,可用于宾馆、饭店、剧场、影院、播音室等公共建筑。

(2)铝合金装饰线条主要用于装饰性栏杆、楼梯扶手、幕墙、活动隔断和铝合金格栅等。

四、建筑装饰用不锈钢装饰制品

(1)不锈钢镜面板。选用优质不锈钢板,经全自动机械研磨制作而成。其材质坚韧,表面呈反光镜面,长期保持光泽明亮,可钉、可粘贴、可弯曲,施工方便,适用于高级餐厅、宾馆、商业建筑中的顶棚、墙柱面、门窗、柜台、家具、电梯、广告招牌等室内外装饰。

(2)彩色不锈钢板。以优质不锈钢板加以着色制成,除保留原有的不锈钢特性外,又增新颖色彩,光泽好,是一种新型的超豪华型装饰材料。常见花色品种有茶色、梅红色、黄色、古陶色、青铜色、金色、绿色、紫色等,适用于幕墙、天花板、墙柱面、门窗套、包柱、楼梯、扶手、电梯、古建筑之筒瓦等装饰,并可用作灯具、图案壁画、雕塑等。

(3)其他不锈钢装饰材料。各种截面形状的不锈钢管可用作栏杆、扶手、五金配件等;不锈钢球可用作为重点装饰;各种不锈钢装饰线条和不锈钢格栅等,适用于室内吊顶。

五、建筑用铜装饰制品

纯铜是紫红色的重金属,又称紫铜。铜和锌的合金称作黄铜,其颜色随含锌量的增加由黄红色变为淡黄色,其机械性能比纯铜高,价格比纯铜低,也不易锈蚀。

铜材在建筑装修中有着悠久的历史,表面经磨光处理后可制成亮度很高的镜面铜(古代的铜镜)。在现代建筑中,常被制作成铜板(有光镜面、平面、布面、纱面、腐蚀面、凹凸面)、铜管、铜条、铜浮雕,用于建筑的门窗包框、栏杆扶手、五金配件、浴室配件、灯饰、家具、镶嵌装饰、块材地面的分格条、楼梯踏步的防滑条等。

六、建筑小五金

1. 建筑常用钉

钉是指建筑工程中及家具制作中用来钉固木结构构件、木竹器材及其他的钢制件。其品种有圆钢钉、水泥钢钉、扁头圆钢钉、拼合用圆钢钉、骑马钉、油毡甩圆钢钉、镀锌瓦楞钢钉、家具钉、半圆头钉、麻花钉、无头钉及射钉等。常用的钉如图 12－10 所示。

建筑常用钉
- 圆钢钉:圆钢钉又称圆钉、铁钉,其用途十分广泛,常用于钉固木竹器材、木结构构件等。是以低碳钢盘条经冷拔成线材后轧制而成。圆钢钉用于钉固木竹器材。各种钉固对象适用的圆钉长度大致为:家具、竹器、乐器及文教用具等为 10～20 mm;墙壁内的板条、木制农具,一般为 20～50 mm;一般包括木箱为 30～50 mm;地板、牲畜棚等为 50～60 mm;屋面椽木及混凝土木模为 70 mm,模型泥芯为 60～100 mm;防台防汛和桥梁工程、修建土木结构房屋为 100～150 mm、圆钢钉规格和重量见表 12－46 所列。
- 水泥钢钉:水泥钢钉简称水泥钉,是用于将制件钉固在水泥类墙壁或制件上。此类钢钉须经热处理,其硬度较高,水泥钢钉的规格见表 12－47 所列。
- 扁头圆钢钉:
  - (1)扁头圆钢钉又名扁头钉、地板钉、木模钉等。扁头圆钉钉主要用于木模制作、钉地板及家具等需将钉帽埋入木材的场合。
  - (2)扁头圆钢钉的规格和质量,见表 12－48 所列。
- 拼合用圆钢钉:
  - (1)拼合圆钢钉又名拼钉、两头尖钉、枣核钉等,如图 12－11 所示。拼合用圆钢钉适用于木箱、家具、农具、门扇等需要拼合木板时作销钉用。
  - (2)拼合用圆钢钉的规格、重量,见表 12－49 所列。
- 扒钉:扒钉的外形,如图 12－12 所示,其规格、重量见表 12－50 所列。
- 骑马钉:骑马钉又名止钉、U 字钉等。骑马钉的外形如图 12－13 所示,主要用于固定金属板网、金属丝网及刺丝或室挂线等,也可用于固定绑木箱的钢丝。骑马钉的规格、重量见表 12－51 所列。

图 12－10　建筑常用钉

表 12－46 圆钢钉的规格、重量

钉长(mm)	钉杆直径(mm)			千只约重(kg)			千克约数(只)		
	重型	标准型	轻型	重型	标准型	轻型	重型	标准型	轻型
10	1.10	1.00	0.90	0.079	0.062	0.045	12 660	16 200	20 040
13	1.20	1.10	1.00	0. 120	0.097	0.080	8 330	10 310	12 460
16	1.40	1.20	1.10	0.207	0.112	0.119	1 830	7 040	8 380
20	1.60	1.40	1.20	0.324	0.242	0.177	3 090	4 130	5 630
25	1.80	1.60	1.40	0.511	0.359	0.302	1 960	2 532	3 300
30	2. 00	1.80	1.60	0.758	0.600	0.473	1 320	1 666	2 110
35	2.20	2.00	1.80	1.069	0.860	0.700	943	1 157	1 430
40	2.50	2.20	2.00	1.56	1.19	0.990	641	837	1 010
45	2.80	2.50	2.20	2.22	1.73	1.34	450	577	744
50	3.10	2.80	2.50	3.02	2.42	1.92	331	414	520
60	3.40	3.10	2.80	4.35	3.56	2.90	230	281	345
70	3.70	3.40	3.10	5.94	5.00	4.15	168	200	241
80	4. 10	3.70	3.40	8.30	6.75	5.71	120	148	175
90	4.50	4.10	3.70	11.30	9. 35	7.63	88.5	107	131
100	5.00	4.50	4.10	15.50	12.50	10.40	64.5	80. 1	96.5
110	5. 50	5.00	4. 50	20.90	17.00	13.70	47.8	59.0	72.8
130	6.00	5.50	5.00	29.10	24.30	20.00	34.4	41.2	49.9
150	6.50	6.00	5.50	39.40	33.30	28.00	25.4	30.0	35.7
175	—	6.50	6.00	—	45.70	38.90	—	21.9	25. 7
200	—	—	6.50	—	—	52.10	—	—	19.2

表 12－47 水泥钢钉的规格(mm)

钉长	10	13	15	20	25	30	35	40	45
直径	1.2	1.6	1.6	1.8	2.2	2.5	2.8	3.2	3.6
钉长	50	60	70	80	90	100	110	130	150
直径	4.0	4.5	5.0	5.5	6.0	6.5	7.0	8.0	9.0

表 12－48 扁头圆钢钉的规格和质量

钉长(mm)	35	40	50	60	80	90	100
钉杆直径(mm)	2.0	2.2	2.5	2.8	3.2	3.40	3.8
千只约重(kg)	0.95	1.18	1.75	2.90	4.70	6.40	8.50

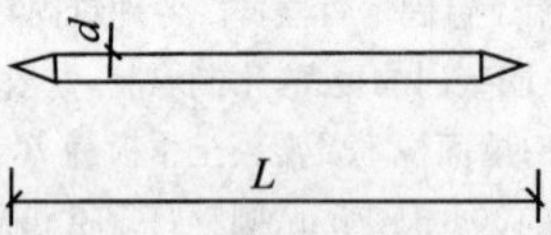

图 12－11 拼合用圆钢钉

表 12－49 拼合用圆钢钉的规格、重量

钉长 L(mm)	25	30	35	40	45	50	60
钉杆直径 d(mm)	1.6	1.8	2.0	2.2	2.5	2.8	2.8
千只约重(kg)	0.36	0.55	0.79	1.08	1.52	2.00	2.40

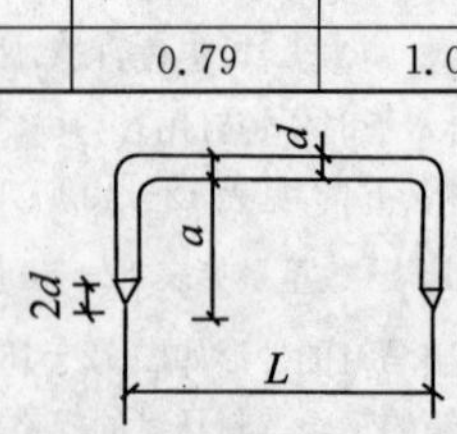

图 12－12 扒钉式样

表 12—50　扒钉的规格、重量

扒钉直径 d(mm)	弯钢长度 a(mm)	扒钉长度 L(mm)						
		200	250	300	350	400	450	500
		扒钉重量(kg)						
8	60	0.070	0.082	0.093				
10	60	0.128	0.148	0.168	0.188			
12	80	0.310	0.355	0.400	0.445			
14	100	0.467	0.527	0.587	0.647	0.707		
16	100	0.606	0.696	0.766	0.846	0.926	1.006	1.086
18	120	—	0.943	1.043	1.143	1.243	1.343	1.443

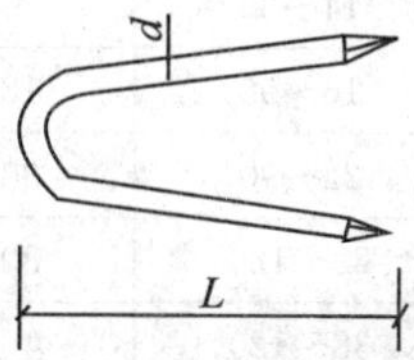

图 12—13　骑马钉

表 12—51　骑马钉的规格

钉长 L(mm)	13	16	20	25	30
钉杆直径 d(mm)	1.8	1.8	2.0	2.2	2.5
大端宽度 B(mm)	8.5	10.0	12.0	13.0	14.5
小端宽度 b(mm)	7.0	8.0	8.5	9.0	10.5
千只约重(kg)	0.48	0.61	0.89	1.36	2.43
用途	主要用于固定金属板网、金属丝网或室内挂镜线等				

2. 建筑用木螺钉

木螺钉是用以在木质门窗和家具上紧固金属件、木质件及其他物品的连接紧固件，也用于电器安装工程及其他工程上。

木螺钉按钉头形状可分为沉头木螺钉、圆头木螺钉（又称半圆头木螺钉）及半沉头木螺钉；又分一字槽（开槽）和十字槽两类。各种木螺钉外形如图 12—14 所示。

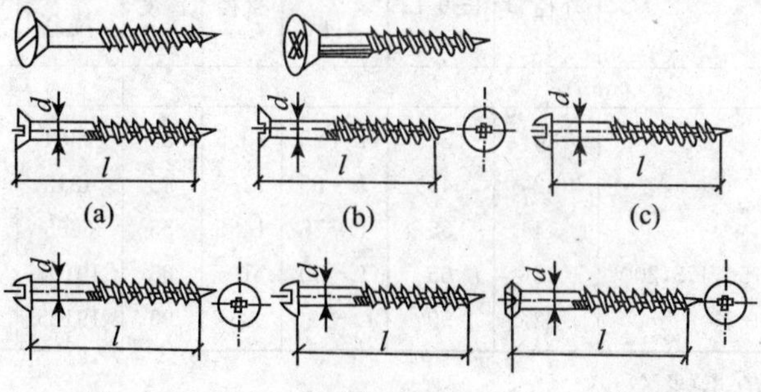

图 12—14　木螺钉

(a)开槽沉头木螺钉；(b)十字槽沉头木螺钉；(c)开槽圆头木螺钉；
(d)十字槽圆头木螺钉；(e)开槽半沉头木螺钉；(f)十字槽半沉头木螺钉

木螺钉的规格见表 12—52 所列。

表 12—52 公制木螺钉规格表

直径 d(mm)	开槽木螺钉钉长 L(mm)			十字槽木螺钉	
	沉头	圆头	半沉头	十字糟号	钉长 L(mm)
1.6	6～12	6～12	6～12	—	—
2	6～16	6～14	6～16	1	6～16
2.5	6～25	6～22	6～25	1	6～25
3	8～30	8～25	8～30	2	8～30
3.5	8～40	8～38	8～40	2	8～40
4	12～70	12～65	12～70	2	12～70
(4.5)	16～85	14～80	16～85	2	16～85
5	18～100	16～90	18～100	2	18～100
(5.5)	25～100	22～90	30～100	3	25～100
6	25～120	22～120	30～120	3	25～120
(7)	40～120	38～120	40～120	3	40～120
8	40～120	38～120	40～120	4	40～120
10	75～120	65～120	70～120	4	70～120

3. 建筑用膨胀螺栓

膨胀螺栓在建筑工程中常用来代替预埋螺栓，作为装饰装修、小配件与墙体、混凝土构件等的锚固连接，不受部位及时间限制，使用十分方便广泛。其品种有塑料膨胀螺栓和钢膨胀螺栓两种。

(1)塑料膨胀螺栓是由聚乙烯、聚丙烯塑料胀管配以木螺钉组成。

(2)钢膨胀螺栓是由栓杆尾部呈倒锥状的螺栓、一端开口呈翼片状的胀管、平垫圈、弹簧垫圈和六

角螺母组成。其技术参数见表 12—53 所列。

表 12—53 钢膨胀螺栓技术参数

螺纹规格 d	螺栓总长	胀管		被连接件厚度 H	钻孔		允许承受拉(剪)力			
							静止状态		悬吊状态	
		外径 D	长度 L_1		直径	深度	拉力	剪力	拉力	剪力
(mm)							(N)			
M6	65,75,85	10	35	L—55	10.5	35	2354	1765	1667	1226
M8	80,90,100	12	45	L—65	12.5	45	4315	3236	2354	1765
M10	95,110,125,130	14	55	L—75	14.5	55	6865	5100	4315	3236
M12	110,130,150,200,150,175,200	18	65	L—90	19	65	10101	7257	6865	5100
M16	220,250,300	22	90	L—120	23	90	19125	13730	10101	7257

4. 建筑用普通六角头螺栓

普通六角头螺栓(C 级)外形如图 12—15 所示，规格见表 12—54 所列。

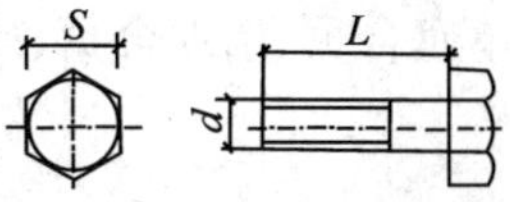

图 12－15 普通六角头螺栓

表 12－54 普通六角头螺栓规格

螺纹规格 d/mm	螺杆长度 L/mm		序号	镶纹规格 d/mm	螺杆长度 L/mm	
	GB 5780 部分螺纹	GB 5781 全螺纹			GB 5780 部分螺纹	GB 5781 全螺纹
M5	25～50	10～40	13	M30	90～300	60～100
M6	30～60	12～50	14	(M33)	130～320	65～360
M8	35～80	16～65	15	M36	110～300	70～100
M10	40～100	20～80	16	(139)	150～400	80～400
M12	45～20	25～100	17	M42 *	160～120	80～420
(M14)	60～140	30～110	18	(M45)	180～440	90～440
M16	55～160	35～100	19	M48 *	180～180	100～480
(M18)	80～180	35～180	20	(M52)	200～500	100～500
M20	65～200	40～100	21	M56 *	220～500	110～500
(M22)	90～220	45～220	22	(M60)	240～500	120～500
M24	80～240	50～100	23	M64 *	260～500	120～500
(M27)	100～260	55～280				

注：(1)螺纹规格栏中，带括号的为尽可能不采用的规格，带 * 记号的为通用规格，其余的均为商品规格。

(2)螺杆长度系列(mm)：6,8,10,12,16,20,25,30,35,40,45,50,(55),60,(65),70,80,90,100,110,120,130,140,150,160,180,200,220,240,260,280,300,320,310,360,380,400,420,440,460,480,500，带括号的长度尽可能不采用。

5. 建筑用方头螺栓

方头螺栓(C 级)外形如图 12－16 所示，方头螺栓规格见表 12－55 所列。

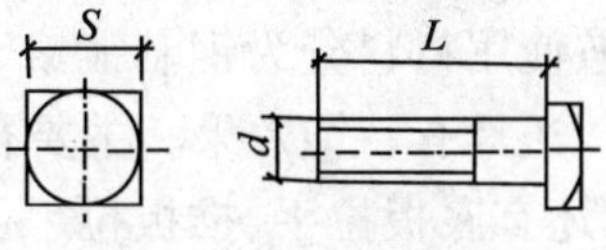

图 12－16 方头螺栓

表 12－55 方头螺栓规格(mm)

螺纹规格 d	方头边宽 S	螺杆长度 L	序号	螺纹规格 d	方头边宽 S	螺杆长度 L
M10	16	40～100	8	M24	36	80～240
M12	18	45～120	9	(M27)	41	90～260
(M14)	21	50～140	10	M30	46	90～300
M16	24	55～160	11	M36	55	100～300
(M18)	27	60～180	12	M42	65	130～300
M20	30	65～200	13	M48	75	140～300
(M22)	34	70～220				

注：(1)带括号的螺纹规格和螺杆长度尽可能不采用。

(2)螺杆长度系列(mm)：20,25,30,35,40,45,50,55,60,(65),70,75,80,90,100,110,120,130,140,150,160,180,200,220,240,260,280,300.

6. 建筑门窗用合页

合页是用于建筑物门窗、家具门及箱盖等的支撑和转动启合的钢制件，又称铰链、折页、摇皮。合页产品品种多样，有普通合页、薄合页(轻型合页)、抽芯合页(穿芯铰链)、抽芯方合页、圆头方形抽芯合页、H 形合页、方合页、T 形合页(单项尖尾铰链、单页膨胀铰链、长脚铰链)、斜面脱卸合页、无声合页(尼龙垫圈合页)、弹簧合页(自由合页)、脱卸合页、自关合页、翻窗合页、蝴蝶合页、轴承合页、双轴合页、单旗合页、扇形合页、冷库门合页、台合页、厕所合页和钢纱门合页等。

7. 建筑用门锁

门锁是指安装在建筑物门上的各种通用门锁和专门门锁。按锁体装置方式可分为覆锁和插锁两类。覆锁是指锁体覆装在门扇表面的各种通用门锁；插锁是指锁体镶装在门扇侧框内的各种门锁。

建筑用门锁品种很多，产品型号目前尚未作统一规定，使用时可按各生产厂家产品的名称、性能、规格和外形综合考虑选择。

(1)覆锁类门锁(通用弹子门锁)。弹子门锁属覆锁类门锁，是应用最广泛的门锁。其锁壳采用铸铁或铁皮冲压而成，锁头和锁舌一般为铜质，钥匙用钢质或铝质材料制成。按锁的构造及性能不同可分为通用型、双保险型和三保险型。另外还有双舌弹子门锁，其保险功能更强。

弹子门锁保险机构的作用有以下几种：当门锁上后，室内用执手开启，室外用钥匙开启；室内保险机构锁住锁舌后，室内外都不能开启，或将锁舌旋入锁体内锁住，门便可以自由开启；室外保险机构可使门锁上后，室内用执手无法开启；锁舌保险机构使用锁上后，锁舌不能自由伸缩，可阻止室外用异物拨动锁舌开门；锁体防卸装置可使门锁上后无法把锁体从门上拆卸下来。

(2)插销类门锁。插锁类门锁有弹子执手插锁、弹子拉手插锁、弹子拉环插锁、叶片执手插锁、球形门锁等。

8. 建筑用门执手及拉手

(1)配锁门执手。各型配锁执手的品种较多，配锁时可根据锁的种类选择，在订购整把门锁时，只要在锁体型号后加上执手造型代号和材料表面处理代号即可。各种执手也可以单独订购，订购时需注明名称和代号。

(2)拉手。拉手的品种较多，按使用材料分为钢制镀铬、铝合金、有机玻璃及木拉手等，其形式更是多样，不仅具有实用价值，还具有装饰效果。主要有下列几类。

门拉手。除配锁的门拉手外，还有底板拉手、推板拉手、管子拉手、方形、梭子形拉手及铝合金推挡拉手管。

小拉手。适于拉启门扇、窗扇和抽屉等，由铁、铝制成，分普通形、蝴蝶形、香蕉形、方形及蟹壳形等。

家具拉手。品种、花饰极多，如蛟龙、凤凰、菱花、梅花、如意、牡丹花、海浪花、草叶花等。使用材料有金属表面电镀抛光或涂漆装饰、有机玻璃塑料镶面等。

9. 建筑门窗用插销、窗钩、羊眼圈、灯钩

(1)插销。插销是用来固定关闭后的门窗。有钢插销、蝴蝶Ⅰ型钢插销(门用横插销)、暗插销(带扳手暗插销)、翻窗插销(弹簧插销)、橱门插销等。

钢插销按制造工艺和外形分为普通型、封闭型及管型三种。

(2)窗钩。窗钩是装置在木窗上，用来扣住开启的窗扇，防止被风吹动，故又称风钩、防风钩，并可用作木搁板的支架。分为普通型和粗型两种，长度为40～300mm。

(3)羊眼圈。羊眼圈用于悬挂各种小型物件，也可装在柜箱橱等家具门上作挂扣用。

(4)灯钩。灯钩又称螺丝钩、挂钩，用来吊挂灯具及小型物件。

10. 建筑用门制、碰珠及弹弓珠

(1)门制。门制是用来固定开启的门扇。其品种有脚踏开制，又称脚踏弹簧门插销，是用于固定开启的弹簧门扇，可分为薄钢板制和铸铜合金制两种；门轧头分立式和横式；冷库门轧

头分大号和小号两种；脚踏门钩又称橡皮头门钩、门碰头，分立式和横式；磁力吸门器又称磁性定门制，分为铝壳、铸铁脚。

(2)磁性门夹。磁性门夹是装在橱门上，利用磁力吸住关闭的橱门，有 A 型、B 型和 C 型三种。

(3)碰珠及弹弓珠。碰珠及弹弓珠都是用于橱门及其他小型门上，使门扇关闭时起固定作用。碰珠按外形长度有 50 mm，65 mm，75 mm，100 mm 四种；弹弓珠按珠弓杆直径有 6 mm、8 mm、10 mm、11 mm 四种。

第十三章　建筑塑料

塑料是以合成树脂(少数塑料品种也可采用天然树脂)为基本材料,再按一定比例加入填料、助剂(包括增塑剂、固化剂、着色剂及其他助剂等)经混炼、塑化、成型等工序加工而成的材料。

在塑料的各组成成分中,合成树脂是最基本也是最主要的成分。在单组分的塑料中树脂含量几乎达100%,在多组分塑料中约占30%~70%。

塑料作为建筑材料,始于20世纪50年代,经过40余年的发展,现在已经成为除钢材、水泥、木材之外帅第四种建筑材料。近年来,由于高层建筑的发展,对建筑材料提出了新要求,即建筑材料向质量轻、强度高、多功能、便于机械化施工的方向发展。我国的塑料工业虽然到20世纪70年代才开始,但发展迅速、如今,塑料在土建工程中已得到广泛应用。

第一节　塑料的基本知识

一、塑料的组分

1. 合成树脂

(1)树脂分天然树脂(如松香、树胶、虫胶等)和合成树脂两类。由于天然树脂的来源有限,质量不高,所以现代塑料工业中主要采用合成树脂。

(2)合成树脂是塑料中的主要成分,起着粘结剂的作用,能将塑料中的其他成分胶结成一个整体,使其具有加工成型性能和使用性能。树脂是决定塑料类型、性能及使用的根本原料。

(3)合成树脂按生成时化学反应的不同,可分为聚合树脂(或称加聚树脂)(主要包括通用塑料五大品种、聚甲基丙烯酸甲酯PMMA、聚酯酸乙烯PVAC等)和缩聚树脂(或称缩合树脂)(主要包括酚醛树脂PF、脲醛树脂UF、环氧树脂EP、不饱和聚酯UP、聚氨酯树脂PU、有机硅树脂SI等)。

(4)按受热时性能变化的不同、又可分为热塑性树脂和热固性树脂。

(5)按分子结构类型分为线型、支链型、体型(或称网状型、交联塑)三种类型树脂,如图13－1所示。

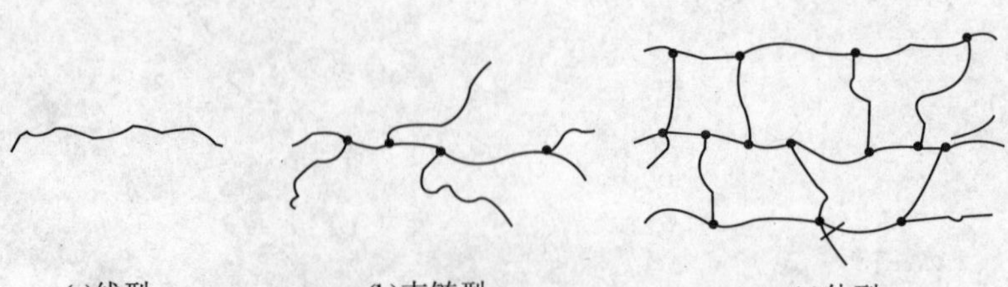

图13－1　合成树脂的分子结构类型

2. 填料

(1)填料是指塑料中加入的提高其强度、耐热性、工作性能、其他性能或降低塑料成本的相对惰性的固体材料。

(2)常用的填料有滑石粉,硅藻土、石灰石粉、铝粉、炭黑、云母、二硫化钼、石棉、玻璃纤维等。其中,纤维填料可提高塑料的结构强度;石棉填料可改善塑料的耐热性;云母填料能增强塑料的电绝缘性;石墨、二硫化钼填料可改善塑料的摩擦和耐磨性能等。此外,由于填料一般都比合成树脂便宜,故填料的加入能降低塑料的成本。

3. 助剂

(1)增塑剂。增塑剂是指为改善塑料的加工性能、柔韧性、延展性而加入的低挥发性或几近不挥发的物质。

(2)固化剂。固化剂又称硬化剂,其主要作用是使线型高聚物交联成体型高聚物,使树脂具有热固性。

(3)其他助剂。为了改善或调节塑料的某些性能,以适应使用和加工的特殊要求,还可在塑料中掺加更多类别的助剂,如着色剂、热稳定剂、光稳定剂、抗老化剂、阻燃剎、发泡剂、润滑剂等。

二、塑料的分类

1. 按应用范围分

(1)通用塑料。通用塑料是指产量大、用途广、价格低的一类塑料,主要包括聚乙烯、聚氯乙烯、聚丙烯、聚苯乙烯、酚醛塑料和氨基塑料等六大品种。

(2)工程塑料。工程塑料是指机械性能好、能作为工程材料使用或代替金属生产各种设备和零件的塑料,主要品种有聚碳酸酯、聚酰胺酯、聚酰胺(尼龙)、聚甲醛和聚氯醚、ABS等。

(3)特种塑料。特种塑料是指具有特种性能和特种用途的塑料,主要有氟塑料、有机硅树脂、环氧树脂和有机玻璃等。

2. 按受热形态分

(1)热塑性塑料。凡是热熔冷固可以反复进行的塑料叫热塑性塑料。热塑性塑料可用浇铸、压延、吹塑等方法成型,工艺简便,能连续地生产,废料可以回收,加工后重复使用。常用的热塑性塑料有聚乙烯、聚丙烯、聚氯乙烯和聚苯乙烯等。

(2)热固性塑料。凡是一经固化成型,加热不再软化的塑料叫热固性塑料。热固性塑料只能塑制一次,可以采用浇铸、热压等方法加工。热固性塑料耐热性高,机械强度高,形状尺寸稳定性好。常用的热固性塑料有环氧树脂、酚醛树脂、脲醛树脂和有机硅树脂等。

三、塑料的性能

1. 优点

(1)优良的可加工性能。塑料加工使用方便,可采用拉制、压挤、压铸、弯制、切割等各种手段加工成型,塑料制品还可以锯、刨、焊接、胶接、涂刷、喷涂等。塑料产品品种很多,有薄膜、板材、管材和各种断面形状复杂的异型材等,能进行机械化大规模生产,生产效率高。

(2)质量轻、比强度高。塑料的密度为 0.8～2.2 g/cm^3,只有钢材的 1/8～1/4、铝的 1/2、混凝土的 1/3,将其用于建筑中,不仅可以大幅度减轻建筑物自重,还给施工带来方便。塑料的强度很高,许多塑料的抗拉强度达 40～80 MPa,用玻璃纤维增强的塑料(玻璃钢)、其抗拉强度可达 200～300 MPa,有的可达 1 100 MPa。塑料的比强度超过钢材,属于轻质高强材料。

(3)耐腐蚀和绝缘性能好。塑料对酸、碱、盐均有良好的耐腐蚀能力,塑料的电绝缘性能好，因为聚合物内部没有自由电子和离子。

(4)出色的装饰性能。现代先进的塑料加工技术，可以把塑料加工成性能优异的各种装饰制品。塑料可以着色，可以彩印和压花。印花图案可以模仿天然材料（如大理石花纹、木纹等），制品表面的压花可产生立体感较强的装饰效果。塑料的烫金和电镀等装饰技术更使塑料制品锦上添花。

2. 缺点

(1)大多数塑料的耐热性比较差。一般热塑性塑料的热变形温度只有 80～120 ℃，热固性塑料耐热性能较好，但也在 150 ℃左右。塑料中耐热性最好的工程塑料聚酰亚胺的耐热温度可达 400 ℃。

大多数塑料是可燃的，而且燃烧时还会产生大量有毒烟雾，这是造成灭火困难、人员伤亡较多的主要原因之一。因此在使用塑料作为建筑材料时必须采取有效防护措施，确保其安全使用。

(2)塑料存在老化缺欠，但通过适当调整配方和改进加工方法，并在使用中采取一定的措施，可延缓老化，延长其使用寿命。

第二节 常用塑料

一、聚乙烯 PE 塑料

聚乙烯是由乙烯单体聚合而成的不透明或半透明、质轻、无臭、无毒的塑料，它具有优良的耐低温性能，电绝缘性、化学稳定性好，能耐大多数酸碱的侵蚀，但不耐热热，根据密度不同可分为三类：高密度聚乙烯（HDPE）、中密度聚乙烯（MDPE）、低密度聚乙烯（LDPE）。高密度聚乙烯强度、刚性、熔点都比较高，适合作强度、硬度较高的塑料制品，如桶、瓶、管、棒等：低密度聚乙烯性软，熔点也低，适合作食品包装袋、奶瓶等软塑料制品。

聚乙烯具有良好的机械性能和很高的化学稳定性、耐水性、电绝缘性等因此常将聚乙烯制成薄膜、板、管和容器，广泛应用于生活和制作工程材料。

聚乙烯易着火燃烧，并有严重的熔融滴落现象，会导致火势蔓延。因此对建筑用聚乙烯材料必须进行阻燃改性处理。

二、聚氯乙烯 PVC 塑料

聚氯乙烯是由氯乙烯聚合而得到的塑料，是建筑行业中用量最多的塑料品种。其力学强度较高，电性能优良，耐酸、碱，化学稳定性好，特别是具有自熄性（遇火时可燃，但火源移走后能自动熄灭）使聚氯乙烯塑料在建筑工程领域得到非常广泛的应用。

聚氯乙烯塑料可分为增塑聚氯乙烯和未增塑聚氯乙烯（代号为 UPVC 或 PVC－U），过去也分别称为软质聚氯乙烯和硬质聚氯乙烯。软质聚氯乙烯通常在塑料中加入增塑剂，材质柔软；硬质聚氯乙烯通常不添加或只添加少量增塑剂，材质较硬。

软质聚氯乙烯可用于塑料壁纸、地板革、装饰膜及封边材料，硬质材料则可用于各种装饰板材、管材（如饮水管、排水管、排污管、电线绝缘套管等，如图 13－2 所示、异型材和塑料门窗，目前建材市场以硬质聚氯乙烯应用居多。

图 13－2　UPVC 塑料排水管

三、聚苯乙烯 PS 塑料

聚苯乙烯为无色透明的塑料，透光度达 80%～92%，其机械性能较高，但脆性大，敲击时有金属脆声。聚苯乙烯在燃烧时会发出特殊的苯乙烯气味。它耐溶性较差，能溶解于苯、甲苯、乙苯等芳香族溶剂中。

聚苯乙烯在建筑中主要用来生产泡沫塑料，用作保温隔热材料，此外也被用于制造灯具、发光平顶板等制品。

四、聚甲基丙烯酸甲酯 PMMA 塑料

聚甲基丙酸甲酯又称有机玻璃；其透光性极好，它不仅能透过 92%以上的日光，而且能透过 73.5%的紫外光，因此主要被用来制造不易破碎的有机玻璃。但其表面硬度差，容易划伤。它质轻、坚韧并具有弹性，在低温时仍具有较高的冲击强度，有良好的耐水性，易加工成型，可制成板材、管材等。在有机玻璃中掺入颜料可制成各种颜色的装饰板材。

PMMA 塑料在建筑中大量用作窗玻璃的代用品，用在容易破碎的场合，如橱窗、展柜、灯箱。PMMA 还广泛用于浴缸如图 13－3 所示、整体浴室、盥洗盆等卫生洁具；也可用工人造石材如图 13－4 所示，即通常所说的纯压克人造石材。纯压克力人造石材无论从色泽质地方面还是理化指标方面均比前述的聚酯型人造石材更加优良。

图 13－3　PMMA 塑料浴缸

图 13－4　PMMA 塑料人造石材台面板

五、聚酰胺 PA 塑料

聚酰胺又称尼龙，尼龙塑料抗拉强度高，可达 55～80 MPa，坚韧耐磨，冲击韧性高，耐油、耐酸、耐碱和耐其他一些溶剂，但不耐强酸、强碱和酚类化合物；尼龙的导热系数低，热膨胀系数高，脱模收缩率较大。尼龙广泛用于机械、仪表、轴承、齿轮等机械零件、建筑配件、加筋土结构的拉筋，家具脚轮等。

第三节　塑料制品的应用

一、塑料壁纸的优点及用途

塑料壁纸是以纸为基材，以聚氯乙烯塑料为面层，经压延或涂布以及印刷、轧花、发泡等工艺而制成的，通过胶黏剂贴干墙面或天花板上的饰面材料。

壁纸与涂料相比、其突出的优点是：具有一定的伸缩性，抗裂性好，对基层要求不高；装饰效果好，色彩图案可任意选择；耐擦洗性好；粘贴方便等。

塑料壁纸是目前国内使用较为广泛的一种室内墙面装饰材料，也可用于顶棚、梁柱等处的贴面装饰、装饰效果。

二、塑料地板的性能特点及用途

塑料地板是以高分子合成树脂为主要材料，加入其他辅助材料，经一定的制作工艺制成的预制块状、卷材状或现场铺涂整体状的地面面层材料。

塑料地板按其外形可分为块材地板和卷材地板。按其组成和结构特点可分为单色地板、透底花纹地板、印花压花地板。按其材质的软硬程度可分为硬质地板、半硬质地板和软质地板，目前采用的多为半硬质地板和硬质地板。按所采用的树脂类型可分为聚氯乙烯(PVC)地板、聚丙烯地板和聚乙烯一醋酸乙烯酯地板等，国内普遍采用的是 PVC 塑料地板。

塑料地板有许多优良性能：塑料地板通过印花、压花等制作工艺，表面可呈现丰富绚丽的图案。不但可仿木材、石材等天然材料，而且可任意拼装组合成变化多端的几何图案，使室内空间活泼、富于变化，有现代气息。通过调整材料的配方和采用不同的制作工艺，可得到适应不同需要、满足各种功能要求的产品。塑料地板单位面积的质量在所有铺地材料中是最轻的，可大大减小楼面荷载。PVC 地面卷材地板经 12 万人次的通行，磨损深度不超过 0.2 mm，好于普通水泥砂浆地面。塑料地板可用做成加厚型或发泡型，弹性好，脚感舒适，有一定保温吸声作用，且热导率适宜，冬季不易产生冰冷感。塑料地板施工为干作业，可直接粘贴，施工、维修和保养方便。

新一代的 PVC 卷材(片材)地板(商业上也称其为塑胶地板、弹性地板)具有质量轻、耐磨、有弹性脚感舒适、防滑、花色新颖、色彩绚丽逼真、吸声降噪、施工方便快捷等诸多优点。广泛应用于商业场所(超市、商场、机场)、教育机构(学校、图书馆、幼儿园)、体育场所(体育馆、健身房、休闲场所)、医疗卫生结构(制药厂、医院、卫生)、工厂(电子厂、实验室、科研所)、交通(汽车、船舶、地铁、火车)等。

三、塑料地毯

地毯作为地面装饰材料，给人以温暖、舒适及华丽的感觉。具有绝热保温作用，可降低空调费用；具有吸声性能，可使住所更加宁静；还具有缓冲作用，可防止滑倒，使步履平安。

塑料地毯原料来源丰富，成本较低，是普通采用的地面装饰材料。

塑料地毯按其加工方法的不同可分为簇绒地毯、针扎地毯、印梁地毯和人造草皮等四种。其中簇绒地毯是目前使用最为普遍的一种塑料地毯。

四、聚碳酸酯 PC 板

聚碳酸酯板是以聚碳酸酯(PC)塑料为基材，添加各种助剂，采用挤出成型工艺制成板材(以下简称 PC 板)。通常用作建筑采光板(商业上常称为 PC 阳光板、PC 采光板)。

PC 板按板材断面形式不同分为：栅格状结构的中空板和波形板两种如图 13－5 所示。中空板按产品结构不同，可分为双层板和三层板两种，如图 13－6 所示；按是否含防紫外线共挤层，分为含 UV 共挤层防紫外线型(UV 型)中空板和不含 UV 共挤层普通型中空板两种。

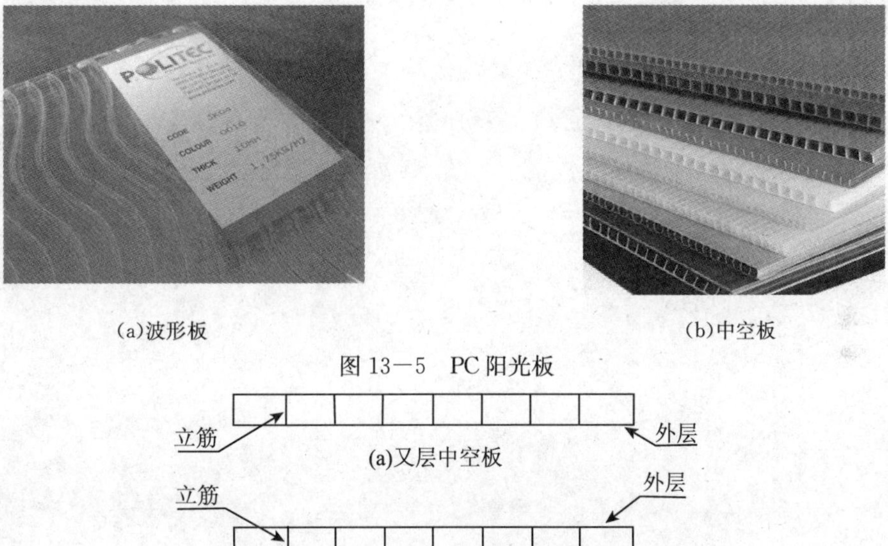

(a)波形板　　(b)中空板

图 13－5　PC 阳光板

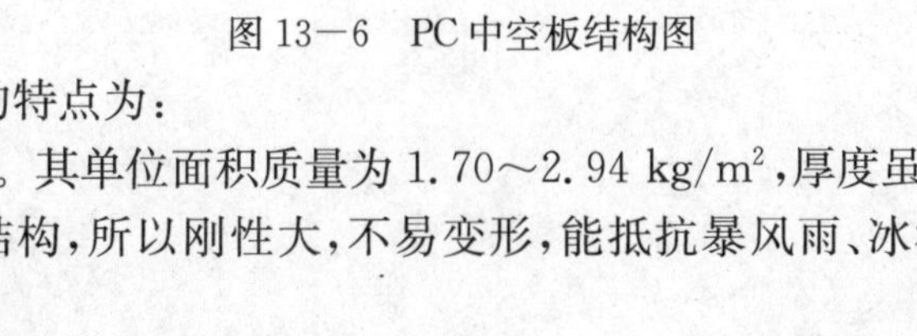

(b)三层中空板

图 13－6　PC 中空板结构图

聚碳酸酯采光板的特点为：

(1)轻、薄、刚性大。其单位面积质量为 1.70～2.94 kg/m^2，厚度虽不超过 16 mm，但由于采用了多层空间栅格结构，所以刚性大，不易变形，能抵抗暴风雨、冰雹、大雪引起的破坏性冲击。

(2)色调多、外观美丽，有透明、蓝色、绿色、茶色、乳白等多种色调，极富装饰性。

(3)基本不吸水，有良好的耐水性和耐湿性。

(4)透光性好，6 mm 厚的无色透明板透光率可达 80%。

(5)隔热、保温，由于采用中空结构，充分发挥了干燥空气导热系数极小的特点。

(6)阻燃性好，该种板材有良好的阻燃性，被火燃烤不产生有毒气体，符合环保标准。

(7)耐候性好，板材表面经特殊的耐老化处理，长时间便用不老化，不变形，不褪色，长期使用的允许温度范围为－40～120 ℃。

(8)有足够的变形性，作为拱形屋面最小弯曲半径可达 1 050 mm(6 mm 厚的材板)。

聚碳酸酯 PC 板主要用于轻钢结构建筑、厂房、仓库、运动场馆、候车厅、园林、农用温室、风雨走廊等建筑的采光屋面；高速公路、轻便铁路及城市高架路隔声屏障；广告灯箱的面板，广告展示牌：家居、办公室的室内隔断、人行通道护栏、阳台及淋浴房的拉门等。

五、塑料门窗

塑料门窗型材一般是以硬质聚氯乙烯(UPVC)树脂为主要原料，加上一定比例的稳定剂、改性剂、填充剂、紫外线吸收剂等助剂，经挤出加工成塑材。型材通过切割、焊接的方式制成门窗框、扇，配装上玻璃、橡塑密封条、五金配件等附件即可配制成塑料门窗。

塑料型材为多腔式结构具有良好的隔热性能。其传热系数特小，仅为钢材的 1/357、铝材的 1/1250。气密性、水密性、抗风压、隔声性和耐候性都较好，塑钢门窗不自燃、不助燃、能自熄、防火性能好，安全可靠，这一性能更扩大了塑钢窗的使用范围。

塑钢门窗与普通钢、铝窗相比可节约能耗 30％～50％，塑钢门窗的社会经济效益显著，近年来受到广泛的欢迎。

第十四章　防水材料

防水材料是指在建筑物中能防止雨水、地下水和其他水分渗透作用的材料。按其构造做法可分为构件自身防水和防水层防水两大类。防水材料层的做法又分为刚性材料防水和柔性材料防水。

防水与防潮在土建工程中有着十分重要的作用，它不仅与工程质量密切相关，而且直接影响人们的生产和生活。

近年来，随着建筑业的发展，防水材料发生了巨大变化，特别是各种高分子材料的出现，传统的沥青基防水材料已逐渐向新型的高聚物改性沥青防水材料和合成高分子防水材料方向发展；防水层的构造也由多层向单层发展；施工方法由热熔法向冷贴法发展。

第一节　沥　青

一、沥青的种类

沥青是一种有机胶凝材料，它是由高分子碳氢化合物及其非金属（氧、氮、硫等）衍生物组成的混合物。沥青在常温下呈黑褐色的固体、半固体或液体状态，能溶于多种有机溶剂。沥青具有憎水性、不透水、不导电、耐酸、耐碱、耐腐蚀等优良性能，与钢、木、砖、石、混凝土等材料有良好的粘结性。在土建工程中，沥青主要作为防水、防潮、防腐材料和胶凝材料，广泛应用于铁路桥梁、涵洞、建筑屋面、地下室的防水工程以及防腐蚀工程和道路工程中，是土建工程不可缺少的材料。

沥青根据产源不同，分为地沥青和焦油沥青两大类。地沥青包括在地下直接开采的天然沥青和石油加工后所剩残渣的石油沥青；焦油沥青是先将煤、木、页岩、泥炭中的有机物干馏得到焦油，再经提炼加工后所剩的残渣，有煤沥青、木沥青、页岩沥青、泥炭沥青等。

土建工程中主要应用石油沥青和煤沥青两类。

二、石油沥青

1. 石油沥青的主要组分

(1)油分。它是无色或淡黄色的油状液体，能使沥青具有黏性和塑性。它的密度为0.6～1 g/cm³，能溶于大多数有机溶剂，但不溶于酒精，170 ℃以上能挥发。油分含量多的沥青较软、易流，而黏性和温度稳定性差。

(2)脂胶。它是黄色至褐色的黏稠半固体，能使沥青具有黏性和塑性。它的密度为1.0～1.1 g/cm³，熔点低于100 ℃。脂胶含量高的沥青，其粘结性和可塑性较好。

(3)沥青质（又称地沥青质）。它是沥青中的固体微粒，能使沥青具有黏性和耐热性。它的密度为1.1～1.5 g/cm³。沥青质含量高的沥青，其粘结性大，热稳定性好，但塑性降低，硬脆性增加。

沥青中含有少量的沥青酸、沥青酸酐和石蜡等。沥青酸和沥青酸酐可增加沥青的黏性，是沥青中的好成分；而石蜡会降低沥青的粘结性、塑性和温度稳定性，是沥青中的有害成分。

沥青中各组分的组成比例，决定着沥青的技术性能：含油分多的沥青常温下呈半固态或流态，含油分少的沥青则呈固态；温温度升高时，易熔的脂胶会转变成油分，使沥青变软、变流；反之，温度降低时，油分则会凝成脂胶，使沥青变固、变硬，甚至变脆。沥青防水工程的施工正是利用这一性能，将沥青加热熔化后进行铺设，冷却凝固后即成防水层。

2.外观鉴别

石油沥青的外观简易鉴别见表14－1所列。

表14－1 石油沥青外观简易鉴别表

沥青形态	外观简易鉴别
固体	敲碎，检查新断口处。色黑而发亮的质好，暗淡的质差
半固体	即膏状体。取少许，拉成细丝，越细长，质越好
液体	黏性强，有光泽，没有沉淀和杂质的较好。用小木条插进液体， 轻轻搅动后提起，成丝状连接、丝越长的质量越好

3.石油沥青的黏性指标

黏滞性是指沥青在外力作用下抵抗变形的能力，反映了沥青的稀稠软硬程度。含油分少的沥青呈固态，其黏滞性较大，受力不易变形；含油分多一些时呈软质的半固态，黏滞性较小，容易受力变形；含油分再多便呈流态，容易流淌，黏滞性就更小了。流态沥青的黏滞性用黏滞度表示，而固态、半固态沥青的黏滞度用针入度表示。

黏滞度。黏滞度是流态沥青在指定温度（$t=25$ ℃或60 ℃）下，经指定直径（$d=3$ mm、5 mm或10 mm）的圆孔流出50 mL所需的时间(s)，用C_t^d表示。如以$C_{25}^{10}=30$ s，表示该沥青在25 ℃的温度下通过直径10 mm小圆孔流出50 mL需要30 s。在温度、孔径相同的条件下，黏滞度较大时，表示沥青较稠，黏滞性较大。

针入度。针入度是在25 ℃条件下，质量为100 g的标准试针（连杆）在5 s内竖直插入固态或半固态沥青试件的深度，以0.1 mm为1度。如针入深度为6.3 mm，则沥青的针入度为63度。一般沥青的针入度在5度～200度之间。针入度越大，说明沥青越软，黏滞性越小。

4.石油沥青的塑性

塑性指沥青在外力作用下能产生变形而不断裂的性能。塑性好的沥青，其变形能力强，在使用过程中，能随着结构的变形而变形且不开裂，保持其防水防潮性能。

沥青的塑性用延度表示：用特制试模，将沥青制成“8”字形试件（中部最窄处的截面积为1 cm^2），在恒温25 ℃的水中，以5 cm/min的速度缓慢拉伸至断裂时的伸长量(cm)，即为沥青的延度。沥青的延度一般在1～100 cm之间。延度越大的沥青，其塑性越好。

5.石油沥青的温度敏感性指

石油沥青的温度敏感指的是沥青的黏滞性和塑性都随温度的变化而变化的性能。它反映沥青的耐热程度。在相同的温度范围内，黏滞性和塑性变化程度较小的沥青，其温度稳定性较好。有的沥青在夏季高温时容易变软融化而流淌，到冬季低温时又变得硬脆而易裂，这就说明其温度稳定性不好。

温度稳定性用软化点表示，用“环球法”测定：将沥青试样装入小铜环中，上面加放一个质量为3.5 g的小钢球，在水中以5 ℃/min的速度加热升温，随着沥青的软化，沥青连球下坠25.4 mm（与下方底板接触）时的温度即为沥青的软化点。因此，软化点是沥青的受热软化至开始变为流态时的温度。一般沥青的软化点在30 ～95 ℃之间。软化点越高的沥青，其温度敏感性越好。

6. 石油沥青的大气稳定性

大气稳定性是指石油沥青在温度、阳光、空气等因素的长期作用下性能的稳定程度，它反映沥青的耐久性。大气稳定性可以用沥青试样在加热蒸发前后的"蒸发损失率"和"针入度比"来表示。即试样在 160 ℃温度下加热蒸发 5 h 后的质量损失百分率和蒸发前后的针入度比值两项指标来表示。蒸发损失率越小，针入度比越大，则表示沥青的大气稳定性越好。一般的，石油沥青的蒸发损失率不超过 1%，针入度比不小于 75%。

7. 石油沥青的闪点及燃点

闪点和燃点：沥青在使用时，通常需要加热熔化，但如加热温度过高，其挥发的油气遇到火焰会发生闪火甚至燃烧，从而危及施工安全。初次发生闪火（着火而不能维持）时沥青的温度称为闪点，能发生燃烧（保持 5 s 以上）时沥青的温度称为燃点。沥青的闪点在 180 ～230 ℃之间，而燃点只比该沥青的闪点高 10 ℃左右。因此，为保证施工安全，必须控制好沥青熬制的温度。

8. 石油沥青的技术要求

根据我国现行标准，石油沥青分道路石油沥青、建筑石油沥青和普通石油沥青。按技术性质划分为多种牌号，各牌号石油沥青的技术标准见表 14－2。

表 14－2　道路石油沥青、建筑石油沥青和普通石油沥青的技术标准

项目	道路石油沥青							建筑石油沥青		普通石油沥青		
	200	180	140	100 甲	100 乙	60 甲	60 乙	30	10	75	65	55
针入度（25 ℃ 100g），（1/10)mm	201～300	161～200	121～160	91～120	81～120	51～80	41～80	25～40	10～25	75	65	55
（延度）(25 ℃)，(cm)，≥	—	100	100	90	60	70	40	3	1.5	2	1.5	1
软化点（环与球法(℃)≥	30～45	35～45	38～48	42～52	42～52	45～55	45～55	70	95	60	80	100
溶解法（三氯乙烯，四氯化碳或苯）(%)≥	99	99	99	99	99	99	99	99.5	99.5	98	96	99
蒸发损失（160 ℃，5 h)(%)≤	1	1	1	1	1	1	1	1	1	—	—	—
蒸发后针入度比(%)≥	50	60	60	65	65	70	70	65	65	—	—	—
闪点(℃)≥	180	200	230	230	230	230	230	230	230	230	230	230

9. 石油沥青的选用

(1)选用沥青材料时，应根据工程性质及当地气候条件，在满足使用要求的前提下，尽量选用较大牌号的品种，以保证正常使用条件下具有较长的使用年限。

(2)道路石油沥青主要用于道路路面及厂房地面，用于拌制沥青砂浆和沥青混凝土，也可用作密封材料以及沥青涂料等。一般选用黏性较大和软化点较高的沥青。

(3)建筑石油沥青主要用于建筑工程的防水和防腐，用于制作油毡、防水涂料、沥青嵌缝油膏等。用于屋面防水的沥青材料，不但要求黏性大，以便与基层黏结牢固，而且要求温度敏感性小(即软化点高),以防夏季高温流淌,冬季低温脆裂。一般屋面沥青材料的软化点要高于当地历年来最高气温 20 ℃以上。对于夏季气温高、坡度较大的屋面,常选用 10 号或 10 号和 30 号掺配的混合沥青。若选用的沥青软化点太低,夏天易流淌;若过高,冬季低温时易硬脆,甚至开裂。

(4)普通石油沥青石蜡含量较多,温度敏感性大,建筑工程中不宜单独使用,只能与其他种类石油沥青掺配后使用。

10. 石油沥青的使用

在选用沥青时,因生产和供应的限制,如现有沥青不能满足要求时,可按使用要求对沥青进行掺配,得到满足技术要求的沥青。掺配量可按下式计算:

$$\text{较软沥青掺量}(\%)=\frac{\text{较硬沥青的软化点}-\text{要求沥青的软化点}}{\text{较硬沥青的软化点}-\text{较软沥青的软化点}}\times 100$$

$$\text{较硬沥青掺量}(\%)=100-\text{较软沥青掺量}$$

在实际掺配中,按上式得到的掺配沥青,其软化点总是低于计算软化点,这是因为掺配后的沥青破坏了原来两种沥青的胶体结构。两种沥青的加入量并非简单的线性关系。一般来说,以调高软化点为目的的掺配沥青,如两种沥青计算值各占 50%,则在实配时其高软化点的沥青应多加 10%左右。

三、煤 沥 青

1. 煤沥青的特性

煤沥青是炼焦厂和煤气厂的副产品,由煤焦油经分馏加工提取轻油、中油、重油等以后所得的残渣。煤沥青按蒸馏程度不同,分低温煤沥青、中温煤沥青和高温煤沥青,建筑工程中多用低温煤沥青。

煤沥青的特性是:

(1)含挥发性和化学稳定性差的成分较多,在热、光、氧气等长期综合作用下,煤沥青的组成变化较大,易硬脆,故大气稳定性差。

(2)因含有蒽、萘、酚等物质,有着特殊的臭味和毒性,故其防腐能力强。

(3)因含表面活性物质较多,故与矿物表面黏附能力强,不易脱落。

(4)含有较多的游离碳,塑性差,容易因变形而开裂。

2. 煤沥青与石油沥青的区别

煤沥青与石油沥青由于各自成分不同,因而具有不同的性质,可以满足使用上的不同要求,不应错用,且一般情况下也不得随意混用。但两者外观相似,容易混淆,因此要掌握两者的区别和简易鉴别方法。

石油沥青与煤沥青的性能区别见表 14-3。两者可用下列两种简易方法予以鉴别。

表 14-3 石油沥青与煤沥青的性能区别

性质	煤沥青	石油沥青
密度	1.25～1.28	近于 1.0
燃烧	烟多,黄色,臭味大,有毒	烟少,无色,有松香味,无毒
锤击	韧性差,较脆	韧性较好
颜色	浓黑色	呈辉亮褐色
溶解	难溶于煤油或汽油中,呈黄绿色	易溶于煤油或汽油中,呈棕黑色
温度稳定性	较差	较好
大气稳定性	较低	较高
防水性	较差(含酚,能溶于水)	较好
抗腐蚀性	强	较强

(1)烫烧法。用烧红的铁棒去烫时，石油沥青冒白烟，有松香味；而煤沥青冒黄烟，有刺激性臭味。

(2)汽油法。取一小块沥青，在 30～50 倍汽油或煤油中溶解后、蘸几滴溶液滴在纸上，观察纸上斑痕、若纸上斑痕均匀散开，呈棕色者为石油沥青；纸上斑痕不均匀，内圈黑色、周围棕色或黄绿色者为煤沥青。

四、橡胶改性沥青

1. 橡胶改性沥青的种类

在沥青中掺入适量橡胶，使其改性的产品称为橡胶改性沥青。沥青与橡胶的相溶性较好，混溶后的改性沥青高温变形小，低温柔性好。由于橡胶的品种不同，因而有各种橡胶改性沥青，常用的品种如图 14－1 所示。

橡胶改性沥青常用品种

- 氯丁橡胶改性沥青
  - (1)沥青中掺入氯丁橡胶，可使其气密性、低温柔性、耐化学腐蚀性、耐光性、耐臭氧性、耐气候性和耐燃烧性得到大大改善。
  - (2)氯丁橡胶掺入沥青中的方法有溶剂法和水乳法。溶剂法是将氯丁橡胶溶于一定的溶剂(如甲苯)中，形成溶液，然后掺入沥青液体中；水乳法是分别将橡胶和沥青制成乳液，再混合均匀。
- 丁基橡胶改性沥青
  - 丁基橡胶是异丁烯－异戊二烯的共聚物。由于丁基橡胶的分子链排列整齐，且不饱和程度很小，因此，其抗拉强度好，耐热性和抗扭曲性强。用其改性的沥青具有优异的耐分解性，并有较好的低温抗裂性和耐热性，多用于道路路面工程和制作密封材料和涂料。其配制方法与氯丁橡胶改性沥青类似。
- 再生橡胶改性沥青
  - (1)再生橡胶掺入沥青中，同样可大大提高沥青气密性、低温柔性、耐化学腐蚀性、耐光性、耐臭氧性、耐气候性。制备方法是：先将废旧橡胶加工成 1.5 mm 以下的颗粒，然后与沥青混合，经加热搅拌脱硫，就能得到具有一定弹性、塑性和黏结力良好的再生胶沥青材料。废旧橡胶的掺量视需要而定，一般为 3%～15%。也可在热沥青中加入适量磨细的废橡胶粉并强力搅拌而成。
  - (2)再生橡胶改性沥青可制成卷材、片材、密封材料、胶粘剂和涂料等。
- 苯乙烯－丁二烯－苯乙稀(SBS)改性沥青
  - SBS 改性沥青是热塑性弹性体，常温下具有橡胶的弹性，高温下又能像塑料那样熔融流动，称为可塑材料。所以用 SBS 改性的沥青具有热不粘冷不脆、塑性好、抗老化性能高等特性。是目前应用最成功和用量最大的改性沥青。SBS 掺量一般为 5%～10%。主要用于制作防水卷材，也可用于密封材料和防水涂料等。

图 14－1　橡胶改性沥青常用品种

2. 矿物填充改性沥青

矿物填充料改性沥青是在沥青中掺入适量粉状或纤维状矿物填充料经均匀混合而成。矿物填充料掺入沥青后，能被沥青包裹形成稳定的混合物，由于沥青对矿物填充料的湿润和吸附作用，沥青成单分子状排列在矿物颗粒(或纤维)表面，形成结合力牢固的沥青薄膜，使沥青具有较高的黏性和耐热性，降低沥青的温度敏感性，并且可以降低成本。常用的矿物填充料有粉状和纤维状两大类。粉状的有滑石粉、石灰石粉、白支石粉、磨细砂、粉煤灰和水泥等；纤维状的有石棉等。矿物填充料掺量一般为沥青重量的 20%～40%。矿物填充料改性沥青主要用于粘贴卷材、嵌缝、接头、补漏及做防水层的底层。既可热用，也可冷用。

3. 合成树脂类改性沥青

合成树脂改性沥青，可以改进沥青的耐寒性、黏结性和不透气性。由于石油沥青中含芳香性化合物很少，故树脂和石油沥青的相溶性较差，而且可用的树脂品种也较少。常用的品种有：古马隆树脂(又名香豆桐树脂，属热塑性树脂)改性沥青、聚乙烯树脂改性沥青、环氧树脂改性沥青、无规聚丙烯均聚物(APP)改性沥青以及由丙烯、乙烯、I－丁烯共聚物(APAO)改性沥青等。

4. 橡胶树脂改性沥青

树脂橡胶改性沥青是在沥青中掺入橡胶和树脂，三者混溶而成的改性沥青，它兼有橡胶和树脂的特性。配制时，采用的原料品种、配比、制作工艺不同，可以得到很多性能各异的产品。主要有卷材、片材、密封材料等。

第二节 防水卷材

一、防水卷材的种类

防水卷材是一种可以卷曲的片状防水材料。其主要防水组成材料，分为沥青防水卷材、高聚物改性沥青防水卷材和合成高分子类防水卷材三大类。沥青防水卷材是传统的防水材料(俗称油毡)；后两类卷材的综合性能优越，是目前国内大力推广使用的新型防水卷材。

不论何种防水卷材，要满足建筑防水需要，均应有良好的耐水性、温度稳定性和大气稳定性(抗老化性)，并应具备必要的机械强度、延伸性、柔韧性和抗断裂能力。

二、石油沥青纸胎防水卷材

(1)分类。

油毡按卷重和物理性能分为Ⅰ型、Ⅱ型、Ⅲ型。

(2)规格。

油毡幅宽为1 000 mm，其他规格可由供需双方商定。

(3)标记。

按产品名称、类型和标准号顺序标记。

示例：Ⅲ型石油沥青纸胎油毡标记为：油毡Ⅲ型 GB 326—2007。

(4)用途。

Ⅰ、Ⅱ型油毡适用于辅助防水、保护隔离层、临时性建筑防水、防潮及包装等。

Ⅲ型油毡适用于屋面工程的多层防水。

(5)卷重。

每卷油毡的卷重应符合表14—4的规定。

表14—4 卷 重

类 型	Ⅰ型	Ⅱ型	Ⅲ型
卷重(kg/卷)	≥17.5	≥22.5	≥28.5

(6)外观。

1)成卷油毡应卷紧、卷齐，端面里进外出不得超过10 mm。

2)成卷油毡在10～45 ℃任一产品温度下展开，在距卷芯1 000 mm长度外不应有10 mm以上的裂纹或粘结。

3)纸胎必须浸透，不应有未被浸透的浅色斑点，不应有胎基外露和涂油不均。

4)毡面不应有孔洞、硌伤，不应有长度20 mm以上的疙瘩、浆糊状粉浆、水迹，不应有距卷芯1 000 mm以外、长度100 mm以上的折纹、折皱；20 mm以内的边缘裂口或长20 mm、深20 mm以内的缺边不应超过4处。

5)每卷油毡中允许有一处接头，其中较短的一段长度不应少于2 500 mm，接头处应剪切整齐，并加长 150 mm，每批卷材中接头不应超过 5%。

(7)物理性能，见表 14－5。

表 14－5　物理性能

项目		指标		
		Ⅰ型	Ⅱ型	Ⅲ型
单位面积浸涂材料总量(g/m²)		≥600	≥750	≥1 000
不适水性	压力(MPa)	≥0.02	≥0.02	≥0.10
	保持时间(min)	≥20	≥30	≥30
吸水率(%)		≥3.0	≥2.0	≥1.0
耐热度		(85±2)℃，2 h 涂盖层无滑动、流淌和集中性气泡		
拉力(纵向)(N/50 mm)		≥240	≥270	≥340
柔度		(85±2)℃，绕 ϕ20 棒或弯板无裂纹		

注：本标准Ⅲ型产品物理性能要求为强制性的，其余为推荐性的。

三、铝箔面沥青油毡

(1)分类。

产品分为 30、40 两个标号。

(2)规格。

卷材幅宽为 1 000 mm。

(3)标记。

按产品名称、标号和本标准号的顺序标记。

示例：30 号铝箔面石油沥青防水卷材标记为铝箔面卷材 30 JC/T 504—2007。

(4)卷材的单位面积质量应符合表 14－6 规定，卷重为单位面积质量乘以面积。

表 14－6　单位面积质量

标号	30 号	40 号
单位面积质量(kg/m²)	≥2.85	≥3.80

(5)外观。

1)成卷卷材应卷紧卷齐，卷筒两端厚度差不得超过 5 mm，端面里进外出不超过 10 mm。

2)成卷卷材在 10～45 ℃任一产品温度下展开，在距卷芯 1 000 mm 长度外不应有10 mm 以上的裂纹或粘结。

3)胎基应浸透，不应有未被浸渍的条纹，铝箔应与涂盖材料粘结牢固，不允许有分层和气泡现象，铝箔表面应花纹整齐，无污迹、折皱、裂纹等缺陷，铝箔应为轧制铝，不得采用塑料镀铝膜。

4)在卷材覆铝箔的一面沿纵向留 70～100 mm 无铝箔的搭接边，在搭接边上可撒细砂或覆聚乙烯膜。

5)卷材表面平整，不允许有孔洞、缺边和裂口。

6)卷卷材接头不多于一处，其中较短的一段不应少于 2 500 mm，接头应剪切整齐，并加长 150 mm。

(6)卷材的物理性能应符合表 14－7 的要求。

表 14－7　物理性能

项　目	指　标	
	30 号	40 号
可溶物含量(g/m²)	≥1 550	≥2 050
拉力(N/50 mm)	≥450	≥500
柔度(℃)	5	
	绕半径 35 mm 圆弧无裂纹	
耐热度	(90±2)℃,2 h 涂盖层无滑动,无起泡、流淌	
分层	(50±2)℃,7 d 无分层现象	

四、玻璃纤维布胎沥青防水卷材

玻璃纤维布胎沥青防水卷材(以下简称玻璃布油毡)系采用玻璃纤维布为胎体,浸涂石油沥青并在其表面涂或撒布矿物隔离材料制成可卷曲的片状防水材料。

(1)等级。玻璃布油毡按可溶物含量及其物理性能分为一等品(B)和合格品(C)两个等级。

(2)规格。玻璃布油毡幅宽为 1 000 mm。

(3)适用范围。玻璃布油毡适用于地下工程作防水、防腐层,也可用于屋面防水及金属管道(热管道除外)作防腐保护层。

(4)面积与卷重。每卷玻璃布油毡的面积为 20 m^2±0.3 m^2;卷重应不小于 15 kg(包括不大于 0.5 kg 硬质卷芯的重量)。

(5)外观。成卷的玻璃布油毡应卷紧;成卷油毡在 5～45 ℃的环境温度下应易于展开,不得有黏结和裂纹,浸涂材料应均匀致密地涂盖玻璃纤维布胎体;表面必须平整,不得有裂纹、孔眼、扭曲折纹;涂布或撒布材料应均匀、致密地黏附于涂盖层两面;每卷油毡的接头应不超过一处,其中较短一段不得少于 2 000 mm,接头处应剪切整齐,并加长 150 mm 备作搭接。

(6)物理性能。玻璃布油毡的物理性能,应符合表 14－8 的要求。

表 14－8　玻璃布油毡物理性能

指标名称		一等品	合格品
可溶物含量(g/m²)≥		420	380
耐热度(85 ±2 ℃,2 h)		无滑动、起泡现象	
不透水性	压力(N/m²)	0.2	0.1
	保持时间(min)	不小于 15 无渗漏	
拉力(25 ±2 ℃,纵向)(N)≥		400	360

指标名称		一等品	合格品
柔度	温度(℃)≤	0	5
	弯曲直径 30 mm	无裂纹	
耐霉菌性	重量损失 1%≤	2.0	
	拉力损失(%)≤	15	

五、纸胎煤沥青防水卷材

纸胎煤沥青防水卷材(以下简称油毡),系采用低软化点煤沥青浸渍原纸。然后用高软化点煤沥青涂盖油纸两面,再涂或撒布隔离材料所制成可卷曲片状防水材料。

(1)等级。煤沥青面油毡按物理性能分为一等品和合格品两个等级。

(2)品种规格。煤沥青油毡按所用隔离材料分为粉状面(F)毡和片状面(P)毡两个品种。煤沥青油毡幅宽分为 915 mm 和 1 000 mm 两种规格。按原纸重量(每平方米克重)分为 200 号、270 号和 350 号三种标号。

(3)适用范围。200 号油毡适用于简易建筑防水、建筑防潮及包装防潮等;270 号和 350 号油毡适用于建筑工程防水、建筑防潮和包装防潮等,与聚氯乙烯改性煤焦油防水涂料复合,也可用于屋面多层防水。

(4)面积每卷煤沥青油毡的面积为 20 m^2±0.3 m^2。

(5)卷重每卷煤沥青油毡的重量,应符合表 14—9 的规定。

表 14—9　不同品种标号煤沥青油毡重量

标号	200 号		270 号		350 号	
	粉毡	片毡	粉毡	片毡	粉毡	片毡
重量(kg)	16.5	19.0	19.5	22.0	23.0	25.5

(6)外观。煤沥青油毡的外观,除应符合纸胎石油沥青防水卷材外观质量的各项要求外,还要求纸胎必须浸透,不应优未浸透的浅色斑点;涂盖材料应均匀致密地涂盖油纸两面,不应有油纸外露和涂油不均现象。

(7)物理性能。各种标号等级的煤沥青油毡的物理性能,应符合表 14—10 的要求。

表 14—10　煤沥青油毡的物理性能

指标名称		200 号	270 号		350 号	
		合格	一等	合格	一等	合格
可溶物含量(g/m^2)		≥450	560	510	600	600
不透水性	压力(N/m)≥	0.05	0.05		0.10	
	保持时间(min)≥	15	30	20	30	15
吸水率(%)不大于	粉毡	3.0				
	片毡	5.0				
耐热度(℃)		70±2	75±2	70±2	75±2	70±2
		受热 2 h 涂盖层应无滑动和集中性气泡				
拉力(25 ±2 ℃)(纵向)(N)≥		250	330	300	380	350
柔度		18	16	18	16	18
		绕 ϕ20mm 圆棒或弯板无裂纹				

六、聚氯乙烯改性煤焦油防水卷材

(1)尺寸偏差

1)长度、宽度不小于规定值的 99.5%。

2)厚度偏差和最小单值见表 14—11。

表 14—11　厚　　度(mm)

厚　　度	允许偏差	最小单值
1.2	±0.10	1.00
1.5	±0.15	1.30
2.0	±0.20	1.70

(2)外观

1)卷材的接头不多于 1 处,其中较短的一段长度不少于 1.5 m,接头应剪切整齐并加长 150 mm。

2)卷材表面应平整,边缘整齐,无裂纹、孔洞、粘结、气泡和疤痕。

(3)理化性能

1)N 类无复合层的卷材理化性能应符合表 14—12 的规定。

表 14－12　N 类卷材理化性能

序　号	项　　目		Ⅰ　型	Ⅱ　型
1	拉伸强度(MPa)		≥8.0	≥12.0
2	断裂伸长率(%)		≥200	≥250
3	热处理尺寸变化率(%)		≤3.0	≤2.0
4	低温弯折性(℃)		－20 无裂纹	－25 无裂纹
5	抗穿孔性		不渗水	
6	不透水性		不透水	
7	剪切状态下的粘合性(N/mm)		≥3.0 或卷材破坏	
8	热老化处理	外观	无起泡、裂纹、粘结和孔洞	
		拉伸强度变化率(%)	±25	±20
		断裂伸长率变化率(%)		
		低温弯折性(℃)	－15 无裂纹	－20 无裂纹
9	耐化学侵蚀	拉伸强度变化率(%)	±25	±20
		断裂伸长率变化率(%)		
		低温弯折性(℃)	－15 无裂纹	－20 无裂纹
10	人工气候加速老化	拉伸强度变化率(%)	±25	±20
		断裂伸长率变化率(%)		
		低温弯折性(℃)	－15 无裂纹	－20 无裂纹

注:非外露使用可以不考核人工气候加速老化性能。

2)L 类纤维单面复合及 W 类织物内增强的卷材理化性能应符合表 14－13 的规定。

表 14－13　L 类及 W 类卷材理化性能

项　　目		Ⅰ　型	Ⅱ　型
拉力(N/cm)		≥100	≥160
断裂伸长率(%)		≥150	≥200
热处理尺寸变化率(%)		≤1.5	≤1.0
低温弯折性		－20 ℃无裂纹	－25 ℃无裂纹
抗穿孔性		不渗水	
不透水性		不透水	
剪切状态下的粘合性(N/mm)	L 类	≥3.0 或卷材破坏	
	W 类	≥6.0 或卷材破坏	
热老化处理	外观	无起泡、裂纹、粘结和孔洞	
	拉力变化率(%)	±25	±20
	断裂伸长率变化率(%)		
	低温弯折性	－15 ℃无裂纹	－20 ℃无裂纹

续上表

项　目		Ⅰ　型	Ⅱ　型
耐化学侵蚀	拉力变化率(%)	±25	±20
	断裂伸长率变化率(%)		
	低温弯折性	−15 ℃无裂纹	−20 ℃无裂纹
人工气候加速老化	拉力变化率(%)	±25	±20
	断裂伸长率变化率(%)		
	低温弯折性	−15 ℃无裂纹	−20 ℃无裂纹

七、塑性改性沥青防水卷材 APP 卷材

(1)类型

1)按胎基分为聚酯毡(PY)、玻纤毡(G)、玻纤增强聚酯毡(PYC)。

2)按上表面隔离材料分为聚乙烯膜(PE)、细砂(S)、矿物粒料(M)。下表面隔离材料为细砂(S)、聚乙烯膜(PE)。

注:细砂为粒径不超过 0.60 mm 的矿物颗粒。

3)按材料性能分为Ⅰ型和Ⅱ型。

(2)规格

卷材公称宽度为 1 000 mm。

聚酯毡卷材公称厚度为 3 mm、4 mm、5 mm。

玻纤毡卷材公称厚度为 3 mm、4 mm。

玻纤增强聚酯毡卷材公称厚度为 5 mm。

每卷卷材公称面积为 7.5 m^2、10 m^2、15 m^2。

(3)标记

产品按名称、型号、胎基、上表面材料、下表面材料、厚度、面积和本标准编号顺序标记。

示例:10 m^2 面积、3 mm 厚上表面为矿物粒料、下表面为聚乙烯膜聚酯毡Ⅰ型弹性体改性沥防水卷材标记为:

SBS Ⅰ PY M PE 3 10 GB 18242—2008

(4)用途

1)弹性体改性沥青防水卷材主要适用于工业与民用建筑的屋面和地下防水工程。

2)玻纤增强聚酯毡卷材可用于机械固定单层防水,但需通过抗风荷载试验。

3)玻纤毡卷材适用于多层防水中的底层防水。

4)外露使用采用上表面隔离材料为不透明的矿物粒料的防水卷材。

5)地下工程防水采用表面隔离材料为细砂的防水卷材。

(5)单位面积质量、面积及厚度

单位面积质量、面积及厚度应符合表 14－14 的规定。

(6)外观

1)成卷卷材应卷紧卷齐,端面里进外出不得超过 10 mm。

2)成卷卷材在(4～50) ℃任一产品温度下展开,在距卷芯 1 000 mm 长度外不应有 10 mm 以上的裂纹或粘结。

3)胎基应浸透,不应有未被浸渍处。

4)卷材表面必须平整,不允许有孔洞、缺边和裂口、矿物粒料粒度应均匀一致并紧密地粘附于卷材表面。

表 14—14　单位面积质量、面积及厚度

规格(公称厚度)(mm)		3			4			5		
上表面材料		PE	S	M	PE	S	M	PE	S	M
下表面材料		PE	PE、S		PE	PE、S		PE	PE、S	
面积(m²/卷)	公称面积	10、15			10、7.3			7.5		
	偏差	±0.10			±0.10			±0.10		
单位面积质量(kg/m²) ≥		3.3	3.5	4.0	4.3	4.5	5.0	5.3	5.5	6.0
厚度(mm)	平均值 ≥	3.0			4.0			5.0		
	最小单值	2.7			3.7			4.7		

5)每卷接头处不应超过一个,较短的一段不应少于 1 000 mm,接头应剪切整齐,并加长 150 mm。

(7)材料性能

材料性能应符合表 14—15 的要求。

表 14—15　材料性能

序号	项目		指标				
			Ⅰ		Ⅱ		
			PY	G	PY	G	PYG
1	右深物含量(g/m²)≥	3 mm	2 100				—
		4 mm	2 900				—
		5 mm	3 500				
		试验现象	—	胎基不燃	—	胎基不燃	—
2	耐热性	C	90		105		
		≤mm	2				
		试验现象	无流滴、滴落				
3	低温柔性(℃)		−20		−25		
			无裂缝				
4	不透水性 30 min		0.3 MPa	0.2MPa	0.3MPa		
5	拉力	最大峰拉力(N/50 mm)≥	500	350	800	500	900
		次高峰拉力(N/50 mm)≥	—	—	—	—	800
		试验现象	拉伸过程中,试件中部无沥青涂盖层开裂或与胎基分离现象				
6	延伸率	最大峰时延伸率(%) ≥	30	—	40	—	—
		第二峰时延伸率(%) ≥	—		—		15
7	浸水后质量增加(%) ≤	PE、S	1.0				
		M	2.0				

续上表

序号	项目		指标				
			Ⅰ		Ⅱ		
			PY	G	PY	G	PYG
8	热老化	拉力保持率(%) ≥	90				
		延伸率保持率(%) ≥	80				
		低温柔性(℃)	−15		−20		
			无裂缝				
		尺寸变化率(%) ≤	0.7	—	0.7	—	0.3
		质量损失(%) ≤	1.0				
9	渗油性	张数 ≤	2				
10	接缝剥离强度(N/mm) ≥		1.5				
11	钉杆撕裂强度[a](N) ≥		—				300
12	矿物粒料粘附性[b](g) ≤		2.0				
13	卷材下表面沥青涂盖层厚度[c](mm) ≥		1.0				
14	人工气候加速老化	外观	无滑动、流淌、滴落				
		拉力保持率(%) ≥	80				
		低温柔性(℃)	−15		−20		
			无裂缝				

注：[a]仅适用于单层机械固定施工方式卷材。

[b]仅适用于矿物粒料表面的卷材。

[c]仅适用于热熔施工的卷材。

八、改性沥青聚乙烯胎防水卷材

1. 类型

(1)按产品的施工工艺分为热熔型和自粘型两种。

(2)热熔型产品按改性剂的成份分为改性氧化沥青防水卷材、丁苯橡胶改性氧化沥青防水卷材、高聚物改性沥青防水卷材、高聚物改性沥青耐根穿刺防水卷材四类。

(3)隔离材料

1)热熔型卷材上下表面隔离材料为聚乙烯膜。

2)自粘型卷材上下表面隔离材料为防粘材料。

2. 规格

(1)厚度

1)热溶型：3.0 mm、4.0 mm，其中耐根穿刺卷材为 4.0 mm；

2)自粘型：2.0 mm、3.0 mm。

(2)公称宽度：1 000mm、1 100mm。

(3)公称面积：每卷面积为 10 m^2、11m^2。

(4)生产其他规格的卷材，可由供需双方协商确定。

3. 标记

(1)代号

1)热熔型：T；

2)自粘型:S;

3)改性氧化沥青防水卷材:O;

4)丁苯橡胶改性氧化沥青防水卷材:M;

5)高聚物改性沥青防水卷材:P;

6)高聚物改性沥青耐根穿刺防水卷材:R;

7)高密度聚乙烯膜胎体:E;

8)聚乙烯膜覆面材料:E。

(2)标记方法

卷材按施工工艺、产品类型、胎体、上表面覆盖材料、厚度和本标准号顺序标记。

(3)示例:3.0 mm厚的热熔型聚乙烯胎聚乙烯膜覆面高聚物改性沥青防水卷材,其标记如下:T PEE 3 GB 18967—2009

4. 用途

改性沥青聚乙烯胎防水卷材适用于非外露的建筑与基础设施的防水工程。

5. 性能

(1)单位面积质量及规格尺寸

单位面积质量及规格尺寸应符合表14—16规定。

表14—16 单位面积质量及规格尺寸

公称厚度/mm		2	3	4
单位面积质量(kg/m²) ≥		2.1	3.1	4.2
每卷面积偏差(m²)		±0.2		
厚度(mm)	平均值 ≥	2.0	3.0	4.0
	最小单值 ≥	1.8	2.7	3.7

(2)外观

1)成卷卷材应卷紧齐,端面里进外出不得超过10 mm。

2)成卷卷材在(4~50)℃任一产品温度下展开,在距卷芯1 000 mm长度外不应有10 mm以上的裂纹或粘结。

3)胎基应浸透,不应有未被浸喷外。

4)卷材表面应平整,不允许有孔洞、缺边和裂口、疙瘩,矿物粒料粒度应均匀一致并紧粘附于卷材表面。

5)每卷卷材接头外不应超过一个,较短的一段长度不应少于1 000 mm,接头应剪切整齐,并加长。

(3)物理力学家性能

材料能应符合表14—17规定。

表14—17 物理力学性能

序号	项 目	指 标				
		T				S
		O	M	P	R	M
1	不透水性	0.4 MPa,30 min不透水				

续上表

<table>
<tr><th rowspan="3">序号</th><th rowspan="3" colspan="3">项　目</th><th colspan="5">指　标</th></tr>
<tr><th colspan="4">T</th><th>S</th></tr>
<tr><th>O</th><th>M</th><th>P</th><th>R</th><th>M</th></tr>
<tr><td rowspan="2">2</td><td rowspan="2" colspan="3">耐热性(℃)</td><td colspan="4">90</td><td>70</td></tr>
<tr><td colspan="4">无流淌,无起泡</td><td>无流淌
无起泡</td></tr>
<tr><td rowspan="2">3</td><td rowspan="2" colspan="3">低温柔性(℃)</td><td>−5</td><td>−10</td><td>−20</td><td>−20</td><td>−20</td></tr>
<tr><td colspan="5">无裂痕</td></tr>
<tr><td rowspan="4">4</td><td rowspan="4">拉伸性能</td><td rowspan="2">拉力(N/50 mmm)
≥</td><td>纵向</td><td rowspan="2" colspan="3">200</td><td rowspan="2">400</td><td rowspan="2">200</td></tr>
<tr><td>横向</td></tr>
<tr><td rowspan="2">断裂延伸率(%)
≥</td><td>纵向</td><td rowspan="2" colspan="5">120</td></tr>
<tr><td>横向</td></tr>
<tr><td rowspan="2">5</td><td rowspan="2" colspan="2">尺寸稳定性</td><td>℃</td><td colspan="4">90</td><td>70</td></tr>
<tr><td>% ≤</td><td colspan="5">2.5</td></tr>
<tr><td>6</td><td colspan="3">卷材下表面沥青涂盖层厚度(mm) ≥</td><td colspan="4">1.0</td><td>—</td></tr>
<tr><td rowspan="2">7</td><td rowspan="2" colspan="2">剥离强度(N/mm) ≥</td><td>卷材与卷材</td><td rowspan="2" colspan="4">—</td><td>1.0</td></tr>
<tr><td>卷材与铝板</td><td>1.5</td></tr>
<tr><td>8</td><td colspan="3">钉杆水密性</td><td colspan="4">—</td><td>通过</td></tr>
<tr><td>9</td><td colspan="3">持粘性(min) ≥</td><td colspan="4">—</td><td>15</td></tr>
<tr><td>10</td><td colspan="3">自粘沥青再剥离强度(与铝板)(N/min) ≥</td><td colspan="4">—</td><td>1.5</td></tr>
<tr><td rowspan="4">11</td><td rowspan="4">热空气老化</td><td colspan="2">纵向拉力(N/50 min) ≥</td><td colspan="3">200</td><td>400</td><td>200</td></tr>
<tr><td colspan="2">纵向断裂延伸率(%) ≥</td><td colspan="5">120</td></tr>
<tr><td rowspan="2" colspan="2">低温柔性(℃)</td><td>5</td><td>0</td><td>−10</td><td>−10</td><td>−10</td></tr>
<tr><td colspan="5">无裂纹</td></tr>
</table>

九、三元乙丙橡胶防水卷材

(1)耐老化性能好,使用寿命长。由于三元乙丙橡胶分子结构中的主链上没有双键,而其他类型的橡胶多数在分子结构的主链上都有双键存在。因此,当三元乙丙橡胶受到臭氧、紫外线、湿热的作用时,主链上不易发生断裂,这是它的耐老化性能比主链上含有双键的橡胶或塑料等高分子材料优异得多得根本原因。采用三元乙丙橡胶为主体制成得卷材作防水层,能经得起长期风吹、雨淋、日晒的考验。

(2)耐高低温性能好。三元乙丙橡胶防水卷材的脆性温度很低(−45 ℃以下),耐热性能优良(达 160 ℃以上),可在较低气温条件下进行施工作业,并能在严寒或酷热的气候环境中长期使用。

(3)弹性好,拉伸性能优异。三元乙丙橡胶防水卷材的拉伸强度高(≥7 N// m^2),断裂伸长率大(≥450%),回弹性好,抗裂性极佳,能够适应防水基层伸缩或开裂变形的需要。

(4)可采用单层防水作法和冷施工。用三元乙丙橡胶卷材防水,改变了过去多叠层(如三毡四油一砂等)和热施工的传统沥青油毡防水作法,既简化了施工工序,提高了施工效率,也减少了环境污染，改善了劳动条件。

(5)三元乙丙橡胶防水卷材的技术要求。

(6)等级。三元乙丙按其物理性能分为合格品、一等品两个等级。

(7)适用范围。三元乙丙橡胶防水卷材主要适用于建筑工程的外露屋面防水和达跨度受振动建筑工程的防水，也适用于埋置式的屋面、地下室以及隧道、水池、水渠等土木工程防水。

卷材的规格尺寸及公差要求应符合表14－18的规定。

表14－18 三元乙丙橡胶防水卷材的规格及公差

厚度(mm)		宽度(mm)		长度(m)	
基本尺寸	允许偏差	基本尺寸	允许偏差	基本尺寸	允许偏差
1.0 1.2 1.5	+15% −10%	1 000或1 200	不允许出现负值	20.0	不允许出现负值
2.0				10.0	

(8)卷材表面应平整，边缘应整齐。

(9)卷材不允许有机械损伤、裂口、沾污等缺陷。

(10)在不影响卷材使用的条件下，卷材外观允许的缺陷，应符合表14－19的要求。

表14－19 卷材外观允许的缺陷要求

缺陷名称	一等品	合格品
凹痕	深度不得超过卷材厚度的10%	深度不得超过卷材厚度的20%
杂质	不允许有	每平方米不得超过9 m²
气泡		深度不得超过卷材的10%，拜平方米不得超过3 m²
机械损伤	不允许有	
海绵裂口		

(11)物理性能。三元乙丙橡胶防水卷材的物理性能，应符合表14－20的要求。

PVC卷材的拉伸强度高、伸长率大，对基层的伸缩和开裂变形适应性强；卷材幅面宽，焊接性好；具有良好的水蒸气扩散性，冷凝物容易排出；耐老化，耐低温、高温。可用于各种屋面防水、地下防水及旧屋面的维修工程。

表14－20 三元乙丙橡胶防水卷材的物理性能

项目			指标	
			一等品	合格品
拉伸强度(常温)(N/m^2)		≥	8	7
扯断伸长率(%)		≥	450	
直角形撕列强度(常温)(N/cm)		≥	280	245
不透水性	0.3 N/m^2×30 min		合格	合格
	0.1 N/m^2×30 min		—	合格
脆性温度(℃)		≤	−45	−40
热老化(80 ℃×168 h)，伸长率100%			无裂纹	
臭氧老化	500 pphm，168 h×40 ℃，伸长率100%，静态		列裂纹	—
	100 pphm，168 h×40 ℃，伸长率100%，静态		—	无裂纹

第三节 防水涂料

一、防水涂料种类

目前防水涂料一般按涂料的类型和按涂料的成膜物质的主要成分进行分类。根据涂料的液态类型，可分为溶剂型、水乳型和反应型三类，如图 14－2 所示。

防水涂料的类型
- 溶剂性
  - 在这类涂料中，作为主要成膜物质的高分子溶解于有机溶剂中，成为溶液。高分子材料以分子状态存在于溶液(涂料)中。
  - 该类涂料具有以下特性：
  - (1)通过溶剂挥发，经过高分子物质分子链接触、搭接等过程而结膜。
  - (2)涂料干燥快结膜较薄而致密。
  - (3)生产工艺较简易，涂料储存稳定性较好。
  - (4)易燃、易爆、有毒，生产、储运及使用时要注意安全。
  - (5)由于溶剂挥发，施工时对环境有一定污染。
- 水乳型
  - 这类涂料作为主要成膜物质的高分子材料以极微小的颗粒(而不是呈分子状态)稳定悬浮(而不是溶解)在水中，成为乳液状涂料。该类涂料具有以下特征：
  - (1)通过水分蒸发，经过固体微粒接近、接触、变形等过程而结膜。
  - (2)涂料干燥较慢，一次成膜的致密性较溶剂型涂料低，一般不宜在 5 ℃以下施工。
  - (3)储存期一般不超过半年。
  - (4)可在稍为潮湿的基层上施工。
  - (5)无毒、不燃，生产、储运、使用比较安全；操作简便，不污染环境。
  - (6)生产成本较低。
- 反应型
  - 在这类涂料中，作为主要成膜物质的高分子材料系以预聚物液态形式存在，多以双组分或单组分构成涂料，几乎不含溶剂。该类涂料具有以下特性：
  - (1)通过液态的高分子预聚物与相应物质发生化学反应，变成固态物(结膜)。
  - (2)可一次结成较厚的涂膜，无收缩，涂膜致密。
  - (3)双组分涂料需现场配料准确，搅拌均匀，才能确保质量。
  - (4)价格较贵。
  - 根据构成涂料的主要成分的不同，可分为下列四类：即合成树脂类、橡胶类、橡胶沥青类和沥青类。

图 14－2　防水涂料的类型

二、防水涂料的特点

(1)防水涂料在固化前呈黏稠状液态，因此，施工时不仅能在水平面，而且能在立面、阴阳角及各种复杂表面，形成无接缝的完整的防水膜。

(2)使用时无需加热，既减少环境污染，又便于操作，改善劳动条件。

(3)形成的防水层自重小，特别适用于轻型屋面等防水。

(4)形成的防水膜有较大的延伸性、耐水性和耐候性，能适应基层裂缝的微小的变化。

(5)涂布的防水涂料，既是防水层的主体材料，又是胶粘剂，故黏结质量容易保证，维修也比较简便。尤其是对于基层裂缝、施工缝、雨水斗及贯穿管周围等一些容易造成渗漏的部位，极易进行增强涂刷、贴布等作业。

(6)施工时必须采用刷子、刮板等逐层涂刷或涂刮，故防水膜的厚度很难做到像防水卷材那样均一，防水膜的质量易受施工条件影响。因此，选用防水涂料时，须认真了解材料的性质和特征、使用方法、最低单位面积用量和重复涂、刮的必要性，并必须认真考虑防水层各个细部的增强处理。

三、防水涂料的用途

防水涂料是用沥青、改性沥青或合成高分子材料为主料制成的具有一定流态的、经涂刷施工成防水层的胶状物料。其中有些防水涂料可以用来粘贴防水卷材，所以它又是防水卷材的胶粘剂。

随着我国合成高分子材料工业的稳定发展，以各种优质合成橡胶和合成树脂为原料研制的防水涂料，在 20 世纪 80 年代相继投入使用：如双组分聚氨酯防水涂料、丙烯酸酯类的浅色防水涂料、阳离子氯丁胶乳沥青防水涂料和硅橡胶防水涂料等，使我国防水涂料发展进入了一个新的时期。橡胶沥青类和合成高分子类防水涂料在我国防水工程应用中，正占有越来越大的比重。以石油沥青为主，以高聚物进行改性的技术途径，在我国已有较长的历史，它原料来源广泛，成本较低，适用于量大面光的一般防水工程；以合成高分子材料为主制成的涂料，性能较优，但价格较高，适用于要求较高的防水工程。

四、水乳型再生橡胶沥青防水涂料

(1)样品搅拌后均匀无色差、无凝胶、无结块，无明显沥青丝。

(2)物理力学性能应满足表 14—21 的要求。

表 14—21 水乳型沥青防水涂料物理力学性能

<table>
<tr><th colspan="2">项 目</th><th>L</th><th>H</th></tr>
<tr><td colspan="2">固体含量(%)</td><td colspan="2">≥45</td></tr>
<tr><td colspan="2" rowspan="2">耐热度(℃)</td><td>80±2</td><td>110±2</td></tr>
<tr><td colspan="2">无流淌、滑动、滴落</td></tr>
<tr><td colspan="2">不透水性</td><td colspan="2">0.10 MPa，30 min 无渗水</td></tr>
<tr><td colspan="2">黏结强度(MPa)</td><td colspan="2">≥0.30</td></tr>
<tr><td colspan="2">表干时间(h)</td><td colspan="2">≥8</td></tr>
<tr><td colspan="2">实干时间(h)</td><td colspan="2">≤24</td></tr>
<tr><td rowspan="4">低温柔度[①](℃)</td><td>标准条件</td><td>−15</td><td>0</td></tr>
<tr><td>碱处理</td><td rowspan="3">−10</td><td rowspan="3">5</td></tr>
<tr><td>热处理</td></tr>
<tr><td>紫外线处理</td></tr>
<tr><td rowspan="4">断裂伸长率(%) ≥</td><td>标准条件</td><td colspan="2" rowspan="4">600</td></tr>
<tr><td>碱处理</td></tr>
<tr><td>热处理</td></tr>
<tr><td>紫外线处理</td></tr>
</table>

注：①供需双方可以商定温度更低的低温柔度指标。

五、聚氨脂防水涂料的技术性能

(1)外观。产品为均匀粘稠体，无凝胶、结块。

(2)物理力学性能。单组分聚氨酯防水涂料的物理力学性能应符合表 14—22 的规定，多组分聚氨酯防水涂料的物理力学性能应符合表 14—23 的规定。

表 14—22 单组分聚氨酯防水涂料的物理力学性能

<table>
<tr><th>序 号</th><th>项 目</th><th>Ⅰ</th><th>Ⅱ</th></tr>
<tr><td>1</td><td>拉伸强度(MPa)</td><td>≥1.9</td><td>≥2.45</td></tr>
<tr><td>2</td><td>断后伸长率(%)</td><td>≥550</td><td>≥450</td></tr>
<tr><td>3</td><td>撕裂强度(N/mm)</td><td>≥12</td><td>≥14</td></tr>
<tr><td>4</td><td>低温弯折性(℃)</td><td colspan="2">≤−40</td></tr>
</table>

续上表

序　号	项　　目		Ⅰ	Ⅱ
5	不透水性(0.3 MPa,30 min)		不透水	
6	固体含量(%)		≥80	
7	表干时间(h)		≤12	
8	实干时间(h)		≤24	
9	加热伸缩率(%)		≤1.0	
			≥−4.0	
10	潮湿基面黏结强度①(MPa)		≥0.50	
11	定伸时老化	加热老化	无裂纹及变形	
		人工气候老化②	无裂纹及变形	
12	热处理	拉伸强度保持率(%)	80～150	
		断裂伸长率(%)	≥500	≥400
		低温弯折性(℃)	≤−35	
13	碱处理	拉伸强度保持率(%)	60～150	
		断裂伸长率(%)	≥500	≥400
		低温弯折性(℃)	≤−35	
14	酸处理	拉伸强度保持率(%)	80～150	
		断裂伸长率(%)	≥500	≥400
		低温弯折性(℃)	≤−35	
15	人工气候老化②	拉伸强度保持率(%)	80～150	
		断裂伸长率(%)	≥500	≥400
		低温弯折性(℃)	≤−35	

注:①仅用于地下工程潮湿基面时要求。

②仅用于外露使用的产品。

表 14－23　多组分聚氨酯防水涂料的物理力学性能

序　号	项　　目		Ⅰ	Ⅱ
1	拉伸强度(MPa)		≥1.9	≥2.45
2	断裂伸长率(%)		≥450	≥450
3	撕裂强度(N/mm)		≥12	≥14
4	低温弯折性(℃)		≤−35	
5	不透水性(0.3 MPa,30 min)		不透水	
6	固体含量(%)		≥92	
7	表干时间(h)		≤8	
8	实干时间(h)		≤24	
9	加热伸缩率(%)		≤1.0	
			≥−4.0	
10	潮湿基面黏结强度①(MPa)		≥0.50	

续上表

序号	项目		Ⅰ	Ⅱ
11	定伸时老化	加热老化	无裂纹及变形	
		人工气候老化[2]	无裂纹及变形	
12	热处理	拉伸强度保持率(%)	80～150	
		断裂伸长率(%)	≥400	
		低温弯折性(℃)	≤-30	
13	碱处理	拉伸强度保持率(%)	60～150	
		断裂伸长率(%)	≥400	
		低温弯折性(℃)	≤-30	
14	酸处理	拉伸强度保持率(%)	80～150	
		断裂伸长率(%)	≥400	
		低温弯折性(℃)	≤-30	
15	人工气候老化[2]	拉伸强度保持率(%)	80～150	
		断裂伸长率(%)	≥400	
		低温弯折性(℃)	≤-30	

注:①仅用于地下工程潮湿基面时要求。

②仅用于外露使用的产品。

第四节　密封材料

一、密封材料

密封材料又称嵌缝材料,应用于建筑上的各种接缝或裂缝、变形缝(沉降缝、伸缩缝、抗震缝),能保持水密、气密性能。密封材料应具有一定的强度和良好的粘结性、弹塑性和耐老化性,在接缝发生震动或变形时,所填充的密封材料应能牢固粘结,不断不裂,保持不透水、不透气,并有较长的使用寿命。

密封材料有定型和不定型两大类。定型密封材料是具有特定形状的垫衬材料,如密封条、密封带、密封垫等。不定型密封材料是膏状材料,称为密封膏或嵌缝膏。常用的密封膏有沥青胶、沥青嵌缝隙油膏、各种改性沥青密封膏和各种合成高分子密封膏。

二、沥青嵌缝油膏

沥青嵌缝油膏是以石油沥青为基料,加入改性材料(废橡胶粉和硫化鱼油)、稀释剂(松焦油松节重油和机油)及填充料(石棉粉、滑石粉)混合制成的密封膏。沥青嵌缝油膏具有良好的耐热性、黏结性、保油性和低温柔韧性,主要用作屋面、墙面、沟和槽的防水嵌缝材料,也可用于混凝土跑道、迫路、桥梁及各种构筑物的伸缩缝、施工缝等的嵌缝密封材料。使用时,缝内应洁净干燥,先刷涂一道冷底子油(建筑石油沥青加入汽油、煤油、轻柴油,或用软化点 50～70 ℃的煤沥青加入苯,溶合而成的沥青溶液,因多在常温下用于防水工程的底部,故称冷底子油),待其干燥后即嵌镇油膏。油膏表面可加石油沥青、油毡、砂浆或塑料为覆盖层。

三、聚氯乙烯建筑防水接缝材料

聚氯乙烯建筑防水接缝材料是指以聚氯乙烯为基料,加入改性材料及其他助剂配制而成的聚氯乙烯建筑防水接缝材料(以下简称 PVC 接缝材料)。

1. 类型

PVC 接缝材料按施工工艺分为两种类型：

(1)J 型是指用热塑法施工的产品，俗称聚氯乙烯胶泥。

(2)G 型是指用热熔法施工的产品，俗称塑料油膏。

2. 技术要求

(1)PVC 接缝材料分为两个型号，耐热性 80 ℃和低温柔性－10 ℃为 801，耐热性 80 ℃和低温柔性－20 ℃为 802。

(2)J 型 PVC 接缝材料为均匀黏稠状态，无结块、无杂质。

(3)G 型 PVC 接缝材料为黑色块状物，无焦碴等杂物、无流淌现象。

(4)产品物理力学性能符合表 14－24 的规定。

表 14－24　产品物理力学性能

项目		技术要求 801	技术要求 802	项目		技术要求 801	技术要求 802
密度(g/cm³)		规定值±0.1		拉伸黏结性	最大伸长率(%)　≥	300	
下垂度(80℃)　≤		4		浸水拉伸性	最大拉伸强度(MPa)	0.02～0.15	
低温柔性	温度(℃)	－10	－20		最大伸长度(%)　≥	250	
	柔性	无裂缝		恢复率(%)　≥		80	
拉伸黏结性	最大拉伸强度(MPa)	0.02～0.15		挥发率(%)　≤		3	

四、聚氨酯密封膏

聚氨酯密封膏一般用双组分配制，甲组分是含有异氰酸酯基的预聚体，乙组分含有多羟基的固化剂与增塑剂、填充料、稀释剂等。使用时，将甲乙两组分按比例混合，经固化反应成弹性体。

聚氨酯密封膏的弹性、黏结性及耐气候老化性能特别好，与混凝土的黏结性也很好，同时不需要打底。所以聚氨酯密封材料可以用作屋面、墙面的水平或垂直接缝，尤其适用于游泳池工程。它还是公路及机场跑道的补缝、接缝的好材料，也可用于玻璃、金属材料的嵌缝密封。

五、聚硫建筑密封膏

聚硫建筑密封膏是指以液态聚硫橡胶为基料的常温硫化双组分建筑密封膏。

(1)按伸长率和模量分为 A 类和 B 类：A 类指高模量低伸长率的聚硫密封膏；B 类指高伸长率低模量的聚硫密封膏。

(2)按流变性分为 N 型和 L 型。N 型指用于立缝或斜缝而不塌落的非下垂型；L 型指用于水平接缝能自动流平形成光滑平整表面的自流平型。

(3)按试验温度及及拉伸压缩百分率分为 9 030、8 020、7 010。

(4)外观应为均匀膏状物、无结皮结块、无不易分散的析出物，两组分应有明显色差。

(5)密封膏颜色与供需双方商定的颜色不得有明显差异。

(6)聚硫建筑密封膏理化性能必须符合表 14－25 中规定的技术指标要求。

六、丙烯酸酯建筑密封膏的技术

丙烯酸酯建筑密封膏是以丙烯酸酯乳液为基料的建筑密封膏。

(1)产品颜色与供需双方商定的色标，应无明显差异。

(2)产品理化性能应符合表 14－26 要求。

表 14－25　聚硫建筑密封膏理化性能

试验项目（指标\等级）		A类 一等品	A类 合格品	B类 优等品	B类 一等品	B类 合格品
密度(g/cm³)		规定值±0.1				
适用期(h)		2～6				
表干时间(h)　≤		25				
渗出性指数　≤		4				
流变性	下垂度（N 型）(mm)　≤	3				
	流平性(L 型)	光滑平整				
低温柔性(℃)		－30		－40	－30	

试验项目（指标\等级）		A类 一等品	A类 合格品	B类 优等品	B类 一等品	B类 合格品
拉伸黏结性	最大拉伸强度(MPa)　≥	1.2	0.8	0.2		
	最大伸长率(%)　≥	100		400	300	200
恢复率(%)　≥		90		80		
拉伸—压缩环性能	级别	8020	7010	9030	8020	7010
	黏结破坏面积(%)　≤	25				
加热失重(%)　≤		10		6	10	

表 14－26　产品理化性能

项　目	技术要求 优等品	技术要求 一等品	技术要求 合格品
密度(g/cm³)	规定值±0.1		
挤出性(ml/min)　≥	100		
表干时间(h)　≤	24		
渗出性指数　≤	3		
下垂度(mm)　≤	3		

(3)外观应为无结块、无离析的均匀细腻的膏状体。

七、硅酮建筑密封胶

(1)硅酮建筑密封胶按固化机理分为两种类型 A 型——脱酸(酸性)；B 型－脱醇(中性)。

(2)硅酮建筑密封胶按用途分为两种类别：G 类——镶装玻璃用；F 类－建筑接缝用；不适用于建筑幕墙和中空玻璃。

(3)产品按位移能力分为 25、20 两个级别，见表 14－27 所列。

表 14－27　密封胶级别

级　别	试验拉压幅度(%)	位移能力(%)
25	±25	25
20	±20	20

(4)产品应为细腻、均匀膏状物，不应有气泡、结皮和凝胶。

(5)产品的颜色与供需双方商定的样品相比，不得有明显差异。

(6)硅酮建筑密封胶的理化性能应符合表 14－28 的规定。

表 14－28　硅酮建筑密封胶理化性能

项　目		技术指标 25HM	技术指标 20HM	技术指标 25LM	技术指标 20LM
密度(g/m³)		规定值±0.1			
下垂度(min)	垂直	≤3			
	水平	无变形			
表干时间(h)		≤3①			
挤出性(ml/min)		≥80			
弹性恢复率(%)		≥80			

续上表

项目		技术指标			
		25HM	20HM	25LM	20LM
拉伸模量	23℃	>0.4或>0.6		≤0.4和≤0.6	
	-20℃				
定伸黏结性		无破坏			
紫外线辐照后黏结性		无破坏			
冷拉-热压后黏结性		无破坏			
浸水后定伸黏结性		无破坏			
质量损失率(%)≤10					

第五节 其他防水材料

一、止水带

橡胶止水带和止水橡皮系以天然橡胶与各种合成橡胶为主要原料，掺加各种助剂及填充料，经塑炼、混炼、压制成型，其品种规格较多，有桥型、山型、P型、R型、U型、Z型、乙型、T型、H型、E型、Q型等，该止水材料具有良好的弹性，耐磨性、耐老化性和抗撕裂性能，适应变形能力强、防水性能好，温度使用范围为-45～60 ℃。当温度超过70 ℃，以及止水带受强烈的氧化作用或受油类等有机溶剂侵蚀时，均不得使用该止水带。上水带广泛用于水利、建筑、人防、地铁、桥梁、隧道、公路等国家重点工程。

止水带是利用橡胶的高弹性的特点，在各种载荷下产生弹性变形，从而起到有效紧固密封，防止建筑构造的漏水，渗水及减震缓冲作用。在一般较大工程的建筑设计中，由于不能连续浇注，或由于地基的变形，或由于温度变化引起的混凝土构件热胀冷缩等原因，需留有施工缝，沉降缝，变形缝，在这些缝处必须安装止水带来防止水的渗漏的问题。

1. 止水带的技术指标

止水带的技术指标参见表14-29～表14-31所列。

表14-29 橡胶止水带的物理性能

项目				指标		
				B	S	J
硬度(肖氏A)				60±5	60±5	60±5
拉伸强度(MPa)			≥	15	12	10
拉断伸长率(%)			≥	380	380	300
压缩永久变形		70℃24h(%)	≤	35	35	35
		23℃168h(%)	≤	20	20	20
撕裂强度(kN/m)			≥	30	25	25
脆性温度(℃)			≤	-45	-40	-40
热空气老化	70℃，168h	硬度变化(肖氏A)	≤	+8	+8	
		拉伸强度(MPa)	≥	12	10	—
		拉断伸长率(%)	≥	300	300	?
	100℃，168h	硬度变化(肖氏A)	≤			+8
		拉伸强度(MPa)	≥	—	—	9
		拉断伸长率(%)	≥			250
臭氧老化(50pphm;20℃,48h)				2级	2级	0级
像胶与金属粘合				断面在弹性体内		

表 14－30 PVC 塑料止水带物理性能指标

项 目	扯断强度(MPa)	伸长率(%)	硬度(肖氏)	老化系数	脆性温度(℃)
性能指标	≥12	≥300%	60±5	≥0.95	－40

表 14－31 QY 止水带的规格型号

型 号	产品规格	图样	型号	产品规格	图样
651	280×30×(8～10) 300×30×(8～10) 400×40×(8～12) 430×30×(8～12) 450×40×14	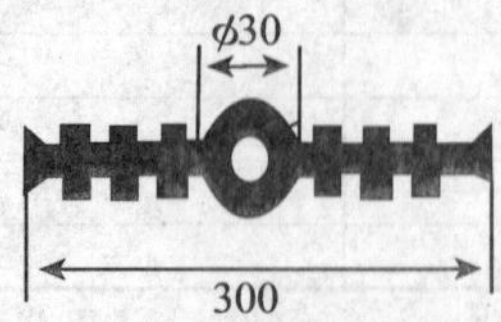	657	150×(12～15)	—
652	300×30×(8～10)	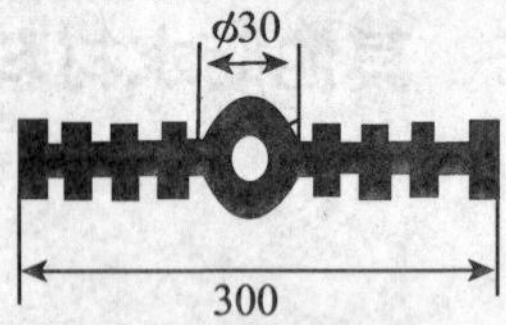	658	250×40×12×	—
653	290×30×(8～12)	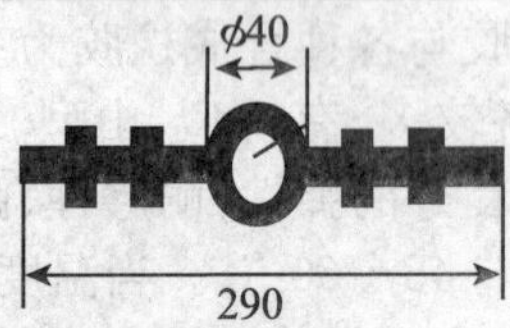	659	500×30×(10～12)	—
654	(1)300×(6～10) (2)350×(8～15) (3)400×(10～12)	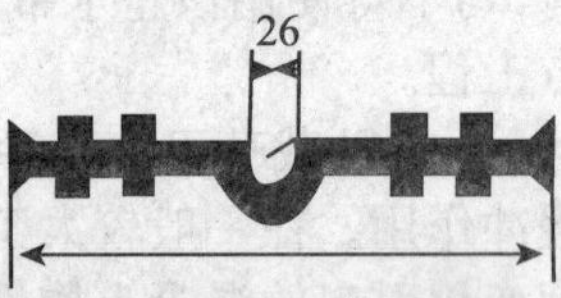		外贴式止水带	—
655	230×(6～8)	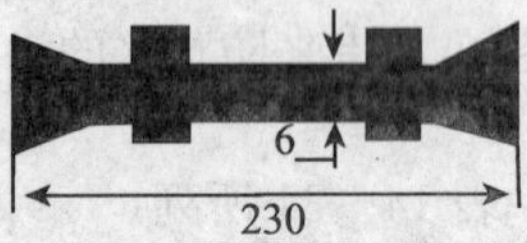		钢边式止水带	—
656	300×60×30×15	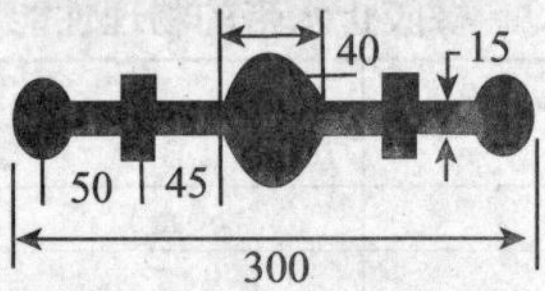		波浪形	—

二、防 水 粉

防水粉是一种粉状的防水材料。它是利用矿物粉或其他粉料与有机憎水剂、抗老化剂和其他助剂等采用机械力化学原理，使基料中的有效成分与添加剂经过表面化学反应和物理吸附作用，生成链状或网状结构的拒水膜，包裹在粉料的表面，使粉料由亲水材料变成憎水材料，达到防水效果。

防水粉主要有两种类型。一种以轻质碳酸钙为基料，通过与脂肪酸盐作用形成长链憎水膜包裹在粉料表面；另一种是以工业废渣(炉渣、矿渣、粉煤灰等)为基料，利用其中有效成分与添加刊发生的反应，生成网状拒水膜，包裹其表面。

防水粉施工时是将其以一定厚度均匀铺洒于屋面，利用颗粒本身的憎水性和粉体的反毛细管压力，达到防水目的，再覆盖隔离层和保护层即可组成松散型防水体系。这种防水体系具有三维自由变形的特点，不会发生其他防水材料由于变形引起本身开裂而丧失抗渗性能的现象。

防水粉具有松散、应力分散、透气不透水、不燃、抗老化、性能稳定等特点，适用于屋面防水、地面防潮、地铁工程防潮、抗渗等。但也有不足，如露天风力过大时，施工困难，建筑节点处理较难，立面防水不好解决等。

三、防水砂浆

防水砂浆是通过严格的操作技术或掺入适量的防水剂、高分子聚合物等材料，提高砂浆的密实性，以达到抗渗防水目的的一种刚性防水材料。

(1)防水砂浆配制的，水泥要求采用强度等级不小于 33.5 级的普通硅酸盐水泥、膨胀水泥或矿渣硅酸盐水泥；砂宜采用中砂；水则应采用不含有害物质的洁净水。防水层加筋，当采用有膨胀性自应力水泥时，应增加金属网。

(2)沙浆防水通常称为防水抹面。根据防水砂浆施工方法的不同可分为两种：一种是利用高压喷枪机械施工的防水砂浆，这种砂浆具有较高的密实性，能够增强防水效果；另一种是大量应用人工抹压的防水砂浆，这种砂浆主要依靠特定的某种外加剂，如防水剂、膨胀剂、聚合物等，以提高水泥砂浆的密实性或改善砂浆的抗裂性，从而达到防水抗渗的目的。

(3)采用防水砂浆时，其基层要求须为混凝土或砖石砌体墙面；混凝土强度不小于 C10；砖石结构的砌筑砂浆不小于 M5；基层应保持湿润、清洁、平整、坚实、粗糙。其变形缝的设置，当年平均温差不大于 15 ℃时，一般建筑物的纵向变形缝间距应小于 30 m。

(4)水泥砂浆防水与卷材、金属、混凝土等几种其他防水材料相比较，虽具有一定防水功能和施工操作简便、造价便宜、容易修补等优点，但由于其韧性差、较脆、极限拉伸强度较低，易随基层开裂而开裂，故难以满足防水工程越来越高的要求。为了克服这些缺点，近年来，利用高分子聚合物材料制成聚合物改性砂浆来提高材料的拉伸强度和韧性，则是一个重要的途径。

(5)水泥砂浆防水层按其材料成分的不同，分为刚性多层普通水泥砂浆防水、聚合物水泥砂浆防水和掺外加剂水泥砂浆防水三大类，其做法及特点，见表 14—32 所列。

水泥砂浆防水仅适用于结构刚度大、建筑物变形小、基础埋深小、抗渗要求不高的工程，不适用于有剧烈振动、处于侵蚀性介质及环境温度高于 100 ℃的工程。

表 14—32　水泥砂浆防水层常用做法及特点

分类	常用做法或名称	特点
刚性多层普通水泥砂浆防水	五层或四层抹面做法	价廉、施工简单、工期短，抗裂、抗震性较差
聚合物水泥砂浆防水	氯丁胶乳水泥砂浆	施工方便，抗折、抗压、抗振、抗冲击性能较好，收缩性大
掺外加剂水泥砂浆防水	明矾石膨胀剂水泥砂浆	抗裂、坑渗性好、后期强度稳定
	氯化铁水泥砂浆	抗渗性能好，有增强、早强作用，抗油浸性能好

四、防水混凝土

防水混凝土是以调整混凝土的配合比、掺外加剂或使用新品种水泥等方法提高自身的密实性、憎水性和抗渗性，使其满足抗渗压力大于 0. 6 MPa 的不透水性混凝土。

防水混凝土兼有结构层和防水层的双重功效。其防水机理是依靠结构构件（如梁、板、柱、墙体等）混凝土自身的密实性，再加上一些构造措施（如设置坡度、变形缝或者使用嵌缝膏、止水环等)，达到结构自防水的目的。

用防水混凝土与采用卷材防水等相比较，防水混凝土具有以下特点：

(1)兼有防水和承重两种功能，能节约材料，加快施工速度。

(2)材料来源广泛，成本低廉。

(3)在结构物造型复杂的情况下，施工简便、防水性能可靠。

(4)渗漏水时易于检查，便于修补。

(5)耐久性好。

(6)可改善劳动条件。

防水混凝土一般包括普通防水混凝土、外加剂防水混凝土和膨胀剂防水混凝土三大类。其最大抗渗压力、技术要求和适用范围，见表 14－33。

表 14－33　防水混凝土的技术要求和适用范围

种类		最大抗渗压力(MPa)	技术要求	特点	适用范围
普通防水混凝土		＞3.0	水灰比 0.5～0.6 坍落度 30～50 mm(掺外加剂或采用泵送时不受此限) 水泥用量≥320 kg/m³ 灰砂比 1∶2～1∶2.5 含砂率≥35% 粗骨料粒径≤40 mm 细骨料中砂或细砂	施工简便，材料来源广泛	适用于一般工业、民用及公共建筑的地下防水工程
外加剂防水混凝土	引气剂防水混凝土	＞2.2	含气量 3%～6% 水泥用量 250～300kg/m³ 水灰比 0.5～0.6 含砂率 25%～35% 砂石级配、坍落度与普通混凝土相同	抗冻性好	适用于北方高寒地区对抗冻性要求较高的地下防水工程及一般的地下防水工程，不适用于抗压强度大于 20MPa 或耐磨性要求较高的地下防水工程
	减水剂防水混凝土	＞2.2	选用加气型减水型，根据施工需要分别选用缓凝型、促凝型、普通型的减水剂	拌和物流动性好	钢筋密集或薄壁型防水构筑物，对混凝土凝结时间和流动性有特殊要求的地下防水工程(如泵送混凝土)
	三乙醇胺防水混凝土	＞3.8	可单独掺用(1 号)，也可与氯化钠复合掺用(2 号)，也能与氯化钠、亚硝酸钠三种材料复合使用(3 号)，对重要的地下防水工程以 1 号和 3 号配方为宜	早期强度高、抗渗标号高	工期紧迫、要求早强及抗渗性较高的地下防水工程
	氯化铁防水混凝土	＞3.8	液体密度大于 1.4g/cm³ $FeCl_2+FeCl_3$ 含量≥0.4kg/L， $FeCl_2$∶$FeCl_3$ 为 1∶(1～1.3) pH 值 1～2 硫酸铝含量为氯化铁的 5% 氯化铁掺量一般为水泥的 3%		水中结构、无筋少筋、厚大防水混凝土工程及一般地下防水工程，砂浆修补抹面工程。薄壁结构不宜使用
明矾石膨胀剂防水混凝土		＞3.8	必须掺入国产 32.5 级以上的普通矿渣、火山灰和粉煤灰水泥中共同使用，不得单独代替水泥。一般外掺量点水泥用量的 20%。掺入国外水泥时，其掺量应经试验后确定	密实性好、抗裂性好	地下工程及其后浇缝

表 14－34 三乙醇胺防水剂配料表

配方 配比		1号配方 三乙醇胺0.05%		2号配方 三乙醇胺0.05% ＋氯化钠0.5%			3号配方 三乙醇胺0.05%＋氯化钠0.5% ＋亚硝酸钠1%			
		水	三乙醇胺	水	三乙醇胺	氯化钠	水	三乙醇胺	氯化钠	亚硝酸钠
三乙醇胺纯度	100%	98.75	1.25	86.25	1.25	12.5	61.25	1.25	12.5	25
	75%	98.33	1.67	85.83	1.67	12.5	60.83	1.67	12.5	25

第十五章　建筑用其他材料

建筑物中起保温、隔热作用的材料，称为绝热材料。通常为轻质、疏松、多孔或纤维状材料，对热流具有显著阻抗性，主要用于墙体及屋顶、热工设备及管道、冷藏设备及冷藏库等工程或冬季施工等。

吸声材料是一种能在较大程度上吸收由空气传递的声波能量的建筑材料。它主要用于音乐厅、影剧院、大会堂、播音室等的内部墙面、地面、天棚等部位。吸声材料能改善声波在室内传播的质量，获得良好的声响效果。

工业用液体燃料是以石油原油、页岩及煤焦油等经蒸馏而得的。其热值高、容积和重量较小、便于储存使用，灰分小，无残渣，广泛应用于飞机、火车、汽车、空气压缩机及工程施工机械等方面。

建筑工程施工的运输工具及机械设备对成品油的需求量很大，因此成品油通常被称为建筑工程“五大”材料之一。

第一节　隔热材料

一、影响绝热性能的主要因素

影响材料保温性能的主要因素是热导率的大小，热导率愈小，保温性能愈好。材料的热导率又受以下因素影响：

(1)材料的性质。不同的材料其热导率是不同的，一般说来，热导率值以金属最大，非金属次之，液体较小，而气体更小。对于同一种材料，内部结构不同，热导率也差别很大。一般结晶结构的为最大，微晶体结构的次之，玻璃体结构的最小。但对于多孔的绝热材料来说，由于孔隙率高，气体(空气)对热导率的影响起着主要作用，而固体部分的结构无论是晶态或玻璃态对其影响都不大。

(2)表观密度与孔隙特征。由于材料中固体物质的导热能力比空气要大得多，故表观密度小的材料，因其孔隙率大，热导率就小。

(3)湿度。材料吸湿受潮后，其热导率就会增大，这在多孔材料中最为明显。这是由于当材料的孔隙中有了水分(包括水蒸气)后，则孔隙中蒸汽的扩散和水分子的热传导将起主要传热作用，而水的λ为0.58W/(m·K)，比空气的$\lambda=0.029$ W/(m·K)大20倍左右。如果孔隙中的水结成了冰，则冰的 =2.33W/(m·K)，其结果使材料的热导率更加增大。故绝热材料在应用时必须注意防水避潮。

(4)温度。材料的热导率随温度的升高而增大，因为温度升高时，材料固体分子的热运动增强，同时材料孔隙中空气的导热和孔壁间的辐射作用也有所增加。但这种影响，当温度在0～50 ℃范围内时并不显著，只有对处于高温或负温下的材料，才要考虑温度的影响。

(5)热流方向。对于各向异性的材料，如木材等纤维质的材料，当热流平行于纤维方向时，热流受到阻力小，而热流垂直于纤维方向时，受到的阻力就大。

二、无机纤维绝热材料

无机纤维状绝热材料如图 15—1 所示。

常用的绝热材料

- 石棉及其制品：石棉是蕴藏在中性或酸性火成岩矿床中的一种非金属矿物。松散石棉的表观密度为 103kg/m³ 时，其导热系数为 0.049 W/(m·K)，最高使用温度 500～800 ℃。松散的石棉很少单独使用，多制成石棉纸、石棉板，或与胶结物质混合制成石棉块材等。
- 玻璃棉及其制品：
  - (1)玻璃棉是用玻璃原料或碎玻璃经熔融了制成的一种纤维状材料，一般表现密度为 40～150 kg m³，它包括短锦和超细概两种，短棉是指纤维长度在 50～150 mm。单纤维直径为 12×10^{-3} mm 左右的定长玻璃纤维，其外观洁白如棉，短棉又称玻璃棉超细锦与短棉相比，纤维直径细得多，一舥在 4×10^{-3} mm 以下，称为超细玻璃棉。
  - (2)短棉可以用来制作沥青玻璃棉毡、沥青玻璃棉板等，超细锦可以用来制作普通超细玻璃棉毡、板，也可以用来制作无碱超细玻璃锦毡、高氧硅超细玻璃锦毡等用于围护结钩及管道保温，还可用于低温保冷工程。
- 矿棉及其制品：矿棉一般包括矿渣棉和岩石锦。矿渣棉是以工业废料矿渣为主要原料，经熔化，用喷吹法或离心法而制成的棉丝状绝热材料；而岩石棉是以岩石为原料经熔化吹制而成。矿棉具有质轻、不燃、绝热和电绝缘等性能，且原料来源丰富，成本较低，可制成矿棉板、矿棉防水毡及管套等，可用于建筑物的墙壁、屋顶、天花板等处的保温绝热和吸声，还可用于冷库隔热。

图 15—1　常用的绝热材料

三、散粒状保温绝热材料

1. 膨胀蛭石及其制品

蛭石是一种天然矿物，经 850～1 000 ℃燃烧，体积急剧膨胀(可膨胀 5～20 倍)而成为松散颗粒，其堆积密度为 80～200 kg/m³，热导率 0.046～0.07W/(m·K)，用于填充墙壁、楼板及平屋顶，保温效果佳。可在 1 000～1 100 ℃下使用。

膨胀蛭石也可与水泥、水玻璃等胶凝材料配台，制成砖、板、管壳等用于围护结构及管道保温。

2. 膨胀珍珠岩及其制品

膨胀珍珠岩是由天然珍珠岩、黑耀岩或松脂岩为原料，经煅烧体积急剧膨胀(约 20 倍，而得蜂窝状白色或灰白色松散颗料。堆积密度为 40～300 kg/m³，$\lambda=0.025\sim0.048$ W/(m·K)，耐热 800 ℃，为高效能保温保冷填充材料。

膨胀珍珠岩制品是以膨胀珍珠岩为骨料，配以适量胶凝材料，经拌和、成型、养护(或干燥、或焙烧)后两制成的板、砖、管等产品。

四、多孔性保温绝热材料

(1)微孔硅酸钙制品。微孔硅酸钙制品是用粉状二氧化硅材料(硅藻土)、石灰、纤维增强材料及水等经搅拌、成型、蒸压处理和干燥等工序而制成用于围护结构及管道保温。

(2)泡沫玻璃。它是采用碎玻璃加入 1%～2%发泡剂(石灰石或碳化钙)，经粉磨、混合、装模，在 8 000 ℃下烧成后形成含有大量封闭气泡(直径 0.1～5 mm)的制品。它具有热导率小、抗压强度和抗冻性高、耐久性好等特点，且易于进行锯切、钻孔等机械加工，为高级保温材料，也常用干冷藏库隔热。

(3)泡沫塑料。泡沫塑料是以合成树脂为基料，加入一定剂量的发泡剂、催化剂、稳定剂等辅助材料经加热发泡而制成的轻质保温、防震材料。目前我国生产的有聚苯乙烯、聚氯乙烯、聚氨酯及脲醛树脂等泡沫塑料。

(4)泡沫混凝土。泡沫混凝土是将水泥、水和松香泡沫剂混合后，经搅拌、成型、养护、硬化而成、具有多孔、轻质、保温、绝热、吸声等性能。也可用粉煤灰、石灰、石膏和泡沫剂制成粉煤灰泡沫混凝土，用于建筑物结构的保温绝热。

(5)硅藻土。硅藻土是一种被称为硅藻的水生植物的残骸。硅藻土是由硅藻壳构成的，每个硅藻壳内包含大量极细小的微孔。硅藻土孔隙率为加 50%～80%只，其导热系数 λ=0.060W/(m·K)，因此它具有很好的保温绝热性能。它的最高使用温度约为 900 ℃。硅藻土常用作填充料，或用其制作硅藻土砖等。

五、植物纤维类绝热材料

植物纤维类绝缘板以植物纤维为主要成分的板材，常用作绝热材料的各种软质纤维板。

(1)软木板。软木板是用栓皮栎的外皮和黄菠萝树皮为原料，经碾碎与皮胶溶液拌和，加压成型，在温度为 80 ℃的干燥室中干燥一昼夜而制成的。软木板具有质轻、导热系数小、抗渗和防腐性能高的特点。

(2)木丝板。木丝板是用木材下脚料以机械制成均匀木丝，加入硅酸钠溶液与普通硅酸盆水泥混合，经成型、冷压、养护、干燥而制成的。其多用于天花板、隔墙板或护墙板。

(3)甘蔗板。它是以甘蔗渣为原料，经过蒸制、干燥等工序制成的一种轻质、吸声、保温绝热材料。

(4)蜂窝板。蜂窝板是由两块轻薄的面板，牢固地黏结在一层较厚的蜂窝状芯材两面而制成的复合版材，亦称蜂窝夹层结构。蜂窝板的特点是强度大，导热系数小，抗震性能好，可制成轻质高强结构用板材，也可制成绝热性能良好的非结构用板材和隔声材料。如果芯板以轻质的泡沫塑料代替，则隔热性能更好。

六、选用绝热材料的基本原则

选用绝热材料时，应满足的基本原则是：热导率不宜大于 0.23W/(m·K)，表观密度不宜大于 600 kg/m³，抗压强度则应大于 0.3 MPa。由于绝热材料的强度一般都很低，因此，除了能单独承重的少数材料外，在围护结构中，经常把绝热材料层与承重结构材料层复合使用。如建筑外墙的保温层通常做在内侧，以免受大气的侵蚀，但应选用不易破碎的材料，如软木板、木丝板等；如果外墙为砖砌空斗墙或混凝土空心制品，则保温材料可填充在墙体的空隙内，此时可采用散粒材料，如矿渣、膨胀珍珠岩等。屋顶保温层则以放在屋面板上为宜，这样可以防止钢筋混凝土屋面板由于冬夏温差引起裂缝，但保温层上必须加做效果良好的防水层。总之，在选用绝热材料时，应结合建筑物的用途、围护结构的构造、施工难易、材料来源和经济核算等综合考虑。对于一些特殊建筑物，还必须考虑绝热材料的使用温度条件、不燃性、化学稳定性及耐久性等。

七、常用绝热材料技术指标

常用绝热材料技术性能见表 15－1 所列。

表 15－1 常用绝热材料技术性能

材料名称	表观密度(kg/m³)	强度(MPa)	热导率[W/m·K]	最高使用温度(℃)	用 途
超细玻璃棉毡	30～60		0.035	300～400	墙体、屋面、冷藏库等
沥青玻璃纤维制品	100～150		0.041	250～300	
矿渣棉纤维	110～130		0.044	≤600	填充材料
岩棉纤维	80～150	f_c>0.012	0.044	250～600	填充墙、屋面、管道等
岩棉制品	80～160		0.04～0.052	≤600	

续上表

材料名称	表观密度(kg/m^3)	强度(MPa)	热导率[W/m·K]	最高使用温度(℃)	用　途
膨胀珍珠岩	40～300		常温 0.02～0.044 常温 0.06～0.17 低温 0.02～0.038	≤800 −200	高效保温保冷填充材料
水泥膨胀岩制品	300～400	f_c=0.5～1.0	常温 0.05～0.081 低温 0.081～0.21	≤600	保温绝热用
水玻璃膨胀岩制品	200～300	f_c=0.6～1.7	常温 0.056～0.093	≤650	保温绝热用
沥青膨胀珍珠岩制品	400～500	f_c=0.2～1.2	0.093～0.12		用于常温及负温
膨胀蛭石	80～900		0.046～0.070	1000～1100	填充材料
水泥膨胀蛭石制品	300～500	f_c=0.2～1.0	0.76～0.105	≤600	保温绝热用
微孔硅酸钙制品	250	f_c>0.5 f_t>0.3	0.041～0.056	≤650	围护结构及管道保温
轻质钙塑板	100～150	f_c=0.1～0.3 f_t=0.7～0.11	0.047	≤650	保温绝热兼防水性能，并具有装饰性能
泡沫玻璃	150～600	f_c=0.55～15	0.058～0.128	300～400	砌筑墙体及冷藏库绝热
泡沫混凝土	300～500	f_c≥0.4	0.081～0.19		围护结构
加气混凝土	400～700	f_c≥0.4	0.93～0.16		围护结构
木丝板	300～600	f_c=0.4～0.5	0.11～0.26		顶棚、隔墙板、护墙板
软质纤维板	150～400		0.47～0.093		同上、表面较光洁
软木板	105～437	f_c=0.15～2.5	0.044～0.079	≤130	吸水率小、不等腐、不燃烧、用于绝热结构
芦苇板	250～400		0.093～0.13		顶棚、隔墙板
聚苯乙烯泡沫塑料	20～50	f_c=0.15	0.031～0.047		屋面、墙体保温、冷藏库绝热
硬质聚氨酯泡沫塑料	30～40	f_c≥0.2	0.037～0.055	≤120(−60)	屋面、墙体保温、冷藏库绝热
聚氯乙烯泡沫塑料	12～72		0.45～0.031	≤70	屋面、墙体保温、冷藏库绝热

八、泡沫石棉的技术性能

(1)规格。泡沫石棉产品按外形尺寸分为不同规格，也可由供需双方协议生产其他规格。长度：800 mm、1 000 mm、1 500 mm；宽度：500 mm；厚度：25m m、30 mm、35 mm、40 mm、45 mm、50 mm、55 mm、60 mm。

(2)尺寸及允许偏差见表 15－2。

表 15－2 尺寸及允许偏差(mm)

项目	基本尺寸	允许偏差
长度	800	±5
	1 000	±10
	1 500	±5
	500	±
宽度	500	±5
厚度	25,30,35,40,45,50,55,60	＋4.5 0

(3)物理性能及外观质量见表 15－3。

表 15－3 物理性能指标及外观质量

等级	密度(kg/m³)≤	热导率[平均温度(343±5)K,冷热析温差(28±2)K][W/(m·K)]	压缩回弹率(%)≥	含水率(%)≤	外观质量	
					表面	断面结构
优等品	30	0.046	80	2.0	平整,手感细腻、柔软	泡孔均匀、细密
一等品	40	0.053	50	3.0	无明显隆起或凹陷,手感细腻	泡孔细密,个别泡孔不大于 5mm
合格品	50	0.059	30	4.0	比较平整,允许有 5mm 以下的凹凸	比较细密,上下层泡孔允许略有差别,个别泡孔不大于 10mm

九、膨胀珍珠岩绝热制品的技术性能

1. 分类

(1)按产品密度分为 200 号、250 号、350 号。

(2)按产品有无憎水性分为普通型和憎水型(Z)。

(3)按用途分为建筑物用膨胀珍珠岩绝热制品(J);设备及管道、工业炉窑用膨胀珍珠岩绝热制品(S)。

2. 性能

(1)尺寸。

1)平板:长度 400～600 mm;宽度 200～400 mm;厚度 40～100 mm。

2)弧形板:长度 400～600 mm;内径大于 1 000 mm;厚度 40～100 mm。

3)管壳:长度 400～600 mm;内径 57～1 000 mm;厚度 40～100 mm。

(2)尺寸偏差及外观质量。膨胀珍珠岩绝热制品的尺寸偏差及外观质量应符合表 15－4 的要求。

(3)物理性能。

1)膨胀珍珠岩绝热制品的物理性能指标应符合表 15－5 的要求。

表 15—4　尺寸偏差及外观质量(mm)

项　目		指　标			
		平　板		弧形板、管壳	
		优等品	合格品	优等品	合格品
尺寸允许偏差	长度	±3	±5	±3	±5
	宽度	±3	±5	—	—
	内径	—	—	+3 +1	+5 +1
	厚度	+3 −1	+5 −2	+3 +1	+5 −2
外观质量	垂直度偏差	≤2	≤5	≤5	≤8
	合缝间隙	—	—	≤2	≤5
	裂纹	不允许			
	缺棱掉角	优等品:不允许 合格品:(1)三个方向投影尺寸的最小值不得大于 10 mm,最大值不得大于投影方向边长的 1/3; (2)三个方向投影尺寸的最小值不大于 10 mm、最大值不大于投影方向边长 1/3 的缺棱掉角总数不得超过 4 个			
	弯曲度	优等品不大于 3;合格品不大于 5			

注:三个方向投影尺寸的最小值不大于 3 mm 的棱损伤不作为缺棱,最小值不大于 4 mm 的角损伤不作为掉角。

表 15—5　物理性能

项　目		指　标				
		200 号		250 号		350 号
		优等品	合格品	优等品	合格品	合格品
密度(kg/m^3)		≤200		≤250		≤350
导热系数 [W/(m·K)]	298K±2K	≤0.060	≤0.068	≤0.068	≤0.072	≤0.087
	623K±2K (S类要求此项)	≤0.10	≤0.11	≤0.11	≤0.12	≤0.12
抗压强度(MPa)		≥0.40	≥0.30	≥0.50	≥0.40	≥0.40
抗折强度(MPa)		≥0.20	—	≥0.25	—	—
质量含水率(%)		≤2	≤5	≤2	≤5	≤10

2)S类产品 923K(650 ℃)时的匀温灼烧线收缩率应不大于 2%,且灼烧后无裂纹。

第二节　吸声材料

一、吸声材料的概念及因素

吸声材料大多为疏松多孔的材料,如矿渣棉、毯子等,其吸声机理是声波深入材料的孔隙,且孔隙多为内部互相贯通的开口孔，受到空气分子摩擦和黏滞阻力，以及使细小纤维作机械振动，从而使声能转变为热能。这类多孔性吸声材料的吸声系数，一般从低频到高频逐渐增大，故对高频和中频的声音吸收效果较好。

影响吸声材料吸声性能的因素有：

(1)材料的表观密度。对同一种多孔材料(例如超细玻璃纤维)而言，当其表观密度增大时(即空隙率减小时)，对低频的吸声效果有所提高，而对高频的吸声效果则有所降低。

(2)材料的厚度。增加多孔材料的厚度，可提高对低频的吸声效果，而对高频则没有多大的影响。

(3)材料的孔隙特征。孔隙愈多愈细小，吸声效果愈好。如果孔隙太大，则效果就差。如果材料中的孔隙大部分为单独的封闭的气泡(如聚氯乙烯泡沫塑料)，则因声波不能进入，从吸声机理上来讲，就不属多孔性吸声材料。当多孔材料表面涂刷漆或材料吸湿时，则因材料的孔隙被水分或涂料所堵塞，其吸声效果亦将大大降低。

二、吸声材料的薄板振动吸声结构原理

这种结构常用的材料有胶合板、薄木版、硬质纤维板、石膏板、石棉水泥板和金属板等。将其周边固定在墙或顶棚的龙骨上，并在背后保留一定的空气层，即构成薄板振动吸声结构，如图 15－2。此种结构在声波作用下，薄板和空气层的空气发生振动，在板内部和龙骨间出现摩擦损耗，将声能转化成热能，起吸声作用。其共振频率通常在 80～300 Hz 范围，对低频声波的吸声效果较好。

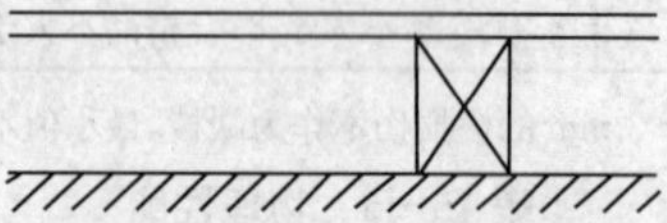

图 15－2　薄板振动吸声结构

三、吸声材料的共振吸声结构原理

共振吸声结构的形状为一封闭的较大空腔，有一较小的开口。受外力振荡时，空腔内的空气会按一定的共振频率振动，此时开口颈部的空气分子在声波作用下像活塞一样做往复运动，因摩擦而消耗声能，从而达到吸声效果。若在腔口蒙一层透气的细布或疏松的棉絮，可加宽吸声频率范围和提高吸声量，如图 15－3 所示。

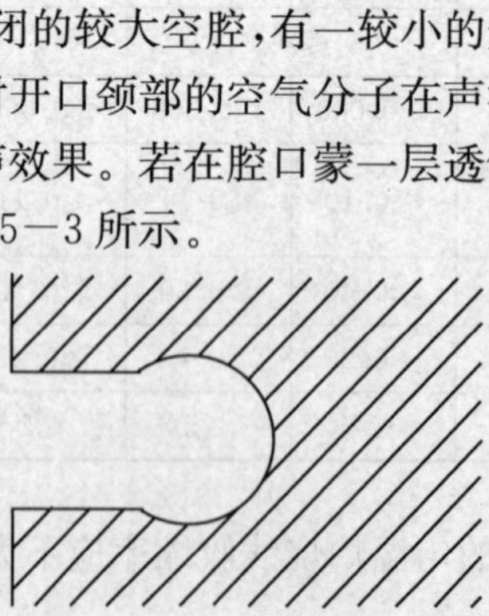

图 15－3　共振吸声结构

四、部分吸声材料的吸声指标

部分吸声材料的吸声指标见表 15－6。

表 15—6　部分吸声材料的吸声指标

材料分类及名称	厚度(cm)	表观密度(kg/m³)	各种频率下的吸声系数					
			125Hz	250 Hz	500 Hz	1000Hz	2000Hz	4000Hz
无机材料								
石膏板(有花纹)	—		0.03	0.05	0.06	0.09	0.04	0.06
水泥蛭石板	4.0		—	0.14	0.46	0.78	0.50	0.60
石膏砂浆(掺水泥玻璃纤维)	2.2	350	0.24	0.12	0.09	0.30	0.32	0.83
水泥膨胀珍珠岩板	5		0.16	0.46	0.64	0.48	0.56	0.56
水泥砂浆	1.7		0.21	0.16	0.25	0.40	0.42	0.48
砖(清水墙面)			0.02	0.03	0.04	0.04	0.05	0.05
有机材料								
软木板	2.5		0.05	0.11	0.25	0.63	0.70	0.70
木丝板	3.0		0.10	0.36	0.62	0.53	0.71	0.90
胶合板(三夹板)	0.3	260	0.21	0.73	0.21	0.19	0.08	0.12
穿孔胶合板(五夹板)	0.5		0.01	0.25	0.55	0.30	0.16	0.19
木花板	0.8		0.03	0.02	0.03	0.03	0.04	—
木质纤维板	1.1		0.06	0.15	0.28	0.30	0.33	0.31
纤维材料								
矿渣棉	3.13	210	0.10	0.21	0.60	0.95	0.85	0.72
玻璃棉	5.0	80	0.06	0.08	0.18	0.44	0.72	0.82
酚醛玻璃纤维板	8.0	100	0.25	0.55	0.80	0.92	0.98	0.95
工业毛毡	3.0		0.10	0.28	0.55	0.60	0.60	0.56
多孔材料								
泡沫玻璃	4.4		0.11	0.32	0.52	0.44	0.52	0.33
脲醛泡沫塑料	5.0	1260	0.22	0.29	0.40	0.68	0.95	0.94
泡沫水泥(外粉刷)	2.0	20	0.18	0.05	0.22	0.48	0.22	0.32
吸声蜂窝板	—		0.27	0.12	0.42	0.86	0.48	0.30
泡沫塑料	1.0		0.03	0.03	0.12	0.41	0.85	0.67

第三节　油　料

一、汽油的特点及车用无铅汽油技术要求

汽油是从石油中提炼出来的一种易挥发、易燃烧的无色透明的液体。按其用途不同分为汽油、航空汽油和溶剂汽油三种。

车用无铅汽油技术要求见表 15—7。

二、柴油的特点

柴油是一种压缩式内燃机用燃料，它通过高压油泵喷入气缸与预先吸入气缸内经过压缩而成高温的空气接触而燃烧。

(1)不能混入机械杂质和水分的柴油混入了机械杂质和水分，可使内燃机燃料系统的机件

保养期缩短，甚至过早损坏，如含有水分，在冬季使用时会因冰结晶堵塞过滤器，影响发动机的燃料系统供油，还能使柴油发热量降低，影响柴油在气缸中的燃烧。

表 15—7 车用无铅汽油技术要求

项目		质量指标			试验方法
		90 号	93 号	95 号	
抗爆性：					GB/T 5487
研究法辛烷值(RON)	不小于	90	93	95	GB/T 503
抗爆指数(RON+MON)/2	不小于	85	88	90	GB/T 5487
铅含量(G/L)	不大于	0.005			GB/T 8020
流程：					GB/T 6536
10%蒸发温度(℃)	不高于	70			
50%蒸发温度(℃)	不高于	120			
90%蒸发温度(℃)	不高于	190			
终储点(℃)	不高于	205			
残留量(%)(体积)	不高于	2			
蒸气压(kPa)：					GB/T 8017
从 9 月 16 日至 3 月 15 日	不大于	88			
从 3 月 16 日至 9 月 15 日	不大于	74			
实际胶质(mg/100mL)	不大于	5			GB/T 8019
诱导期(min)	不大于	480			GB/T 8018
硫含量(%)(质量)	不大于	0.10			GB/T 380
硫醇(需满足下列要求之一)：					
博士试验		通过			GB/T 0174
硫醇硫含量(%)(质量)	不大于	0.001			GB/T 1796
铜片腐蚀(50℃,3h)(级)	不大于	1			GB/T 5096
水溶性酸或碱		无			GB/T 259
机械杂质及水分		无			目测
苯含量(%)(体积)	不大于	2.5			
芳烃含量(%)(体积)	不大于	40			GB/T 1132
烯烃含量(%)(体积)	不大于	35			GB/T 1132

(2)不易结胶。柴油中的一些不安全成分(如酸性过大、硫含量过高)在储存中会渐渐形成胶状物质，这些胶质不易在气缸中完全燃烧，会形成积炭和结焦，影响供油和雾化，阻碍发动机正常工作，增加机械的腐蚀与磨损。

(3)易着火。由于柴油机没有点火设备，要求其燃料有较高的十六烷值，以保证着火性和发动机工作的平稳性。我国现有轻柴油的十六烷值都不小于 45，其着火性能良好。

(4)有一定的馏程。柴油的馏程过重，不易蒸发，燃烧不完全，积炭增多。为使柴油能完全燃烧，应有一定的馏程。对高速柴油机应用馏程较轻的柴油，其他型式的柴油机用柴油的馏程则可高一些。

(5)不含杂质。由于柴油的喷油泵、喷油嘴等机件的构造精密，微量杂质即会增大其磨损如含杂质超标，极易造成柴油机燃料系统的故障。

三、润滑油质量评定指标

我国润滑油的品种是按用途区分的。如汽油机油、柴油机油、齿轮机油、机械油等。同一品种的润滑油又分为几级。润滑油的牌号是按一定温度下的运动黏度来划分的。

润滑油的质量优劣从两个方面来评定：一是物化性能，如密度、黏度、闪点、残炭、水分、机械杂质、酸值、灰分、水溶性酸碱等；二是使用性能，如氧化安定性、腐蚀性、油性、极压性和清净分散性等。润滑油的品种繁多，使用条件不同，与润滑油接触的材料千差万别，因此每一品种要求的技术性能也各不相同。

四、油料的安全使用要点

(1)油料，特别是轻质油料，有高度的挥发性、爆炸性、燃烧性，在一定条件下能引起静电火花，各种油料均有不同程度毒性，对人体呼吸器官和皮肤等会造成伤害，尤其是含铅油料，毒性更甚，所以必须采取有效措施，加强安全防护。

(2)控制可燃物，杜绝渗漏、洒落，一旦出现必须及时收拾干净；贮油场所及周围不得有树枝、干草、油棉纱等易燃物质，用过的沾油棉纱、棉布等应放在有盖的铁桶内，并及时处理。

(3)严格执行制度，断绝火源，预防火灾，掌握有关消防知识，正确使用灭火器等。

(4)油料的运输工具和容器必须彻底清洗。未按规定清洗干净的不应装运，以免造成水杂污染和混油串油。

(5)油料的接卸首先要把好入库验收关，做到：不符合标准的不收；没有交货合格证不收。接卸用的油泵、管线、油罐等必须经常保持清洁，新桶的口盖要严密，桶内不得存有铁屑，油桶洗刷要清除残油和铁锈。接卸黏油严禁用烃油稀释，使用电加温或蒸气加温时，必须保证水汽不得侵入油料，所用工具必须清洁，不得向油槽车内带入人为的水杂。油料在贮存、保管中主要应防止不同牌号、不同季节使用的油料混存和防止风吹雨淋、浸入水分杂质。桶装油一般不要在露天存放，特别是夏季和冬季经日晒雨淋和风沙霜的侵袭，极易造成油料变质。桶装油应用油漆喷刷明显标志，且不宜存放太久，尤其是汽油，桶装贮存一般不要超过半年，并应放在阴凉处，避免日光曝晒。桶装时要注意不能装得太多或太少；装得太多，会热胀溢出或胀裂油桶；装得太少，又不能充分利用容器的容量，还会增大蒸发损失，加速汽油氧化生胶，所以应留出7%的空隙为宜。

(6)防止轻质成分蒸发和氧化变质应采取以下措施：降低温度，减少温差，选择阴凉处存放，减少日光曝晒；储油罐涂刷银灰色、白色或浅色油漆，以反射阳光，降低温度；尽量采用地下、半地下或山洞的贮存方式；贮存期较长、装油量不满安全容量的，要适时合并；减少不必要的倒装，因倒装一吨汽油的空气中损耗即达 1.5～2 kg，还会增加油料与空气的接触而加速氧化；尽量密封贮存，减少与空气的接触，对于蒸发性较大的汽油根据罐形、罐位、罐的质量、所贮牌号等具体条件，采取相应措施. 以保证安全。发放时，应将一个容器的油发完后再发另一个容器的。

(7)油料中混入水分后能腐蚀机件，低温时水分冻结能堵塞油路，加快油料氧化速度，会使胶质生成增大 2.5 倍、大量水分存在还会使一些添加剂分解或沉淀，使其失效。掺加某些添加剂的机油、各种纳基脂遇水还会乳化。

为防止油料混入水杂及乳变质，应做到：贮油容器一定要干净；尽量避免在风沙、雨雪天装卸运送，必要时，应做好遮盖防护；桶装油料应尽量存入库房，如库容有限，需临时放在露天料场时，要将油桶的一端垫高，使油桶倾斜，但桶盖必须在上方，以防流进雨水。

(8)防止混油或容器污染变质。一种油料混入另一种油料中会影响质量，甚至变质。如润滑油中混入轻质油料后，会降低闪点和黏度或使其馏点升高。因此，在接卸、倒装油料时，要仔细核对油料的品种牌号，避免相混；对装过油料的容器改装其他油料时，要认真检查，按规定要求刷洗后才能使用：用过的油泵、输油管要彻底清洗干净。

参考文献

[1]纪士斌,陈巧云.建筑材料[M].北京:清华大学出版社,2001.
[2]邝为民.工程材料[M].北京:中国铁道出版社,2001.
[3]上海市建筑材料质量监督站.材料员必读[M](2版).北京:中国建筑工业出版社,2005.
[4]宋功业.应敏.建筑防水材料与施工[M].北京:中国建材工业出版社,2007.
[5]李慧平.建筑企业材料供应与管理(修订版)[M].北京:中国环境科学出版社,2006.
[6]孙士恒.金属材料学[M].北京:中国铁道出版社,1995.
[7]邓钫印.建筑材料实用手册[M].北京:中国建筑工业出版社,2007.
[8]范文昭.建筑材料[M](2版).北京:中国建筑工业出版社,2007.
[9]包承纲.堤防工程土合成材料应用技术[M].北京:中国水利电力出版社.2000.
[10]潘全祥.材料员[M](2版).北京:中国建筑工业出版社,2005.
[11]孙东杰.建筑企业物资管理[M].北京:中国铁道出版社,2000.
[12]米文瑜.土木工程材料试验指导书[M].北京:人民交通出版社,2007.
[13]李燕,任淑霞.建筑装饰材料[M].北京:科学出版社.2006.
[14]李亚杰,方坤河.建筑材料[M].(5版).北京:中国水利水电出版社,2007.
[15]薄遵彦.建筑材料[M].北京:中国环境科学出版社,2007.
[16]赵志曼.土木工程材料[M].北京:机械工业出版社,2006.
[17]袁润章.胶凝材料学[M].武汉:武汉工业大学出版社,1996.
[18]姜继圣,孙利,张云莲.新型墙体材料实用手册[M].北京:化学工业出版社,2006.